普通高等教育"十一五"国家级规划教材

环境影响评价

（第二版）

何德文　主编

科学出版社

北　京

内 容 简 介

　　环境影响评价是环境管理的主要手段之一，且随着环境影响评价研究对象的逐步扩展和研究方法不断提高，环境影响评价的内涵也有所变化，因此在第一版的基础上，本书增补了规划环境影响评价、项目验收与公众参与以及环境和产业的最新政策等内容，结合环境影响评价工程师考试内容与方式增补的案例分析精简且更侧重应用。本书主要介绍了环境影响评价的概念、依据及其程序，详细阐述了环境影响评价方法，如工程分析、生命周期评价和清洁生产评价，按环境要素分别论述了建设项目中大气、水、噪声、固体废物和生态环境影响评价并辅以案例说明，探讨了规划环境影响评价、战略环境影响评价、累积环境影响评价和环境风险评价等进展及动态。

　　本书知识丰富，内容前沿且涵盖面广，可供高等学校环境科学、环境工程等相关专业师生及相关领域的技术人员、科研人员、管理人员阅读参考。

图书在版编目（CIP）数据

环境影响评价 / 何德文主编. —2 版. —北京：科学出版社，2018.3
普通高等教育"十一五"国家级规划教材
ISBN 978-7-03-056910-3

Ⅰ. ①环… Ⅱ. ①何… Ⅲ. ①环境影响–评价–高等学校–教材
Ⅳ. ①X820.3

中国版本图书馆 CIP 数据核字（2018）第 049190 号

责任编辑：赵晓霞　宁　倩 / 责任校对：何艳萍
责任印制：张　伟 / 封面设计：迷底书装

科 学 出 版 社 出版
北京东黄城根北街 16 号
邮政编码：100717
http://www.sciencep.com

北京中石油彩色印刷有限责任公司 印刷
科学出版社发行　各地新华书店经销
*

2008 年 8 月第　一　版　开本：787×1092　1/16
2018 年 3 月第　二　版　印张：21 1/4
2023 年 6 月第十五次印刷　字数：525 000

定价：59.00 元
（如有印装质量问题，我社负责调换）

《环境影响评价》编写委员会

主 编 何德文

参编人员(按姓名汉语拼音排序)

包存宽	教授、博士	同济大学
韩润平	教授、博士	郑州大学
何德文	教授、博士	中南大学
李彩亭	教授、博士	湖南大学
林逢春	教授、博士	华东师范大学
刘 丹	教授、博士	西南交通大学
罗 琳	教授、博士	湖南农业大学
宋卫锋	教授、博士	广东工业大学
孙连鹏	教授、博士	中山大学
王罗春	教授、博士	上海电力学院
夏畅斌	教授、博士	长沙理工大学
肖羽堂	教授、博士	华南师范大学
朱南文	教授、博士	上海交通大学

第二版前言

环境是人类赖以生存和发展的基础，为了避免环境污染和生态破坏，必须协调经济发展、资源利用和环境保护三者的关系，走可持续发展之路。环境影响评价是正确认识经济、社会与环境协调发展的科学方法，对确定正确的经济发展方向和保护环境与生态等一系列政策决策、规划及重大行动决策有十分重要的意义。

环境影响评价是集技术程序与方法学的学科体系，其理论、方法和技术还在发展和完善。本书集结全国十三所高等学校从事环境影响评价教学与科研的学者，按照环境影响评价自身理论框架结构和发展特点，将内容分为环境影响评价技术学、环境影响评价方法学、环境要素评价及环境评价进展四篇，涵盖建设项目、区域开发和战略政策三个层次，共十六章。第一篇环境影响评价技术学由第一～三章组成，介绍了环境影响评价的基本概念、标准及其制定方法和环境影响评价的工作与管理程序；第二篇环境影响评价方法学由第四～六章组成，介绍了环境影响评价主要的方法学：工程分析、生命周期评价和清洁生产评价；第三篇环境要素评价由第七～十一章组成，分别论述了建设项目中大气、水、噪声、固体废物和生态环境影响评价并辅以案例说明；第四篇环境评价进展由第十二～十六章组成，重点介绍环境影响评价的进展，如项目验收与公众参与、规划环境影响评价、战略环境影响评价、累积环境影响评价和环境风险评价等。

与第一版相比，本书涵盖面更广，内容前沿、丰富，如增补了规划环境影响评价、项目验收与污染防治以及环境和产业政策等新内容，案例分析精简且更侧重应用，部分内容甚至是参编者自己的博士论文，如累积环境影响评价和战略环境影响评价；结构紧凑、逻辑性强，每章前、后附有内容摘要和适量的启发式思考题，利于学生思考、复习和总结，具有很强的综合归纳性，力图使学生全面了解环境影响评价的现状、理论和评价方法，掌握现阶段评价所使用的评价技术。编写过程中引用了《环境影响评价技术导则》以及国内出版的多本环境评价教材及参考资料，在此对其作者深表谢意。

尽管编者已经对书稿进行多次检查，但由于时间和水平有限，书中难免有疏漏和不妥之处，恳请大家批评指正。

编　者

2017 年 11 月

目　录

第二篇 环境影响评价方法学

第三篇　环境要素评价

第四篇 环境评价进展

第一篇

环境影响评价技术学

第一章　环境评价概论

【内容摘要】　环境是指以人类为主体的外部世界，即人类赖以生存和发展的物质条件综合体。环境影响是指人类活动(经济活动和社会活动)对环境的作用和导致的环境变化以及由此引起的对人类社会和经济的效应。本章从环境及环境影响的概念出发，指出何谓环境影响评价，着重介绍了环境影响评价的类别、内容、基本功能及其重要性，在此基础上详细介绍了中国环境影响评价制度的发展状况及特点。

第一节　环境与环境影响

一、环境与环境质量

(一) 环境

环境是相对于中心事物而言的。某一中心事物周围的事物，就是这一中心事物的环境。本书所说的环境，是指以人类为主体的外部世界，即人类赖以生存和发展的物质条件综合体。人类环境包括自然环境和社会环境。《中华人民共和国环境保护法》所称的环境是指影响人类生存和发展的各种天然的和经过人工改造的自然因素的总体，包括大气、水、海洋、土地、矿藏、森林、草原、野生动物、自然遗迹、自然保护区、风景名胜区、城市和乡村等。

环境科学将地球环境按其组成要素分为大气环境、水环境、土壤环境和生态环境。前三种环境又可称为物化环境，有时还形象地称之为大气圈、水圈、岩石圈(土圈)和居于上述三圈交接带或界面上的生物圈。从人类的角度看，它们都是人类生存与发展所依赖的环境，其中生物圈就是通常所称的生态环境。

大气、水、土壤和生物圈都是地球长期进化形成的，具有特定的组成、结构并按一定的自然规律运行。这些性质就构成了它们的质量要素。地球上一切生物，包括人类在内，都是在特定的环境中产生和发展的。生物与其环境相互作用、相互适应，最终形成一种平衡和协调的关系。但是，人类活动增加或减少某种环境组成成分，或破坏其固有结构，或扰乱其运行规律，会造成社会环境质量的下降，破坏生物(包括人类)与环境长期形成的和谐关系，或者说使环境变得不大适宜于人类的生存和发展需要。所以，环境质量是一种对人类生存和发展适宜程度的标志，环境问题也大多是指环境质量变化问题。

(二) 环境质量

环境质量包括环境的整体质量(或综合质量)，如城市环境质量和各环境要素的质量，即大气环境质量、水环境质量、土壤环境质量、生态环境质量。

表征环境质量的优劣或变化趋势常采用一组参数，可称为环境质量参数。它们是对环境组成要素中各种物质的测定值或评定值。例如，以 pH、化学需氧量、溶解氧浓度和微量有害化学元素的含量、农药含量、细菌菌群数等参数表征水环境质量。

为了保护人体健康和生物的生存环境，对污染物(或有害因素)的含量做出限制性规定，或者根据不同的用途和适宜性，将环境质量分为不同的等级，并规定其污染物含量限值或某些环境参数(如水中溶解氧)的要求值，这就构成了环境质量标准。这些标准就成为衡量环境质量的尺度。

二、环境基本特性

环境的特性可以从不同的角度来认识和表述。从与环境影响评价有密切关系出发，可把环境系统的特性归纳为如下三点。

(一) 整体性与区域性

环境的整体性体现在环境系统的结构和功能方面。环境系统的各要素或各组成部分之间通过物质、能量流动网络而彼此关联，在不同的时刻呈现出不同的状态。环境系统的功能也不是各组成要素功能的简单加和，而是由各要素通过一定的联系方式所形成的与结构紧密相关的功能状态。

环境的整体性是环境最基本的特性。因此，对待环境问题也不能用孤立的观点。任何一种环境因素的变化，都可能导致环境整体质量的降低，并最终影响到人类的生存和发展。例如，燃煤排放 SO_2，恶化了大气环境质量；酸沉降酸化水体和土壤，进而导致水生生态系统和农业生态环境质量恶化，因而减少了农业产量并降低了农产品的品质。

同时，环境又有明显的区域差异，这一点生态环境表现得尤为突出。内陆的季风和逆温、滨海的海陆风，就是地理区域不同导致的大气环境差异。海南岛是热带生态系统，西北内陆却是荒漠生态系统，这是气候不同造成的生态环境差异。因此，研究环境问题又必须注意其区域差异造成的差别和特殊性。

(二) 变动性和稳定性

环境的变动性是指在自然的、人为的或两者共同的作用下，环境的内部结构和外在状态始终处于不断变化之中。环境的稳定性是相对于变动性而言的。所谓稳定性是指环境系统具有一定的自我调节功能的特性，也就是说，环境结构与状态在自然的和人类社会行为的作用下所发生的变化不超过这一限度时，环境可以借助于自身的调节功能使这些变化逐渐消失，环境结构和状态可以基本恢复到变化前的状态。例如，生态系统的恢复、水体自净作用等，都是这种调节功能的体现。

环境的变动性和稳定性是相辅相成的。变动是绝对的，稳定是相对的。前述的"限度"是决定能否稳定的条件，而这种"限度"由环境本身的结构和状态决定。目前的问题是由于人口快速增长，工业迅速发展，人类干扰环境和无止境的需求与自然的供给不成比例，各种污染物与日俱增，自然资源日趋枯竭，从而使环境发生剧烈变化，破坏了其稳定性。

(三) 资源性与价值性

环境提供了人类存在和发展的空间，同时也提供了人类必需的物质和能量。环境为人类生存和发展提供必需的资源，这就是环境的资源性。也可以说，环境就是资源。

环境资源包括空气资源、生物资源、矿产资源、淡水资源、海洋资源、土地资源、森林资源等。这些环境资源属于物质性方面。环境提供的美好景观、广阔的空间，是另一类可满足人类精神需求的资源。环境也提供给人类多方面的服务，尤其是生态系统的环境服务功能，如涵养水源、防风固沙、保持水土等，都是人类不可缺少的生存与发展条件。

环境具有资源性，当然就具有价值性。人类的生存与发展，社会的进步，一刻都离不开环境。从这个意义上来看，环境具有不可估量的价值。

对于环境的价值，有一个如何认识和评价的问题。历史地看，最初人们从环境中取得物质资料，满足生活和生产的需要，这是自然的行为，对环境造成的影响也不大。但是，在长期有意无意之中，人类形成环境资源是取之不尽、用之不竭的观念，或者环境无所谓价值、环境无价值的观念。随着人类社会的进步，特别是自工业革命以来，人类社会在经济、技术、文化等方面都得到突飞猛进的发展，人类对环境的要求增加，干预环境的程度、范围、方式等都大大不同于以往，对环境的压力增大。环境污染的产生，危害人群健康；环境资源的短缺，阻碍社会经济的可持续发展。人们开始认识到环境价值的存在。但不同的地区，由于文化传统、道德观念以及社会经济水平等的不同，所认为的环境价值往往有差异。

环境价值是一个动态的概念，随着社会的发展，环境资源日趋稀缺，人们对环境价值的认识在不断深入，环境的价值正在迅速增加。有些原先并不认为有价值的东西，也变得十分珍贵了。例如，阳光-海水-沙滩，现称"3S"资源，在农业社会是无所谓价值的，但在工业社会和城市化高度发展的今天，它们已成为旅游业的资源基础。从这点出发，对环境资源应持动态的、进步的观点。

三、环境影响及其特征

(一) 定义与分类

1. 环境影响的定义

环境影响是指人类活动(经济活动和社会活动)对环境的作用和导致的环境变化以及由此引起的对人类社会和经济的效应。环境影响的程度与人的开发行动密切相关，开发行动的性质、范围和地点不同，受影响的环境要素变化的范围和程度也不同。在研究一项开发行动对环境的影响时，首先应该注意那些受到重大影响的环境要素的质量参数(或称环境因子)的变化。例如，建设一个大型的燃煤火力发电厂，使周围大气中二氧化硫浓度显著增加，城市污水经过一级处理后排入海湾会使排放口附近海水中有机物浓度显著升高，影响原有水生生态的平衡。

2. 环境影响的分类

1) 按影响的来源分

环境影响可分为直接影响、间接影响和累积影响。直接影响与人类活动在时间上同时，在空间上同地；而间接影响在时间上推迟，在空间上较远，但是在可合理预见的范围内。如某一开发建设造成大气和水体的质量变化，或改变区域生态系统结构，造成区域环境功能改变，这是直接影响；而导致该地区人口集中、产业结构和经济类型的变化是间接影响。直接影响一般比较容易分析和测定，而间接影响就不太容易。间接影响空间和时间范围的确定，影响结果的量化等，都是环境影响评价中比较困难的工作。确定直接影响和间接影响并对其进行分析和评价，可以有效地认识评价项目的影响途径、范围、影响状况等，对于如何缓解不良影响和采用替代方案有重要意义。

累积影响是指一项活动的过去、现在及可以预见的将来的影响具有累积性质，或多项活动对同一地区可能叠加的影响。当建设项目的环境影响在时间上过于频繁或在空间上过于密集，以至于各项目的影响得不到及时消除时，都会产生累积影响。

2) 按影响效果分

环境影响可分为有利影响和不利影响。这是一种从受影响对象的损益角度进行划分的方法。有利影响是指对人群健康、社会经济发展或其他环境的状况和功能有积极的促进作用的影响。反之，对人群健康有害或对社会经济发展及其他环境状况有消极阻碍或破坏作用的影响，则为不利影响。需注意的是，不利与有利是相对的，是可以相互转化的，而且不同的个人、团体、组织等由于价值观念、利益等的不同，对同一环境的评价会不尽相同。环境影响的有利和不利的确定，要考虑多方面的因素，是一个比较难确定的问题，也是环境影响评价工作中经常需要认真考虑、调研和权衡的问题。

3) 按影响性质划分

环境影响可分为可恢复影响和不可恢复影响。可恢复影响是指人类活动造成的环境某特性改变或某价值丧失后可能恢复，如油轮漏油事件，造成大面积海域污染，但经过一段时间后，在人为努力和环境自净作用下，海水又可恢复到污染以前的状态，这是可恢复影响。而开发建设活动使某自然风景区改变成为工业区，造成其观赏价值或舒适性价值完全丧失，是不可恢复影响。一般认为，在环境承载力范围内对环境造成的影响是可恢复的；超出了环境承载力范围，则为不可恢复影响。

另外，环境影响还可分为短期影响和长期影响，地方、区域影响或国家和全球影响，建设阶段影响和运行阶段影响等。

(二) 定义与分类

人们的一项拟议的开发行动，无论是一个建设项目还是区域的社会经济发展，都包含了无数的活动，它们对环境的影响是多种多样的。虽然各种影响的性质不同，但具有某些共同的特征。以下研究这些共同的特征。

1) 一种环境影响

一项拟议的开发行动对环境产生的影响是十分复杂的。人们在进行环境影响分析时，一般是通过影响识别，将拟议行动所产生的复杂影响分解成很多单一的环境影响或者称为一种环境影响；然后分别地和互相联系地进行研究，在此基础上再进行综合。一种影响限于单一的环境因子的变化，这种变化是由开发行动的特定活动所引起的。

2) 一种环境影响的性质

(1) 一种影响可以是好的(对人群有利)或不好的(对人群不利)，分别以(+)或(−)表示。但是，对于一种影响是好还是坏的判别是具有社会性的。环境影响是施加于人类和人群的，其只有极少数是仅影响个人或不影响个人的。由于影响的后果不可能均匀分配于全社会或每个人，而总是某些人赞成，某些人反对；某些人受影响小，某些人受影响大；某些人受益，某些人受害。重要的是全面了解哪些人受益，受益的情况和程度如何；哪些人受害，受害的情况和程度如何。这类信息对拟议行动的决策十分重要。

(2) 一种环境影响可以是明显的或显著的，也可以是潜在的、可能发生的(或潜能的)。在很多场合下，潜在的(潜能的)影响往往比明显的影响严重。例如，饮用水水源化学需氧量(COD_{Cr})浓度偏高的明显影响是水味较差，而潜在影响则是这种水经消毒后可能含有致癌物质。

(3) 在一个环境影响因素作用下，环境因子的变化具有空间分布的特征。例如，城市污水排入河道后，河流中的溶解氧浓度沿着河流发生变化，在离排放口不同距离的断面上，溶解氧浓度是不同的。

(4) 一种环境影响是随时间变化的，这种影响所产生的变化是长期的或短期的。它包含两方面的含义：①在拟议行动的不同时期有不同影响。例如，造纸厂在施工阶段，向河流中排放泥浆水，使河水中总悬浮物(SS)浓度增高，在运行阶段则排放含草屑、纸浆纤维的废水，也使河水中 SS 浓度增高，但影响的性质是不同的。②一种影响随着时间延续，影响的强度和性质也发生变化。例如，向海湾水域排放含汞废水，海水中汞离子浓度随即升高，随着时间的延长，发生汞离子的迁移变化，海水中汞离子浓度降低，但水域底泥和一些小生物体内的甲基汞浓度增加，形成了不同性质的新的影响。

(5) 一种环境因素引起环境因子变化的可能性和大小是随机的，具有一定概率分布的特征。例如，有一个城市的污水均匀地排入一条河流，在有些季节的某些日子出现河水的五日生化需氧量(BOD_5)超标，这种超标出现的时间并不完全呈周期性变化，而是随机的。

(6) 影响是可逆的或不可逆的。有些影响是可逆的，如施工期打桩噪声，在施工结束后即消失。而改变土地利用方式，绿色植被消失，代之水泥或沥青铺砌则是不可逆的影响。一般来说，可逆和不可逆影响是相对的。可逆影响是可以恢复的，不可逆影响是不可恢复的。不可逆影响主要是作用于不可更新资源产生的。不可恢复性也指环境资源某些价值的丧失或不可恢复。例如，破坏野生生物独一无二的栖息地；增加一个河口湾的淡水注入量从而改变其淡-咸水平衡；占用稀有植物保留地；改变有特殊风景的河流的流量的行动，如建坝、泄洪道、人工湖、游泳池、渠道和游览设施等改变水流方向的项目。

一个开发项目还可诱发对资源产生不可逆和不可恢复性影响的行动。例如，一个运输设施会促进土地开发、资源开采、旅游等对该地区有不可逆性影响的行动。

(7) 各种影响之间是相互联系的，并可以相互转化。例如，排放燃煤废气造成大气中 SO_2 和 TSP 浓度的增加，而 SO_2 和 TSP 在一起又会产生协同作用，提高污染的危害。

(8) 原发性(初级)环境影响往往产生继发性(次级)影响。原发性影响是开发行动的直接结果，继发性影响是由原发性影响诱发的影响。例如，一块农田改变为城市工业和居住用地，使原来的农作物和绿色植被消失是原发性影响，随着工厂和居住区发展，人口增加，能耗增加，继而增加了对大气、水环境质量的影响，大气和水质下降后又引起居民健康方面的问题等。一般来说，继发性影响应与原发性影响一样受到重视。

(9) 影响的效应是短期的或长期的。短期影响常是由行动直接产生的；长期影响常引起继发性影响。一项长时间的开发行动有短期和长期的影响效应。

例如，穿过港湾、沼泽的公路工程会使这些地区不能用于其他类型的开发，并对这些地区的生态系统产生永久性损害。建大型娱乐场和大公园会使该地区的社会经济条件发生惊人的变化。使用除莠剂和杀虫剂能消灭不良的物种，但长期使用则可对其他植物的生长产生永久性损害或导致生态平衡的破坏。建造废水处理厂会产生噪声、尘土或土壤侵蚀等短期影响，但却具有改善水质的长期效应。

典型的短期效应包括使用活性污泥处理废水的系统和焚烧炉焚烧垃圾产生的臭气，新增人口使学校、交通、社会服务、废水和固体废物处理等基础设施超过负荷，使一个地区的特征发生重大改变(在建筑物不高的街区中建造一座高层建筑物，提高建筑密度，增加人口密度)，有独特自然特点的地区发生重大改变，破坏一个历史性建筑，一个地区的经济基础发生改变等的效应。

第二节　环境评价及其发展过程

一、环境评价概念

"环境评价"是"环境影响评价"和"环境质量评价"的简称。

环境影响评价(environmental impact assessment, EIA)指人们在采取对环境有重大影响的行动之前，在充分调查研究的基础上，识别、预测和评价该行动可能带来的影响，按照社会经济发展与环境保护相协调的原则进行决策，并在行动之前制定出消除或减轻负面影响的措施。坎特(L. W. Canter)定义的环境影响评价是系统识别和评估拟议的项目、规划、计划或立法行动对总体环境的物理、化学、生物、文化和社会经济等要素的潜能影响。潜能影响指通过人类行动将会变为现实的影响。上述的各种行动常称为拟议开发行动。

环境质量评价是20世纪70年代以来在我国广泛应用的名词，是研究人类环境质量的变化规律，评价人类环境质量水平，并对环境要素或区域环境状况的优劣进行定量描述，也是研究改善和提高人类环境质量的方法和途径。环境质量评价包括自然环境和社会环境两方面的内容。由此可见，环境质量评价的重点是环境现状的研究、评价和探讨改善并提高环境质量的方法和途径，而环境质量现状的形成是人们过去各种行动所产生影响的后果。在提出改善和提高环境质量的对策时，必然要分析过去的行动，总结经验教训。

因此，从本质上说，环境质量现状评价和环境质量回顾评价属于环境影响评价的范畴。本书介绍和研究的内容归于环境影响评价的学科范围。

二、开发决策和环境影响评价

既然人们的开发行动可能对环境产生影响，这些影响的后果有时会十分严重，那么，人们在进行对环境有影响的行动之前，在充分调查研究的基础上，识别、预测和评价这种行动的多种方案可能带来的影响，按照社会经济发展与环境保护相协调的原则判断各个方案对环境的影响，同时制定消除和减轻环境污染和破坏的对策，通过比较，对方案的选择做出决策。这样做就能比较适当地解决社会经济发展与环境保护之间的矛盾。

"对环境有影响的行动"所包含的内容十分广泛，如前所述的对环境有影响的立法议案，政府拟议的方针政策，社会经济发展规划，工农业建设项目和新工艺、新技术及新产品的开发等都包含其内。在本课程中，既研究建设项目的环境影响，也讨论区域社会经济发展和其他开发行动的环境影响评价。

在地球生态系统中，人类社会是主动环节，而自然环境却是人类社会得以生存和发展的基础。本书将人类为维持和改善自己生存条件而对自然环境采取的一切行动总称为人类的开发行动，通过这种开发行动，人类从自然环境得到了维持和改善自己生存条件的物质和能量，同时也使环境发生重大变化。这种变化在一定条件下，经过复杂的演变导致环境问题，从而影响到人类社会本身。

　　显然，环境问题的产生，直接与开发行动的环境影响程度和范围有关，而这种影响程度则取决于开发行动的种类、规模实施的地点和方式。开发行动的种类、规模实施的地点及方式是开发决策的重要内容。所以开发决策与环境问题密切地联系在一起。

　　传统的开发决策追求的目标只是经济的高速增长，甚至只是相对的较短时期内的经济的高速增长。所以决策时所考虑的约束条件只是直接与经济增长有关的技术和经济条件，如交通、市场、原料、劳动力、工艺、设备等，很少甚至完全不考虑对环境的影响，即片面地对开发行动进行技术经济评价，并在此基础上作出决策。

　　合理的开发决策所追求的目标，应该以人类可持续发展为前提。这里不仅包括由于经济增长带来消费的改善，而且也包括人类环境(自然的和社会的)的不断改善、资源的保护和有限利用。这是一个把人类眼前利益和长远利益结合起来的目标。在这一目标下决策时，不仅需要考虑技术经济条件的约束，而且必须考虑保护环境与资源的约束，即对开发行动进行可行性研究时，不仅要进行技术经济评价，同时还必须进行环境影响评价，以确定开发行动对环境的影响和对策，并在这两个评价的基础上进行开发决策。

　　开发行动必然会改变环境、消耗资源，但并不一定引起环境问题。在亿万年的进化演变过程中，环境系统形成了自身的稳定性和惯性，只要外加的影响不超过一定限度，它就可以保持原状，或在一定时期内恢复原状。因此，是否引起环境问题，关键在于开发行动的类型、规模、地点和方式以及为消除和减轻环境影响所采取的措施如何。那种认为必须停止经济发展来达到保护环境的观点是行不通的。因为人类只要存在和发展，就会不断改变环境。正确的做法只能是在开发决策时，考虑环境与资源的约束，选择最适当的开发行动种类、规模、地点和方式，以合理的代价协调发展与环境的关系，以达到社会经济的可持续发展。作为立法决策的基础之一，环境影响评价工作应该包括两部分内容：其一是对拟议开发行动的多种方案进行环境影响预测和评价；其二是从中选择环境上令人满意的方案，并提出避免和消减负面影响的对策建议，即在环境预测和评价的基础上，对可能采取的环境保护措施进行分析，权衡拟议开发活动的效益和环境影响的得失，并提出有效对策。

　　通过 EIA 时的开发决策符合可持续发展战略要求。

第三节　环境影响评价概述

一、环境影响评价概念及功能

(一) 环境影响评价概念

　　环境影响评价是指对拟议中的人类的重要决策和开发建设活动可能对环境产生的物理性、化学性或生物性的作用，以及其造成的环境变化和对人类健康及福利的可能影响，进行系统的分析和评估，并提出减少这些影响的对策措施，进行跟踪监测的方法和指导。

　　环境影响评价可明确开发建设者的环境责任及规定应采取的行动，可为建设项目的工程设计提出环境保护要求和建议，可为环境管理者提供对建设项目实施有效管理的科学依据。

　　环境影响评价的环境保护对象具有以下三个特点：①其主体是人类；②既包括天然的自然环境，也包括人工改造后的自然环境；③不含社会因素，如治安环境、文化环境、法律环境等。

(二) 环境影响评价功能

环境影响评价作为一项有效管理工具，具有四种最基本的功能：判断功能、预测功能、选择功能和导向功能。评价的基本功能在评价的基本形式中得到充分的体现。

评价的基本形式之一，是以人的需要为尺度，对已有的客体作出价值判断。从可持续发展角度，对人的行为作出功利判断和道德判断，对自然风景区作出审美价值判断等。现实生活中，人们对许多已存在的有利或有害的价值关系并不了解，越是熟悉的东西，越有可能因熟视无睹而一无所知。通过这一判断，可以了解客体的当前状态，并提示客体与主体需要的满足关系是否存在以及在多大程度上存在。

评价的基本形式之二，是以人的需要为尺度，对将形成的客体的价值作出判断。显然，这是具有超前性的价值判断。其特点在于，它是思维中构建未来的客体，并对这一客体与人的需要的关系作出判断，从而预测未来客体的价值。这一未来客体，有可能是现有客体所导致的客体，也可能是现有客体可能导致的客体中的一种，还可能是新创造的客体。这时的评价是对这些客体与人的需要的满足关系的预测，或者说是一种可能的价值关系的预测。人类通过这种预测而确定自己的实践目标，确定哪些是应当争取的，而哪些是应当避免的。评价的预测功能是其基本功能中非常重要的一种功能。

评价还有一种基本形式，是将同样都具有价值的客体进行比较，从而确定其中哪一个是更有价值、更值得争取的，这是对价值序列的判断，也可称为对价值程度的判断。在现实生活中，人们常常面临着不同的选择，面临鱼与熊掌不可兼得或两害相权取其轻的取舍，在这种必须作出选择的情势中，评价的功能就是确定哪一种更值得取，而哪一种更应该舍。这就是评价所具有的选择功能。通过评价而将取与舍在人的需要的基础上统一起来，理智地和自觉倾向于被选择之物，以使实践活动更加符合目的且更顺利。

在人类活动中，评价最为重要的、处于核心地位的功能是导向功能，其他三种功能都隶属于这一功能。人类理想的活动是使目的与规律达到统一，其中目的的确立要以评价所判定的价值为基础和前提，而对价值的判断是通过对价值的认识、预测和选择这些评价形式才得以实现的。所以也可以说，人类活动目的的确立应基于评价，只有通过评价，才能建立合理的和合乎规律的目的，才能对实践活动进行导向和调控。

综上所述，可以简单地说，评价是人或人类社会对价值的一种能动的反映，评价具有判断、预测、选择和导向四种基本功能。这就是环境影响评价的哲学依据。在环境影响评价的实际工作中，环境影响评价的概念、内容、方法、程序及决策等都体现出上述依据。同时，人们也在不断地运用环境影响评价的哲学依据，发现环境影响评价中的不足，解决面临的问题，不断地充实和发展环境影响评价，使这一领域的工作顺应社会的要求，实现可持续发展。

二、环境影响评价类别

从不同角度出发，可以对"环境影响评价"作不同的分类。

(一) 评价的时序

1. 回顾评价

这是根据历史资料对一个区域过去某一历史时期的环境质量进行的回顾性评价。通过回顾评价可以揭示出区域环境污染的发展变化过程,推测今后的趋势。这种评价需要大量过去的环境历史资料,而实际所能提供的资料往往有限,特别是对不发达地区,因此局限性很大,所得的评价结论往往可靠性较差。

2. 现状评价

这种评价一般是根据近一两年的环境监测、调查资料,对一个区域内环境质量的变化及现状进行评定。它可以近似地反映环境质量现状,探索形成环境质量现状的原因,为该区域环境污染的综合防治和制定环境规划等提供科学依据,它也是环境影响评价的基础工作。

3. 影响评价

这类评价是对一项拟议的开发行动方案或规划所产生的环境影响进行识别、预测和评价,并在评价基础上提出合理避免和消减负面环境影响的对策。环境影响评价包含了很广泛的内容,它的评价结论是环境保护决策的重要依据。这类评价也包括新产品和技术开发所产生的环境影响评价。还有些专家将企业环境管理中的评估和审计(如 ISO 14000 系列)也归入影响评价的范畴。

从理论上说,回顾评价和现状评价可以归入环境影响评价的范畴。

(二) 评价的要素

按照评价要素来划分,环境评价分为单个环境要素的评价、几个环境要素的联合评价和区域环境的综合评价。单个环境要素的评价如大气、地表水、地下水等的评价;联合评价如土壤和作物联合评价,地表水、地下水和土壤的联合评价;区域环境综合评价。

(三) 评价的层次和性质

1. 战略性环境影响评价

这是一个国家或地区在拟定立法议案、重大方针、战略发展规划和采取战略行动前开展的环境影响评价。近年来,一些国际组织在采取重大行动前也开展了战略性环境影响评价。

2. 区域开发环境影响评价

这里所指区域的范围比国家和地区小。以区域为单元进行整体性规划和开发是近代世界各国发展的重要方式。在一个区域内,将容纳许多建设项目。要协调好区域发展与建设和环境保护的关系,必须按照一定的发展战略制定全面的环境规划;而区域环境规划的基础工作是区域环境影响评价。近年来,区域环境影响评价已在我国普遍开展。

3. 建设项目环境影响评价

拟议建设项目的环境影响评价是为其合理布局和选址、确定生产类型和规模以及拟采取的环境保护措施等决策服务的。这类环境影响评价的种类最繁杂，数量最大。

4. 新产品和新技术开发的环境影响评价

技术评价是从 20 世纪 70 年代起在国际上广为开展的工作。新产品和新技术开发的环境影响评价是其中重要组成部分。这类评价的对象是新产品和新技术在开发、生产和应用过程中的潜能影响。其特点是范围广，涉及应用该产品和技术的广大区域；时间跨度大，从"立即"到久远的未来。

5. 生命周期评价

生命周期评价(life cycle assessment, LCA)也称产品的生命周期分析，是详细研究一种产品从原料开采、生产到产品使用后最终处置的全过程，即生命周期内的能源需求、原材料利用、生产过程产生的废物(包括包装材料)、产品在消费和报废后的处置中能量和材料的流失及其环境影响定量化。

这五类环境影响评价之间的关系见图 1-1。

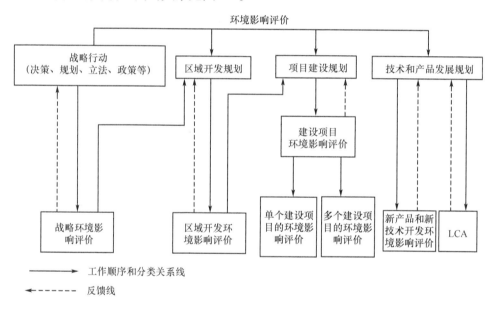

图 1-1　环境影响评价类型及其相互关系

图 1-1 中表示的战略行动是用来指导其他行动的，战略环境影响评价的结果是各个层次开发行动决策的重要依据。

三、环境影响评价基本要求与重要性

(一) 环境影响评价基本要求

环境影响评价是一种过程，这种过程重点在决策和开发建设活动开始前，体现出环境影响评价的预防功能。决策后或开发建设活动开始，通过实施环境监测计划和持续性研究，环境影响评价还在延续，不断验证其评价结论，并反馈给决策者和开发者，进一步修改和完善其决策和开发建设活动。环境影响评价的过程包括一系列的步骤，这些步骤按顺序进行。各

个步骤之间存在着相互作用和反馈机制。在实际工作中，环境影响评价的工作过程可以有所不同，而且各步骤的顺序也可能发生变化。环境影响评价是一个循环的和补充的过程。

一种理想的环境影响评价过程，应该能够满足以下条件：

(1) 基本上适应所有可能对环境造成显著影响的项目，并能够对所有可能的显著影响作出识别和评估。

(2) 对各种替代方案(包括项目不建设或地区不开发的方案)、管理技术、减缓措施进行比较。

(3) 编写出清楚的环境影响报告书(environmental impact statement, EIS)，以使专家和非专家都能了解可能影响的特征及其重要性。

(4) 进行广泛的公众参与和严格的行政审查。

(5) 能够及时为决策提供有效信息。

环境影响评价工作的执行者是具备环境影响评价能力的法人单位，包括从事环境科学研究与管理的研究院所、大专院校、规划设计部门、咨询机构及企业公司。参与者包括环境学者、工程师、规划者、生物学家、经济学家、地理学家、社会学家、景观设计者、考古学家以及公众等。

一般来说，环境影响评价工作的成果要有一个评价报告，即环境影响报告书。各国根据其具体情况，对报告书有不同要求。我国《建设项目环境保护管理条例》规定："建设项目对环境可能造成重大影响的，应当编制环境影响报告书，对建设项目产生的污染和对环境的影响进行全面、详细的评价。"同时规定了编制环境影响报告表的类型。

(二) 环境影响评价的重要性

环境影响评价是一项技术，也是正确认识经济发展、社会发展和环境发展之间相互关系的科学方法，是正确处理经济发展使之符合国家总体利益和长远利益，强化环境管理的有效手段，对确定经济发展方向和保护环境等一系列重大决策都有重要作用。环境影响评价能为地区社会经济发展指明方向，合理确定地区发展的产业结构、产业规模和产业布局。环境影响评价过程是对一个地区的自然条件、资源条件、环境质量条件和社会经济发展现状进行综合分析的过程，它是根据一个地区的环境、社会、资源的综合能力，将人类活动不利于环境的影响限制到最小。

1. 保证项目选址和布局的合理性

合理的经济布局是保证环境与经济持续发展的前提条件，而不合理的布局则是造成环境污染的重要原因。环境影响评价从项目所在地区的整体出发，考察建设项目的不同选址和布局对区域整体的不同影响，并进行比较和取舍，选择最有利的方案，保证建设选址和布局的合理性。

2. 指导环境保护设计，强化环境管理

一般来说，开发建设活动和生产活动，都要消耗一定的资源，都会给环境带来一定的污染与破坏，因此必须采取相应的环境保护措施。环境影响评价针对具体的开发建设活动或生产活动，综合考虑开发活动特征和环境特征，通过对污染治理设施的技术、经济和环境论证，可以得到相对最合理的环境保护对策和措施，把因人类活动而产生的环境污染或生态破

坏限制在最小范围内。

3. 为区域的社会经济发展提供导向

环境影响评价可以通过对区域的自然条件、资源条件、社会条件和经济发展等进行综合分析，掌握该地区的资源、环境和社会等状况，从而对该地区的发展方向、发展规模、产业结构和产业布局等作出科学的决策和规划，指导区域活动，实现可持续发展。

4. 促进相关环境科学技术的发展

环境影响评价涉及自然科学和社会科学的广泛领域，包括基础理论研究和应用技术开发。环境影响评价工作中遇到的问题，必然会对相关环境科学技术提出挑战，进而推动相关环境科学技术的发展。

第四节　环境影响评价制度

环境影响评价是分析预测人为活动造成环境质量变化的一种科学方法和技术手段。这种科学方法和技术被法律强制规定为指导人们开发活动的必需行为，就成为环境影响评价制度。进入20世纪，特别是20世纪中叶，科学、工业、交通迅猛发展，工业过分集中，城市人口过分密集，环境污染由局部扩大到区域，大气、水体、土壤、食品都出现了污染，屡有公害事件发生。森林过度采伐、草原垦荒、湿地破坏，又带来一系列生态环境恶化问题。人们逐渐认识到，人类不能不加节制地开发利用环境，在寻求自然资源改善人类物质精神生活的同时，必须尊重自然规律，在环境容量允许的范围内进行开发建设活动，否则，将会给自然环境带来不可逆转的破坏，最终毁了人类的家园。

环境影响评价是建立在环境监测技术、污染物扩散规律、环境质量对人体健康影响、自然界自净能力等学科研究分析基础上发展起来的一门科学技术。20世纪50年代初期，核设施已开始评价环境影响辐射状况，20世纪60年代英国总结出环境影响评价"三关键"(关键核素、关键途径、关键居民区)，已有较明确的污染源—污染途径(扩散迁移方式)—受影响人群的环境影响评价模式。

一、国外的环境影响评价制度

环境影响评价作为一种科学方法和技术手段，任何个人和组织都可应用，为人类开发活动提供指导依据，但并没有约束力，而美国是世界上第一个把环境影响评价用法律固定下来并建立环境影响评价制度的国家。

1969年，美国国会通过了《国家环境政策法》，1970年1月1日起正式实施，该法中第二节第二条的第三款规定：在对人类环境质量具有重大影响的每一生态建议或立法建议报告和其他重大联邦行动中，均应由负责官员提供一份包括下列各项内容的详细说明。

第一项：拟议中的行动将会对环境产生的影响。

第二项：如果拟议付诸实施，不可避免地将会出现的任何不利于环境的影响。

第三项：拟议中的行动的各种选择方案。

第四项：地方对人类环境的短期使用与维持和驾驭长期生产能力之间的关系。

第五项：拟议中的行动如付诸实施，将要造成的无法改变和无法恢复的资源损失。

继美国建立环境影响评价制度后，先后有瑞典(1970 年)、新西兰(1973 年)、加拿大(1973 年)、澳大利亚(1974 年)、马来西亚(1974 年)、德国(1976 年)、菲律宾(1979 年)、印度(1978 年)、泰国(1979年)、中国(1979年)、印度尼西亚(1979年)、斯里兰卡(1979年)等国家建立了环境影响评价制度，与此同时，国际上也设立了许多有关环境影响评价的机构，召开了一系列有关环境影响评价的会议，开展了环境影响评价的研究和交流，进一步促进了各国环境影响评价的应用与发展。1970 年世界银行设立环境与健康事务办公室，对其每一个投资项目的环境影响作出审查和评价。1974 年联合国环境规划署与加拿大联合召开了第一次环境影响评价会议。1984 年 5 月联合国环境规划理事会第 12 届会议建议组织各国环境影响评价专家进行环境影响评价研究，为各国开展环境影响评价提供了方法和理论基础。1992 年联合国环境与发展大会在里约热内卢召开，会议通过的《里约环境与发展宣言》和《21 世纪议程》中都写入了有关环境影响评价内容。《里约环境与发展宣言》原则上宣告：对于拟议中可能对环境产生重大不利影响的活动，应进行环境影响评价，作为一项国家手段，并应由国家主管当局作出决定。

1994 年加拿大环境评价办公室(FERO)和国际评估学会(IAIA)在魁北克市联合召开了第一届国际环境影响评价部长级会议，有 52 个国家和组织机构参加了会议，会议作出了"进行环境评价有效性研究"的决议。

经过 30 多年的发展，已有 100 多个国家建立了环境影响评价制度。环境影响评价的内涵不断丰富，从对自然环境影响评价发展到社会环境影响评价；自然环境的影响评价不仅考虑环境污染，还注重生态影响，开展风险评价，关注累积性影响，并开始对环境影响进行后评估；环境影响评价从最初单纯的工程项目环境影响评价，发展到区域开发环境影响评价和战略影响评价，环境影响技术方法和程序也在发展中不断地得以完善。

二、中国的环境影响评价制度

(一) 中国环境影响评价制度的建立

从 1973 年第一次全国环境保护会议后，环境影响评价的概念开始引入我国。高等院校和科研单位一些专家、学者在报刊和学术会上宣传和倡导环境影响评价，并参与了环境质量评价及其方法的研究。

1973 年，"北京西郊环境质量评价研究协作组"成立，开始进行环境质量评价的研究。随后，官厅流域、南京市、茂名市也开展了环境质量评价。1977 年，中国科学院召开"区域环境学"讨论会，推动了大中城市环境质量现状评价，如北京市东南郊、沈阳市、天津市河东区、上海市吴淞区、广州市荔湾区、保定市、乌鲁木齐市等。其中北京西郊、沈阳市、南京市的环境质量评价是有代表性的。同时，也开展了松花江、图们江、白洋淀、湘江及杭州西湖等重要水域的环境质量现状评价。1979 年 11 月在南京召开的中国环境科学学会环境质量评价委员会学术座谈会上，总结了这一阶段环境质量评价的工作经验，编写了"环境质量评价参考提纲"，为各地进行环境质量现状评价研究提供了方法。

1978 年 12 月 31 日，国务院环境保护领导小组在《环境保护工作汇报要点》中首先提出了环境影响评价的意向，1979 年 4 月，国务院环境保护领导小组在《关于全国环境保护工作会议情况的报告》中，把环境影响评价作为一项方针政策再次提出。在国家支持下，北京师范大学等单位率先在江西永平铜矿开展了我国第一个建设项目的环境影响评价工作。

1979年9月，《中华人民共和国环境保护法(试行)》颁布，规定："一切企业、事业单位的选址、设计、建设和生产，都必须注意防止对环境的污染和破坏。在进行新建、改建和扩建工程中，必须提出环境影响报告书，经环境保护主管部门和其他有关部门审查批准后才能进行设计。"我国的环境影响评价制度正式建立起来。

(二) 中国环境影响评价制度的发展

中国环境影响评价制度建立后大致经历了三个阶段。

1. 规范建设阶段(1979～1989年)

1979年，《中华人民共和国环境保护法(试行)》确立了环境影响评价制度后，在以后颁布的各种环境保护法律、法规中，不断对环境影响评价进行规范，通过行政规章，逐步规范环境影响评价的内容、范围、程序，环境影响评价的技术方法也不断完善。

1) 法律规范

(1) 《中华人民共和国环境保护法》(1989年)第十三条中规定："建设污染环境的项目，必须遵守国家有关建设项目环境管理的规定。"

"建设项目环境影响报告书，必须对建设项目产生的污染和对环境的影响作出评价，规定防治措施，经项目主管部门预审，并依照规定的程序报环境保护行政主管部门批准。环境影响报告书经批准后，计划部门方可批准建设项目设计任务书。"

在这一条款中，对环境影响评价制度的执行对象和任务、工作原则和审批程序、执行时段和与基本建设程序之间的关系作了原则规定，是行政法规中具体规范环境影响评价制度的法律依据和基础。

(2) 《中华人民共和国海洋环境保护法》(1982年)第六条："海岸工程建设项目的主管单位……，按照国家有关规定，编报环境影响报告书。"第九条、第十条又分别对围海工程和开发海洋石油的企业，要求提出工程环境影响报告书。

(3) 《中华人民共和国水污染防治法》(1984年)第十三条："新建、扩建、改建直接或者间接向水体排放污染物的建设项目和其他水上设施，必须遵守国家有关建设项目环境管理的规定。"

"建设项目的环境影响报告书，必须对建设项目可能产生的水污染和对生态环境的影响作出评价，规定防治的措施，按照规定的程序报经有关环境保护部门审查批准……"

《中华人民共和国海洋环境保护法》第九条："对围海造地或其他围海工程，以及采挖矿石，应当严格控制，确需进行的，必须在调查研究和经济效果对比的基础上，提出工程的环境影响报告书……"

(4) 《中华人民共和国大气污染防治法》(1987年)第九条："新建、扩建、改建向大气排放污染物的项目，必须遵守国家有关建设项目环境保护管理的规定。"

建设项目的环境影响报告书，必须对建设项目可能产生的大气污染和对生态环境的影响作出评价，规定防治措施，并按照规定的程序报环境保护部门审查批准。

(5) 《中华人民共和国野生动物保护法》(1988年)第十二条："建设项目对国家或者地方重点保护野生动物的生存环境产生不利影响的，建设单位应当提交环境影响报告书；环境保护部门在审批时，应当征求同级野生动物行政主管部门的意见。"

(6)《中华人民共和国环境噪声污染防治条例》(1989 年)第十五条："新建、改建、扩建的建设项目，必须遵守国家有关建设项目环境保护管理的规定。"

2) 部门行政规章

部门行政规章是执行制度时的具体工作准则，可保证环境影响评价制度的有效执行，这阶段主要的部门行政规章如下：

(1) 国家计划委员会、国家经济贸易委员会、国家建设委员会、国务院环境保护领导小组 1981 年 12 号文件：《基本建设项目环境保护管理办法》，明确把环境影响评价制度纳入基本建设项目审批程序中。

(2) 国务院环境保护委员会、国家计划委员会、国家经济贸易委员会(86)国环字第 003 号文件：《建设项目环境保护管理办法》，对建设项目环境影响评价的范围、程序、审批和报告书(表)编制格式都做了明确规定。

(3) 国家环境保护局 1986 年颁布《建设项目环境影响评价证书管理办法》(试行)，核发综合和单项证书单位 1536 个。

(4) 国家环境保护局(86)环建字第 306 号文件：《关于建设项目环境影响报告书审批权限问题的通知》。

(5) 国家环境保护局(88)环建字第 117 号文件：《关于建设项目环境管理问题的若干意见》。

(6) 国家环境保护局环监福字(89)第 53 号文件：《关于重审核设施环境影响报告书审批程序的通知》。

(7) 国家环境保护局(89)环监字第 281 号文件：《建设项目环境影响评价证书管理办法》，将环境影响评价证书改为部级和乙级。

(8) 国家环境保护局、财政部、国家物价局(89)环监字第 141 号文件：《关于颁发建设项目环境影响评价收费标准的原则与方法(试行)的通知》。

各地方根据《建设项目环境保护管理办法》制定了以适用本地的建设项目环境管理办法的实施细则为主体的地方环境影响评价行政法规，各行业主管部门也陆续制定了建设项目环境保护管理行业行政规章，共 50 多个，初步形成了国家、地方、行业相配套的建设项目环境影响评价的多层次法规体系。通过上述法规，基本理顺了环境影响评价的程序，确定了"按工作量收费"的环境影响评价收费原则，并对评价单位的资质认可做了明确规定，建设了一支环境影响评价专业队伍。

这阶段，在环境影响评价技术方法上也进行了广泛研究和探讨，取得明显进展。环境影响评价覆盖面积越来越大，"六五"期间(1980～1985 年)全国完成大中型建设环境影响报告书 445 项，其中有 4 项确定了原选址方案。"七五"期间(1986～1990 年)全国共完成大中型项目环境影响评价 2592 个，其中有 84 个项目的环境影响评价指导和优化了项目选址。1979～1989 年的十年，是环境影响评价制度在中国形成规范和建设发展阶段。

2. 强化和完善阶段(1990～1998 年)

1989 年 12 月 26 日通过《中华人民共和国环境保护法》到 1998 年 11 月 29 日国务院发布《建设项目环境保护管理条例》，是建设项目环境影响评价强化和完善的阶段。

《中华人民共和国环境保护法》第十三条，重新规定了环境影响评价制度。随着我国改革开放的深入发展，社会主义计划经济向市场经济转轨，建设项目的环境保护管理也不断地改革、强化、这期间加强了国际合作与交流，把中国环境影响评价制度向世界介绍并汲取国外有益经验，进一步完善了中国的环境影响评价制度。

针对建设项目的多渠道立项和开发区的兴起，1993 年国家环境保护局及时下发了《关于进一步做好建设项目环境保护管理工作的几点意见》，提出了"先评价，后建设"、环境影响评价分类指导和开发区进行区域环境影响评价的规定。

随着外商投资和国际金融组织贷款项目的增多，1992 年，国家环境保护局和对外贸易经济合作部(外经贸部)又联合颁发了《关于加强外商投资建设项目环境保护管理的通知》；1993 年国家环境保护局、国家计划委员会、财政部联合颁布了《关于加强国际金融组织贷款建设项目环境影响评价管理工作的通知》。

第三产业蓬勃发展相应地也带来了扰民问题，1995 年国家环境保护局、国家工商行政管理局又联合颁发《关于加强饮食娱乐服务企业环境管理的通知》，及时抓住改革开放新形势下的新问题，进行规范，刹住了建设项目中出现的一些错误倾向，纠正了不依法行政的违法行为。

1994 年起，开始了环境影响评价招标试点，国家环境保护局选择上海吴泾电厂、常熟氟化工项目等十几个项目陆续进行了公开招标，甘肃、福建、陕西、辽宁、新疆、江苏等省份积极进行了招标试点和推广，江苏、陕西、甘肃等省份还制定了较规范的招标办法。招标对提高环境影响评价质量，克服地方和行业的狭隘保护主义起到了积极推动作用。

这期间马鞍山市、海南洋浦开发区、浙江大榭岛、兰州西固工业区等有影响的区域开发活动都进行了区域环境影响评价，开发区的环境管理得到明显加强，并明确了区域环境影响评价的重点是区域的合理规划布局、污染物总量控制和污染物集中处理。

"八五"期间，由于加强了环境影响评价制度的执行力度，全国执行率从 1995 年的 61%提高到 2000 年的 81%。

1996 年召开了第四次全国环境保护工作会议，各级环境保护主管部门认真落实《国务院关于环境保护若干问题的决定》，严格把关，坚决控制新污染，对不符合环境保护要求的项目实施"一票否决"。各地加强了对建设项目的检查和审批，并实施污染物总量控制，环境影响评价中还强化了"清洁生产"和"公众参与"的内容，强化了生态环境影响评价。环境影响评价的深度和广度得到进一步扩展。国家环境保护局又开展了环境影响评价的后评估试点，对海口电厂、齐鲁石化等项目环境保护管理的技术支持单位，以及环境影响报告书进行技术审查。几年来，评估中心不断地发展壮大，其技术支持作用也越来越大。甘肃、福建、四川、辽宁、重庆等省份也分别成立了"环境评估中心"，加强了环境影响评价的技术把关。国家加强了对评价队伍的管理，进行了环境影响评价人员的持证上岗培训。全国有甲级评价证书单位 264 个，乙级评价证书单位 455 个，评价队伍达 11000 余人。到 1998 年年底培训了 7100 余人，提高了环境影响评价人员的业务素质。这期间加强了环境影响评价的技术规范的制定工作，在已有工作的基础上，1993 年国家环境保护局发布了《环境影响评价技术导则》(总纲、大气环境、地面水环境)，1996 年发布了《辐射环境保护管理导则》《电磁辐射环境影响评价方法与标准》《环境影响评价技术导则(声环境)》，1998 年发布了《环境影响评价技术导则(非污染生态影响)》，1996 年国家环境保护局、电力部还联合发布了《火电厂建设项目环境影响报告书编制规范》。此外，地下水、环境工程分析及固态废弃物的环境影响评价导则正在编制。1990～1998 年，是中国环境影响评价制度不断强化和完善的阶段。

3. 提高阶段(1999 年至今)

1998 年 11 月 29 日国务院 253 号令发布实施《建设项目环境保护管理条例》(以下简称《条例》)，这是建设项目环境管理的第一个行政法规，《条例》中用一章内容对环境影响评价做了详细明确的规定。

1999 年 1 月 20～22 日，在北京召开了第三次全国建设项目环境保护管理工作会议，认真研究贯彻《条例》，把中国的环境影响评价制度推向了一个新的时期。

1) 陆续颁布了一系列配套法规

1999 年 3 月，国家环境保护总局令第 2 号，公布《建设项目环境影响评价资格证书管理办法》，对评价单位资质进行了规定；1999 年 4 月，国家环境保护总局《关于公布建设项目环境保护分类管理名录(试行)的通知》，公布了分类管理名录；1999 年 4 月，国家环境保护总局《关于执行建设项目环境影响评价制度有关问题的通知》(环发[1999]107 号文)，对《建设项目环境保护管理条例》中涉及环境影响评价程序、审批及评价资格等问题进一步明确。

上述部门行政规章是贯彻落实《建设项目环境保护管理条例》、把环境影响评价推向新阶段的有力保证。

2) 整顿评价队伍

在对评价单位进行全面考核的项目中，国家环境保护总局加大对评价单位的管理，坚决贯彻评价单位"少而精"的原则。1999 年 3 月，国家环境保护总局关于吊销中止部分单位《建设项目环境影响评价证书(甲级)》的公告(环发[1999]94 号)，吊销、中止了 10 个不合要求单位的甲级评价单位资格。

1999 年 4 月和 6 月，又分别下发《关于重新申领建设项目环境影响评价资格证书(甲级)的通知》(环办[1999]41 号)和《关于重新申领建设项目环境影响评价资格证书(乙级)的通知》(环办[1999]59 号)，对原持证单位重新考核。1999 年 7 月，国家环境保护总局发布了《建设项目环境影响评价资格证书(甲级)持证单位的公告》(环发[1999]168 号)，公布了第一批 122 个单位的甲级评价证书资格，10 月，又公布了第二批 68 个单位的甲级评价证书资格(环发[1999]236 号)。并对全国环境影响评价人员开展了大规模持证上岗培训，仅 1999 年 9 月，全国就培训了 800 余人，促进了环境影响评价队伍的健康发展。

国家环境保护总局还下发了《关于贯彻实施〈建设项目环境保护管理条例〉的通知》加强了国家和地方项目环境影响评价制度执行情况的检查，环境影响评价制度迈进了继续提高的阶段。

(三) 中国环境影响评价制度的特点

中国的环境影响评价制度是借鉴国外经验并结合中国的实际情况逐渐形成的。中国的环境影响评价制度主要特点表现在以下几方面。

1. 以建设项目环境影响评价为主

现行法律法规中规定建设项目必须执行环境影响评价制度，包括区域开发、流域开发、工业基地的发展计划、开发区建设等。对环境有重大影响的决策行为和经济发展规划、计划的制定，没有规定开展环境影响评价。

2. 具有法律强制性

中国的环境影响评价制度是国家环境保护法明令规定的一项法律制度，以法律形式约束人们必须遵照执行，具有不可违背的强制性，所有对环境有影响的建设项目都必须执行这一制度。

3. 纳入基本建设程序

中国多年实行计划体制，改革开放以来，虽然实行社会主义市场经济，但在固定资产上国家仍然有较多的审批环节和产业政策控制权力，强调基本建设程序。多年来，建设项目的环境管理一直纳入基本建设程序管理中。1998 年《建设项目环境保护管理条例》颁布，对各种投资类型的项目都要求在可行性研究阶段或开工建设之前，完成其环境影响评价的报批。

4. 分类管理

国家规定，对造成不同程度环境影响评价的建设项目实行分类管理。对环境有重大影响的必须编写环境影响报告书，对环境影响较小的项目可以编写环境影响报告表，而对环境影响很小的项目，可只填报环境影响登记表。评价工作的重点也因类而异，对新建项目，评价重点主要是合理布局、优化选址和总量控制；对扩建和技术改造项目，评价的重点在于工程实施前后可能对环境造成的影响及"以新带老"，加强原有污染治理，改善环境质量。

5. 实行评价资格审核认定制

为确保环境影响评价工作的质量，自 1986 年起，中国建立了评价单位的资格审查制度，强调评价机构必须具有法人资格，具有与评价内容相适应的固定在编的各专业人员和测试手段，能够对评价结果负起法律责任。评价资格经审核认定后，颁发环境影响评价书。

1998 年，国务院颁发的《建设项目环境保护管理条例》第十三条明确规定："国家对从事建设项目环境影响评价工作的单位实行资格审查制度。从事建设项目环境影响评价工作的单位，必须取得国务院环境保护行政主管部门颁发的资格证书，按照资格证书规定的等级和范围，从事建设项目环境影响评价工作，并对评价结论负责。"持证评价是中国环境影响评价制度的一个重要特点。

思　考　题

1. 何谓"环境评价"、"环境影响评价"和"环境质量评价"？三者的关系如何？
2. 简论开发决策环境评价的关系。
3. 试按图 1-1 简述五类环境影响评价的特点和关系。
4. 简述完成一项环境影响评价必须通过的程序。
5. 试讨论我国和其他国家的环境影响评价程序和管理的主要异同点与优缺点。

第二章　环境影响评价依据

【内容摘要】　环境影响评价基准是环境影响评价的根本依据,包括环境标准、环境法律法规体系和环境及产业政策。环境标准是有关保护环境、控制环境污染与破坏的各种标准的总称。环境影响评价制度是进行环境影响评价的法律依据,我国的环境影响评价制度融汇于环境保护的法律法规体系之中。环境及产业政策是推动和指导经济与环境可持续协调发展的重要依据和措施。本章将主要介绍四方面的内容:①环境标准的基本概念及其体系构成;②环境质量标准与污染物排放标准相关内容;③我国环境影响评价制度法律体系的组成及其各部分的相互关系;④中国环境影响评价环境政策及产业政策主要要求。

第一节　环境标准与标准体系

一、标准

什么是标准?目前,多数国家采用国际标准化组织的定义:"标准是经公认的权威机关批准的一项特定标准化工作的成果,它可采用下述表现形式:①一项文件,规定一整套必须满足的条件;②一个基本单位或物理常数,如安培、绝对零度;③可用作实体比较的物体。"

国家标准总局对标准的定义是:"对经济、技术、科学及其管理中需要协调统一的事物和概念所做的统一技术规定。这种是为获得社会效益,根据科学、技术和实践经验的综合成果,经有关方面协商同意,由主管机关批准,以特定形式发布,作为共同遵守的准则。"

二、环境标准

环境标准是为了防治环境污染,维护生态平衡,保护人群健康而对环境保护工作中需要统一的各项技术规范和技术要求所做的规定。具体地讲,环境标准是国家为了保护人民健康、促进生态良性循环、实现社会经济发展目标,根据国家的环境政策和法规,在综合考虑国家自然环境特征、社会经济条件和科学技术水平的基础上,规定环境中污染物的允许含量和污染源排放污染物的数量、浓度、时间和速率以及其他有关技术规范。

环境标准是国家环境政策在技术方面的具体体现,是行使环境监督管理和进行环境规划的主要依据,是推动环境科技进步的动力。由此可以看出,环境标准随环境问题的产生而出现,随科技进步和环境科学的发展而发展,体现在种类(国家环境标准五类)和数量上也越来越多。环境标准为社会生产力的发展创造良好的条件,又受到社会生产力发展水平的制约。

环境标准在保护环境、控制环境污染与破坏中所起的作用有以下几方面。

(一) 制定环境规划和环境计划的主要依据

保护人民群众的身体健康，促进生态良性循环和保护社会财物不受损害，都需要使环境质量维持在一定的水平上，这种水平是由环境质量标准规定的。制定环境规划和计划需要有一个明确的目标，环境目标就是依据环境质量标准提出的。

像制定经济计划需要生产指标一样，制定保护环境的计划也需要一系列的环境指标，环境质量标准和按行业制定的与生产工艺、产品质量相联系的污染物排放正是这种类型的指标。

有了环境质量标准和排放标准，国家和地方就可以依据它们来制定控制污染和破坏以及改善环境的规划、计划，也有利于将环境保护工作纳入各种社会经济发展计划中。

(二) 环境评价的准绳

无论是进行环境质量现状评价和编制环境质量报告书，还是进行环境影响评价和编制环境影响报告书，都需要依据环境标准做出定量化的比较和评价，正确判断环境质量状况和环境影响大小；为进行环境污染综合整治以及采取切实可行的减少、消除环境影响的措施提供科学的依据。

(三) 环境管理的技术基础

环境管理包括环境立法、环境政策、环境规划、环境评价和环境监测等。例如，制定的大气、水质、噪声、固体废物等方面的法令和条例中，就包含了环境标准的要求。环境标准用具体数字体现了环境质量和污染物排放应控制的界限和尺度。超越这些界限，污染了环境，即违背法规。环境管理是执法过程，也是实施环境标准的过程。如果没有各种环境标准，环境法规将难以具体执行。

(四) 提高环境质量的重要手段

颁布和实施环境标准可以促使企业进行技术改造和技术革新，提高资源和能源的利用率，努力达到环境标准的要求。

显然，环境标准的作用不仅表现在环境效益上，也表现在经济效益和社会效益上。

(五) 成为环境保护科技进步的推动力

环境标准与其他标准一样，是以科学技术与实践的综合成果为依据制定的，具有科学性和先进性，代表了今后一段时期内科学技术的发展方向。目的是使标准在某种程度上成为判断污染防治技术、生产工艺与设备是否先进可行的依据，成为筛选、评价环境保护科技成果的一个重要尺度；对技术进步起到导向作用。同时，环境方法、样品、基础标准统一了采样、分析、测试、统计计算等技术方法，规范了环境保护有关技术名词、术语等，保证了环境信息的可比性，使环境科学各学科之间、环境监督管理各部门之间以及环境科研和环境管理部门之间有效的信息交往和相互促进成为可能。标准的实施还可以起到强制推广先进科技成果的作用，加速科技成果转化，使污染治理新技术、新工艺、新设备尽快得到推广应用。

(六) 投资导向作用

环境标准中指标值的高低是确定污染源治理污染资金投入的技术依据：在基本建设和技

术改造项目中也是根据标准值，确定治理程度，提前安排污染防治资金。环境标准对环境投资的这种导向作用是明显的。

三、环境标准体系

各种环境标准之间是相互联系、相互依存和相互补充的。环境标准体系就是按照各个环境标准的性质、功能和内在联系进行分级、分类所构成的一个有机整体。这个体系随全世界或各个国家不同时期的社会经济和科学技术发展水平的变化而不断修订、充实和发展。

(一) 环境标准分类及含义

环境标准种类繁多，依分类原则而异。

按标准的级别可分为国际级、国家级、地方级和(或)部门级。例如，饮用水标准就有1971 年世界卫生组织(WHO)制定的《国际饮用水标准》，中国于 2006 年制定的《生活饮用水卫生标准》(GB 5749—2006)，建设部制定的《生活饮用水水源水质标准》(CJ/T 3020—1993)，有些省、市结合本地情况也制定了补充标准。

按标准的性质可分为具有法律效力的强制性标准和推荐性标准。

凡是环境保护法规条例和标准化方法中规定必须执行的标准为强制性标准，如污染物排放标准、环境基础标准、分析方法标准、环境标准、物质标准和环境保护仪器设备标准中的大部分标准，均属强制性标准；环境质量标准中的警戒性标准也属强制性标准。推荐性标准是在一般情况下应遵循的要求或做法，但不具有法定的强制性。例如，《环境影响评价技术导则 总纲》(HJ/T 2.1—2016)为环境保护行业标准(HJ 代表"环境"行业，T 代表推荐)。

按标准控制的对象和形式可分为：环境质量标准；污染物排放标准；基础标准和方法标准；环境标准物质标准和环境保护仪器设备标准。

中国现行的环境标准体系是从国情出发，总结多年来环境标准工作经验和参考国际和国外的环境标准体系制定的，分为两级和六种类型，见图 2-1。

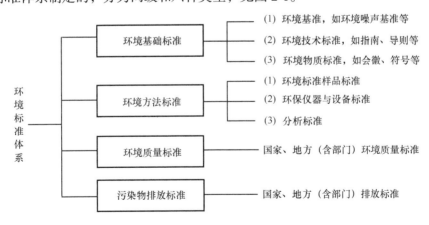

图 2-1　中国现行的环境标准体系

1. 环境基础标准

环境基础标准是在环境保护工作范围内，对有指导意义的有关名词术语、符号、指南、导则等所作的统一规定。在环境标准体系中它处于指导地位，是制定其他环境标准的基础。

如《制定地方大气污染物排放标准的技术方法》(GB/T 3840—1991)是大气环境保护标准编制的基础。《环境影响评价技术导则总纲》(HJ/T 2.1—2016)则是为建设项目环境影响评价规范化所作的规定。

2. 环境方法标准

环境方法标准是环境保护工作中，以试验、分析、抽样、统计、计算环境影响评价等方法为对象而制定的标准，是制定和执行环境质量标准和污染物排放标准实现统一管理的基础，如《建筑施工场界环境噪声排放标准》(GB 12523—2011)。有统一的环境保护方法标准，才能提高监测数据的准确性，保证环境监测质量；否则对复杂多变的环境污染因素，将难以执行环境质量标准和污染物排放标准。

1) 环境标准样品标准

这是对环境标准样品必须达到的要求所作的规定。环境标准样品是环境保护工作中用来标定仪器、验证测试方法、进行量值传递或质量控制的标准材料或物质。

2) 环境保护仪器设备标准

为了保证污染物监测仪器所监测数据的可比性、可靠性和污染治理设备运行的各项效率，对有关环境保护仪器设备的各项技术要求也编制了统一规范和规定，如《汽油机动车怠速排气监测仪技术条件》(HJ/T 3—1993)、《柴油车滤纸式烟度计技术条件》(HJ/T 4—1993)等。

3. 环境质量标准

环境质量标准是指在一定时间和空间范围内，对各种环境要素(如大气、水、土壤等)中的污染物或污染因子所规定的允许含量和要求，是衡量环境污染的尺度，也是环境保护有关部门进行环境管理、制定污染排放标准的依据。环境质量标准分为国家和地方两级。

国家环境质量标准是由国家按照环境要素和污染因子规定的标准，适用于全国范围；地方环境质量标准是地方根据本地区的实际情况对某些指标的更严格的要求，是国家环境标准的补充完善和具体化。国家环境质量标准还包括中央各个部门对一些特定的对象，为了特定的目的和要求而制定的环境质量标准，如《生活饮用水标准》、《工业企业设计卫生标准》等。环境质量标准主要包括空气质量标准、水环境质量标准、环境噪声及土壤、生物质量标准等。污染报警标准是一种环境质量标准，其目的是使人群健康不致被严重损害。当环境中的污染物超过报警标准时，地方政府发布警告并采取应急措施，如勒令排污的工厂停产、告诫年老体弱者在室内休息等。

我国现行的环境质量标准有：《环境空气质量标准》(GB 3095—2012)、《地面水环境质量标准》(GB 3838—2002)、《海水水质标准》(GB 3097—1997)、《渔业水质标准》(GB 11607—1989)、《农田灌溉水质标准》(GB 5084—2005)、《地下水质量标准》(GB/T 14848—1993)、《城市区域环境噪声标准》(GB 3096—2008)、《机场周围飞机噪声环境标准》(GB 9660—1988)、《城市区域环境振动标准》(GB 10070—1988)等。与环境质量标准平行并作为补充的是卫生标准，这类标准如《工业企业设计卫生标准》(GBZ 1—2010)中规定的《地面水中有害物质最高允许浓度》和《居住区大气中有害物质最高允许浓度》、《生活饮用水卫生标准》(GB 5749—2006)等。

4. 污染物排放标准

污染物排放标准是根据环境质量要求，结合环境特点和社会、经济、技术条件，对污染源排入环境的污染物和产生的有害因子所做的控制标准，或者说是环境污染物或有害因子的允许排放量(浓度)或限值。它是实现环境质量目标的重要手段。规定了污染物排放标准，就要求严格控制污染物的排放量。这能促使排污单位采取各种有效措施加强管理和污染管理，使污染物排放达到标准。污染物排放标准也可分为国家和地方两级。污染物排放标准按污染物的状态分为气态、液态和固态污染物排放标准，还有物理污染(如噪声、振动、电磁辐射等)控制标准；按其适用范围分为通用(综合)排放标准和行业排放标准，行业排放标准又可分为指定的部门行业污染物排放标准和一般行业污染物排放标准。我国行业性排放标准很多，达 60 余种。例如，《火电厂大气污染物排放标准》(GB 13223—2011)、《水泥工业大气污染物排放标准》(GB 4915—2004)、《造纸工业水污染物排放标准》(GB 3544—2001)、《兵器工业水污染物排放标准》(GB 14470.1～14470.3—2002)等。行业排放标准一般规定该行业主要产品生产的污染物允许排放浓度和(或)单位产品允许的排污量。排放标准按控制方式可分为以下几种。

1) 浓度控制标准

浓度控制标准是规定企业或设备的排放口排放污染物的允许浓度。一般废水中污染物的浓度以"mg/L"表示，废气中污染物的浓度以"mg/m³"表示。此类标准的主要优点是简单易行，只要监测总排放口的浓度即可。它的缺点是无法排除以稀释手段降低污染物排放浓度的情况，因而不利于对不同企业做出确切的评价和比较；而且，不论污染源大小，一律看待。改进的方向是既监测浓度，又监测废水、废气的流量。我国的《污水综合排放标准》(GB 8978—1996)属于浓度控制的排放标准。

2) 地区系数法标准

对于部分污染物，如 SO_2，可根据环境质量目标、各地自然条件、环境容量、性质功能、工业密度等，规定不同系数的控制污染源排放的方法。

3) 总量控制标准

这是首先由日本发展起来的方法。日本于 20 世纪 70 年代首先在神奈川县对废气中的 SO_2 排放试行了总量控制，1974 年纳入大气污染防治法律。这种方法受到世界各国和我国环境保护工作者的重视。它的基本思想是：由于在污染源密集的地区，只对一个个单独的污染源规定排放浓度，不能保证整个地区(或流域)达到环境质量标准的要求；应该以环境质量标准为基础，考虑自然特征，计算出满足环境质量标准的污染物总允许排放量，然后综合分析所在区域(或流域)内的污染源，建立一定的数学模型，计算每个源的合理污染分担率和相应的允许排放量，求得最优方案。每个源的排放量都控制在小于最优方案的规定值内，即可保证环境质量标准的实现。

4) 负荷标准(或称排放系数)

这是从实际控制技术出发，采用分行业、分污染物来控制，以每吨产品或原料计算的任何一日排放污染物的最大值和连续 30 天排放污染物的平均值来表示。此法比总量控制法简单，不需计算复杂的环境总容量和各种源的分担率，对不同行业产量品种工艺区别对待。我国 1988 年颁布的工业污染物排放标准也属于这类。

(二) 相关环境标准之间的关系

1. 地方环境标准与国家环境标准之间的关系

地方环境标准是对国家环境标准的补充和完善，由省、自治区、直辖市人民政府制定。近年来为控制环境质量的恶化趋势，一些地方已将总量控制指标纳入地方环境标准。

1) 地方环境质量标准与国家环境质量标准之间的关系

国家环境质量标准中未作规定的项目，可以补充制定地方环境质量标准。

2) 地方污染物排放标准(或控制标准)与国家污染物排放标准(或控制标准)之间的关系

(1) 国家污染物排放标准(或控制标准)中未作规定的项目可以补充制定地方污染物排放标准(或控制标准)。

(2) 国家污染物排放标准(或控制标准)已规定的项目，可以制定严于国家污染物排放标准的地方污染物排放标准(或控制标准)。

(3) 省、自治区、直辖市人民政府制定机动车、船大气污染物地方排放标准严于国家排放标准的，须报经国务院批准。

3) 国家环境标准与地方环境标准执行上的关系

从执行上，地方环境标准优先于国家环境标准执行。

2. 国家污染物排放标准之间的关系

国家污染物排放标准(或控制标准)又分为跨行业综合性排放标准(如《污水综合排放标准》《大气污染物综合排放标准》《锅炉大气污染物排放标准》)和行业性排放标准(如《火电厂大气污染物排放标准》《合成氨工业水污染物排放标准》《造纸工业水污染物排放标准》等)。综合性排放标准与行业性排放标准不交叉执行，即有行业性排放标准的执行行业性排放标准，没有行业性排放标准的执行综合性排放标准。

第二节　环境质量标准和排放标准

一、环境质量标准

(一) 环境质量标准概念

环境质量标准(environmental quality standards) 是为了保障人体健康、维护生态环境、保证资源充分利用，并考虑技术、经济条件，而对环境中有害物质和因素作出的限制性规定。

(二) 环境质量标准分类

1. 水质量标准

水质量标准是对水中污染物或其他物质的最大容许浓度所作的规定。水质量标准按水体类型分为地面水质量标准、海水质量标准和地下水质量标准等；按水资源的用途分为生活饮用水水质标准、渔业用水水质标准、农业用水水质标准、娱乐用水水质标准和各种工业用水水质标准等。

2. 大气质量标准

大气质量标准是对大气中污染物或其他物质的最大容许浓度所作的规定。目前世界上已有 80 多个国家颁布了大气质量标准。主要有二氧化硫、飘尘、一氧化碳和氧化剂等污染物的大气质量标准。

3. 土壤质量标准

土壤质量标准是对污染物在土壤中的最大容许含量所作的规定。土壤中污染物主要通过水、食用植物、动物进入人体，因此，土壤质量标准中所列的主要是在土壤中不易降解和危害较大的污染物。

4. 生物质量标准

生物质量标准是对污染物在生物体内的最高容许含量所作的规定。污染物可通过大气、水、土壤、食物链或直接接触而进入生物体，危害人群健康和生态系统。

5. 声环境质量标准

声环境质量标准规定了五类声环境功能区的环境噪声限值及测量方法。适用于声环境质量评价与管理。

按区域的使用功能特点和环境质量要求，声环境功能区分为以下五种类型：

0 类声环境功能区：指康复疗养区等特别需要安静的区域。

1 类声环境功能区：指以居民住宅、医疗卫生、文化教育、科研设计、行政办公为主要功能，需要保持安静的区域。

2 类声环境功能区：指以商业金融、集市贸易为主要功能，或者居住、商业、工业混杂，需要维护住宅安静的区域。

3 类声环境功能区：指以工业生产、仓储物流为主要功能，需要防止工业噪声对周围环境产生严重影响的区域。

4 类声环境功能区：指交通干线两侧一定距离之内，需要防止交通噪声对周围环境产生严重影响的区域，包括4a类和4b类两种类型。4a类为高速公路、一级公路、二级公路、城市快速路、城市主干路、城市次干路、城市轨道交通(地面段)、内河航道两侧区域；4b 类为铁路干线两侧区域。

除上述四类环境质量标准外，还有噪声、辐射、振动、放射性物质和一些建筑材料、构筑物等方面的质量标准。中国已经颁布了《环境空气质量标准》(GB 3095—2012)、《地表水环境质量标准》(GB 3838—2002)、《地下水质量标准》(GB/T 14848—1993)和《声环境质量标准》(GB 3096—2008)。

(三) 环境质量标准制定程序和方法

环境质量标准的制定程序和方法一般有以下几方面。

1. 组成多学科标准编制组，制定工作计划

由于环境质量标准涉及面广泛，参与编制标准的成员也应来自不同学科领域，由标准编制组推荐学术水平高、有影响的知名学者担任组长，具体制定编制计划。

2. 全面开展调查研究，这是编制工作的技术基础

1) 环境基准的调查研究

由于基准是科学资料，各国均可互相借鉴。世界卫生组织(WHO)的专家委员会在 1972 年、1974 年、1979 年多次编制卫生基准文件。美国环境保护局(USEPA)和美国卫生、教育及福利部(USDHEW)出版过 6 种(与美国大气环境质量标准相对应)大气污染物的基准文件和发表了 20 多种大气污染物的污染调查资料。美国环境保护局还出版了范围广泛的水质基准手册，多次修订补充再版(1973 年、1976 年、1978 年和 1985 年版等)。我国国内的卫生、动植物学界进行了不少毒理学和流行病学的调查、研究，各地的环境质量评价工作也积累了不少可作为基准用的数据。

对基准资料进行综合分析、研究，主要目的是确定分级界限值。

2) 污染现状调查及评价

主要内容是调查、分析、研究历年的监测资料和各部门掌握的数据，确定环境介质中的主要污染物、背景值、污染现状水平和扩散、稀释的特点及规律。目的是确定标准中应规定的污染物项目，掌握制定分类、分级标准的基础资料。

3) 监测方法研究

监测方法包括布点、采样、化验分析、数据处理等，必须与标准同时确定。

4) 技术经济调查

初步掌握要达到各级标准的污染物削减量和与之对应的工艺、技术和综合防治手段并考察其经济性。在此基础上，应进行"费用-效益"分析。

3. 费用-效益分析

从经济学角度看，所制定的环境质量标准应取得的社会效益最大、所花费的控制污染的总费用最小。进行"费用-效益"分析的原则应同时满足这两个方面，既能保护环境又能促进经济的协调发展。

(1) 环境质量标准应有如下效益：①使人群死亡率和患病率降低；②使土壤、河流、湖泊等地面水受害减轻，农、林、牧、渔业产品和其他生物产量、质量提高；③使人们和社会财物，如房屋、设备、各种构筑物、文化设施等腐蚀损坏减少；④使工业产品产量质量提高；⑤使能源、资源，各种原材料的利用效率提高，"三废"损失减小等。

(2) 环境质量标准要考虑如下的费用负担：①调整生产规模和布局的投资；②改革工艺更新设备的投资；③进行"三废"处理和净化的投资和运转费用；④政府机关管理费、科学研究经费、监测网络投资及运转费等。

下面以大气为例说明与制定环境标准有关的"费用-效益"分析的一般概念。为了简单地说明问题，将有关概念示于图 2-2。

图中有三条曲线，A 线代表大气污染的损失费用，B 线代表大气污染的防治费用，(A+B)代表社会的总费用。纵坐标是费用金额，横坐标是与防治程度对应的大

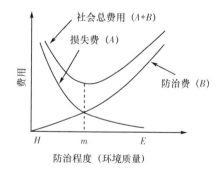

图 2-2　防治程度(环境质量)与防治费用和大气污染损失费用之间的关系

气环境质量。这里假定防治程度越高，环境质量越好。

由图2-2可见，当污染完全没有被控制时(H点)，损失额是很高的。为了减少损失，采取控制措施，损失费迅速减少；但是，当达到某一点E时，防治费用不论多大，损失额也难以减少，原因是受科学技术水平的限制。

由图2-2还可看出，这两条曲线的叠加曲线，表示实行某种防治措施时，大概所需的社会总费用。图中社会总费用最低点m应作为制定环境标准的主要控制点，因为这个最低点是最理想的。利用"费用-效益"图很容易得到防治措施在经济上合理与否的结论。

但是这种图示仍然是理论上的，实际定量计算的主要困难在于如何将人群健康、社会生活、文化遗产等非商品用货币形式表现出来。

在我国，环境质量的"费用-效益"分析方法与如何把环境保护纳入国民经济计划的问题相联系，是正在研究的环境经济学课题。

但应注意，即使作出了较实际的"费用-效益"图，取得了经济最佳点，它也不一定与环境质量目标吻合；在不一致时，要进行协调。

4. 初拟分级标准

在前述全面调查和专题研究的基础上，进行综合分析，初步拟定分级和分类的标准值。

5. 根据环境管理经验修正

至今，环境污染控制的很多理论问题尚未得到令人满意的解决，因此在制定环境质量标准时，还必须依靠实际的管理经验。通常，可以根据环境质量实际监测资料对照预定的质量标准，按照一些计算公式核对实际上达到标准的情况，分析环境标准实现的效果，以便修正。

二、污染物排放标准

(一) 污染物排放标准概念

污染物排放标准是国家对人为污染源排入环境的污染物的浓度或总量所作的限量规定。其目的是通过控制污染源排污量的途径来实现环境质量标准或环境目标，污染物排放标准按污染物形态分为气态、液态、固态以及物理性污染物(如噪声)排放标准。

(二) 污染物排放标准分类

污染物排放标准按适用范围分为通用排放标准和行业排放标准。

1. 通用排放标准

通用的污染物排放标准规定一定范围(全国或一个区域)内普遍存在或危害较大的各种污染物的容许排放量，适用于各个行业。有的通用排放标准按不同排向(如水污染物按排入下水道、河流、湖泊、海域)分别规定容许排放量。行业的污染物排放标准规定某一行业所排放的各种污染物的容许排放量，只对该行业有约束力。因此，同一污染物在不同行业中的容许排放量可能不同。

2. 行业排放标准

行业的污染物排放标准还可以按不同生产工序规定污染物容许排放量，如钢铁工业的废水排放标准可按炼焦、烧结、炼铁、炼钢、酸洗等工序分别规定废水中 pH、悬浮物总量和油等的容许排放量。

(三) 制定的原则

1. 以满足环境质量标准的要求为出发点

控制污染物排放的最终目的是保护人群健康和促进生态良性循环；制定排放标准的目的是保证国家和地区达到环境质量标准要求。人们一直努力探索两者之间的数量关系，曾提出了各种相关模式。

2. 可行性

制定的排放标准要很好地体现技术先进性和经济合理性的统一。排放标准所依据的控制技术，要从我国的实际情况出发，不是越先进、越高级越好，要定得经济合理。盲目追求高效率，甚至所谓"零排放"，往往会造成社会财力、物力的极大浪费。因此，在使用净化设备控制污染物的排放时，要着重研究所需的投资、运转等费用与可能取得的效果之间的关系。图 2-3 是常用净化设备净化效率与所花费用的一般关系。当净化效率达到某一程度后(图中 a 点)再增加费用，所能换得的效率增值是不显著的。

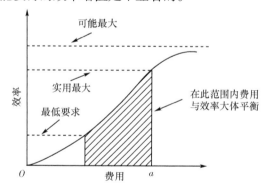

图 2-3　净化设备效率与费用的关系

比较典型的例子是静电除尘器用于燃煤电厂除尘。当效率在 90%～99%时，除尘效率随费用的增加而稳定上升，但效率达到 99%再往上提升，费用却要成倍增长。然而，如果效率定低了，则有可能不符合环境质量标准对该污染物的削减量的要求。同时，多排污染物将造成较大的经济损失。

上例是针对单项净化设备，对整个排放标准，也可做与环境质量标准类似的"费用-效益"分析，确定合理的排放标准。

3. 要考虑环境特征

制定排放标准要考虑环境特征，如环境容量，区域的性质、功能，污染物的构成、分布与密度等。

考虑区域的环境容量(或承载能力)有巨大的经济意义。排放标准要求控制的只是超过当地环境容量(承载能力)的部分。环境容量大的地方可适当放宽排放标准，避免不必要地耗费防治资金；反之，环境容量小，产业经济密度和人口密度大的地方的排放标准就要适当严一些，以保证实现环境质量要求。

4. 控制污染与促进经济发展相结合

在制定排放标准时要使控制污染与促进经济相协调。既要控制污染又要促进经济发展，就应掌握好排放标准宽严的分寸，也就是要实行区别对待的原则。这就要区分污染源的情况和特点，针对不同行业、污染物种类、工艺、生产规模等实际情况，综合分析后确定。

5. 便于监测、检查

有直接执法性的排放标准与排污收费制度的执行，老企业的限期改造和新建、改建、扩建企业执行"三同时"制度的检查以及各种环境管理措施的实施有很大关系。

(四) 制定的方法

1. 按污染物扩散规律制定排放标准

按污染物在环境中输送扩散规律及数学模型，推算出能满足环境质量标准要求的污染物排放量，这是一种制定空气污染物排放标准的常用方法。

排入水体的污染物，其容许排放量也可按污染物在水体中扩散规律数学模型进行推算，但因水体情况远比大气扩散复杂，因此较少应用这个方法。

2. 最佳实用方法

因排放标准的制定不能脱离实际生产工艺过程排放的污染物量和污染控制的具体技术水平，因此美国提出了按"最佳实用方法(或最佳可用技术)"制定排放标准的方法。其标准建立在现有的可以把污染物排放减至最少的工艺及污染防治技术可能达到的最好水平上，同时也考虑到采取污染防治措施在经济上的可行性，即这样的技术在现阶段实际应用中效果最佳，有可能在同类工厂中推广应用。这种方法的缺点是不能与环境质量标准直接发生联系，但它具有客观示范作用，因此能起到积极的推动作用。

为了应用这个方法，必须做一定的调查研究工作。具体做法如下：

(1) 调查了解能有效减少或控制某种污染物排放的清洁生产技术和各种净化设备，鉴定其效率，找出其最佳者。

(2) 计算最佳方法的投资和运转费用，估计在较大范围内推广的可能性。

(3) 大致推算最佳方法普遍使用后的环境质量状况，为进一步修订做好准备。

3. 最佳可行技术法

与最佳实用方法相比，最佳可行技术法的污染控制能力更为出色，但其成本也较高。因此，美国的方法是采用最佳实用方法来制定现有污染源的排放限值，而采用最佳可行技术法制定新污染源的排放标准。

使用最佳可行技术法后能够达到的污染排放水平不同于排放限值，但却是制定限值的依据。排放限值与排放值之间的差值是由经济、社会的发展水平等因素决定的，而且，排放限值的严格程度应该也是在原有的基础上分阶段提高的。随着经济、社会条件的不断改善及先进技术的普及，这个差值也应该逐渐缩小。最佳可行技术可使污染排放显著降低，但污染物去除率高，相应的成本也高，所以最佳可行技术一般适用于大型工业企业。目前，欧盟成员国如德国、意大利、荷兰等，都采用最佳可行技术法制定工业废水污染物排放限值，以经济上适用的污染物综合治理技术为依据，排放限值也应随着人们对环境质量标准要求的日益严格和国家经济技术条件的改善而变化。

4. 质量标准反演法

根据质量标准反演排放限值的方法，就是以达到水环境质量标准或其他质量控制标准为着眼点的，它可特别针对个别污染物以及污染排放量小的工业企业制定排放限值。

丹麦、芬兰等就是根据不同地区的水环境质量标准来制定排放限值，而荷兰则是根据最佳可行技术法和水环境质量标准共同制定，这两种方法的结合进一步保证了经济与环境的协调发展，由此实现对环境高水平的整体性保护。

第三节　中国环境影响评价法规体系

环境影响评价制度是把环境影响评价工作以法律、法规和行政规章的形式确定下来从而必须遵守的制度。环境影响评价只是一种评价方法、评价技术，而环境影响评价制度却是进行评价的法律依据。

我国的环境影响评价制度融汇于环境保护的法律法规体系之中，该体系以《中华人民共和国宪法》(以下简称《宪法》)关于环境保护的规定为基础，以综合性环境基本法为核心，以相关法律关于环境保护的规定为补充，是由若干相互联系协调的环境保护法律、法规、规章、标准及国际条约所组成的一个完整而又相对独立的法律法规体系。

一、我国的环境影响评价法律体系的构成

我国的环境影响评价法律体系由以下八个层次构成。

(一) 宪法中关于环境保护的规定

1982 年通过的《宪法》第二十六条规定："国家保护和改善生活环境和生态，防治污染和其他公害。"第九条规定："国家保障自然资源的合理利用，保护珍贵的动物和植物。禁止任何组织或者个人用任何手段侵占或破坏自然资源。"第十条、第二十二条也有关于环境保护的规定。宪法的这些规定是环境保护立法的依据和指导原则。

(二) 环境保护基本法中的规定

1979 年 9 月 13 日，《中华人民共和国环境保护法(试行)》颁布，标志着我国的环境保护工作进入法治轨道，带动了我国环境保护立法的全面开展。1989 年颁布实施的《中华人民共和国环境保护法》是中国环境保护的基本法，在环境保护法律体系中占核心地位，是其他单项环境立法的依据。该法共 47 条，分为"总则"、"环境监督管理"、"保护和改善环

境"、"防治环境污染和其他公害"、"法律责任"及"附则"六章。其中明确规定了环境影响评价制度的相关要求。

（三）环境保护单行法

环境保护单行法是针对特定的污染防治对象或资源保护对象而制定的。它分为两大类：一类是自然资源保护法，如《中华人民共和国森林法》《中华人民共和国草原法》《中华人民共和国渔业法》《中华人民共和国矿产资源法》《中华人民共和国土地管理法》《中华人民共和国水法》《中华人民共和国野生动物保护法》《中华人民共和国水土保持法》《中华人民共和国气象法》等；另一类是污染防治法，如《中华人民共和国水污染防治法》《中华人民共和国大气污染防治法》《中华人民共和国固体废物污染环境防治法》《中华人民共和国环境噪声污染防治法》《中华人民共和国海洋环境保护法》《中华人民共和国清洁生产促进法》《中华人民共和国放射性污染防治法》等。这些法律中，基本都有关于环境影响评价的相关规定。

2002 年 10 月 28 日通过的《中华人民共和国环境影响评价法》作为一部独特的环境保护单行法，规定了规划和建设项目环境影响评价的相关法律要求，是近 10 年来我国环境立法的重大进展。其将环境影响评价的范畴从建设项目扩展到规划即战略层次，力求从决策的源头防止环境污染和生态破坏，标志着我国环境与资源立法进入了一个新的阶段。

（四）环境保护行政法规

环境保护行政法规是由国务院制定并公布或者经国务院批准，由有关主管部门公布的环境保护规范性文件。它分为两类，一类是为执行某些环境保护单行法而制定的实施细则或条例；另一类是针对环境保护工作中某些尚无相应单行法律的重要领域而制定的条例、规定或办法，如《中华人民共和国大气污染防治法实施细则》《建设项目环境保护管理条例》等。

（五）环境保护部门规章

环境保护部门规章是由国务院环境保护行政主管部门单独发布或者与国务院有关部门联合发布的环境保护规范性文件。它以有关的保护法律法规为依据制定，或针对某些尚无法律法规调整的领域作相应规定。

（六）环境保护地方性法规和地方政府规章

环境保护地方性法规和地方政府规章是依照宪法和法律享有立法权的地方权力机关和地方行政机关(包括省、自治区、直辖市、省会城市、国务院批准的较大的市及计划单列市的人民代表大会及其常务委员会、人民政府)制定的环境保护规范性文件。这些规范性文件是根据本地的实际情况和特殊的环境问题，为实施环境保护法律法规而制定的，具有较强的可操作性。

（七）环境标准

我国环境标准具有法规约束性，是我国环境保护法规所赋予的。在《中华人民共和国环境保护法》《中华人民共和国大气污染防治法》《中华人民共和国水污染防治法》《中华人民共和国海洋环境保护法》《中华人民共和国噪声污染防治法》《中华人民共和国固体废物污染防治法》等法规中，都规定了实施环境标准的条款，使环境标准成为执法必不可少的依据和环境保护法规的重要组成部分。我国环境标准本身所具有的法规特征是：国家环境标准绝大多数是法律规定必须严格贯彻执行的强制性标准。国家环境标准是国家环境保护总局组织制定、审批、发布，地方环境标准由省级人民政府组织制定、审批、发布。这就使我国环境标准具有行政法规的效力。国家环境标准明确规定了适用范围，以及企事业单位在排放污染物时必须达到、可以达到的各项技术指标要求，规定了监测分析的方法以及违反要求所应承担的经济后果等，同时我国环境标准从制(修)定到发布实施有严格的工作程序，使环境标准具有规范性特征。国家环境标准又是国家有关环境政策在技术方面的具体体现，如我国环境质量标准兼顾了我国环境保护的区域性和阶段性特征，体现了我国经济建设和环境建设协调发展的战略政策；我国污染物排放标准综合体现了国家关于资源综合利用的能源政策、淘劣奖优的产业政策、鼓励科技进步的科技政策等，其中，行业污染物排放标准又着重体现了我国行业环境保护政策。

(八) 环境保护国际公约

我国目前已签署了 40 多条环境保护国际公约，如《防止倾倒废弃物和其他物质污染海洋公约》(1972 年《伦敦公约》)、《保护臭氧层维也纳公约》(1985 年)、《关于消耗臭氧层物质的蒙特利尔议定书》(1987 年)、《控制危险废物越境转移及其处置的巴塞尔公约》(1992 年)、《关于持久性有机污染物的斯德哥尔摩公约》(2001 年)以及《联合国气候变化框架公约》(2005 年《京都议定书》)等。

二、我国环境保护法律法规各层次之间的相互关系

我国环境保护法律法规各层次之间的相互关系包括以下五点：

(1) 环境保护法律体系建立是以《宪法》为依据，在法律这个层次，不管是环境保护的综合法、单行法，还是相关法中环境保护的要求，法律效力是一样的。

(2) 如果法律规定中有不一致的地方，应按颁布时间遵循后法大于先法。

(3) 国务院环境保护行政法规的法律地位仅次于法律。

(4) 部门行政规章、地方环境法规和地方政府规章均不得违背法律和行政法规的规定。地方法规和地方政府规章只在制定法规、规章的辖区内有效。

(5) 中国的环境保护法律如与中国参加和签署的国际公约有不同规定时，应优先适用国际公约的规定。但我国声明的有保留的条款除外。

第四节　中国环境政策与产业政策

一、中国环境政策有关要求

环境政策是推动和指导经济与环境可持续协调发展的重要依据和措施，在环境影响评价工作中必须认真贯彻执行。现仅就几个主要环境政策做简要介绍。

(一) 国务院关于落实科学发展观加强环境保护的决定

国务院于2005年12月3日颁发了《国务院关于落实科学发展观加强环境保护的决定》(国发[2005]39 号),按照全面落实科学发展、构建社会主义和谐社会的要求,坚持环境保护基本国策,在发展中解决环境问题。

1. 经济社会发展必须与环境保护相协调的有关要求

(1) 促进地区经济与环境协调发展。
(2) 大力发展循环经济。
(3) 积极发展环境保护产业。

2. 切实解决的突出环境问题

(1) 以饮水安全和重点流域治理为重点,加强水污染防治。
(2) 以强化污染防治为重点,加强城市环境保护。
(3) 以降低二氧化硫排放总量为重点,推进大气污染防治。
(4) 以防止土壤污染为重点,加强农村环境保护。
(5) 以促进人与自然和谐为重点,强化生态保护。
(6) 以核设施和放射源监管为重点,确保核与辐射环境安全。
(7) 以实施国家环境保护工程为重点,推动解决当前突出的环境问题。

3. 加强环境监管制度的有关要求

(1) 要实施污染物总量控制制度,将总量控制指标逐级分解到地方各级人民政府并落实到排污单位。
(2) 推行排污许可证制度,禁止无证或超总量排污。
(3) 要结合经济结构调整,完善强制淘汰制度,根据国家产业政策,及时制定和调整强制淘汰污染严重的企业和落后的生产能力、工艺、设备与产品目录。
(4) 强化限期治理制度,对不能稳定达标或超总量的排污单位实行限期治理,逾期未完成治理任务的,责令其停产整治。
(5) 完善环境监管制度,强化现场执法检查。
(6) 严格执行突发环境事件应急预案。
(7) 建立跨省界河流断面水质考核制度。
(8) 国家加强跨省界环境执法及污染纠纷的协调。

(二) 节能减排综合性工作方案

该方案包括进一步明确实现节能减排的目标任务和总体要求;控制增量,调整和优化结构;加大投入,全面实施重大工程;创新模式,加快发展循环经济;依靠科技,加快技术开发和推广;强化责任,加强节能减排管理;健全法制,加大监督检查执法力度;完善政策,形成激励和约束机制;加强宣传,提高全民节约意识;政府带头,发挥节能表率作用十部分。

(三) 酸雨控制区和二氧化硫污染控制区

该环境政策对酸雨控制区和二氧化硫污染控制区的范围及治理措施进行详细阐述。

(四) 全国生态环境保护纲要

制定该纲要的根本出发点就是全面落实"保护优先、预防为主、防治综合"的方针,以减少新的生态破坏,巩固生态建设成果,从根本上遏制我国生态环境不断恶化的趋势。

(五) 废弃危险化学品污染环境防治方法

该环境政策对废弃危险化学品种类、危害及其管理进行详细阐述。

二、中国产业政策有关要求

为使我国国民经济按照可持续发展战略的原则,在适应国内市场的需求和有利于开拓国际市场的条件下,改善投资结构,促进产业的技术进步,有利于节约资源和改善生态环境,促进经济结构的合理化,从而使各产业部门得以协调、有序、持续、快速、健康的发展,实现国家对经济的宏观调控而制定的有关政策,统称为产业政策。

2005 年 12 月 2 日,国务院颁布了《促进产业结构调整暂行规定》(国发[2005]40 号),该规定自发布之日起施行。《产业结构调整指导目录(2005 年本)》由鼓励、限制和淘汰三类目录组成,不属于鼓励类、限制类和淘汰类。

制定和实施《促进产业结构调整暂行规定》,是贯彻落实党的十六届五中全会精神,实现"十一五"规划目标的一项重要举措,对于全面落实科学发展观、保持国民经济平稳较快发展具有重要意义。

促进产业结构调整暂行规定如下:

1. 产业结构调整的原则

(1) 坚持市场调节和政府引导相结合。
(2) 以自主创新提升产业技术水平。
(3) 坚持走新型工业化道路。
(4) 促进产业协调健康发展。

2. 产业结构调整的方向和重点

(1) 巩固和加强农业基础地位,加快传统农业向现代农业转变。
(2) 加强能源、交通、水利和信息等基础设施建设,增强对经济社会发展的保障能力。
(3) 以振兴装备制造业为重点发展先进制造业,发挥其对经济发展的重要支撑作用。
(4) 加快发展高技术产业,进一步增强高技术产业对经济增长的带动作用。
(5) 提高服务业比重,优化服务业结构,促进服务业全面快速发展。
(6) 大力发展循环经济,建设资源节约和环境友好型社会,实现经济增长与人口资源环境相协调。
(7) 优化产业组织结构,调整区域产业布局。

(8) 实施互利共赢的开放战略，提高对外开放水平，促进国内产业结构升级。

思 考 题

1. 什么是环境标准和环境标准体系？我国的环境标准体系主要包括哪些内容(几类、几级)？
2. 什么是"环境质量标准"？为什么要制定环境质量标准？
3. 国家环境质量标准和地方环境质量标准有何联系与区别？
4. 我国的环境影响评价法律体系由哪几个层次构成？各层次之间的相互关系如何？
5. 我国现行环境政策和产业政策对项目环境影响评价有何具体要求？

第三章 环境影响评价的程序

【内容摘要】 作为法定制度的环境影响评价工作的程序有两大部分：执行环境影响评价制度的管理程序和完成环境影响报告书的技术工作程序。环境影响评价管理程序是保证环境影响评价工作顺利进行和实施的管理程序，是管理部门的监督手段，本章详细介绍了环境影响评价资质管理内容。在正式书写环境影响评价报告书前，应确定环境影响评价工作等级，编写大纲，并评价区域环境质量现状。本章主要介绍了环境影响评价报告书编制的基本要求及要点。

作为法定制度的环境影响评价工作的程序有两大部分：执行环境影响评价制度的管理程序和完成环境影响报告书的技术工作程序。

第一节 环境影响评价的管理程序

一个对环境有重大影响的行动从提出建议到环境影响报告书审查通过的全过程，每一步都必须按照法规的要求执行。

环境影响评价管理程序是保证环境影响评价工作顺利进行和实施的管理程序，是管理部门的监督手段。我国基本建设程序与环境管理程序的工作关系如图 3-1 所示。

一、分类管理

国家根据建设项目对环境的影响程度，对建设项目的环境影响评价实行分类管理。

建设单位应当按照下列规定组织编制环境影响报告书、环境影响报告表或者填报环境影响登记表(统称环境影响评价文件)：

(1) 可能造成重大环境影响的，应当编制环境影响报告书，对产生的环境影响进行全面的评价。

(2) 可能造成轻度环境影响的，应当编制环境影响报告表，对产生的环境影响进行分析或者专项评价。

(3) 对环境影响很小、不需要进行环境影响评价的，应当填报环境影响登记表。

建设项目所处环境的敏感性质和敏感程度，是确定建设项目环境影响评价类别的重要依据。建设涉及环境敏感区的项目，应当严格按照《建设项目环境影响评价分类管理名录》确定其环境影响评价类别，不得擅自提高或者降低环境影响评价类别。环境影响评价文件应当就该项目对环境敏感区的影响做重点分析。跨行业、复合型建设项目，其环境影响评价类别按其中单项等级最高的确定。

《建设项目环境影响评价分类管理名录》未作规定的建设项目，其环境影响评价类别由省级环境保护行政主管部门根据建设项目的污染因子、生态影响因子特征及其所处环境的敏感性质和敏感程度提出建议，报国务院环境保护行政主管部门认定。

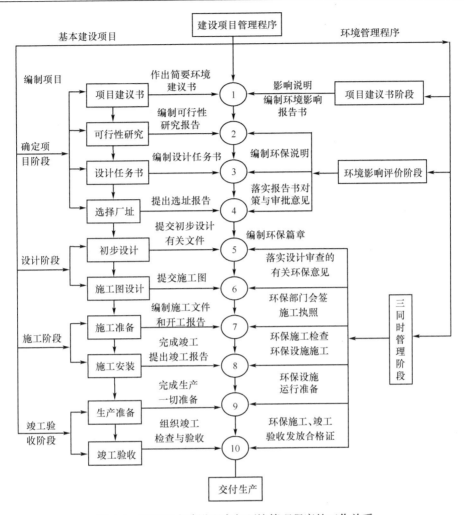

图 3-1　我国基本建设程序与环境管理程序的工作关系

《建设项目环境影响评价分类管理名录》所称环境敏感区，是指依法设立的各级各类自然、文化保护地，以及对建设项目的某类污染因子或者生态影响因子特别敏感的区域，主要包括：

(1) 自然保护区、风景名胜区、世界文化和自然遗产地、饮用水水源保护区。

(2) 基本农田保护区、基本草原、森林公园、地质公园、重要湿地、天然林、珍稀濒危野生动植物天然集中分布区、重要水生生物的自然产卵场及索饵场、越冬场和洄游通道、天然渔场、资源性缺水地区、水土流失重点防治区、沙化土地封禁保护区、封闭及半封闭海域、富营养化水域。

(3) 以居住、医疗卫生、文化教育、科研、行政办公等为主要功能区域，文物保护单位，具有特殊历史、文化、科学、民族意义的保护地。

二、环境影响评价项目的监督管理

(一) 评价单位资格考核与人员培训

承担建设项目环境影响评价工作的单位，必须有"建设项目环境影响评价证书"，按照证书中规定的范围开展环境影响评价，并对评价结论负责。对持证单位实行申报和定期考核的管理程序，对考核不合格或违反有关规定的执行罚款乃至中止和吊销"证书"的处罚。

环境影响评价是一项具有高度综合性的工作，涉及包括自然环境和社会环境在内的各个方面，因此，它需要多种科学的研究，需要自然与社会科学专家的共同努力才能对整个区域做出整体的和综合的环境影响评价，所以评价人员的知识结构也是很重要的，有关部门在资格审查中要充分注意这一点。此外，要注意加强对评价人员的专业知识和技能的培训，实行评价人员持证上岗。

(二) 评价大纲的审核

评价大纲是环境影响报告书的总体设计，应在开展评价工作之前编制。评价大纲由建设单位向负责审批的环境保护部门申报，并抄送行业主管部门。环境保护部门根据情况确定审评方式，提出审查意见。在下列任一种情况下应编制环境影响评价工作实施方案，以作为评价大纲的必要补充：①由于必需的资料暂时缺乏，所编大纲不够具体，对评价工作的指导作用不足；②建设项目特别重要或环境问题特别严重；③环境状况十分敏感。

评价单位在实施中必须把审查意见列为大纲内容。

(三) 环境影响评价的质量管理

环境影响评价项目一经确定，承担单位要责成有经验的项目负责人组织有关人员编写评价大纲，明确其目标和任务，同时还要编制其监测分析、参数测定、野外实验、室内模拟、模式验证、数据处理、仪器刻度校验等在内的质量保证体系。承担单位的质量保证部门要对质保大纲进行审查，对其具体内容与执行情况进行检查，把好各处环节和环境影响报告书质量关。为获得满意的环境影响报告书，按照环境影响评价管理程序而进行有组织、有计划的活动是确保环境影响评价质量的重要措施。质量保证工作应贯穿环境影响评价的全过程。在环境影响评价工作中，咨询有经验的专家并多与其交换意见，是做好环境评价的重要条件。最后请专家审评报告是质量把关的重要环节。

(四) 环境影响评价报告书的审批

各级主管部门和环境保护部门在审批环境报告书时应贯彻下述原则：

(1) 审查该项目是否符合经济效益、社会效益和环境效益相统一的原则。

(2) 审查该项目是否贯彻了"预防为主"、"谁污染谁治理、谁开发谁保护、谁利用谁补偿"的原则。

(3) 审查该项目是否符合城市环境功能区划和城市总体发展规划。

(4) 审查该项目的技术政策与装备政策是否符合国家规定。

(5) 审查该项目环境影响评价过程中是否贯彻了"在污染控制上从单一浓度控制逐步过渡到总量控制"，"在污染治理上，从单纯的末端治理逐步过渡到对生产全过程的管理"；"在城市污染治理上，要把单一污染治理与集中治理或综合治理结合起来"。

环境影响报告书的审查以技术审查为基础，审查方式是专家评审会还是其他形式，由国家环境保护部根据情况而定。

三、环境影响评价报批与审批

(一) 环境影响评价文件的报批时限

《建设项目环境保护管理条例》规定，建设单位应当在建设项目可行性研究阶段报批建设项目环境影响报告书、环境影响报告表或者环境影响登记表；但是，铁路、交通等建设项目，经有审批权的环境保护主管部门同意，可以在初步设计完成前报批环境影响报告书或者环境影响报告表。不需要进行可行性研究的建设项目，建设单位应当在建设项目开工前报批建设项目环境影响报告书、环境影响报告表或者环境影响登记表；其中，需要办理营业执照的，建设单位应当在办理营业执照前报批建设项目环境影响报告书、环境影响报告表或者环境影响登记表。

当前，投资体制改革新形势下，建设项目分为审批、核准和备案三类。对于企业不使用政府投资建设的项目，一律不再实行审批制，区别不同情况实行核准制和备案制。

《关于加强建设项目环境影响评价分级审批的通知》规定，实行审批制的建设项目应当在报送可行性研究报告前完成环境影响评价文件报批手续；实行核准制的建设项目，建设单位应当在提交项目申请报告前完成环境影响评价文件报批手续；实行备案制的建设项目，建设单位应当在办理备案手续后和项目开工前完成环境影响评价文件报批手续。

(二) 环境影响评价文件的审批程序和时限

《中华人民共和国环境影响评价法》规定，建设项目的环境影响评价文件，由建设单位按照国务院的规定报有审批权的环境保护行政主管部门审批；建设项目有行业主管部门的，其环境影响报告书或者环境影响报告表应当经行业主管部门预审后，报有审批权的环境保护行政主管部门审批。

审批部门应当自收到环境影响报告书之日起六十日内，收到环境影响报告表之日起三十日内，收到环境影响登记表之日起十五日内，分别作出审批决定并书面通知建设单位。

《建设项目环境保护管理条例》规定，海岸工程建设项目环境影响报告书或者环境影响报告表经海洋行政主管部门审核并签署意见后，报环境保护行政主管部门审批。

(三) 环境影响评价文件的重新报批和重新审核

《中华人民共和国环境影响评价法》规定，建设项目的环境影响评价文件经批准后，建设项目的性质、规模、地点、采用的生产工艺或者防治污染、防止生态破坏的措施发生重大变动的，建设单位应当重新报批建设项目的环境影响评价文件。

重新报批环境影响评价文件的，主要针对"环境影响评价文件经批准后，建设项目的性质、规模、地点、采用的生产工艺或者防治污染、防止生态破坏的措施发生重大变动的"建设项目。

《中华人民共和国环境影响评价法》规定，建设项目的环境影响评价文件自批准之日超过五年方决定该项目开工建设的，其环境影响评价文件应当报原审批部门重新审核；原审批部门应当自收到建设项目环境影响评价文件之日起十日内，将审核意见书面通知建设单位。

重新审核环境影响评价文件的，主要针对"环境影响评价文件自批准之日超过五年方决定该项目开工建设的"建设项目。

若建设项目的性质、规模、地点、采用的生产工艺或者防治污染、防止生态破坏的措施未发生重大变动，由原审批部门提出审核意见，并要求在十日内书面通知建设单位。

若建设项目的性质、规模、地点、采用的生产工艺或者防治污染、防止生态破坏的措施发生重大变动，则应执行重新报批程序。

第二节　环境影响评价资质管理

为提高环境影响评价质量，保障环境影响评价工作顺利进行，国家对从事环境影响评价的单位和个人实行资质审查管理制度，要求承担环境影响评价的单位必须具备一定的资质和条件。2009 年 4 月，为进一步加强环境影响评价技术人员管理，提高环境影响评价专业技术人员素质，加快环境影响评价队伍建设，国家环境保护部根据《建设项目环境影响评价资质管理办法》有关规定，制定《建设项目环境影响评价岗位证书管理办法》。

一、环境影响评价资质管理的法律法规

为加强对环境影响评价单位的资质管理，提高环境影响评价工作人员的业务素质，强化从事环境影响评价的单位和个人的责任意识，国家制定并颁布的《中华人民共和国环境影响评价法》和《建设项目环境保护管理条例》中都明确规定：国家对从事建设项目环境影响评价的单位实行资质审查制度，建设项目的环境影响评价工作由取得相应资质证书的单位承担。

《中华人民共和国环境影响评价法》中涉及环境影响评价资质管理的相关规定：

第十九条　接受委托为建设项目环境影响评价提供技术服务的机构，应经国务院环境保护行政主管部门考核审查合格后，颁发资质证书，按照资质证书规定的等级和评价范围，从事环境影响评价服务，并对评价结论负责。为建设项目环境影响评价提供技术服务的机构的资质条件和管理办法，由国务院环境保护行政主管部门制定。

为建设项目环境影响评价提供技术服务的机构，不得与负责审批建设项目环境影响评价文件的环境保护行政主管或者其他有关审批部门存在任何利益关系。

第二十条　环境影响评价文件中的环境影响报告书或者环境影响报告表，应当由具有相应环境影响评价资质的机构编制。

任何单位和个人不得为建设单位指定对其建设项目进行环境影响评价的机构。

《建设项目环境保护管理条例》涉及环境影响评价资质管理的相关规定：

第六条　国家实行建设项目环境影响评价制度。建设项目的环境影响评价工作，由取得相应资格证书的单位承担。

第十三条　国家对从事建设项目环境影响评价工作的单位实行资格审查制度。

从事建设项目环境影响评价工作的单位，必须取得国务院环境保护行政主管部门颁发的资格证书，按照资格证书规定的等级和范围，从事建设项目环境影响评价工作，并对评价结论负责。从事建设项目环境影响评价工作的单位，必须严格执行国家规定的收费标准。

第十四条　建设单位可以采取公开招标的方式，选择从事环境影响评价工作的单位，对

建设项目进行环境影响评价。

由上述法律法规的条文可以看到以下主要信息：

(1) 只有国务院环境保护行政主管部门有权核发环境影响评价资质证书，不同等级的资质证书对应不同的评价范围。

(2) 从事环境影响评价工作的单位不得与政府部门存在任何的利益关系，任何单位和个人不得强制建设单位选择对其建设项目进行环境影响评价的机构，保证环境影响评价制度公正运行。

(3) 从事环境影响评价的单位应按照国家有关标准收取服务费，从而避免了评价工作中发生徇私舞弊的行为。

另外，法律法规中对环境影响评价机构应承担的法律责任列示如下。

《中华人民共和国环境影响评价法》的相关规定：

第二十九条　规划编制机关违反本法规定，组织环境影响评价时弄虚作假或者有失职行为，造成环境影响评价严重失实的，对直接负责的主管人员和其他直接责任人员，由上级机关或者监察机关依法给予行政处分。

第三十三条　接受委托为建设项目环境影响评价提供技术服务的机构在环境影响评价工作中不负责任或者弄虚作假，致使环境影响评价文件失实的，由授权环境影响评价资质的环境保护行政主管部门降低其资质等级或吊销其资质证书，并处所收费用1倍以上3倍以下的罚款；构成犯罪的，依法追究刑事责任。

《建设项目环境保护管理条例》的相关规定：

第四章　法律责任

第二十九条　从事建设项目环境影响评价工作的单位，在环境影响评价工作中弄虚作假的，由国务院环境保护行政主管部门吊销资格证书，并处所收费用1倍以上3倍以下的罚款。

可见，国家对从事环境影响评价的机构应该承担的责任十分明确，即在环境影响评价中弄虚作假或玩忽职守者，将会受到法律追究。一般对违反法律法规的评价单位实行降级处理，并处以罚款；情节严重的，将吊销资质证书，并处以罚金；对情节特别严重，已构成犯罪的违法行为，将根据《中华人民共和国刑法》依法追究刑事责任。

二、环境影响评价资质管理措施

国家环境保护总局于2005年8月发布的《建设项目环境影响评价资质管理办法》是现阶段环境影响评价资质管理的主要依据。该办法明确规定了评价机构的资质等级和评价范围、评价机构的资质条件、评价资质的申请与审查、评价机构的管理、评价资质的考核与监督以及处罚措施等。

(一) 环境影响评价机构的资质等级和评价范围

环境影响评价资质分为两个等级：甲级和乙级。持有甲级资质证书的环境影响评价单位可承担各级环境保护行政主管部门负责审批的建设项目环境影响评价，持有乙级资质证书的环境影响评价单位可承担省级以下各级环境保护行政主管部门负责审批的建设项目环境影响评价。

同时，资质证书中明确规定了可开展的评价范围，各评价单位都必须在规定的范围内提供环境影响评价服务，不得超范围承担环境影响评价工作。具体的评价范围类别可见表3-1。

表 3-1 环境影响评价类别

类别	评价范围
环境影响报告书	轻工纺织化纤,化工石化医药,冶金机电,建材火电,农林水利,采掘,交通运输,社会区域,海洋工程,输变电、广电通信及核工业
环境影响报告表	一般项目环境影响报告表,特殊项目环境影响报告表

注:特殊项目是指输变电、广电通信及核工业;一般项目是指除输变电、广电通信及核工业以外的项目。

取得任何一类项目的环境影响评价报告书编制资格的单位,可编制此类项目的环境影响报告表。

(二) 资质申请的条件和审查

申请甲级资质证书的机构应具备的基本条件:

(1) 在中华人民共和国境内登记的各类所有制企业或事业法人,具有固定的工作场所和工作条件,固定资产不少于 1000 万元,其中企业法人工商注册资金不少于 300 万元。

(2) 能够开展规划、重大流域、跨省级行政区域建设项目的环境影响评价;能够独立编制污染因子复杂或生态环境影响重大的建设项目环境影响报告书;能够独立完成建设项目的工程分析、各环境要素和生态环境的现状调查与预测评价以及环境保护措施的经济技术论证;有能力分析、审核协作单位提供的技术报告和监测数据。

(3) 具备 20 名以上环境影响评价专职技术人员,其中至少有 10 名登记于该机构的环境影响评价工程师,其他人员应当取得环境影响评价岗位证书。

(4) 近三年内主持编制过至少 5 项省级以上环境保护行政主管部门负责审批的环境影响报告书。

申请乙级资质证书的机构应具备的基本条件:

(1) 在中华人民共和国境内登记的各类所有制企业或事业法人,具有固定的工作场所和工作条件,固定资产不少于 200 万元,企业法人工商注册资金不少于 50 万元。其中,评价范围为环境影响报告表的评价机构,固定资产不少于 100 万元,企业法人工商注册资金不少于 30 万元。

(2) 能够独立编制建设项目的环境影响报告书或环境影响报告表;能够独立完成建设项目的工程分析、各环境要素和生态环境的现状调查与预测评价以及环境保护措施的经济技术论证;有能力分析、审核协作单位提供的技术报告和监测数据。

(3) 具备 12 名以上环境影响评价专职技术人员,其中至少有 6 名登记于该机构的环境影响评价工程师,其他人员应当取得环境影响评价岗位证书。

评价范围为环境影响报告表的评价机构,应当具备 8 名以上环境影响评价专职技术人员,其中至少有 2 名登记于该机构的环境影响评价工程师,其他人员应当取得环境影响评价岗位证书。

对于从事核工业类的环境影响评价的机构应具备的条件具有特殊要求,以及各级资质条件的具体要求详见《建设项目环境影响评价资质管理办法》。

(三) 评价资质的申请与审查

国务院环境保护行政主管部门负责受理资质的申请，包括申请评价资质、评价范围调整、资质晋级、变更名称、延期等。不同种类评价资质的申请应提交的材料在《建设项目环境影响评价资质管理办法》中均作出了明确规定。

国务院环境保护行政主管部门组织对申请材料进行审查，并自受理申请之日起 20 日内，作出是否准予评价资质的决定。决定准予评价资质的，应当自作出准予评价资质的决定之日起 10 日内，向申请机构颁发资质证书；决定不予评价资质的，应当书面通知申请机构并说明理由。国务院环境保护行政主管部门定期公布评价机构名单。

(四) 评价机构的管理

评价机构应当对环境影响评价结论负责，环境影响报告书和特殊项目环境影响报告表的编制须由登记于该机构的相应类别的环境影响评价工程师主持；一般项目环境影响报告表须由登记于该机构的环境影响评价工程师主持。

环境影响报告书和环境影响报告表中应当附编制人员名单表，编制人员应当在名单表中签字，并承担相应责任。

甲级评价机构在资质证书有效期内应当主持编制完成至少 5 项省级以上环境保护行政主管部门负责审批的环境影响报告书；乙级评价机构在资质证书有效期内应当主持编制完成至少 5 项环境影响报告书或环境影响报告表。

评价机构在环境影响评价工作中，应当执行国家规定的收费标准。

(五) 评价资质的考核与审查

国家环境保护部负责对评价机构实施统一监督管理，组织或委托省级环境保护行政主管部门组织对评价机构进行抽查，并向社会公布有关情况。

抽查主要对评价机构的资质条件、环境影响评价工作质量和是否有违法违规行为等进行检查。

(六) 处罚措施

评价机构在环境影响评价工作中不负责任或者弄虚作假，致使环境影响评价文件失实的，国家环境保护部依据《中华人民共和国环境影响评价法》第三十三条的规定，降低其评价资质等级或者吊销其资质证书，并处所收费用一倍以上三倍以下的罚款，同时依据有关规定对主持该环境影响评价文件的环境影响评价工程师注销登记。

评价机构有弄虚作假行为的，国家环境保护部视情节轻重，分别给予警告、通报批评、责令限期整改 3~12 个月、缩减评价范围、降低资质等级或者取消评价资质。其中责令限期整改的，评价机构在限期整改期间，不得承担环境影响评价工作。

在审批、抽查或考核中发现评价机构主持完成的环境影响报告书或环境影响报告表质量较差的，国家环境保护总局视情节轻重，分别给予警告、通报批评、责令限期整改 3~12 个月、缩减评价范围或者降低资质等级。其中责令限期整改的，评价机构在限期整改期间，不得承担环境影响评价工作。

三、环境影响评价工程师资格制度

国务院环境保护行政主管部门会同人事部根据人事制度改革总方针，按照"淡化职称，强化岗位管理，在关系公众利益和国家安全的关键技术岗位大力推行执业资格"的总体要求，对从事环境影响评价的专业技术人员实行职业资格制度，并于 2004 年 2 月 16 日联合发布《关于印发〈环境影响评价工程师职业资格制度暂行规定〉、〈环境影响评价工程师职业资格考试实施办法〉和〈环境影响评价工程师职业资格考核认定办法〉的通知》(国人部发[2004]13 号)，2004 年 4 月 1 日起正式实施。

环境影响评价工程师考试科目共有 4 个：《环境影响评价相关法律法规》、《环境影响评价技术导则与标准》、《环境影响评价技术方法》和《环境影响评价案例分析》，采用闭卷形式答题，考试时间均为 180 分钟，考试日期一般为每年夏季。报名参加环境影响评价工程师职业资格考试的考生必须满足以下条件之一：

(1) 取得环境保护相关专业大专学历，从事环境影响评价工作满 7 年；或取得其他专业大专学历，从事环境影响评价工作满 8 年。

(2) 取得环境保护相关专业学士学位，从事环境影响评价工作满 5 年；或取得其他专业学士学位，从事环境影响评价工作满 6 年。

(3) 取得环境保护相关专业硕士学位，从事环境影响评价工作满 2 年；或取得其他专业硕士学位，从事环境影响评价工作满 3 年。

(4) 取得环境保护相关专业博士学位，从事环境影响评价工作满 1 年；或取得其他专业博士学位，从事环境影响评价工作满 2 年。

截至 2003 年 12 月 31 日前，对受聘担任工程类高级专业技术职务满 3 年，累计从事环境影响评价相关业务工作满 15 年，或受聘担任工程类高级专业技术职务，并取得环境保护部核发的"环境影响评价上岗培训合格证书"的，可免试《环境影响评价技术导则与标准》和《环境影响评价技术方法》2 个科目，只参加《环境影响评价相关法律法规》和《环境影响评价案例分析》2 个科目的考试。

环境影响评价工程师职业资格考试合格者，获得人事部统一印制，人事部和环境保护部用印的《中华人民共和国环境影响评价工程师职业资格证书》。环境影响评价工程师职业资格实行定期登记制度，登记有效期为 3 年，有效期满前，若职业行为表现良好，无犯罪记录；身体健康，能坚持在本专业岗位工作；所在单位考核合格者，可再次登记。再次登记者，还应提供相应专业类别的继续教育或参加业务培训的证明。

环境影响评价工程师可主持进行环境影响评价、环境影响后评价、环境影响技术评估和环境保护验收等工作，并要求对其主持完成的环境影响评价相关工作的技术文件承担相应责任。环境影响评价工程师应在具有环境影响评价资质的单位中，以该单位的名义接受环境影响评价委托业务，在工作过程中应为委托人保守商业秘密。环境影响评价工程师应当不断更新知识，并按规定参加继续教育。

第三节　环境影响评价工作程序

环境影响评价工作程序如图 3-2 所示。环境影响评价工作大体分为三个阶段：

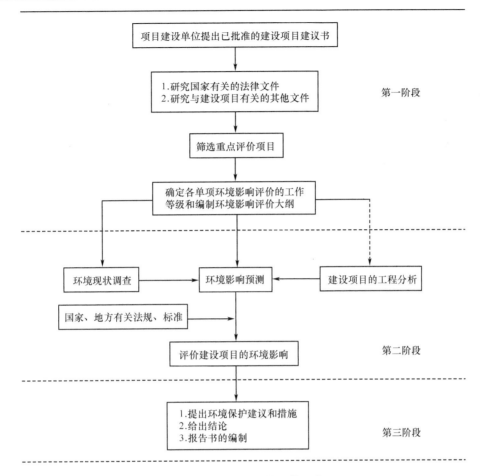

图 3-2　环境影响评价工作程序

　　第一阶段为准备阶段，主要工作为研究有关文件，进行初步的工程分析和环境现状调查，筛选重点评价项目，确定各单项环境影响评价的工作等级，编制评价工作大纲；

　　第二阶段为正式工作阶段，其主要工作为进一步作工程分析和环境现状调查，并进行环境影响预测和评价环境影响；

　　第三阶段为报告书编制阶段，其主要工作为汇总、分析第二阶段工作所得到的各种资料、数据，做出结论，完成环境影响报告书的编制。

　　如通过环境影响评价对原选厂址给出否定结论时，对新选厂址的评价应重新进行；如需进行多个厂址的选择，则应对各个厂址分别进行预测和评价。

一、环境影响评价工作等级

　　评价工作的等级是指需要编制环境影响评价和各专题工作深度的划分，各单项环境影响评价分为三个工作等级。一级评价最详细，二级次之，三级较简略。各单项影响评价工作等级划分的详细规定可参阅相应导则。工作等级的划分依据如下：

　　(1) 建设项目的工程特点(工程性质、工程规模、能源及资源的使用量及类型、源项等)。

　　(2) 目的所在地区的环境特征(自然环境特点、环境敏感程度、环境质量现状及社会经济状况等)。

(3) 国家或地方政府所颁布的有关法则(包括环境质量标准和污染物排放标准)。

对于某一具体建设项目，在划分各评价项目的工作等级时，根据建设项目对环境的影响、所在地区的环境特征或当地对环境的特殊要求情况可作适当调整。

二、环境影响评价大纲

环境影响评价大纲是环境影响评价报告书的总体设计和行动指南。评价大纲应在开展评价工作之前编制，它是具体指导环境影响评价的技术文件，也是检查报告书内容和质量的主要判据。该文件应在充分研读有关文件、进行初步的工程分析和环境现状调查后形成。

评价大纲一般包括以下内容：

(1) 总则(包括评价任务的由来、编制依据、控制污染和保护环境的目标、采用的评价标准、评价项目及其工作等级和重点等)。

(2) 建设项目概况。

(3) 拟建项目地区环境简况。

(4) 建设项目工程分析的内容与方法。

(5) 环境现状调查(根据已确定的各评价项目工作等级、环境特点和影响预测的需要，尽量详细地说明调查参数、调查范围及调查的方法、时期、地点、次数等)。

(6) 环境影响预测与评价建设项目的环境影响(包括预测方法、内容、范围、时段及有关参数的估值方法，对于环境影响综合评价，应说明拟采用的评价方法)。

(7) 评价工作成果清单，拟提出的结论和建议的内容。

(8) 评价工作有组织、有计划的安排。

(9) 经费概算。

三、评价区域环境质量现状调查和评价

环境现状调查是各评价项目(或专题)共有的工作，虽然各专题所要求的调查内容不同，但其调查目的都是掌握环境质量现状或本底，为环境影响预测、评价和累积效应分析以及投产运行进行环境管理提供基础数据。因此，调查工作应符合下列要求。

(一) 环境现状调查的一般原则

根据建设项目所在地区的环境特点，结合各单项评价的工作等级，确定各环境要素的现状调查范围，筛选出应调查的有关参数。原则上调查范围应大于评价区域，特别是对评价区域边界以外的附近地区，若遇有重要的污染源时，调查范围应适当放大。

环境现状调查应首先搜集现有资料，经过认真分析筛选，择取可用部分。若这些资料仍不能满足需要时，再进行现场调查或测试。

环境现状调查中，对与评价项目有密切关系的部分应全面、详尽，尽量做到定量化；对一般自然和社会环境的调查，若不能用定量数据表达，应做出详细说明，内容也可适当调整。

(二) 环境现状调查的方法

调查的方法有搜集资料法、现场调查法和遥感法。表3-2对这三种方法进行了比较。通常这三种方法的有机结合、互补是最有效的和可行的。

表 3-2　环境现状调查三种方法的比较

方法	搜集资料法	现场调查法	遥感法
特点	应用范围广、收效大、较节省人力、物力、时间	直接获取第一手资料可弥补搜集资料法的不足	从整体上了解环境特点特别是人们不易开展现状调查的地区的环境状况
局限性	只能获取第二手资料，往往不全面，需要补充	工作量大，耗费人力、物力和时间，往往受季节、仪器条件的限制	精度不高、不宜用于微观环境状况调查，受资料判读和分析技术的制约

(三) 环境现状调查的内容

环境现状的调查的主要内容有：①地理位置；②地貌、地质和土壤情况，水系分布和水文情况，气候与气象；③矿藏、森林、草原、水产和野生动植物、农产品、动物产品等情况；④大气、水、土壤等和环境质量现况；⑤环境功能情况(特别注意环境敏感区)及重要的政治文化设施；⑥社会经济情况；⑦人群健康状况及地方病情况；⑧其他环境污染和破坏的现况资料。

(四) 环境影响预测

1. 预测的原则

预测的范围、时段、内容及方法应按相应评价工作等级、工程与环境的特性、当地的环境要求而定。同时应考虑预测范围内规划的建设项目可能产生的环境影响。

2. 预测的方法

通常采用的预测方法有数学模式法、物理模型法、类比调查法和专业判断法，见表 3-3。预测时应尽量选用通用、成熟、简便并能满足准确度要求的方法。

表 3-3　环境影响预测常用方法

方法	特点	应用条件
①数学模式法	计算简便、结果定量。需要一定的计算条件、输入必要的参数和数据	模式应用条件不满足，要进行模式修正和验证时，应首先考虑用此法
②物理模型法	定量化和再现性好，能反映复杂的环境特征	合适的实验条件和必要的基础数据。无法采用①法而精度要求不高时，应选用此法
③类比调查法	半定量性质	时间限制短，无法取得足够参数、数据，不能采用①、②法时可选用此法
④专业判断法	定性反映环境影响	某些项目评价难以定量时，或上述三种方法不能采用时，可选用此法

3. 预测阶段的时段

建设项目的环境影响分为三个阶段(建设阶段、生产运营阶段、服务期满或退役阶段)和两个时段(冬、夏两季或丰、枯水期)。所以预测工作在原则上也应与此相应。但对于污染物排放种类多、数量大的大中型项目，除预测正常排放情况下的影响外，还应预测各种不利条件下的影响(包括事故排放的环境影响)。

4. 预测的范围和内容

为全面反映评价区内的环境影响,预测点的位置和数量除应覆盖现状监测点外,还应根据工程和环境特征以及环境功能要求而设定。预测范围应等于或略小于现状调查的范围。

预测的内容依据评价工作等级、工程与环境特征及当地环境保护要求而定,既要考虑建设项目对自然环境的影响,也要考虑社会和经济的影响;既要考虑污染物在环境中的污染途径,也要考虑其对人体、生物及资源的危害程度。

(五) 环境影响评价

评价建设项目的环境影响是关于环境影响资料的鉴别、收集、整理的结构机制,以各种形象化的形式提出各种信息,向决策者和公众表达开发行为对环境影响的范围、程度和性质。

关于环境影响评价的方法可以归纳很多,主要有如下方法:①列表清单法;②矩阵法;③网络法;④图形叠置法;⑤结合计算辅助法;⑥指数法;⑦环境影响预测模型;⑧环境影响综合评价模型等。

在这些环境影响评价方法中,应用的原理、需要的设备条件及最后结果的表示方式都不一样。在结果的表述中,有的是定量的数据,有的则是定性的描述。

环境影响评价方法正在不断改进,科学性和实用性不断提高。目前以从孤立地处理单个环境参数发展为综合参数之间的联系,从静态地考虑开发行为对环境生态的影响,发展到动用动态点来研究这些影响。

第四节　环境影响报告书

一、环境影响报告书编制原则

环境影响报告书是环境影响评价程序和内容的书面表现形式之一,是环境影响评价项目的重要技术文件。在编写时应遵循以下原则:

(1) 环境影响报告书应该全面、客观、公正,概括地反映环境影响评价的全部工作;评价内容较多的报告书,其重点评价项目另编分项报告书;主要的技术问题另编专题报告书。

(2) 文字应简洁、准确,图表要清晰,论点要明确。大(复杂)项目,应有主报告和分报告(或附件)。主报告应简明扼要,分报告把专题报告、计算依据列入。

二、环境影响报告书编制基本要求

环境影响报告书的编制要满足以下基本要求:

(1) 环境影响报告书总体编排结构应符合《建设项目环境保护管理条例》要求,内容全面,重点突出,实用性强。

(2) 基础数据可靠。基础数据是评价的基础。基础数据若有错误,特别是污染源排放量有错误,即使选用正确的计算模式和精确的计算,其计算结果都是错误的。因此,基础数据必须可靠。对不同来源的同一参数数据出现不同时应进行核实。

(3) 预测模式及参数选择合理。环境影响评价预测模式都有一定的适用条件，参数也因污染物和环境条件的不同而不同。因此，预测模式和参数选择应"因地制宜"。应选择模式的推导(总结)条件和评价环境条件相近(相同)的模式。选择总结参数时的环境条件和评价环境条件相近(相同)的参数。

(4) 结论观点明确，客观可言。结论中必须对建设项目的可行性、选址的合理性作出明确回答，不能模棱两可。结论必须以报告书中客观的论证为依据，不能带感情色彩。

(5) 语句通顺、条理清楚、文字简练、篇幅不宜过长。凡带有综合性、结论性的图表应放到报告书的正文中，对有参考价值的图表应放到报告书的附件中，以减少篇幅。

(6) 环境影响报告书中应有评价资格证书和报告书的署名。报告书编制人员按行政总负责人、技术总负责人、技术审核人、项目总负责人依次署名。

三、环境影响报告书编制要点

建设项目的类型不同，对环境的影响差别很大，环境影响报告书的编制内容也就不同。虽然如此，但其基本格式、基本内容相差不大。环境影响报告书编写的基本格式有两种：一种是以环境现状(背景)调查、污染源调查、影响预测及评价分章编排的，它是(86)国环字 003号文件附件中规定的编排格式；另一种是以环境要素(含现状评价及影响评价)分章编排的。以前一种编排居多，下面对两种编排的要点分别加以叙述。

(一) 按现状调查及影响评价编排环境影响报告书编制要点

1. 总论

(1) 环境影响评价项目的由来。说明建设项目立项始末、批准单位及文件、评价项目的委托、完成评价工作概况。

(2) 编制环境影响报告书的目的。结合评价项目的特点，阐述环境影响报告书的编制目的。

(3) 编制依据。①评价委托合同或委托书；②建设项目建议书的批准文件或可行性研究报告的批准文件；③《建设项目环境保护管理条例》及地方环境保护部门为贯彻此办法而颁布的实施细则或规定；④建设项目的可行性研究报告或设计文件；⑤评价大纲及审批文件。

在编写报告书时用到的其他资料，如农业区域发展规划，国土资源调查，气象、水文资料等不应列入编制依据中，可列入报告书后面的参考文献中。

(4) 评价标准。在环境影响报告书中应列出环境保护管理部门的环境保护标准。当标准中分类或分级别时，应指出执行标准的哪一类或哪一级。评价标准一般应包括大气环境、水环境、土壤、环境噪声等环境质量标准以及污染物排放标准。

(5) 评价范围。评价范围可按大气环境、地面水环境、地下水环境、环境噪声、土壤及生态环境分别列出，并应简述评价范围确定的理由。应给出评价范围的评价地图。

(6) 控制及保护目标。应指出建设项目中有没有需要特别加以控制的污染源，主要是排入量特别大或排放污染物毒性很大的污染源。

应指出在评价区内有没有需要重点保护的目标，如特殊住宅区、自然保护区、疗养院、文物古迹、风景浏览区等。指出在评价区保护的目标，如人群、森林、草场、农作物等。

2. 建设项目概况

应介绍建设项目规模，生产工艺水平、产品方案，原料、燃料及用水量，污染物排放量，环境保护措施，并进行工程影响环境因素分析等。

(1) 建设规模。应说明建设项目的名称、建设性质、厂址的地理位置、产品、产量、总投资、利税、资金回收年限、占地面积、土地利用情况、建设项目平面布置(附图)、职工人数、全员劳动生产率。若是扩建、改建项目，应说明原有规模。

(2) 生产工艺简介。建设项目的类型不同(如工厂、矿山、铁路、港口、水电工程、水利灌溉工程等)，其生产工艺各不相同。下面就工业生产项目说明工艺简介的一般内容。

生产工艺介绍，是按产品生产方案分别介绍的。要介绍每一个产品生产方案的投入产出的全过程，包括原料的投入、加工次数、加工的性质、排出污染物的性质及数量、最终产品。在生产工艺介绍中，凡有重要的化学反应方程式，均应列出。应给出生产工艺流程图。

应对生产工艺的先进性进行说明。对于扩建、改建项目，还应对原有的生产工艺、设备及污染防治措施进行分析。

(3) 原料、燃料及用水量。应给出原料、燃料(煤、油)的组成成分及百分含量，以表列出原料、燃料(煤、油)、用水量(新鲜水补给量、循环水量)的年、月、日、时的消耗量。最好给出生物料平衡图和水量平衡图。

(4) 污染物的排放量清单。应列出建设项目建成投入后，各污染物排放的废气、废水、废渣的数量，以及其排放方式和排放去向。当有放射性物质排放时，应给出种类、剂量、来源、去向。对设备噪声功率级，对振动源应给出振动级。

对于扩建、技改项目，应列出技改前后或扩建前后的污染排放量清单。

(5) 建设项目采取的环境保护措施。对建设项目拟采取的废气、废水治理方案、工艺流程、主要设备、处理效果、处理后排放的污染物是否达到排放标准、投资及运转费用加以介绍。还要介绍固体废弃物的综合利用、处置方案及去向。

(6) 工程影响环境因素分析。根据污染源、污染物的排放情况及环境背景状况，分析污染物可能影响环境的各个方面，将其主要影响作为环境影响预测的重要内容。

3. 环境现状

1) 自然环境调查
(1) 评价区的地形、地貌、地质概况。
(2) 评价区内的水文地质情况。列出评价区内的江、河、湖、水库、海的名称、数量、发源地，评价区段水文情况。对于江、河应给出年平均径流量、平均流量、河宽、比降、弯曲系数、平枯丰三个水期的流量和流速(某一保证率下的)。给出评价区地下水的类型、埋藏深度、水质类型等。
(3) 气象与气候。应给出气候类型及特征，列出平均气温、最热月平均气温、年平均气温、气温年较差、绝对最高气温、绝对最低气温、年均风速、最大风速、主导风向、次主导风向、各风向频率、年蒸发量、降水量的分布、年日照时数、灾害性天气等。
(4) 土壤及农作物。评价区内土壤类型、种类、分布、肥力特征，以及粮食、蔬菜、经济作物的种类及分布。
(5) 森林、草原、水产、野生动物、野生植物、矿藏资源等情况。

2) 社会环境调查

(1) 评价区内的行政区划、人口分布、人口密度、人口职业构成与文化构成。

(2) 现有工矿企业的分布概况(产品、产量、产值、利税、职工人数)及评价区内交通运输情况。

(3) 文化教育概况。

(4) 人群健康及地方病情况。

(5) 自然保护区、风景浏览区、名胜古迹、温泉、疗养区以及重要政治文化设施。

3) 评价区大气环境质量现状(背景)调查

应给出大气监测点的位置(附监测点布置图)及布点理由、监测项目及选择理由、监测天数、每天监测次数、时段、采样仪器、方法及分析方法等。

通常以列表方式给出大气监测结果。在表中列出各监测点大气污染物的一次浓度值和日平均浓度值的范围、超标率、最大超标倍数,并计算出评价区内大气污染物背景值。

如需要分析大气污染物浓度的日变化规律,应加密监测次数,绘出日变化曲线。

大气环境现状评价方法很多,在环境影响评价中最为常用的是以超标率和最大超标倍数表示大气污染程度。尽可能分析造成大气污染的原因。

在有历年大气监测资料的评价区,可把历年资料和这次监测资料一起分析,评价大气质量状况。

4) 地面水环境质量现状调查

应给出监测断面的地理位置、每个监测断面的采样点数目及位置、监测项目,并说明选择的理由。应给出监测时期、监测天数、每天采样次数。在采样同时测量河水水文参数(水温、流速、流量、河宽、河深等)。

将地面水水质监测结果以列表形式给出。用评价标准评价地面水质的方法有两类。一类是综合评价方法,如 W 值分级法、蒋小玉提出的分级评分法、S.L.Ross 的水质指数、内梅罗水污染指数等。它们在水质评价中曾起过积极作用。但《地面水环境质量标准》(GB 3838—2002)颁布以后,它们都不能继续应用了。这是因为《地面水环境质量标准》中规定:"标准值单项超标,即表明使用功能不能保证"。另一类是直接对比法,将监测值与评价标准对比,以超标率和超标倍数来表示各项指标是否符合评价标准的要求。水中各项指标均满足某类水质的要求,才能满足这类水质要求;如有一项超标,就不满足这类水质标准的要求。

如果地面水受到污染,尽可能找出污染的原因,以便治理。

5) 地下水质现状(背景)调查

应给出地下水监测点的位置、监测项目、分析方法、采样时间及次数,指出地下水是潜水还是承压水。

将地下水监测结果列表给出,把监测值与评价标准(通常采用生活饮用水卫生标准)直接进行对比,给出超标率和超标倍数,评价地下水质量。如地下水受到污染,尽可能找出污染的原因。

6) 土壤及农作物现状调查

应给出评价区内的土壤类型、分布状况及土地利用情况。给出土壤监测点的位置、采样方法、监测项目、分析方法。

列表给出土壤监测值,把监测值与评价标准进行对比,评价土壤环境质量。目前,我国只有土壤中砷的卫生标准。因此,评价标准多采用本省同类土壤背景值或对照点的土壤中污染物的含量。

简述评价区内的主要农作物、果树及其种植分布情况。给出采集农作物和果树的种类及采集样品的部位、采集点、监测项目及分析方法，列表给出监测结果。将监测结果与食品卫生标准或对照区的同类作物的污染物一般含量进行对比，评价农作物或果树的污染情况。

7) 环境噪声现状(背景)调查

应给出环境噪声监测点的位置、监测时间、监测仪器、监测方法、气象条件、监测点处的主要噪声源。

根据噪声监测数据进行数据处理，统计分析，计算出各监测点的昼间、夜间的等效声级及标准差，并给出 L_{10}、L_{50}、L_{90} 值。将等效声级与评价标准值对比，评价环境噪声状况。

在评价区内，如果交通运输很忙，还应进行交通噪声监测及评价。

8) 评价区内人体健康及地方病调查

应给出人体健康调查的区域、调查人数、性别、年龄、职业机构、体验项目、检查方法、调查结果的数理统计、污染区与对照区的比较分析。还可进行死亡回顾调查、儿童生长发育调查、地方病专项调查等。

9) 其他社会、经济活动污染、破坏环境现状调查

4. 污染源调查与评价

污染源向环境中排放污染物是造成环境污染的根本原因。污染排放污染物的种类、数量、方式、途径及污染源的类型和位置，直接关系到它危害的对象、范围和程度。因此，污染源调查与评价是环境影响评价的基础工作。

(1) 建设项目污染源预估。根据生产工艺找出废气、废水、废渣、噪声、振动和放射性等污染源。列表分别给出各污染源排放的污染物种类、数量、性质、排放方式、排放规律、排放途径及去向。还应给出非正常生产情况下污染物排放情况。

对污染源排放水平进行评价，看其是否符合国家"三废"排放标准或行业排放标准。

(2) 评价区内污染源调查与评价。应说明评价区内污染源调查方法、数据来源、评价方法。分别列表给出评价区内大气污染源、水污染源、废渣污染源的污染物排放量、排放浓度、排放方式、排放途径和去向、评价结果，从而找出评价区内的主要污染源和主要污染物。应给制评价区内污染源分布图。

5. 环境影响预测与评价

1) 大气环境影响预测的评价

(1) 污染气象资料的收集及观测。对于中小型建设项目，污染气象资料的获得以收集资料为主；对大型建设项目或复杂地形地区的建设项目，除收集资料外，应进行必要的污染气象现场测试。

首先说明污染气象资料来源及对评价区的适用程度。分别给出年(季)的风向、风速玫瑰图，风向、风速、大气稳定度的联合频率，月平均风速随月的变化情况，低空风场的垂直分布，气温的垂直分布，逆温的生消规律、逆温特征、混合层高度等。

在上述资料的基础上，找出四季的典型气象条件、熏烟、静风、有上部逆温等特殊气象条件的气象参数，作为计算大气污染物扩散的气象参数。

还应给出污染气象现场观测采用的仪器、观测方法、观测时间、数据处理方法等。

(2) 预测模式及参数的选用。对大气扩散模式、烟气抬升高度、风速廓线模式应逐一列出，并简要说明选取的理由。说明选用大气扩散参数的理由。

(3) 污染源参数。列表给出建设项目正常生产和非正常生产情况下大气污染源的源强、排气筒高度、出口内径、烟气量、出口速度、烟气温度等参数。

(4) 预测结果分析及评价。说明计算大气污染物浓度的类型，如年日均浓度、四季的日均浓度、各种不利气象条件下的一次浓度，各种稳定度下的地面轴线浓度等。给出相应的各种浓度等值线图及浓度距离图。

说明在正常生产情况下，在各种气象条件下的相对最大日均浓度和最大一次浓度、最大超标倍数、超标面积，与评价标准比较作出评价。

说明在非正常生产情况下，在种种气象条件下的最大一次浓度、最大超标数，与标准比较作出评价。

2) 水环境影响预测与评价

(1) 地面水环境影响预测与评价。根据工程影响环境因素分析、排放废水中的主要污染物及河水中主要污染物，选定环境影响预测因子。

给出水环境影响预测的水体参数。例如，河流要给出河道特征、断面形式、河床宽度、水深、比降等。还应给出水文变化规律，如年径流量的变化，河水流量的月变化，丰枯平三个水期的流量流速和水温的变化。特别指出影响预测选定的河流参数。

给出各污染源程序的污染排放量及浓度。预测模式及主要参数的选用，并应说明理由。说明预测的类型，列表给出水质预测结果，把预测值与评价标准直接对比，评价对水环境的影响。

(2) 地下水环境影响预测与评价。地下水环境影响预测与评价是一个非常复杂的问题。它需要多年的地下污染监测资料和水文地质资料，才能运用数学解析的方法预测地下水水质。在一般的评价项目中，往往不具备条件，不作数值预测，只作定性或半定量的分析。

3) 噪声环境影响预测及评价

(1) 噪声源声功率级的确定及噪声传播的空间环境特征。

(2) 根据噪声源类型及空间环境特征选择噪声预测模式。

(3) 选择空间环境的特征参数，进行模式预测。

(4) 列表给出预测结果，把环境噪声预测值和评价标准值直接对比，评价对声学环境的影响。也可给出噪声等值线图。

环境噪声影响预测包括建设项目环境噪声预测、交通噪声影响预测、飞机噪声影响预测等。它们的预测方法不同，但大体步骤如上所述。

4) 生态环境影响评价

对土壤环境影响预测模式的研究近年来渐多，但都不成熟。对土壤环境影响预测多以类比调查为主。

对农作物的影响评价多以类比调查定性说明。在评价时间允许的条件下，可进行盆栽实验、大田实验或模拟实验。

对自然生态的影响评价为陆生生态、水生生态、海洋生态，要素有植物、动物(含水生生物)、微生物等。

5) 对人群健康影响分析

根据污染物在环境中浓度的预测结果，利用污染物剂量与人群健康之间的效应关系，分析对人群健康的影响。

6) 振动及电磁波的环境影响分析

首先确定振动及电磁波的发生源的源强，根据传递空间或介质的特性选择适当的预测模式预测，列表给出计算结果，分析对环境的影响。也可用类比分析其影响。

7) 对周围地区的地质、水文、气象可能产生的影响

对于大型水库建设项目、农田水利工程、大型水电站等均应考虑这方面的影响。

6. 环境保护措施的可行性及经济技术论证

1) 大气污染防治措施的可行性分析及建议

(1) 给出建设项目废气净化系统的除尘系统工艺，设备的种类、型号、效率、能耗、排放指标。

(2) 论述排放指标是否达到排放标准。

(3) 论述处理工艺及设备的可行性。

(4) 论述排气筒是否满足有关规定。

(5) 建议。

2) 废水治理措施的可行性分析与建议

(1) 给出建设项目废水治理措施的工艺原理、流程、处理效率、排放指标。

(2) 论述排放指标是否达到排放标准。

(3) 论述废气治理措施的可行性、可靠性、先进性。

(4) 建议。

3) 对废渣处理及处置的可行性分析

4) 对噪声、振动等其他污染控制措施的可行性分析

5) 对绿化措施的评价及建议

介绍建设项目采取的绿化措施，论述绿化面积、绿化布局方案、树种、花类的合理性，并提出建议。

6) 环境监测制度建议

(1) 监测机构的设置、人员和仪器设备的配备等。

(2) 对环境监测布点及主要污染源监测的建议。

(3) 监测项目。

7. 环境影响经济损益简要分析

环境影响经济损益简要分析是从社会效益、经济效益、环境效益统一的角度论述建设项目的可行性。由于这三个效益的估算难度很大，特别是环境效益中的环境代价估算难度更大，目前还没有较好的方法，使环境影响经济损益简要分析还处于探索阶段，有待今后的研究和开发。目前，主要从以下几方面进行。

1) 建设项目的经济效益

(1) 建设项目的直接经济效益，说明其利税、资金回收年限、贷款偿还期。

(2) 建设项目的产品为社会其他部门带来的经济效益。

(3) 环境保护投资及运转费。

2) 建设项目的环境效益

建设项目建成后使环境恶化，对农、林、牧、渔业造成的经济损失及污染治理费用，环保副产品收益，环境改善效益。

3) 建设项目的社会效益

建设项目的产品满足社会需要，促进生产和人民生活的提高，促进当地经济、文化的进步，增加就业机会等。

最后综合分析社会效益、经济效益、环境效益，权衡利弊，提出建设项目是否可行。

8. 实施环境监测的建议

针对建设项目环境影响特点，要提出对各排放口(气、水、渣、噪声源)的监测方案或计划，以及对环境现状(大气环境、地面水环境、土壤环境、生物环境等)的监测方案或计划，并提出配置监测设备和人员的建议。

9. 结论

结论要简要、明确、客观地阐述评价工作的主要结论，包括下述内容。
(1) 评价区的环境质量现状。
(2) 污染源评价的主要结论，主要污染源及主要污染物。
(3) 建设项目对评价区环境的影响。
(4) 环境保护措施可行性分析的主要结论及建议。
(5) 从三个效益统一的角度，综合提出建议项目的选址、规模、布局等是否可行。建议应包括各节中的主要建议。

10. 附件、附图及参考文献

(1) 附件主要有建设项目建设书及其批复，评价大纲及其批复。
(2) 附图。在图、表特别多的报告书中可编附图分册，一般情况下不另编附图分册。若没有该图对理解报告书内容有较大困难时，该图应编入报告书中，不入附图。
(3) 参考文献。应给出作者、文献名称、出版单位、版次、出版日期等。

(二) 按环境要素分章的环境影响报告书编制要点

(1) 总论。内容同前。
(2) 建设项目概况与评价。内容同前。
(3) 污染源调查现状及影响评价。
(4) 大气环境现状及影响评价。包括上述的大气环境现状(背景)调查及大气环境影响预测与评价两部分内容。
(5) 地面水环境现状及影响评价。包括上述的地面水环境现状(背景)调查及地面水环境影响预测与评价两部分内容。
(6) 地下水环境现状及影响评价。包括上述的地下水环境现状(背景)调查及地下水环境影响预测与评价两部分内容。
(7) 环境噪声现状及影响评价。包括上述的环境噪声调查及环境噪声影响预测与评价两部分内容。

(8) 土壤及农作物现状与影响预测分析。包括上述土壤及农作物现状调查和土壤及农作物环境影响分析两部分内容。

(9) 人群健康现状及对人群健康影响分析。包括上述评价区内人体健康及地方病调查和人群健康影响分析两部分内容。

(10) 生态环境现状及影响预测和评价。包括陆生生态、水生生态、海洋生态等不同的生态系统，也可分为森林、草原、农田等典型生态系统，自然生态系统的要素有野生动物、野生植物等，评价其现状和建设项目及生物和其生境的影响。生态环境影响评价还涉及土壤、农田、水产等资源问题。

(11) 特殊地区的环境现状及影响预测和评价。自然保护区、风景保护区、风景浏览区、名胜古迹、温泉、自然遗迹、疗养区、学校、医院及重要政治文化设施等地区环境现状，建设项目对这些地区的影响预测及评价。

(12) 建设项目对其他环境影响预测和评价。振动、电磁波、放射性的环境现状，建设项目对其环境影响评价及预测。

(13) 环境保护措施的可行性分析及建议。内容同前。

(14) 环境影响经济损益简要分析。内容同前。

(15) 结论及建议。内容同前。

思 考 题

1. 简述环境影响评价的工作程序。

2. 简述环境影响评价管理在执行环境影响评价制度中的作用。

3. 为什么要划分项目环境影响评价的等级？各级评价工作的内容范围和深度如何？

4. 撰写环境影响评价报告书应注意哪些问题？

5. 为什么要进行污染源评价？

第二篇

环境影响评价方法学

第四章　污染源调查与工程分析

【内容摘要】　本章重点介绍了工程分析的主要工作内容和方法。工程分析方法是根据工程的建设内容概况、生产设备、生产工艺流程(或生产反应过程)、原(辅)材料消耗、产品产量等，分析工程存在的主要污染源和污染物、污染物产生量和产生浓度、采取合理可行的污染防治措施后污染物的排放量和排放浓度，同时还要说明事故排放情况。最后给出了大中型建设项目、大型水利水电建设项目和交通运输类建设项目的工作分析案例。

第一节　污染源调查与评价

一、污染源调查内容

污染源是指对环境产生污染影响的污染物发生源，通常是指向环境排放有害物质或对环境产生有害影响的场所、设备和装置。污染源排放的污染物质的种类、数量，排放方式、途径及污染源的类型和位置，直接关系到其影响对象、范围、程度。污染源调查就是要了解、掌握上述情况及其他有关问题，通过污染源调查，找出建设项目和所在区域内所有的主要污染源和主要污染物，作为评价的基础。

(一) 工业污染源调查内容

工业生产中的一些环节，如原料生产、加工过程、加热和冷却过程、成品整理过程等使用的生产设备或生产场所，都可能成为工业污染源。除废渣堆放场和工业区降水径流构成的污染物外，多数工业污染源属于点污染源。它通过排放废气、废水、废渣和废热污染大气、水体和土壤；还产生噪声、振动危害周围环境。各种工业生产过程排放的废物含有不同的污染物。此外，由于化学工业的迅速发展，越来越多的人工合成物质进入环境；地下矿藏的大量开采，把原来埋在地下的物质带到地上，从而破坏了地球上物质循环的平衡。

1) 企业和项目概况

包括企业或项目名称、厂址、主管机关名称、企业性质、项目组成、规模、厂区占地面积、职工构成、固定资产、投产年代、产品、产量、利润、生产水平、企业环境保护机构名称、辅助设施、配套工程、运输和储存方式等。

2) 工艺调查

包括工艺原理、工艺流程、工艺水平、设备水平、环境保护设施。

3) 能源、水源、原辅材料情况

包括能源构成、产地、成分、单耗、总耗；水源类型、供水方式、供水量、循环水量、循环利用率、水平衡；原辅材料种类、产地、成分及含量、消耗定额、总消耗量。

　　4) 生产布局调查

　　包括企业或项目总体布局、原料和燃料堆放场、车间、办公室、厂区、居住区、堆渣场、污染源的位置、绿化带等。

　　5) 管理调查

　　包括管理体制、编制、生产制度、管理水平及经济指标、环境保护管理机构编制、环境管理水平等。

　　6) 污染物治理调查

　　包括工艺改革、综合利用、管理措施、治理方法、治理工艺、投资、效果、运行费用、副产品的成本及销路、存在问题、改进措施、治理规划或设想。

　　7) 污染物排放情况调查

　　包括污染物种类、数量、成分、性质、排放方式、规律、途径、排放浓度、排放量(日、年)、排放口位置、类型、数量、控制方法、排放去向、历史情况、事故排放情况。

　　8) 污染源调查

　　包括人体健康危害调查、动植物危害调查、污染物危害造成的经济损失调查、危害生态系统情况调查。

　　9) 发展规划调查

　　包括生产发展方向、规模、指标、"三同时"措施、预期效果及存在问题。

(二) 生活污染源调查内容

　　生活污染源主要指住宅、学校、医院、商业及其他公共设施，其排放的主要污染物有污水、粪便、垃圾、污泥、废气等。

　　1) 城市居民人口调查

　　包括总人数、总户数、流动人口、人口构成、人口分布、密度、居住环境。

　　2) 城市居民用水和排水调查

　　包括用水类型(城市集中供水、自备水源)，人均用水量，办公楼、旅馆、商店、医院及其他单位的用水量，下水道设置情况(有无下水道、下水去向)，机关、学校、商店、医院有无化粪池及小型污水处理设施。

　　3) 民用燃料调查

　　包括燃料构成(煤、煤气、液化气)、燃料来源、成分、供应方式、燃烧消耗情况(年月日用量每人消耗量、各区消耗量)。

　　4) 城市垃圾及处置方法调查

　　包括垃圾种类、成分、数量、垃圾场的分布、输送方式、处置方式、处理站自然资源、处理效果、投资、运行费用、管理人员、管理水平。

(三) 农业污染源调查

　　农业通常是环境污染物的主要受害者，同时，由于施用农药、化肥，当使用不合理时也产生环境污染。

1) 农药使用情况的调查

包括农药品种，使用剂量、方式、时间，施用总量、年限，有效成分含量(有机氯、有机磷、汞制剂、砷制剂等)，稳定性等。

2) 化肥使用情况的调查

包括使用化肥的品种、数量、方式、时间、每亩平均施用量。

3) 农业废弃物调查

包括农作物秸秆、牲畜粪便、农用机油渣。

4) 农业机械使用情况调查

包括汽车、拖拉机台数，月、年油耗量，行使范围和路线，其他机械的使用情况等。

除上述污染源调查外，还有交通污染源调查、噪声污染源调查、放射性污染源调查、电磁辐射污染源调查等。

在进行一个地区的污染源调查或某一单项污染源调查时，都应同时进行自然环境背景调查和社会背景调查。根据调查目的和项目的不同，调查内容可以有所侧重。自然背景包括地质、地貌、气象、水文、土壤、生物；社会背景调查包括居民区、水源区、风景区、名胜古迹、工业区、农业区、林业区。

二、污染源调查程序与方法

(一) 污染源调查程序

根据污染源调查的目的要求，先制定出调查工作计划、程序、步骤、方法。一般污染源调查可分为三个阶段：准备阶段、调查阶段、总结阶段，各阶段包括的内容见表 4-1。

表 4-1　污染源调查各阶段基本内容一览表

准备阶段	明确调查目的		
	制定调查计划		
	做好调查准备	组织准备	
		资料收集	
		分析准备	
		工具准备	
	做好调查试点	普查试点	
		详查试点	
调查阶段	生产管理调查		
	污染治理调查		
	污染物排放情况调查	种类	
		排放量	物料衡算法
			排放系数法
			现场监测法(实测法)

续表

	污染物排放情况调查	排放方式
调查阶段		排放规律
	污染物危害调查	
	生产发展调查	
总结阶段	数据处理	
	建立档案	
	评价	
	文字报告	
	污染源分布图	

(二) 调查方法

通常把深入工厂、企业、机关、学校进行访问，召开各种类型座谈会的调查方法称为社会调查法。它可以使调查者获得许多关于污染源的活资料，对于污染源评价有着重要的作用。

为搞好污染源调查，可采用点面结合的方法，一般分为详查和普查两种。重点污染源调查称为详查；对区域内所有的污染源进行全面调查称为普查。各类污染源都应有自己的侧重点。同类污染源中，应选择污染物排放量大、影响范围广泛、危害程度大的污染源作为重点污染源进行详查。对详查单位要派调查小组蹲点进行调查。详查的工作内容从广度和深度上，都超过普查。重点污染源对一地区的污染影响较大，要认真调查好。

普查工作一般由主管部门发放调查表，以填表方式进行。对于调查表格，可以根据特定的调查目的自行制定表格。进行一个地区的污染源调查时，要统一调查时间、调查项目、方法、标准和计算方法等。

(三) 污染物排放量的确定

污染物排放量的确定是污染源调查的核心问题。确定污染物排放量的方法有三种：物料衡算法、经验计算法(排放系数法、排污系数)和实测法。

1. 物料衡算法

根据物质不灭定律，在生产过程中，投入的物料量应等于产品所含这种物料的量与这种物料流失的量的总和。如果物料的流失量全部由烟囱排放或由排水排放，则污染物排放量(或称源强)就等于物料流失量。

2. 经验计算法

根据生产过程中单位产品的排污系数进行计算，求得污染物的排放量的计算方法称为经验计算法。计算公式为

$$Q = KW$$

式中，K——单位产品经验排放系数，kg/t；

W——单位产品的单位时间产量，t/h。

各种污染物排放系数，国内外文献中给出很多。它们都是在特定条件下产生的。由于各地区、各单位的生产技术条件不同，污染物排放系数和实际排放系数可能有很大差距，因此，在选择时，应根据实际情况加以修正。还有条件的地方，应调查统计出本地区的排放系数。

对拟建工程的污染源进行排放量预测时，若上述两种方法均无法进行，可采用类比法进行预测。搜集国内外和拟建工程的性质、规模、工艺、产品、产量大体相近的生产厂(或设备)的污染物排放量作为参考数据，估算拟建工程污染源的排放量。

3. 实测法

实测法是通过对某个污染源现场测定，得到污染物的排放浓度和流量(烟气或废水)，然后计算出排放量，计算公式为

$$Q = CL$$

式中，C——实测的污染物算术平均浓度，mg/m^3；

　　　L——烟气或废水的流量，m^3/s。

这种方法只适用于已投产的污染源。

第二节　工 程 分 析

一、概述

工程分析是分析建设项目影响环境的因素，其主要任务是通过工程全部组成、一般特征和污染特征全面分析，从项目总体上纵观开发建设活动与环境全局的关系，同时从微观上为环境影响评价工作提供评价所需基础数据。

工程分析又是环境影响预测和评价的基础，并且贯穿于整个评价工作的全过程，因此常把工程分析作为评价工作的独立专题。

工程分析专题的作用集中反映在下列四个方面。

(一) 为项目决策提供依据

工程分析是项目决策的重要依据之一。在一般情况下，工程分析从环境保护角度对项目建设性质、产品结构、生产规模、原料路线、工艺技术、设备选型、能源结构、技术经济指标、总图布置方案、占地面积等做出分析意见。但是，在下列情况下，通过工程分析若发现不符合有关政策、法规规定时，可以据此直接做出结论。

(1) 在特定或敏感的环境保护地区，如生活居住区、文教区、水源保护区、名胜古迹与风景游览区、疗养区、自然保护区等法定界区内，布置有污染影响并且足以构成危害的建设项目时，可以直接做出否定的结论。

(2) 通过工程分析发现改、扩建项目与技术改造项目实施后，污染状况比现状有明显改善时，一般可做出肯定的结论。

(3) 在水资源紧缺的地区布置大量耗水建设项目，若无妥善解决供水的措施，可以做出改变产品结构和限制生产规模，或否定建设项目的结论。

(4) 对于在自净能力差或环境容量接近饱和的地区安排建设项目，通过工程分析，发现该

项目的污染物排放量可增大现状负荷，而且又无法从区域进行调整控制的，原则上可做出否定的结论。

(二) 弥补"可行性研究报告"对建设项目产污环节和源强估算的不足

目前建设项目"可行性研究报告"中仅对拟建工程主要生产工艺进行了初步研究，而对一工程生产过程中具体产污环节没有具体的说明，特别是有关生产工艺过程中产污强度的估算数据仅能作为参考，其排污数据的完整性和可靠性不能满足环境影响评价对源强的要求，故在环境影响评价工作中需对各个生产工艺的产污环节重新进行详细分析，对各个产污环节的排污源强仔细核算，从而为水、气、固体废物和噪声的环境影响预测、污染防治对策及污染排放总量控制提供可靠的基础数据。

(三) 为环境保护设计提供优化建议

建设项目的环境保护设计需要环境影响评价作为指导，尤其是改、扩建项目，工艺设备一般都比较落后，污染水平较高，要想使项目在改、扩建中通过"以新带老"把历史上积累下来的环境保护"欠账"加以解决，就需要工程分析从环境保护全局要求和环境保护技术方面提出具体意见。工程分析应力求对生产工艺进行优化论证，并提出符合清洁生产要求的清洁生产工艺建议，指出工艺研究上应该重点考虑的防污减污问题。此外，工程分析对环境保护措施方案中拟选工艺、设备及其先进性、可靠性、实用性所提出的剖析意见也是优化环境保护设计不可缺少的资料。

(四) 为项目的环境管理提供建议指标和科学数据

工程分析筛选的主要污染因子是日常管理的对象，为保护环境所核定的污染物排放总量是开发建设活动进行控制的建议指标。

二、工程分析的方法

一般地讲，建设项目的工程分析都应根据建设项目规划、可行性研究和设计方案等技术资料进行工作。但是，有些建设项目，如大型资源开发、水利工程建设，以及国外引进项目，在可行性研究阶段所能提供的工程技术资料不能满足工程分析需要时，可以根据具体情况选用其他适用的方法进行工程分析。目前可供选用的方法有类比法、物料衡算法和资料复用法。

(一) 类比法

类比法是利用与拟建项目类型相同的现有项目的设计资料或实测数据进行工程分析的常用方法。采用此法时，为提高类比数据的准确性，应充分注意分析对象与类比对象之间的相似性。例如：

(1) 工程一般特征的相似性。所谓一般特征包括建设项目的性质、建设规模、车间组成、产品结构、工艺路线、生产方法、原料、燃料来源与成分、用水量和设备类型等。

(2) 污染物排放特征的相似性。包括污染物排放类型、浓度、强度与数量，排放方式与去向，以及污染方式与途径等。

(3) 环境特征的相似性。包括气象条件、地貌状况、生态特点、环境功能以及区域污染情况等方面的相似性。因为在生产建设中常会遇到这种情况，即某污染物在甲地是主要污染因素，在乙地则可能是次要因素，甚至是可被忽略的因素。

类比法也常用于单位产品的经验排污系数计算污染物排放量。但是采用此法必须注意，一定要根据生产规模等工程特征和生产管理以及外部因素等实际情况进行必要的修正。

(二) 物料衡算法

物料衡算法是用于计算污染物排放量的常规方法。此法的基本原则是遵守质量守恒定律，即在生产过程中投入系统的物料总量必须等于产出的产品量和物料流失量之和。其计算通式如下：

$$\sum G_{流失} = \sum G_{流失} + \sum G_{流失}$$

式中，$\sum G_{流失}$——投入系统的物料总量；

　　　$\sum G_{流失}$——产出产品量；

　　　$\sum G_{流失}$——物料流失量。

当投入的物料在生产过程中发生化学反应时，可按下列总量法或定额法公式进行衡算。

1. 总量法公式

$$\sum G_{排放} = \sum G_{投入} - \sum G_{回收} - \sum G_{处理} - \sum G_{转化} - \sum G_{产品}$$

式中，$\sum G_{投入}$——投入物料中的某污染物总量；

　　　$\sum G_{产品}$——进入产品结构的某污染物总量；

　　　$\sum G_{回收}$——进入回收产品中的某污染物总量；

　　　$\sum G_{处理}$——经净化处理掉的某污染物总量；

　　　$\sum G_{转化}$——生产过程中被分解、转化的某污染物总量；

　　　$\sum G_{排放}$——某污染物的排放量。

2. 定额法公式

$$A = AD \times M$$

$$AD = BD - (aD + bD + cD + dD)$$

式中，A——某污染物的排放总量；

　　　AD——某单位产品污染物排放定额；

　　　M——产品总产量；

　　　BD——单位产品投入或生成的某污染物量；

　　　aD——单位产品中某污染物含量；

　　　bD——单位产品生成的副产物、回收品中某污染物的含量；

　　　cD——单位产品分解转化掉的污染物量；

　　　dD——单位产品被净化处理掉的污染物量。

采用物料衡算法计算污染物排放量时，必须对生产工艺、化学反应、副反应和管理等情况进行全面了解，掌握原料、辅助材料、燃料的成分和消耗定额。但是只能在评价工作等级较低的建设项目工程分析中使用。

(三) 资料复用法

此法是利用同类工程已有的环境影响报告书或可行性研究报告等资料进行工程分析的方法。虽然此法较为简便，但所得数据的准确性很难保证，所以只能在评价工作等级较低的建设项目工程分析中使用。

三、工程分析的工作内容

工程分析的工作内容，原则上是根据建设项目的工作特征(包括建设项目的类型、性质、规模、开发建设方式与强度、能源与资源用量、污染物排放特征，以及项目所在地的环境条件)来确定。对于环境影响以污染因素为主的建设项目来说，其工作内容通常包括以下九部分(表 4-2)。

表 4-2　工程分析基本工作内容一览表

工程分析项目	工作内容
工程概况	工程一般特征简介 物料与能源消耗定额 主要技术经济指标
产污环节分析	污染物产污环节分析
污染物分析	污染物分布及污染源强计算 物料平衡与水平衡
污染物源强分析	无组织排放源强 风险排放源强统计及分析
清洁生产水平分析	清洁生产水平分析
环境保护措施方案分析	分析本项目可以确定环境保护措施方案所选工艺及设备的先进水平和可靠程度 分析处理工艺有关技术经济参数的合理性 分析环境保护措施投资构成及其在总投资中占有的比例
总图布置方案分析	分析厂区与周围的保护目标之间所定防护距离的安全性 根据气象、水文等自然条件分析工厂和车间布置的合理性 分析村镇居民拆迁的必要性
补充措施与建议	关于合理的产品结构与生产规模的建议 优化总图布置的建议 节约用地的建议 可燃气体平衡和回收利用措施建议 用水平衡及节水措施建议 废渣综合利用建议 污染物排放方式改进建议 环境保护设备选型和实用参数建议 其他建议
工程分析小结	建设项目在拟选厂址的合理生产规模与产品结构 最佳总图布置方案 最佳选定的主要污染源与污染因子 主要污染因子的削减与治理措施 可能产生的事故特征与防范措施建议 必须确保的环境保护措施项目和投资 其他重要建议

(一) 工程概况

1. 工程一般特征简介

工程一般特征简介主要是介绍项目的基本情况，包括工程名称、建设性质、建设地点、项目组成、建设规模、车间组成、产品方案、辅助设施、配套工程、储运方式、占地面积、职工人数、工程总投资及发展规划等，附总平面布置图。项目的建设规模和产品方案可以用表4-3给出，项目的组成可以参照表4-4列出。

表4-3 项目建设规模和产品方案一览表

序号	工艺名称	建设规模	产品产量	商品量	年操作数	备注
1						
2						
3						
⋮						

表4-4 项目组成一览表

序号	生产装置	辅助生产装置	公用工程	环境保护工程	备注
1					
2					
3					
⋮					

2. 物料及能源消耗定额

物料及能源消耗定额包括主要原料、辅助、材料、助剂、能源(煤、焦、油、气、电和蒸气)以及用水等的来源、成分和消耗量。物料及能源消耗定额可以按表4-5清楚地反映出来。

表4-5 主要原辅材料消耗定额及来源一览表

序号	名称	规格	单位	消耗量	来源	备注
1						
2						
3						
⋮						

3. 主要技术经济指标

主要技术经济指标包括产率、效率、转化率、回收率和放射率等。建设项目的技术经济指标可以采用表4-6的格式给出。

表 4-6　　建设项目的技术经济指标一览表

序号	产率	效率	转化率	回收率	放射率	备注
1						
2						
3						
⋮						

(二) 工艺路线与生产方法及产污环节

用形象流程图的方式说明生产过程，同时在工艺流程中表明污染物的产生位置和污染物的类型，必要时列出主要化学反应和副反应式。

(三) 污染物源强分析与核算

1. 污染物分布及污染物源强核算

污染源分布和污染物类型及排放量是各专题评价的基础资料，必须按建设过程、生产过程和服务期满后(退役期)三个时期，详细核算和统计，力求完善。因此，对于污染源分布应根据已经绘制的污染流程图，并按排污点编号，标明污染物排放部位，然后列表逐点统计各种因子的排放强度、浓度及数量。

对于废气可按点源、面源、线源进行核算，说明源强、排放方式和排放高度及存在的有关问题。废水应说明种类、成分、浓度、排放方式、排放去向。废液应说明种类(按《固体废物污染环境防治法》进行分类)、成分、浓度、处置方式和去向等有关问题。废渣应说明有害成分、溶出物浓度、数量、处理和处置方式和存储方法。噪声和放射性应列表说明源强、剂量及分布。

污染源强状况可采用表 4-7 方式表示。

表 4-7　　污染源强一览表

序号	指标名称	单位	数量	备注
1				
2				
3				
⋮				

统计方法应以车间或工段为核算单元，对于泄漏和放散量部分，原则上要求实测，实测有困难时，可以利用年均消耗定额的数据进行物料平衡推算。

2. 新建项目污染物源强

在统计污染物排放量的过程中，对于新建项目要求算清两本账：一本是工程自身的污染物设计排放量；另一本则是按治理规划和评价规定措施实施后能够实现的污染物削减量。两本账之差才是评价需要的污染物最终排放量，可以用表 4-8 的形式列出。

表 4-8 建设项目污染物排放量一览表

类别	名称	排放点	设计排放量	设计排放浓度	排放方式	排放去向	执行排放标准	处理后排放量	处理后排放浓度	最终排放去向	备注
废气											
废水											
固体废弃物											

3. 改扩建项目和技术改造项目污染物源强

对于改扩建项目和技术改造项目的污染物排放量统计则要求算清三本账:第一本账是改扩建与技术改造前现有的污染物实际排放量;第二本账是改扩建与技术改造项目按计划实施的自身污染物排放量;第三本账是实施治理措施和评价规定措施后能够实现的污染削减量。三本账的代数和方可作为评价后所需的最终排放量,可以采用表 4-8 分别列出。

4. 通过物料平衡计算污染源强

依据质量守恒定律,投入的原材料和辅助材料的总量等于产出的产品和副产物以及污染物的总量。通过物料平衡,可以核算产品和副产品的产量,并计算出污染物的源强。物料平衡的种类很多,有以全厂物料的总进出为基准的物料衡算,也有针对具体的装置或工艺进行的物料平衡,例如,在合成氨厂中,针对氨进行的物料平衡,称为氨平衡。在环境影响评价中,必须根据不同行业的具体特点,选择若干有代表性的物料进行物料平衡。

5. 水平衡

水平衡是建设项目所用的新鲜水总量加上原料带来的水量等于产品带走的水量、损失水量、排放废水量之和。可以用下式表示:

$$Q_f + Q_r = Q_p + Q_l + Q_w$$

式中,Q_f ——新鲜水总量;

Q_r ——原料带来的水量;

Q_p ——产品带走的水量;

Q_l ——生产过程损失水量;

Q_w ——排放废水量。

6. 无组织排放源的统计

无组织排放是指生产装置在生产运行过程中污染物不经过排气筒(管)的无规则排放,表现在生产工艺过程中具有弥散型的污染物的无组织排放，以及设备、管道和管件的跑冒滴漏而在空气中的蒸发、逸散引起的无组织排放。

7. 风险排污的源强统计及分析

风险排污包括事故排污和非正常工况排污两部分。

(1) 事故排污的源强统计应计算事故状态下的污染物最大排放量，作为风险预测的源强。事故排污分析应说明在管理范围内可能产生的事故种类和频率，并提出防范措施和处理方法。

(2) 非正常工况排污是指工艺设备或环境保护设施达不到设计规定指标的超额排污，因为这种排污代表长期运行的排污水平，所以在风险评价中，应以此作为源强。非正常工况排污还包括设备检修、开车停车、试验性生产等。此类异常排污分析都应重点说明异常情况的原因和处置方法。

(四) 清洁生产水平分析

重点比较建设项目与国内外同类型项目按单位产品或万元产值的排放水平，并论述其差距。一些项目要做专题清洁生产评价对废气排放应按能源政策评述其合理性，对其中的可燃气体应说明回收利用的可行性。对于废水排放应通过水量平衡，并按资源利用和环境保护技术政策评述一水多用或循环利用有关参数的合理程度。对于废渣要求根据其性质、组成，综述其综合利用的前景。

(五) 环境保护措施方案分析

1. 分析建设项目可研阶段环境保护措施方案，并提出进一步改进的意见

根据建设项目产生的污染物特点，充分调查同类企业的现有环境保护处理方案，分析建设项目可研阶段所采用的环境保护设施的先进水平和运行可靠程度，并提出进一步改进的意见。

2. 分析污染物处理工艺有关技术经济参数的合理性

根据现有的环境保护设施的运行技术经济指标，结合建设项目环境保护设施的基本特点，分析论证建设项目环境保护设施的技术经济参数的合理性，并提出进一步改进的意见。

3. 分析环境保护设施投资构成及其在总投资中占有的比例

汇总建设项目环境保护设施的各项投资，分析其投资结构，并计算环境保护投资在总投资中所占的比例，并提出进一步改进的意见。

(六) 总图布置方案分析

1. 分析厂区与周围的保护目标之间所定卫生防护距离和安全防护距离的可靠性

参考国家的有关安全防护距离规范，分析厂区与周围的保护目标之间所定防护距离的可靠性，合理布置建设项目的各构筑物，充分利用场地。

2. 根据气象、水文等自然条件分析工厂和车间布置的合理性

在充分掌握项目建设地点的气象、水文和地质资料的条件下，减少不利因素，合理布置

工厂和车间。

3. 分析村镇居民拆迁的必要性

分析项目产生的污染物的特点及其污染特征，结合现有的有关资料，确定建设项目对附近村镇的影响，分析村镇居民拆迁的必要性。

(七) 补充措施与建议

1. 关于合理的产品结构与生产规模的建议

合理的产品结构和生产规模可以有效地降低单位污染物的处理成本，提高企业的经济效益，有效地降低建设项目对周围环境的不利影响。

2. 优化总图布置的建议

充分利用自然条件，合理布置建设项目中的各构筑物，可以有效地减轻建设项目对周围环境的不良影响，降低环境保护投资。

3. 节约用地的建议

根据各个构筑物的工艺特点和结构要求，做到合理布置，有效利用土地。

4. 可燃气体平衡和回收利用措施建议

可燃气体排入环境中，不仅浪费资源，而且对大气环境有不良影响，因此必须考虑对这些气体进行回收利用。根据可燃气体的物料衡算，可以计算出这些可燃气体的排放量，为回收利用措施的选择提供基础数据。

5. 用水平衡及节水措施建议

根据用水平衡图，充分考虑废水回用，减少废水排放。

6. 废渣综合利用建议

根据固体废弃物的特性，选择有效的方法，进行合理的综合利用。

7. 污染物排放方式改进建议

污染物的排放方式直接关系到污染物对环境的影响，通过对排放方式的改进往往可以有效地降低污染物对环境的不利影响。

8. 环境保护设备选型和实用参数建议

根据污染物的排放量和排放规律，以及排放标准的基本要求，结合对现有资料的全面分析，提出污染物的处理工艺和基本工艺参数。

9. 其他建议

针对具体工程的特征，提出与工程密切相关的、有较大影响的其他建议。

(八) 工程分析小结

通过工程分析归纳写出小结，其要点包括：
(1) 建设项目在拟选厂址的合理生产规模与产品结构。
(2) 最佳总图布置方案。
(3) 筛选确定的主要污染源与污染因子。
(4) 主要污染因子的削减与治理措施。
(5) 可能产生的事故特征与防范措施建议。
(6) 必须确保的环境保护措施项目和投资。
(7) 其他重要建议。

第三节　工程分析专题报告

如前所述，建设项目的工程分析内容和深度，应根据项目的工程特征、评价工作等级条件而定，一般来说，对于评价等级较高的大中型建设项目，工程分析内容要求详细；规模较小的工程或单独一两个车间的改扩建项目及污染影响较为简单的建设项目，其工程分析的内容和深度可以结合实际情况予以简化。

一、污染影响型大中型建设项目工程分析专题报告的编写要点

1　工程概况
　1.1　工程名称、工程性质、建设地点
　1.2　建设规模及产品方案
　　1.2.1　改扩建工程的原有生产规模和产品品种
　　1.2.2　新建工程的生产规模和产品品种
　　1.2.3　项目组成(包括主体工程、辅助工程、配套工程、公用工程，对于改扩建项目要应分别列出原有项目组成和改、扩建项目组成)
　　1.2.4　发展规划
　1.3　工艺路线和生产方法(一定包括污染物产生、排放内容，并附污染物排放点的形象工艺流程图)
　　1.3.1　原有工艺流程(侧重表达污染物产生、排放过程)
　　1.3.2　新、改、扩建工程流程(包括污染物产生和排放流程)
　1.4　工厂占地面积及厂区总平面布置(附总平面布置图)
　1.5　劳动组织及定员
　1.6　工程总投资及其环境保护投资
　1.7　原料、辅助原料、助剂、燃料的来源、化学成分消耗，定额和总用量及储运方式
　1.8　能源消耗及用水量
　　1.8.1　供电来源及总负荷
　　1.8.2　供热方式及总用量
　　1.8.3　供水方式及用量(按供水、循环水分别列出)

1.9　环境保护设计方案概述

2　污染源及统计分析

　2.1　污染源分布及污染物排放量统计

　　2.1.1　污染源分布(噪声和放射性附源点分布图)

　　2.1.2　改扩建前的污染物排放量统计

　　2.1.3　新、改、扩建后的污染物排放量统计

　　2.1.4　环境保护和评价建议实施后的污染物削减量统计

　　2.1.5　新、改、扩建后的污染物排放量及增减变化分析

　2.2　污染源结构和排放方式分析

　2.3　清洁生产水平分析

　2.4　事故分析

3　环境保护措施方案分析

4　总图布置方案分析

5　补充措施及建议

6　工程分析小结

二、环境破坏型大型水利水电建设项目工程分析专题报告的编写要点

1　工程概况

　1.1　工程名称及地理位置(附地理位置图)

　1.2　工程规模及项目组成

　1.3　工程占地面积及总平面布置(附总平面布置图)

　1.4　蓄水位高度及水库控制流域面积

　1.5　水库淹没范围、面积和拆迁、移民数量，以及安置方式

　1.6　水库运用方式及灌溉面积

　1.7　主要工程量

　1.8　工程总投资及环境保护投资

2　主要技术指标

　2.1　正常高水位

　2.2　天然河道常年水位

　2.3　设计年限一遇洪水位

　2.4　设计死水位

　2.5　设计回水长度

　2.6　水库面积和总库容

　2.7　拦沙库容

　2.8　长期有效库容

　2.9　校核洪水最大泄量

　2.10　死水位泄洪能力

　2.11　防洪限制泄量

　2.12　主坝坝型、坝顶高程、坝顶长度、坝顶宽度和坝高

2.13　截渗墙形式、截渗深度

2.14　导流洞数量、洞径、长度、衬砌材料、进口高程及泄流能力

2.15　泄洪洞数量、长度、消能方式、衬砌材料、进口高程、进流能力

2.16　排沙洞数量、洞径、长度、衬砌、进口高程及泄流输沙能力

2.17　电站装机台数、单机容量及年发电量

2.18　发电引水洞条数、洞径、进口高程、衬砌材料及引水能力

2.19　调压塔形式、塔径和塔高

2.20　溢洪道形式、进口堰高、堰孔数量及孔宽、泄槽宽、泄槽长、最大泄流能力

2.21　垭口坝形式、坝高、坝长、体积及材料

2.22　土石方总量及取采土地点

2.23　灌溉引水量

2.24　灌溉面积

2.25　灌溉回水量

3　流域污染源分布及污染物统计

3.1　流域污染源分布(附分布图)

3.2　工业污染物统计

3.3　农业污染物统计(包括灌溉回水带水量)

3.4　生活污染物统计

3.5　发电尾水水质和水温

4　流域水利水电发展规划(附图)

5　坝下保证流量、水库淹没面积、蓄水高度与控制流域面积、水库运用方式等工程特征参数，对生态环境可能造成的问题分析(采用类比法)

6　气候、地震、山体滑坡

7　环境保护措施方案分析

8　补充措施与建议

9　工程分析小结

第四节　典型工程分析案例

为了对环境影响识别的内容有一个基本了解，以下列举的典型工程建设项目环境影响识别及有关说明作为示例。

(一) 飞机场

建造一个机场主要考虑五个方面的影响，按重要性排序，通常是噪声、大气和水质、社会问题。此外，还对植被与野生生物等有影响。

1. 噪声

凡是涉及机场选址、跑道选址、跑道范围、喷气式飞机首次起降计划，或加固跑道以供大型喷气式飞机使用的工程，都必须评价噪声影响。噪声影响识别的更具体内容视项目情况

而定，但对土地使用状况的某些方面应予适当的考虑，如机场所在地区的机构和公众的需要和愿望、当地的生活方式、该地特殊的建筑结构和隔音性能、附近土地使用规划等。噪声评价最重要的目的是提供资料，以便采取适当的措施，包括运用法规、限制机场毗邻地带的土地使用，并据此调整正常的起降活动。

2. 大气和水质

在大气污染方面，应当估计机场和跑道的建设对大气污染物浓度和当地污染物排放总量的影响，还需估计并考察空运增加带来的地面运输增加，从而增加对空气的污染。

水质方面，建筑新的跑道或原有跑道加宽加长，都会形成大面积的构造平面，其地表径流会对水质发生影响。此外，机场还存在用水和废水处理问题。

3. 社会问题

社会影响包括居民和企事业单位的迁移及原有社会结构的破坏。如果发生这类影响，就必须估计要迁移的住宅数和家庭类别，确定其对地面交通的影响，确定其对可能要迁移的街道和房屋的影响，以及被迁移的企事业及迁移对该地区经济的影响。

继发性影响和累积效应。由新建或扩建机场、跑道所造成的社会经济影响，其性质是典型的继发性影响。这些影响包括人口流动形式和增长形式的改变，公用事业需求及经济活动的变化，机场是否征用国家公园、娱乐场所、野生生物和水鸟栖息地、名胜古迹以及国家或地方的重要自然风景区的土地，飞机是否飞越其上空，并且由上述各种影响形成的累积效应。

(二) 公路工程

公路工程(含高速公路)的环境影响是多方面的，最重要的是对景观和视觉、大气质量、交通运输方式、噪声、社会经济、水质和野生生物的影响。高速公路可以刺激或诱发其他活动(继发性影响)，如加速土地开发或社会经济活动方式的变化。继发性影响往往比原发性影响更为深刻，更为广泛，如公路建造对有关地区今后的人口增长和经济发展就有显著的影响。

1. 视觉影响

通常人们所关心的是公路妨碍视野，即看不到居民区和游览区的标志地物，影响以景观获利的商业活动；高坡度或高架公路限制了毗邻城市的发展；扰乱游览区居民区的视野；造成原有植被与新栽植被或风景区之间，自然地形与公路结构之间，现有建筑与公路建筑之间的不和谐。

2. 大气质量

其影响包括公路沿线植被和建筑结构上覆盖的尘土；覆盖在道路两侧的植被和建筑物上的颗粒物；由于车辆流量增加而导致的烟雾、机动车的烟尘和臭气(如汽车尾气和橡皮气味)。施工期间卡车、建筑设备的运输量增加；以前不通车的地区在公路建成后可以通车，改善郊区交通，促进郊区工商业发展；增加当地的交通运输量和相应的服务性设施。

3. 交通噪声

其影响包括：干扰道路周围需要安静的娱乐活动；影响文化、教育、医疗机构的活动；影响需要安静的商业贸易活动；影响公路两侧的住宅开发。

4. 社会经济

其影响包括：住宅、工业、商业的迁移；破坏名胜古迹；失去一些适合工商业活动的地点；实际所需迁移费大于提供的补偿费；隔断被迁居民与原地区的个人联系(家庭联系、种族联系或邻居朋友联系)。

5. 水质

其影响有下列一项或多项：公路工程在建筑和保养期间对土壤的侵蚀，导致附近河流、水库水质混浊及泥沙沉积，从而缩短水库和河道的使用期或增加管理费用，损害鱼和其他水生生物，可能损伤建筑物、道路和桥梁的地基；公路系统的介入和在港湾地带、沼泽、河流等处修建公路，可导致流域分界线的改变——特别是港湾地带。水流自然状况的破坏可以影响重要的生态因子，如沉积类型、淡水和咸水混合、养分流失、水生贝壳、鱼和野生生物以及局部植被等；公路地表径流含有油、沥青、杀虫剂、肥料、防冻盐、人畜排泄物及燃烧产物等，会影响水质和野生生物及路旁植被；来自临时性和永久性废物处理设备的废物可以影响局部水系的水质；地面水和地下水补给区受公路建设和使用期堆放的污染物沾染，从而增加补给水中的污染物的深度。

6. 野生生物

其影响包括：特有的或高产量的野生生物、鱼或水生贝壳类动物栖息地的丧失或退化；野生生物回转和迁徙路线的割断；野生生物向其他地带迁移；阻断水生生物的迁移和(或)洄游；影响毗邻土地的野生生物。

上面提到的各种因子，在高速公路影响评价中(图4-1，表4-9)都可借鉴。

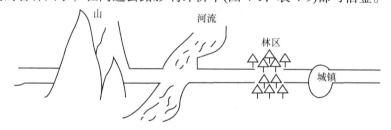

图 4-1　高速公路工程分析示意图

表 4-9　高速公路项目组成表

内容		环境问题	
		施工期	运行期
主体工程	线路	占地，移民，生态破坏	噪声，大气污染
	隧道	弃土，水土流失，弃渣	空气质量(隧道)
	大型桥梁	城市取水影响	

续表

内容		环境问题	
		施工期	运行期
主体工程	大型互通立交	噪声,扬尘对城市影响 生态影响	
辅助工程	服务区(加油,饮食)	生态破坏,水土流失,移民	废水,垃圾
	施工便道	生态破坏,水土流失	土地恢复
	取料场	生态破坏,水土流失	耕地恢复
储运工程	储料场	生态破坏,沥青烟	恢复措施
	沥青站	噪声	
	运输		噪声,扬尘
办公及生活设施	管理站 收费站	生态破坏,水土流失	废水,垃圾

(三) 水利工程

这里所称的水利工程包括开辟航道、疏浚、灌溉、堤坝加固、小型蓄水库、小船坞等不同项目。上述各类开发行动都有其特定影响。

1. 开辟航道

一般指河床的人工加宽加深,包括改变航道、清除障碍、疏浚等,如清除航道中的树桩、瓦砾、堤边妨碍航行的树木、浅滩。开辟航道的结果是有一条畅通的航道。

当河流自然生态系统的改变影响到生态系统的功能和结构时,就会导致整个系统的改变。开辟航道会改变水流形态和移除底泥,产生易侵蚀沉积物和不稳定河床,减少光线透入深度,从而影响整个水域的水生生物生产力;航道开辟还可以改变水生生物群落中种群的相对比例,导致适应性差的物种的减少或灭绝,而耐污性强的物种则异常增多;岸边植被的破坏会提高河水的温度,从而引起水生生物的变化;上游的工程会对下游的水生生物及其栖息地发生有害影响,其原因是沉积物增加、营养素同化作用加强;还会使发生洪水的可能性增加;流速增大,航道区停留时间缩短,等等。

2. 灌溉工程

这是用人工控制的方法把水施用于某些农作物以促进其生长。这在水环境的自然循环中是做不到的。灌溉工程的引水量和引水位置会影响河床条件。灌溉回流水的水质和水量对受纳水体水质有影响。从地下抽取灌溉用水使水位降低;灌溉对地下水水质也可能有污染。

堤坝加固与开辟航道有密切联系,其影响也相似。防洪堤作防洪之用,筑在易发洪水的河堤附近。河堤加固有减轻河堤侵蚀、清除自然生长的植物和堆积物以增大过水量等作用。这类工程的影响一般包括对水质、野生生物(因减少岸边栖息地)、混浊度和流速(增加)以及天然排水系统的影响等。

3. 蓄水工程

首先是确定该工程的用途是仅为供水还是有多种用途(如发电、航运、防洪、游览、繁殖鱼类和野生生物、供水等)。但不管其目的如何,影响面都比较广,包括栖息地和物种多样性的变化;景观和一般美学特征的变化;土地使用的变化;特有自然资源和人造资源的改变;附近房地产价值的改变引发周围地区的住宅、工商业的改变;蓄水引起底层溶解氧缺乏、季节性温度分层、沉积和潜在性富营养化等水质变化。

小船坞是供小船下水、存放、供应和为小游艇服务的设施。这类工程的影响包括生活废水的收集和处理设施的影响、石油制品和其他有害物质在处理过程中溢出的可能性、防波堤建筑和坞内水流停滞对水的流动和水循环方式的影响。

(四) 大坝和水库建设

大坝和大型水库在施工过程、营运期有环境影响,也有继发性影响,这些影响是多方面的(图 4-2,表 4-10)。

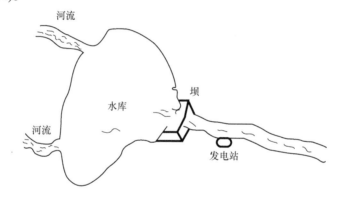

图 4-2　水利水电工程分析示意图

表 4-10　水利水电工程项目组成表

内容		施工期	营运期
主体工程	首部枢纽(大坝)	生态破坏,弃土弃渣,水土流失	水生生态环境气候的影响
		淹没移民,土地盐渍化	
	引水	弃渣	取水段(水质和用水)
	发电	施工废水	
辅助工程	料场	生态破坏,水土流失	
	施工便道	生态破坏,水土流失	消落带(景观,疾病等)
储运工程	储料场	生态破坏	噪声,扬尘
	运输		
办公及生活设施	管理站	生态破坏,水土流失	废水,垃圾

1. 对水库内和下游的水质和水量的影响

(1) 拦蓄在水库内的水质发生季节性变化。

(2) 均匀地减少下游进入河口的流量,引起河口盐水入侵类型的变化,进一步影响河口的渔业。

(3) 改变当地的地下水位和水质。

(4) 降低下游河段对废水污染的自净能力。

(5) 蒸发量增大,减少下游河水流量。

2. 生态影响

(1) 改变鱼的种类和数量,还可能将冷水渔业变为温水渔业。

(2) 影响洄游性鱼类(如长江中的鲟鱼、美国哥伦比亚河的鳟鱼等)的洄游路线。

(3) 必须建隔网防止鱼类进入水轮机和泵等设备。

(4) 如果管理得好,可以形成新的水库鱼种。

(5) 增加蚊子和某些昆虫的繁殖区域,可能导致某些传染病(疟疾等)的流行。

(6) 促进水草(如水浮莲等)的生长。

(7) 改变淹没区野生生物栖息地的条件,会影响野生生物生长。

(8) 将水鸟栖息地由浅水变深湖,可能对候鸟产生影响。

(9) 影响稀有的、受威胁的和濒危的植物和动物物种的保护。

(10) 对下游传统泄洪区作物的影响,减少输入土地的营养物量。

3. 社会经济和历史文物及考古资源保护方面

(1) 居民的动迁和安置的影响,还会影响其生活方式。

(2) 施工人员大批涌入产生相关的社会、基础设施和健康影响。

(3) 增加水库周围游客人数。

(4) 水库建设、周围道路开辟促进流域性开发,但也会增加进入水库的沉积物和营养物量。

(5) 历史、文化、考古和宗教性遗址被淹没。

4. 地质、气象和资源条件的影响

(1) 由于水压增加导致水库内滑坡和(或)地震活动可能性增加。

(2) 改变区域微气候,如多风、湿度和降雨量提高等。

(3) 使矿产资源淹没水中。

大坝和水库建成后与过去和未来环境影响的累积效应。

(五) 天然气管线

天然气管道建设可能产生的环境影响,在不同阶段,特别是在建设期、运转期(包括维修、中断和功能不正常)和服务期满后是各不相同的。

1. 建设期至少应考虑的影响

(1) 对现在或未来土地使用的影响。包括商业上的使用、矿物资源开采、游览地等利用,土地及其特征的美学价值、建设工程对土地使用的暂时性限制、建设活动对地区运输方式的影响(包括公路、高速公路、航运和空运等方面)。

(2) 对物种和生态系统的影响。包括对当地陆地和水生物种及其栖息地的影响，如清除地基、挖掘和填埋等造成的影响，生态系统的可能变化，可能使某一物种灭绝。

(3) 对社会经济的影响。包括对劳动力、住宅、地区工业和公用设施的影响；居民和企事业的搬迁，对地方经济基础的影响；由于外来人口增加需要增加学校、保健设施、治安消防设施、住宅、废物处理、市场、运输、通信、能源供应以及娱乐设施等公用事业，对游览区的现有使用和未来使用的影响。

(4) 建设过程排出的大气污染物对大气质量的影响。

(5) 对当地水质的影响，包括沉积、侵蚀和径流。

(6) 建筑噪声的强度和类型。

(7) 各类废物如废品、杂物和建筑材料等处理的影响。

2. 运转期应考虑的影响

(1) 天然气管线限制了附近土地的利用，包括矿物资源和水资源的使用；对局部运输方式的影响，包括对公路、高速公路、航运、空运等运输方式的可能需要。

(2) 在物种和生态系统方面，其对陆地和水生物种(有经济价值或美学价值的动植物品种)及其栖息地的影响；其对动物迁移、觅食和繁殖的影响，生态系统可能导致的主要改变或某物种的灭绝；与原有的项目和拟议中的行动协同作用产生累积效应。

(3) 在社会经济方面，其对与劳动力、住宅、人口发展趋势、迁移、地方工业以及公用事业等有关的地区社会经济发展的影响；天然气管线投入运转后由于其服务、产品和能源等带来的经济效益，新住宅的开发、工资增加等使地方税收基础提高；需要更多的学校、治安消防、住宅、市场、废物处理、运输、通信和游览等设施；提高了该地区社会经济水平的保持对新能源和水源的依赖程度。

(4) 资源利用、获取和使用对水、能源和原料等资源造成的影响。

(5) 维修保养(如工程完成之后清理公用道路等)对环境的影响，设施的主要部件损坏停止使用引起的影响。

(6) 发生事故和天灾的潜在性影响。

3. 服务期满的影响

在天然气管道最终废弃后，主要应考虑对土地使用和对当地美学价值的影响。

(六) 农业和畜牧业开发(主要是改变土地的利用方式和过度利用)造成的影响

(1) 土地清理、开垦新土地和拓展牧地造成原有植被破坏；围湖造地和改造湿地使大片天然湿地消失；破坏动物栖息地、沿海鱼类自然资源繁殖场所和珊瑚礁；清除天然植被除了破坏表土的肥力、降低保水能力外，还导致水土流失、脆弱物种减少、野生物种迁移和生物多样性下降。

(2) 过量施用化肥、农药及污水灌田等造成非点源污染，地下水位上升，土壤盐渍化和水土流失；重型机械耕、收，使土壤压实，加重水土流失；选种育种造成遗传多样性减少。

(3) 不符合"可持续性"农业生产管理和技术的引进会破坏原有农业生态稳定性。如林业和畜牧业结合可使林牧业持续发展，但超过林区承载能力的过度放牧会导致植被破坏、水土流失和土地荒漠化。

(七) 渔业(包括捕捞渔业和养殖渔业)开发的影响

1. 捕捞渔业

捕捞渔业是开发自然生长的野生物种，包括近海和远洋作业的海洋渔业和江河、湖泊、水库作业的内陆渔业。对环境的影响有以下几个方面。

(1) 过度捕捞导致水生生态系统、物种种群数量和结构发生变化，由于某些种群退化而影响水生食物链中的其他物种。

(2) 使用的捕捞方法和器械伤害非捕捞目标的物种。例如，船底拖网破坏底栖生物，使用农药连带地杀死大量水生生物，破坏珊瑚礁资源。

(3) 捕鱼船的动力燃料泄漏和冲洗水排放造成污染。

2. 养殖渔业

人工养殖渔业有更多的人为干扰，某些方面比捕捞渔业的环境影响更大，尤其是鱼塘养殖有多方面的影响。

(1) 修建鱼塘，破坏自然生态环境。在沿海地区修建水塘会破坏红树林、沼泽地及其他敏感的湿地生态环境，内陆鱼塘修建在低洼平坦地带会影响原来的传统用途(如季节性放牧)，建塘时还可能造成水土流失和淤积。

(2) 改变水流量，影响局地水文状况。如果池塘修在河流边，可以起到防洪、防涝、调节水量和滞留泥沙的作用；如果建在低洼洪涝地带，则可能因河流改道导致其他地带的洪涝；在干旱地区会影响其他项目的用水。

(3) 鱼塘排水造成污染。鱼塘一般比较富营养，加上使用化肥和各种杀菌剂，在周期性排放、换水时，会导致附近其他水体的污染；而富营养化和废物积累会造成自身生产力下降和毒性反应。

(4) 不适当地引入外地物种或选种育种会引起引进物种与本地种之间对生存条件(空间、食饵)的竞争甚至捕食本地种，造成本地物种资源退化，减少遗传多样性；外来种携带的寄生虫、传染病也会给本地鱼种带来不利。

(5) 鱼塘会引起以水为传播媒介的疾病。钉螺、蚊虫的滋生在一定条件下可导致当地居民中的某些疾病流行。

(八) 采矿和矿石加工

采矿属于自然资源开发，所处地区多与自然生态系统所在地交错、毗连，因而一切生产过程都牵动生态系统。此类项目对环境的主要影响是多方面的。

(1) 勘探、采矿和矿石加工设施的建设会大面积清除植被，使其剥离土壤，导致天然植被丧失、地形改变、水土流失；破坏野生动植物，包括一些濒危物种的栖息环境和迁移通道；地下开采可能发生地面塌陷，引起生态系统改变，改变的程度和范围取决于塌陷区原有生态系统的状况和塌陷的严重程度。

(2) 水力开采(如淘金)作业改变河道和河床结构，尾矿的排放堆积和水土流失造成河湾、沿海浅水区、池塘及洪泛平原的泥沙淤积，使水质恶化；水生环境的剧烈改变妨碍野生生物物种的生长、繁殖，导致种群数量下降乃至灭绝。

(3) 尾矿堆积和河流污染造成土壤受污染、侵蚀，农作物、牲畜受污染毒害，生产力下降，产品品质变化。

(4) 水生生物受污染或产生毒害效应，生物对污染物的浓集作用致使产品经济价值下降，毒物耐受力低的种群数量下降乃至灭绝。

(5) 交通和爆破的噪声、震动干扰人类及野生动物的生存活动，有的野生动物可能短期迁移或永远消失。

(6) 交通的便利增加了偷猎等伤害的机会。

(7) 恢复植被时文化遗产和自然景观被破坏。

(九) 核电站和输配电工程

核电站建设的影响评价着重在识别运转期对地面水、地下水、大气和土壤的影响。主要的影响因子有下列几个方面。

1. 散热系统对环境的影响

(1) 热废水对受纳水体温度的影响。
(2) 释放的热量对海洋和淡水生物的影响。
(3) 冷却水抽取和排放对鱼和低等生物的潜在性损害。
(4) 冷凝器排出物对浮游生物、半浮游生物和自游生物(小鱼)的影响，以及由此而产生的对重要鱼种的影响。
(5) 改变水体自然循环(特别是把一个地方来的水排放到另一个地方)的潜在性生物学效应。
(6) 反应堆稳定运行后，受纳水体温度较稳定，但若反应堆停工，导致水体温度变化产生的影响。
(7) 散热设备(冷却塔、冷却池、喷水池或喷雾器等)对局部环境及农业、住宅、公路安全等的影响。
(8) 对地下水的影响。

2. 对生物的放射性的影响

(1) 局部植被和动物(定居型或迁徙型)可能遭受的辐射的性质、程度和方式。
(2) 对接受放射性排出物的水体附近的土壤和植被的影响。
(3) 提高地面上局部重要动植物体内放射性物质的浓度及该浓度产生的辐射剂量。

3. 运转期的其他影响

(1) 对植物、野生动物栖息地、土地资源和景观的影响。
(2) 核电站附近土地使用和用水的变化。
(3) 核电站与附近其他厂相互作用产生的影响。
(4) 抽取地下水对工厂附近其他地下水源的影响。

(5) 处理固体废物和液体废物造成的影响。

4. 输配电系统(包括输电线路、变电站等的建设和运行)的环境影响是多方面的

(1) 对土壤的影响。主要指清理道路、变电站和架线塔的选址、挖洞、改变斜坡的坡度等。

(2) 对植被的影响。主要指除去道路上的植被、限制喷洒化学药剂、施工期发生火灾的可能性、建筑材料和地面残留废物的处理对敏感、稀有或濒危物种的影响。

(3) 对动物的影响。包括输电设备对当地的和迁徙来的野生动物(包括鸟和鱼)的作用，施工活动和噪声对动物觅食、放牧、交尾、营巢、迁徙和栖息的影响，食物改变、猎人增加、失去覆盖物保护、失去栖息地对稀有物种和濒危物种的影响。

(4) 美学影响。主要是输电线对当地景观的影响。

(5) 对水资源地影响。指施工引起的侵蚀和排水对水源的污染，输电线跨越江河湖泊产生的影响。

(6) 输电设施对不同地区的不同影响。如对荒地、未开垦地、天然景观河流、国家游览区、自然区、风景区、文物古迹区、地质区、国家遗址、纪念碑、公园和野生生物庇护所都可能有影响。

(7) 对沿线的飞机起落、航线的影响。

(8) 对人类活动的影响指受影响地区是否供种植、游览、打猎或其他活动之用；开辟的道路虽为人们的各种活动提供方便，但对人身安全的潜在威胁。

(9) 对当地经济的影响。对受输电设施影响的地区和为输电设施服务的工业的经济影响，施工期间的经济影响，包括增加当地的就业率、增加养路费、增加货物供应和服务收入；持续性经济影响，包括设施运输和保养提供的就业机会、税收增加、可供电力增加、发展地方工业等。

(10) 噪声和电磁辐射的影响。包括输电线、继电器及其电晕放电(干湿天气)产生的噪声，电磁辐射对收音机、电视机、通信电器的干扰，臭氧干扰，金属栏杆、金属门、地面管道和地下管道等的感应电压。有关城市废水处理设施的环境影响，总的来说，可以分成三种类型，即施工过程引起的环境影响、长期运行的环境影响和继发性影响。

思 考 题

1. 简述污染源调查的方法与程序。
2. 污染物排放量的确定有哪几种方法?
3. 工程分析的概念是什么? 其内容主要有哪些?
4. 工程分析的目的是什么?
5. 撰写工程分析专题报告应注意哪些事项?
6. 如何运用工程分析识别水库建设项目的环境影响?

第五章　生命周期评价

【内容摘要】　生命周期评价，即定量评价一项产品(或服务)体系从原材料采掘或获取、制造加工、使用到废弃处理乃至再生循环利用整个生命过程的投入产出与环境影响。本章首先从生命周期评价的产生与发展及其技术框架等角度分析了生命周期评价的含义，然后进一步介绍四种典型的生命周期评价的方法，最后详细介绍生命周期评价在铝工业生产的研究上的应用。

第一节　生命周期评价概述

一、生命周期评价的产生和发展

生命周期评价研究的标志，是 1969 年由美国中西部资源研究所(MRI)针对可口可乐公司饮料容器，开展的从生产到消费整个过程的环境影响评价研究。此后，美国国家环境保护局以能源消费为重点，针对包装品进行了全面的环境影响评价，提交了名为 REPA(resource and environmental profile analysis)的研究报告；随后英国 Bousted 咨询公司等一系列国家研究机构和私人咨询公司相继开展了类似研究，取得了一定成果。

自 1975 年开始，美国国家环境保护局从单个产品的环境影响评价，转向如何制定有利于能源保护的固体废物减量政策，基于此，一些研究和咨询机构依据 REPA 思想，发展了一系列有关废物管理的方法,同时更加深入地研究环境排放和资源消耗的潜在影响:英国的 Bousted 咨询公司针对清单分析做了大量研究，形成了一套较为规范的分析方法；瑞士联邦"材料测试与研究实验室"为瑞士环境部开展了一项关于包装材料的系统研究，引起国际学术界的广泛关注；同时，欧洲环境委员会也开始关注生命周期评价的应用，于 1985 年公布了《液体饮料容器法案》(EC Directive 85/339)，要求工业企业对其产品生产过程中的能源、资源及固体废弃物进行全面的监测与分析。

1988 年，由于"垃圾船"问题的出现，固体废弃物问题成为公众瞩目的焦点，社会工会也开始日益关注 REPA 的结果。这时的 REPA 研究涉及研究机构、管理部门、工业企业、产品消费者等，但其使用 REPA 的目的和侧重点各不相同，而且所分析的产品和系统也变得越来越复杂，急需对 REPA 的研究方法进行研究和统一。

1990 年，由于环境毒物学和化学学会(Society of Environmental Toxicology and Chemistry, SETAC)首次主持召开了有关 LCA 的国际研讨会，与会者就 LCA 的概念和理论框架取得了广泛的一致，并确定了"Life Cycle Assessment"(LCA，生命周期评价)这一术语。同年，欧洲塑料制造者协会的环境专业委员会组建了塑料 LCA 研究小组，开始了调查研究，其重点就是塑料制品各阶段的环境影响；荷兰政府历时三年开展了"荷兰废弃物再利用研究"，该研究的一系列研究成果，尤其是 1992 年出版的研究报告"产品生命周期环境评价"，奠定了后来 SETAC 方法论的基础。

1993 年，SETAC 出版了《生命周期评价纲要：实施指南》的纲领性报告，该报告为生命周期评价方法提供了一个基本技术框架及具体的实施指南细则和建议，从而成为生命周期评价方法论研究起步的一个里程碑。同年，国际标准化组织(ISO)正式成立一个环境管理技术委员会(TC207)，开展环境管理方法的国际标准化工作。1995 年，专门介绍 LCA 研究成果与动态的期刊 *International Journal of LCA* 的创办，为 LCA 的推广提供了强有力的支持。

此后，在欧洲和北美环境毒物学和化学学会以及欧洲生命周期评价开发促进会(SPOLD)的大力推动下，LCA 在全球范围内得到较为广泛的应用。国际标准化组织已先后发布 ISO 14040 生命周期评价——原则与框架(1997)、ISO 14041 生命周期评价——清单分析(1998)、ISO 14042 生命周期评价——影响评价(2000)、ISO 14043 生命周期评价——释义(2000)等相关标准，从而使生命周期评价成为产品环境影响标准化评价和管理工具。

二、生命周期评价的含义及其技术框架

生命周期评价(LCA)，即定量评价一项产品(或服务)体系从原材料采掘或获取、制造加工、使用到废弃处理乃至再生循环利用整个生命过程的投入产出与环境影响(图 5-1)。它源自 1969 年美国可口可乐公司对其饮料容器开展的比较研究，现已发展成为一种标准化的产品环境影响评价和环境管理工具。

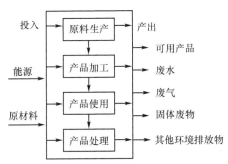

图 5-1　生命周期评价及其体系边界示意图

根据 ISO 14040，LCA 分析步骤主要包括目的和范围的确定、清单分析、影响评价、结果解释与改进评价(图 5-2)。

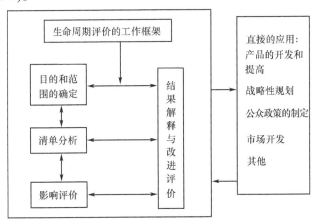

图 5-2　生命周期评价的步骤

(一) 评价目标

LCA 建立在物质平衡、能量平衡的热力学和系统分析之上，这种分析也常见于生产工程技术。因此，首先必须对研究系统进行定义，这就是目标和范围定义阶段。从物质平衡的角度出发，为了得到产品，就必须有材料和能源的输入。在某一具体的环境分析中，如 EIA 或 EA 的评价系统是一个工厂或制作场所，输入只与该厂的材料和能源输入有关。在 LCA 中，系统边界描述为"从摇篮到坟墓"，包括一个产品或工艺的生命周期所有的负荷和影响。因此，输入系统内的是初级资源。为了完成对一种产品或工艺的 LCA 评价，首先必须清楚地定义研究的目标，至少应包括以下内容：①引入研究的原因；②研究的对象是产品还是工艺；③评价分析的因素和忽略的因素；④评价结果如何应用。

系统的功能在目标和范围定义中应具体化，并表达为功能单元，作为系列递推的功能度量。例如，某包装的功能是用于储藏一定量的液体，倘若比较不同的包装时，比较应基于相同的功能。因此，功能单元可定义为在一定的条件和时间内要求盛纳一定量的液体所需的包装材料量。研究起始，必须明确研究目标的详细程度，有时应用目标较为明确，而在另一些情况下选择的目标可能较模糊。研究的范围有从一般性研究到具体的一种产品或工艺，大多数情况介于这两者之间，甚至对于具体产品的研究，也要确定以下的研究路径：①全生命周期；②部分生命周期；③单独的一个阶段或工艺。

部分生命周期可由多个阶段所构成，也可仅局限于某一具体的阶段过程或工艺。

为了有助于突出研究重点和思路，明确研究的结果是服务于何种目的或希望得到什么样的信息，即明确目的是非常重要的。同时，研究的深度也与研究的目标有关联，在某些情况下要求有足够的深度。有时研究是为了比较工艺，有时是为了比较产品。图 5-3 为生命周期评价分析的一般性目标。

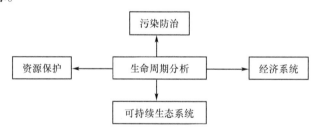

图 5-3　生命周期评价分析的一般性目标

(二) 边界定义

边界条件是指生产工艺中各工序哪些条件应包括在内，哪些条件应排除在外。由于多种因素相互作用，首先要明确相关因素和独立因素。一个完整的清单分析包括对资源、能源和环境排放进行定量化的步骤，产品的全生命评价系统边界见图 5-4，主要步骤概括如下：

(1) 原材料和能源的获取。这些元素的边界条件始于包括获取原材料所需的各种活动，止于原材料的制作和处理第一阶段。

(2) 制作、成形、生产。该过程使用原材料并将其制成产品。

(3) 运输和销售。在该过程中，几乎所有的研究内容相差不大，这里的运输和销售系指制作成品后的活动。

(4) 使用、再生利用。这一系统边界始于产品销售后的第一阶段，结束于产品的废弃和进入废物管理系统。产品的环境负荷在这一阶段是变化的，若该阶段产品使用过程还消耗能量、燃料或其他自然资源，那么这一阶段也是十分重要的。

(5) 回收、废物管理。回收阶段涉及废物管理系统外的材料收集，并将其返回到生产制备阶段。废物管理包括废物的运输、处理机制。

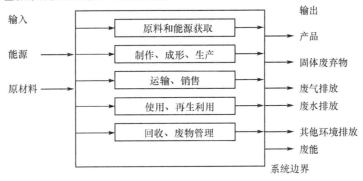

图 5-4　生命周期系统边界

设置系统边界时，区分内部系统和外部系统很有必要。内部系统定义为一系列直接与生产和使用过程相关联的工艺流程或单元，这种工艺流程或单元能递推出目标和范围所定义的功能单元。外部系统是提供能源和材料到内部系统的部门——通常经由一个共同的市场，不能区分生产企业的具体状况。确定内部系统和外部系统的差别也是重要的，对于确定使用的数据类型，内部系统可由某个具体的工艺过程数据描述，而外部系统通常由不同的生产工艺过程的混合数据代表。因此，确定合适的系统边界是非常关键的一步。

(三) 清单分析

清单分析，即收集、确定所设定的系统整个生命周期中的投入产出，包括资源、能源的消耗、系统中废气、废水、固体废弃物及其他环境释放物的排放，完整的清单分析程序如图 5-5 所示。

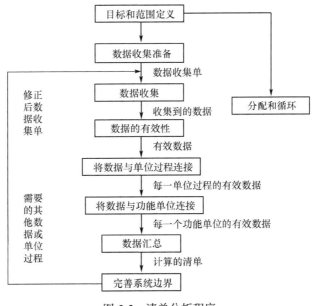

图 5-5　清单分析程序

可以认为，清单分析有一定的主观性。作为一种实用的工具，应当尽可能减少这种主观性，因此需要遵守一些基本的准则：

定量性——所有数据应当定量化，可以用合适的质量控制所证实。任何对数据和方法的假设都必须具体化。

重复性——信息和方法的来源足以描述能由同行得到的相同结论，证据要充分，可以解释产生的任何误差。

科学性——数据的取得和处理方法有科学依据。

综合性——应包括所使用的主要能源、材料和废弃物排放。由于数据的可靠性受时间、成本的限制，所忽略的因素应当清楚地说明。

同行检验——倘若研究的结果被公开引用，这些结果要求同行检验过。

实用性——使用者在清单分析所涵盖的范围内能得出合适的结论，对使用者应用的限制条件应当清楚地注明。

满足以上准则的 LCA 评价报告具备实用性，技术可靠，无明显的偏差。

许多生命周期清单分析仅作为内部参考，机密性便不存在问题。而对于外部调查而言，所有数据的收集就应当考虑企业的保密性。除此之外，数据的收集困难性还可以通过外部"标准"数据的收集而得到一定克服。在收集数据时可能会遇到数据的差异性，这是由于获取数据的渠道不同而致，需要摒弃不可靠的数据，因此有时需要对数据作敏感性分析。

在清单分析阶段，完成材料和能源的平衡分析以及环境负荷的定量化。环境负荷定义为资源的消耗与大气、水和固废排放物当量数量大小。对于某一具体的产品和工艺，LCA 清单将提供一个定量的输入、输出目录表。一旦清单分析完成和核实，其结果便可用于影响分析和改进分析阶段。LCA 分析的结果也可用于确定一种或多种产品是否优于其他产品的选择依据，而这种依据是基于产品对环境的总的影响程度。输入和输出目录必须客观，具体的客观因素包括如下(当然不限于此)：

(1) 与可以选择的产品、材料或工艺进行输入/输出对比分析。

(2) 着眼点放在确定生命周期或给定的工艺内所需资源和排放最有潜力的削减点。

(3) 有助于促进能减少总体排放的新产品开发。

(4) 建立一个共同的比较基准线。

(5) 有助于提高人们对与产品或工艺有关的环境影响的关注。

(6) 有助于提高产品可持续利用的能力。

(7) 能够对影响资源的使用、回收或排放的公共政策评价提供相关信息。

(四) 影响评价

这一阶段是环境负荷累积(分类)以及潜在影响评价(特征化)，即影响评价。有一系列的方法被提出用于表征和定量环境影响，由 Heijungs 等提出方法得到广泛应用。在这种方法中，环境负荷按照对特定的潜在环境影响，如温室效应、酸化、臭氧层破坏等的相对贡献进行累积，如 CO_2 作为确定与温室效应有关的其他气体(CH_4，VOCs)的参照。

在影响评价阶段，环境负荷希望进一步累积成单个的环境影响函数，通过赋予影响因子的权重以表示其相对重要性。这一步骤称为定权阶段或权值的选择，也证明是 LCA 最为矛盾的一环，因为它意味着不同影响因素的主观定权。定权是典型的非基于自然科学基础上的，而取决于决策者的"经验"和公众的偏好。目前对于如何将各环境影响因素统一成单个的环境影响函数还存在分歧，也不能说明这种累积从概念上和哲理上的有效性。

就以上评价方法来说，对研究者而言仅仅给出材料的各项分类指标的定量值是远远不够的，研究的一个关键性问题是如何用定量的方法来评价和计算环境负荷值的大小，这是国际环境材料研究领域的一个热点。对于定量评价，国际上也没有统一的意见，ISO 14000 对 LCA 评价方法留下几个系列以利于未来进行补充。

为了构造基本模型，在研究过程中需要对整个产品或工艺给出流程图，然后对每一工序给出详细的工艺投入/产出数据图。将工序数据图综合到产品或工艺的流程图中，得到生命周期数据链图。

由生命周期清单给出大量详细的信息，研究者需要选择合适的内容格式，由此就可将收集的数据转变为信息，数据进行处理和解析提供给使用者作为实际应用。提供的信息应当是综合信息，而不应过于简化。这些信息可以以图表的形式出现，至少应包括如下内容：①总的能耗结果；②工序过程的物耗、能耗情况；③工艺废气、废水、固体废渣的排放结果；④能源回收利用的情况。

目前定量研究环境影响，一般用环境负荷值(environment load value, ELV)来定量表征，东京大学的 Shinsuke Sakai 和 Koji Yokoyama 提出用摄动法进行 LCA 敏感性分析；Yasutaka Kainuma 采用多目标决策优化方法进行综合定量分析；重庆大学借助于环境科学中环境指数的概念，提出了材料的等效环境指数概念，即材料生产中的各种环境因子的负荷值与材料生产中的各种环境容许指标或标准的相对比值。加权模型是在综合多种因素的基础上，将环境影响因素简化为一个单一的数值，有利于不同材料环境负荷的比较，缺点是加权系数的确定问题；采用专家评估法确定各因子的权重，受人为因素的影响，其准确性有待进一步讨论。其他评价方法诸如数据列表法比较直观但不能得出环境负荷的一个确定数值，Yoshikuni Yoshda 从 LCA 的观点出发用输入-输出表，统计 CO_2 的排放情况。

文献尝试用模糊数学的方法进行综合评价与对比，这种方法值得借鉴，但没有确定权值的分配，采用的也是专家评分法，因而其客观性受到限制。

另外，Yasunari Matsuno 提出与标准值比较的目标距离加权法来定义权重因子，与专家评分法相比，这种定权法更客观一些。

(五) 改进评价和结果解释

SETAC 方法的最终阶段是改进评价，评价目标定位于判别系统行为改进的可能性。在 ISO 方法中，这一阶段称为解释，除了改进和革新建议外，还包括对于环境影响、敏感性分析和最终建议的确定。

1999 年，英国 Surrey 大学 Azapagic 和 Clift 认为 LCA 作为一个环境系统行为是改进定量评价和决策的基础，提出多目标系统优化作为产品系统环境管理目标决策和评价的工具。根据通常 LCA 的定义范畴，将一个系统的 LCA 优化成一系列环境目标函数，在 Pareto 或非劣面的基础上，建立一系列的优化函数，最终便可确立环境系统的改进可能性。因此，环境系统的改进就不仅仅是在环境 LCA 的基础上，而且建立在非劣面上的环境和经济行为的折中解。这种优化解是多目标决策系统优化解，而不是单说明性解，并对一个生产五种硼酸盐产品系统进行了实例研究。

可以将 LCA 优化问题定义为线性规划模型：

$$\max Z = \sum_{i=1}^{I} z_i x_i$$

约束条件：

$$\sum_{i=1}^{I} a_{j,i} x_i \leqslant e_j \qquad x_i \geqslant 0$$

式中，$i = 1, 2, \cdots, I$；$j = 1, 2, \cdots, J$。

目标函数用经济尺度衡量(如效益或成本)；约束条件定义为材料、能源平衡关系、生产能力、原材料适用性、质量要求、市场需求等；变量代表经济系统内材料和能源的输入、流向和输出。

此外，目标函数也可定义为其他形式，如环境影响函数，有如下形式：

$$\min E_k = \sum_{i=1}^{I} c_{k,i} B_i$$

式中，$c_{k,i}$——环境影响指标 B_i 对环境影响负荷值 E_k 的相对贡献。

在进行结果分析解析时，应当注意数据的精度。对于同样的工艺，不同的企业可以采用相似的或不同的材料、能源结构和技术装备，且其使用效率也不尽相同。另外，不同地区或地域的企业也可能在不同的环境法规下生产，因此在使用这些数据前需要考虑这些因素。目前 LCA 研究还有许多问题有待于解决。例如，当一个系统不止一种产品时，会产生环境负荷的分配问题，而这个问题可通过线性规划模型得到解决，因为 LCA 中，环境影响的负荷值大小与变量之间的关系大多数情况下被认为是基于线性关系。

线性规划模型应用于 LCA，对于一个完整的产品系统的环境分析和管理是一种新的尝试，它不仅能解决 LCA 清单阶段的环境影响中负荷值分配问题，还能使系统的环境问题得到优化。一旦系统中不同产品的环境负荷分配得到解决，就能进行累积定量化处理而简化为一个环境负荷函数，而被作为线性规划的一个新的目标函数处理。线性规划解可给出系统的环境优化结果，并指出了改进的途径。若采用多目标线性规划，环境行为还可与其他的要求相结合，如社会偏好、经济因素等，最终得到系统的最优配置。

第二节　生命周期评价方法

一、贝尔实验室的定性法

该法将产品生命周期分为 5 个阶段：原材料加工、产品生产制作、包装运销、产品使用以及再生处置。相关环境问题归成 5 类：原材料选择、能源消耗、固体废料、废液排放和废气排放，由此构成一个 5×5 的矩阵。其中的元素评分为 0～4，0 表示影响极为严重，4 表示影响微弱，全部元素之和为 0～100。评分由专家进行，最终指标称为产品的环境责任率 R，则有

$$R = \sum_{i=0}^{5} \sum_{j=0}^{5} \frac{m_{ij}}{100}$$

式中，m_{ij}——矩阵元素值，其中 i 为产品的生命周期阶段数；

　　　　j——产品的环境问题数。

　　　　R 以百分数表示，其值越大表明产品的环境性能越好。

二、柏林工业大学的半定量法

　　柏林工业大学的 Fleisher 教授等在 2000 年研究的 LCIA(life cycle impact analysis)方法，通过综合污染物对环境的影响程度和污染物的排放量，对产品的生命周期进行半定量的评价方法。该方法首先要确定排放特性的 *ABC* 评价等级和排放量的 *XYZ* 评价等级，其影响程度中，*A* 为严重，如致畸、致癌、致突的"三致"物质及毒性强的各类物质；*B* 为中等，如碳氧化物、硫氧化物等污染物；*C* 为影响较小，可忽略的污染物。排放量的 *XYZ* 分级根据是排放量低于总排放量的 25%，定义为 *Z*；介于 25%～75%，定义为 *Y*；大于 75%，则定义为 *X*。

　　每种排放物质都赋予其对大气、水体及土壤三种环境介质的 *ABC/XYZ* 值。如果无法获得某种环境介质的排放数据，则其 *ABC/XYZ* 由专家确定。对每种环境介质分别确定最严重的 *ABC/XYZ*(潜在环境影响最大的排放物质)，其程度呈递减：*AX > AY = BX > AY = BY > BZ > CX = CY = CZ*。根据生命周期的每个过程排放到大气、水体及土壤中 *ABC/XYZ* 最高的物质进行分类，所有类别的值都通过表 5-1 的加权矩阵集中，得到最后的结论——名为 *AX*$_{\mathrm{air}}$ 当量的单值指标。在此矩阵中，大气污染物的权重值较高，由于污染物经常沉积到水体和土壤中，可能对其产生影响。

表 5-1　*ABC/XYZ* 的加权矩阵

等级	排放到大气中的物质			排放到水体和土壤中的物质		
	$X_气$	$Y_气$	$Z_气$	X	Y	Z
A	3	1	1/3	1	1/3	1/9
B	1	1/3	1/9	1/3	1/9	0
C	0	0	0	0	0	0

三、荷兰的"环境效应"法

　　该法认为评价产品的环境问题应从考虑消耗和排放对环境产生的具体效果入手，将其与伴随人类活动的各种"环境干预"关联，根据两者的关系来客观地判断产品的环境性能，这是在影响分析的定量方法中迄今最完整的一种方法。这种方法将影响分析分为"分类"和"评价"两步，分类指归纳出产品生命周期涉及的所有环境问题，已确认了 3 类 18 种环境问题明细表。这三类环境问题是：消耗型，包括从环境中摄取某种物质资源的所有问题；污染型，包括向环境排放污染物的所有问题；破坏型，包括所有引起环境结构变化的问题。在定量评价 3 类 18 种环境效应时，引用了分类系数的概念，分类系数是指假设环境效应与环境干预之间存在线性关系的系数。目前，对这 18 种环境效应大部分都有了计算分类系数的方法。

　　通过分类，产品的生命周期对环境的影响可用 10～20 个效应评分来表示，并进一步进行综合性的评价。目前有两类评价方法：定性多准则评价和定量多准则评价。定性评价通常由专家进行，并对产品进行排序，确定对环境的相对影响。定量评价通过专家评分对各项效应加权，得到环境评价指数 M，即

$$M = \sum_{i=1}^{m} u_i r_i$$

式中，u_i——各效应评分；

$\quad\quad r_i$——相应的加权系数。

由于至今尚无公认的加权系数值，定量评价达不到彻底定量化的要求。

四、日本的生态管理法

瑞典环境研究所于 1992 年在环境优先战略法(environment priority strategy, EPS)中提出了环境负荷值(environment load value, ELV)的概念。根据为保持当前生活水平而必须征收的税率，EPS 规定标准值为 100(ELV/人)，此值可用于计算化石燃料消耗引起的环境负荷。

日本的 Seizo Kato 等在瑞典 EPS 法的基础上发展了生态管理(NETS)法，主要用于自然资源消耗和全球变暖的影响评价，可给出环境负荷的精确数值公式为

$$EcL = \sum_{i=1}^{n} (Lf_i \times X_i)(NETS)$$

$$Lf_i = \frac{AL_i \times X_i}{P_i}$$

式中，EcL——环境负荷值，或任意工业过程的全生命周期造成的环境总负荷值；

$\quad\quad Lf_i$——基本的环境负荷因子；

$\quad\quad X_i$——整个过程的第 i 个子过程中输入原料或输出污染物的数量；

$\quad\quad P_i$——考虑了地球承载力的与输入、输出有关的测定量，如化石燃料储备及 CO_2 排放等；

$\quad\quad AL_i$——地球可承受的绝对负荷值。

EcL 用量化的环境负荷标准 NETS 表示，其值规定为一个人生存时所能承受的最大负荷，即为 100NETS。根据这些 NETS，就可从全球角度来量化评估任何工业活动造成的负荷，总生态负荷值为生命周期中所有过程的基本负荷值的总和。

Seizo Kato 等用此方法做了发电厂的化石燃料消耗和全球变暖的 NETS 评价。

化石燃料消耗的 NETS 评价时，假设以当前速度消耗原油、天然气等不可再生资源至其可采储量消耗完毕，则可将地球最大承载力的绝对负荷值视为 5.9×10^{11}NETS，即前述规定的 100(NETS/人)与全球人口 5.9×10^9 人的乘积。

以上四种影响评价的方法中，贝尔实验室的方法较为简单，但结果完全根据专家评价的结论得出，主观性太强，不具有广泛的适用性。柏林工业大学的 *ABC/XYZ* 方法对数据的精度和一致性要求不高，适应面较广，且最后可得出一个单值评价指标，在综合考虑各方面的影响时，使用此方法较为方便。荷兰的"环境效应法"较为系统、完整，但对清单数据要求较高，需要大量全面、准确的排放数据。日本的 NETS 法较为简便，评价效果也很直观，但适用面较窄，一般来说只适用于化石燃料消耗较高、温室气体排放较多的生产过程或产品，如果用于其他类型产品，还需进一步完善。

第三节 生命周期评价应用与案例

一、生命周期评价的应用

(一) 在环境管理上的应用

近年来，一些国家和国际组织相继在环境立法上开始反映产品和产品系统相关联的环境影响。比较有影响的环境管理标准有英国的 BS7750，欧盟生态管理和审计计划(EMAS)，国际标准化组织(ISO)制定的 ISO 14000 环境管理体系。规范了企业和社会团体等所有组织的活动、产品和服务的环境行为。还有很多发达国家和地区已借助于生命周期评价制定了"面向产品的环境政策"，特别是"欧盟产品环境标志计划"，已对一些产品颁布了环境标志，如洗碗机、卫生间用纸巾、油漆、洗衣粉以及电灯泡等，而且正在准备对更多的产品授予环境标志。

(二) 在工业生产中的应用

LAC 在工业中的应用正日益广泛。LAC 在工艺选择、设计和最优化过程中的应用更是引起工业领域的极大兴趣。国际上一些著名的跨国企业正积极开展各种产品，尤其是高新技术产品的生命周期研究。美国的一些企业开展了磁盘驱动器、汽车和电子数字设备部件的生命周期评价研究；欧盟的一些企业则广泛开展了电器设备和清洗器等产品的 LAC 研究；在我国，在国家 863 计划的资助下，成立了材料 LAC 中心，对钢材、铝材、水泥、陶瓷以及建筑材料等的生产制造技术和工艺进行 LAC。另外，国内也开展了 LCA 在交通、建筑、水处理、清洁生产等方面的应用研究。在 LCA 研究中，取得了一些富有成效的进展，如根据生产过程的特点，建立了 LCA 综合累积对比评价模型，杨建新等以丹麦的 EDIP 方法为依据，根据中国环境与资源状况，建立了适合中国特定条件的标准化基准和权重因子，为进一步全面开展对中国产品 LCA 研究提供了评价方法和定量依据。

二、铝工业生产的 LCA 研究案例

(一) 背景资料

铝和铝合金是产品和消费数量仅次于钢铁的金属材料。近年来由于建筑工业大量使用铝门窗替代钢门窗，食品工业中大量使用铝罐包装饮料以及汽车的轻量化，使得铝及铝合金的社会需求量日益增加。铝和铝合金在使用过程中具有良好的环境协调性，从社会可持续发展的角度考虑，使用铝及合金替代钢和铜合金、不锈钢等，可以减少材料工业对枯竭性矿物资源铜、铬、镍等的消耗，而汽车轻量化的结果可使汽车油耗较大幅度地减少，在节约矿物燃料资源的同时能大幅度降低汽车废气排放量。但同时铝材也是生产过程中环境负荷最大的金属材料之一。生产吨铝所需能耗大约为吨钢能耗的 4.5 倍，除废水排放量较少外，其他污染物的排放量均大大超过钢材，生产吨铝所产生的 CO_2 是吨钢的 7～9 倍。

我国的铝工业能耗高、物料消耗大、环境污染严重，已远远不能满足社会可持续发展的战略要求。如何定量评价铝工业生产中的物料消耗、能源消耗和环境污染，建立评价体系，

给出铝工业环境负荷改善的具体措施，使铝工业生产走可持续发展的道路，是人们面临的迫切需要解决的问题。

(二) 我国铝工业生产环境问题分析

铝工业是国民经济发展的支柱性基础产业，但同时又是高资本、高资源、高能源需求的产业。随着人们环境意识的加强和可持续发展观念的深入人心，人们开始以一种全新的观念来认识和评价铝工业生产中的资源消耗、能源消耗和废物排放问题。我国的铝工业生产从矿石开采到原铝产出主要包括铝土矿开采、氧化铝生产和电解铝生产三个主要步骤，其目前主要存在着以下几个方面的问题。

1. 铝土矿开采能耗高

对铝土矿开采主要进行了能耗考察，铝土矿开采的直接能耗包括钻探、爆破、剥离、开挖、运输、破碎、选矿、配矿及排水和照明等消耗的燃料和动力，这些数据摘自统计数据。而矿山建设材料、矿石开采消耗的机械和其他材料等所需间接能耗则根据实际情况估算而得。

由于矿石种类、矿山规模和机械化程度不同，铝土矿开采能耗有较大差异，因我国的铝土矿矿层薄、地形复杂、矿体比高大，所以铝土矿开采能耗高。

2. 氧化铝生产以烧结法和联合法为主，流程长，工艺复杂

不同的生产方法，氧化铝的物耗不同，相同生产工艺的氧化铝厂也因铝土矿的品位和管理水平的不同而有差异，有关资料表明，我国每生产 1t 氧化铝需要消耗铝土矿 1.6～2.2t、石灰石 0.7～1.7t、纯碱 0～250kg、生产用新水 12～30m³，此外还要消耗大量的能源。烧结法和联合法为主的生产工艺是由我国的铝土矿资源特点决定的，我国有丰富的铝土矿资源，已探明的储量约 23 亿吨，占世界总储量的 10%，居世界第四位，同时分布集中在煤和水、电资源丰富的地区，具备氧化铝工业发展较好的能源条件，但我国铝土矿资源质量较差，绝大多数是高铝、高硅的一水硬铝石铝土矿，铝硅比偏低，铝的溶出性能差，杂质含量高。矿石质量的独特性导致国内的氧化铝生产方法在国际上也是独特的，即我国的氧化铝大多数是用混联法或烧结法来生产的，再加上我国氧化铝生产规模小、设备技术水平较低和天然气资源缺乏等其他原因，导致我国氧化铝生产能耗高、流程长、工艺复杂、生产成本高。为了降低成本，当前我国混联法生产的氧化铝厂，大部分采用铝硅比为 10 左右的矿石，作为铝工业生产的基础，从长远观点考虑，这种铝硅比较高的高质量铝土矿的持续供应问题必须引起人们足够的重视。

我国的烧结法和联合法同国外的拜耳法相比，无论是直接能耗还是间接能耗都较高，其原因除了我国铝土矿自身的特点以外，还与我国的能源结构有关，即我国天然气资源缺乏，而以煤、焦炭或重油为燃料，能量转换率和余热利用率较低，另外也与我国的氧化铝生产规模小、设备技术水平和利用率低有关。

氧化铝生产过程中产生的废物主要是碱性工业废水、工业炉窑含尘废气和固体废弃物——赤泥。这些工业废弃物的排放方式及所含废物的浓度不同，其导致的污染影响产品的物耗也不同。据有关铝工业污染源控制研究报告资料表明，我国每生产 1t 氧化铝所排放的工业"三废"量如下：工业废水为 8.0～20.0m³、含尘废气为 0.96～2.10×10⁴Nm³、工业粉尘为 2.3～5.7kg、赤泥为 0.92～2.1kg。

3. 铝电解生产技术水平低，能耗高，污染严重

我国的铝电解工业经过近 50 年的发展，取得了长足的进步。电解铝生产的能耗取决于生产工艺、设备水平、生产规模和管理水平。同自焙槽生产相比，预焙槽生产具有电流效率高、能耗低的优点，并且因采用干法净化回收技术，环境污染小、生产成本低，但同国外先进水平相比，我国预焙槽生产还存在着电解槽寿命短、碳阳极消耗高等方面的差距。

铝电解生产过程中产生的有害物质主要有氟化物、沥青烟、粉尘和电解槽大修所产生的含氟固体废弃物，而废水产生量和有害物质均相对较少。对于气体和粉尘等有害物质，如前所述，大型预焙槽因经过先进的干法净化技术处理，有害物质的排放一般都能达到环境保护指标的要求；对于电解槽大修所产生的固体废弃物问题，在我国还没有引起足够的重视，仅贵州铝厂、青海铝厂、平果铝厂等大型铝厂设有专门的渣场，多数铝厂在建厂前，未考虑电解槽大修渣堆存问题，加上管理不善，流失比较严重，二次污染比较突出。

4. 阳极生产中产生大量的沥青烟气

因为碳阳极是电解铝生产过程中的重要原料，所以除了考虑和能源相关所产生的环境负荷外，碳阳极生产过程也要考虑在内。碳阳极生产中产生的主要环境负荷为碳粉尘和沥青烟。

铝电解槽预焙阳极生产的主要原料是石油焦和沥青，含 14%～16% 沥青的生阳极在焙烧过程中由于高温分解而通常产生浓浓的黄烟——沥青烟，沥青烟除一部分被燃烧外，其余部分被排放到大气中。这种沥青烟中含有强致癌物质——3，4-苯并芘、SO_2 和粉尘，同时，当阳极中配入铝电解用过的含氟残极，烟气还含有氟化物。

沥青烟气的化学组分与沥青很接近，是一种含有大量多环芳烃以及少量氧、硫、氮的杂环混合物，通常以气溶胶形式存在于空气中，沥青烟气中焦油粒子是一种挥发性冷凝物。阳极焙烧产生的烟气中含有 3，4-苯并芘等物质，苯并[a]芘存在于煤焦油的蒽油以上的高沸点馏分及煤焦沥青中，其在前者中的含量为 0.3%～0.8%，而在后者中的含量则可高达 1.5%～2.5%。苯并芘有毒性、强致癌作用、诱变作用和畸胎形成作用；对人和实验动物有刺激作用的阈下浓度为 0.02μg/100m³，居民区大气中的最大容许浓度规定为日平均 1.0μg/100m³，属于一级危险物。

采用沥青黏结剂来生产铝用碳素阳极是沥青烟气产生的根本原因。沥青烟气对人体和环境都构成严重的危害。尽管现在可以通过采用干糊技术的方法来减少沥青用量，但是，沥青的用量仍相当大(至少占石油焦配比的 18%)，由此而引起的环境污染仍然是一大难题。因此，根据铝电解的特点，在保证阳极工作质量的基础上，应进行环境友好型非沥青黏结剂材料的研究和开发，从而从源头上杜绝阳极生产过程中沥青烟的产生，改善阳极生产过程的环境性能。

5. 废铝的回收利用率低

随着全球铝的消费量的日益增加，大量的废铝为再生铝的生产提供了丰富的资源，作为一种回收再生能力很强的具有可持续发展性的金属材料，废铝的重熔回收的能耗仅为铝电解生产原铝的 3%～5%，利用废铝冶炼再生铝的设备也只有通常炼铝设备费用的 10%，废铝的回收利用既降低了铝生产过程中的能耗和成本，也随之减少了环境污染，所以引起了人们越来越大的重视，世界上约有 22% 的铝产量来自于废铝的回收，我国虽然现在是铝生产和消费大国，但因对其回收利用还未引起足够的重视，铝的回收再生利用尚属于初步阶段，回收利

用率低，一般只有 70%～80%。因此在学习和借鉴国外先进的经验和生产技术的基础上，逐步建立起我国先进的废铝回收和再生利用体系是必要的，这样不仅可以大大节能，减少环境污染，而且作为一种铝土矿的替代资源，可以缓解我国高质量铝土矿资源不足的现状。

(三) 铝生产过程的 LCA 评价

1. 评价目的的确定

通过对我国铝工业生产的 LCA 评价研究，在建立适合我国国情的铝工业生产的环境协调性评价指标和评价体系的基础上，建立适当的评价模型，指导我国铝工业的工业改造、优化和设计，实现我国铝工业的可持续发展。具体来说，就是对铝工业生产过程产生的环境负荷进行影响评价，找出其环境协调性影响最大的因素，并提出改善的措施和建议。

2. 评价范围的确定

在进行清单分析前，对所要求的评价系统需要确定一个系统边界。系统边界的划分要考虑评价的目标要求和技术条件，如果忽视现有技术条件，将会导致系统边界过大而使评价过于复杂，导致数据的采集和分析难以进行，评价结果未必理想。因此需要对边界条件进行简化，简化边界条件的准则是不降低研究结果的可信度，同时又能达到预定的研究目标：

(1) 由于铝产品在制造过程消耗的资源、能源和废弃物排放占绝对主导地位，而在运输、使用和回收过程对环境的影响很小，可以忽略，因此本书研究对铝产品的生命周期边界定义为生产过程。

(2) 生产涉及煤炭、重油、焦炭、电力等一次和二次能源，这些能源的开采和加工是由能源部门完成的，其开采过程也需要消耗其他资源和能源，还有一些二次能源，对于这类循环系统的精确求解在 LCA 评价的现阶段尚难实现。因此，本书将各种能源折算为标准能源处理。

(3) 铝生产过程中特别是在电解阶段，消耗的电能很大。对于电力生产，发电的方式很多，对环境的影响也不尽相同，如水电几乎不对环境产生影响，而火电对环境的影响就不能忽视，火力发电的大气排放和废渣问题十分严重。根据统计每燃烧 1t 原煤，平均排放 CO_2 超过 490kg，粉尘 11~13kg，SO_2 14.8kg。因此，本书在计算环境负荷时，将发电方式及发电效率考虑在内。

(4) 比较次要的辅助材料的开采和运输过程环境负荷排除在评价系统之外。

(5) 对所产生的固体废物采取了良好的防渗措施，如赤泥和电解槽阴极内衬大修产生的废渣。

评价范围的确定在很大程度上取决于研究目的，如前所述，本研究的评价范围可以用图 5-6 表示。

3. 功能单元的确定

在进行 LCA 的比较研究时，为了使不同评价对象具有可比性，需要将它们建立在相同功能单元的基础之上，在本研究中，选用 1000kg 原铝为功能单元，在进行氧化铝、阳极生产单元的评价中，根据实际生产技术和工艺的物料转化关系，将其转化为铝当量的形式，此处计算类似于化学中的当量计算。假如每生产 1000kg 电解铝需要 2000kg 氧化铝，则氧化铝和原铝之间的当量关系为 2。

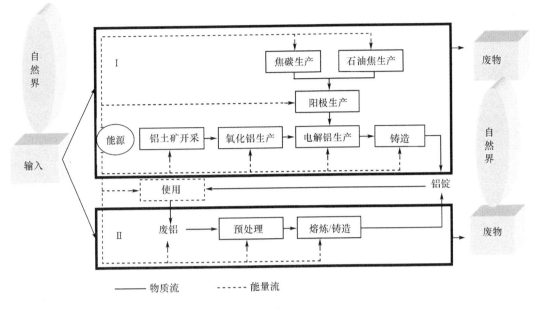

图 5-6　铝工业生产的 LCA 研究边界图

Ⅰ. 铝土矿为原料；Ⅱ. 废铝为原料

4. 分析清单的编制

LCA 清单不仅应该包括上述理论框架中的资源、能源、环境、经济及技术特性，而且能够反映出其环境负荷的来源，而后者和具体研究系统的环境负荷特点密切相关，下面将在对铝生产过程环境负荷特点分析的基础上来确定其清单的编制方法。

1) 铝工业环境负荷特点分析

为了很好地认识铝电解所产生的环境负荷在整个铝工业所产生的环境负荷中的地位，弄清各环境负荷的来源，从而有针对性地提出环境性能改善的措施，有必要对铝工业生命周期中各个工序(铝土矿开采、氧化铝生产、阳极生产以及铝电解过程)产生的直接和间接环境负荷及其来源有一个总体的了解。下面将从能耗和气体环境负荷两个方面对铝电解环境负荷特点进行分析。

铝工业是一个高能耗产业，能耗成本约占原铝总成本的 1/3 以上。国际原铝学会(International Primary Aluminium Institute, IPAI)对全球铝工业生产各工序所需平均能耗和温室效应气体进行的调查显示，从铝土矿开采到原铝产出，所需能耗平均为 182~212MJ/kg，其中电解过程所占比例为 64%左右，各工序在原铝生产过程中的能耗比例如图 5-7 所示。

因为数据有限，参考 IPAI 发表的世界铝工业的 CO_2 平均排放数据(考虑了全氟化碳气体对 CO_2 的当量效应)以及美国能源部的美国铝工业生产中的环境负荷数据，绘制铝工业环境负荷来源图表，如图 5-8、图 5-9 所示。这里需要注意的是，表中的数据仅仅起参考作用，因为随各国电力结构、发电效率以及电解技术的进步，表中数据将会发生变化，但其揭示的内容具有普遍意义。

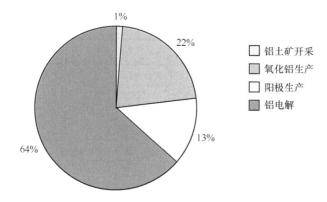

图 5-7　铝工业生命周期各工序能耗比例

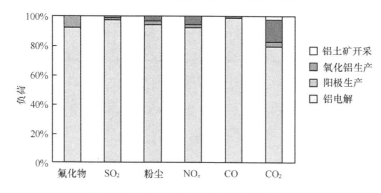

图 5-8　铝工业生命周期各工序环境负荷

由此可以看出铝电解的环境负荷具有以下几个方面的特点：

(1) 在铝工业生命周期中，和其他工序相比铝电解过程产生的环境负荷最大。

(2) 铝电解过程中，除 CO 和氟化物外，因能源消耗而产生的环境负荷大于工艺本身产生的环境负荷，铝工业产生的环境负荷与能源使用密切相关。为对铝工业生产过程进行评价，必须将能源结构以及能源效率考虑在内。

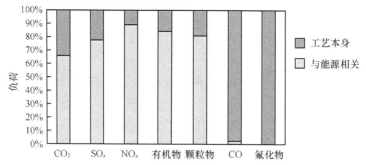

图 5-9　铝工业生命周期工艺与能源相关产生的环境负荷

2) 铝工业 LCA 编目分析表的编制

根据上述分析，铝工业生产过程环境负荷和能源密切相关，并根据 LCA 定义也可以分析得到，资源和能源的使用是产生环境负荷的根本原因，因此，根据生命周期此观点，本书提出将铝电解过程中产生的环境负荷分为以下三个部分(图 5-10 及表 5-2)。

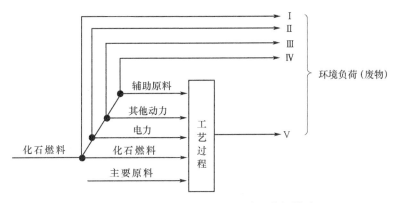

图 5-10　面向工艺过程的 PEM 编目分析模式

Ⅰ. 工艺过程因直接消耗化石燃料而产生的环境负荷；Ⅱ. 生产工艺过程所需电力而产生的间接环境负荷；Ⅲ. 生产工艺过程因所需动力(电能除外)而产生的间接环境负荷；Ⅳ. 生产工艺过程所需辅助原料而产生的间接环境负荷；Ⅴ. 工艺过程本身因主要物料消耗所产生的直接环境负荷

表 5-2　子工艺过程编目分析表

环境负荷来源	能耗	CO_2	SO_2	其他环境负荷
工艺过程本身	—			
化石燃料				
电力				
其他动力				
辅助原料				

　　和工艺过程相关的环境负荷(process-related)：电解工艺本身产生的直接环境负荷。

　　和能流相关的环境负荷(energy-related)：电解过程中因能源消耗而产生的直接(化石燃料直接燃烧)和间接环境负荷(电解过程所需电力过程中所产生的环境负荷)，其中能源种类又可以细分为化石燃料、电力和其他动力三类。

　　和物流相关的环境负荷(material-related)：电解过程中因物料消耗所带来的间接环境负荷(阳极、氧化铝等)。

　　可以将上述模式总结为 P—E—M—LCI 模式，它从工艺过程本身(技术进步)、能流、物流三个方面对工艺过程环境负荷的来源进行解析，既可以从微观上对工艺过程进行分析，也可以从宏观上对技术进步对环境负荷的改善进行分析，这两方面的内容将在后面两章进行阐述。

　　综合 PEM 编目分析模式，可绘制子工艺过程(如电解过程)的环境编目分析表(仅限于废物环境负荷)。

思　考　题

　　1. 简述生命周期评价的产生过程和意义。
　　2. 生命周期评价的主要构成部分有哪些？其相互关系如何？
　　3. 生命周期评价方法有哪些？其各自优(缺)点如何？
　　4. 铝工业的主要环境问题有哪些，如何识别？
　　5. 试运用生命周期评价简单评价其他行业的环境影响。

第六章　清洁生产评价

【内容摘要】 清洁生产是将综合预防的环境保护策略持续应用于生产过程和产品中，以期减少对人类和环境的风险。清洁生产是要从根本上解决工业污染的问题，即在污染前采取防止对策，而不是在污染后采取措施治理，将污染物消除在生产过程之中，实行工业生产全过程控制。本章以国内外清洁生产的发展现状为切入点，在深入剖析环境影响评价与清洁生产关系的基础上，着重阐述清洁生产评价的指标体系与评价方法。最后以造纸及电解铝行业为例，介绍清洁生产评价的工作程序。

第一节　清洁生产概述

清洁生产在不同发展阶段、不同国家有不同的名称，如"废物最小化""无废工艺""污染预防"等，但其基本内涵是一致的，即对产品和产品的生产过程采用预防污染的策略来减少污染物的产生。

一、清洁生产的基本概念

清洁生产是一种新的污染防止战略。联合国环境规划署于 1989 年提出了清洁生产的最初定义，并得到国际社会的普遍认可和接受；1996 年又将该定义进一步完善为："清洁生产指将整体预防的环境战略持续应用于生产过程、产品和服务中，以增加生态效率和减少人类及环境的风险"。由此，清洁生产的含义是：对生产过程，要求节约原料和能源，淘汰有毒原材料，减降所有废弃物的数量和毒性；对产品，要求减少从压制材料提炼到产品最终处置的全生命周期的不利影响；对服务，要求将环境因素纳入设计和所提供的服务中。

从上述清洁生产的含义可以看到，它包含了生产者、消费者和全社会对于生产、服务和消费的希望，这些是：①它是从资源节约和环境保护两个方面对工业产品生产从设计开始，到产品使用后直到最终处置，给予了全过程的考虑和要求；②它不仅要求生产，而且对服务也要求考虑对环境的影响；③它对工业废物实行费用有效的源削减，一改传统的不顾效益或单一末端控制办法；④它可提高企业的生产效率和经济效益，与末端处理相比，更受企业欢迎；⑤它着眼于全球环境的彻底保护，为全人类共建一个洁净的地球带来希望。

二、国际清洁生产的发展

清洁生产思想源于美国 20 世纪 80 年代初提出的"废物最小化"，其含义为："要在可行的范围内减少最初产生的或随后经过处理、分类或处置的有害废物。它包括废物产生者所进行的源削减或回收利用，这些活动减少了有害废物的总体积或数量及(或)毒性"。"废物最小化"主要包括了回收利用，从而将注意力集中到源削减上，因而 1989 年美国环境保护局提出了"污染预防"的概念，并以之取代"废物最小化"。为了实现污染预防，美国联邦政府 1990 年通过了污染预防法。通过立法手段建立以污染预防为主的政策，这是工业污染控制战略上的根本性变革，在世界上引起了强烈反响。随后，1991 年 2 月美国环境保护局发布了"污染预防战略"，其目标为：

(1) 在现行的和新的指令性项目中，调查具有较高费用有效性的清洁生产投资机会。

(2) 鼓励工业界的志愿行为，以减少美国环境保护局根据诸如有害物质控制条例采取的行动。

美国环境保护局根据上述战略采取了以下行动：①设立污染预防界定协调各环境介质和各区域界定有关清洁生产的活动；②组建美国污染预防研究所，其成员为工业界和学术界具备清洁生产技能的志愿人员；③建立污染预防信息交换中心，该中心向联邦、州、县及市的政府部门、工业界和商业协会、公共和私人机构，以及学术界提供有关清洁生产的信息；它同时通过联合国环境规划署的清洁生产信息交换中心获得国外清洁生产信息，并向国外传递美国清洁生产信息；④开创 33/50 项目，该项目鼓励有害物排放控制清单上的工业部门报道其有害物排放量，并志愿地削减其 17 种化学品的排放量；⑤通过环境管理执法实施污染削减战略；⑥发表一项政策声明，该声明内容之一是美国国家环境保护局将清洁生产(连同循环利用)作为达到和维持法令性和指令性目标的一种鼓励手段，以及在与重大环境违规者谈判解决方案时的一种鼓励手段。

近年来清洁生产已迅速在世界范围内掀起了热潮。英国人称清洁生产是自工业革命之后的又一次新的生产方式革命。波兰人称这是一种时代思潮。不管用什么语言来评价清洁生产对现代生产方式的冲击，客观上已经形成了国际性的趋势。

欧洲最初开展清洁生产工作的国家是瑞典(1987 年)。随后，荷兰、丹麦、奥地利等国也相继开展清洁生产工作。

荷兰在利用税法条款推进清洁生产技术开发和利用方面做得比较成功。采用革新性的污染预防或污染控制技术的企业，其投资可按 1 年的折旧(其他折旧期通常为 10 年)。每年都有一批工业界和政府界的专家对上述革新性的技术进行评估。一旦被认为已获得足够的市场，或被认为应定为法律强制要求采用者，即不再被评为革新性技术。

欧盟委员会也通过一些法规以在其成员国内促进清洁生产的推行，如 1996 年通过的《综合污染预防和控制指令》(IPPC)。

欧洲除了开展清洁生产比较早的北、西欧国家外，中、东欧几乎所有国家也都计划在 1998 年之前实施清洁生产。其他国家也纷纷注入资金建立清洁生产中心、地区性国际清洁生产网络，进行清洁生产培训。

联合国工业发展组织和联合国环境署于 1994 年联合发起了"全球范围创建发展中国家国家清洁生产中心计划"，在全球范围内推行清洁生产。目前已在 8 个发展中国家建立了国家清洁生产中心，即中国、巴西、捷克、印度、墨西哥、斯洛伐克、坦桑尼亚和津巴布韦。联合国环境规划署还计划帮助 20 个国家/组织的清洁生产中心参加国际清洁生产网络。

1992 年 6 月举行的联合国环境与发展大会，通过了影响未来各个领域发展的《21 世纪议程》，强调了清洁生产是可持续发展的一种必然选择。作为会议的后续行动，联合国环境规划署于同年 10 月再次举行了清洁生产部长级会议和高级研讨会——巴黎清洁生产会议。此次会议检查了清洁生产计划的实施情况，并根据联合国环境与发展大会的精神，调整了清洁生产计划，再次强调清洁生产对工业持续发展的作用。

　　1994 年 10 月召开了第三次清洁生产高级研讨会——华沙清洁生产会议。来自 45 个国家和 10 个政府间组织的 160 余名清洁生产专家参加了会议。与会者评述了四年来世界清洁生产的发展，评估了挑战与障碍，提出了进一步行动的建议。

　　经济合作与发展组织(OECD)最近已完成了一项为期 3 年的"技术与环境"研究，用以评价 OECO 各成员国内部促进清洁生产的现状和趋势。

　　这一切均表明清洁生产已引起各国政府的重视，从发达国家到发展中国家，成为国际环境保护的一个潮流和趋势。

三、国内清洁生产的发展

　　从 20 世纪 80 年代中期清洁生产的产生开始，我国的清洁生产发展可分为三个阶段。

(一) 试点阶段(1993～2002 年)

　　自联合国环境规划署提出推行清洁生产的行动计划后，我国高度重视，开始研讨清洁生产的法律约束性，先后颁布的《中华人民共和国固体废物污染环境防治法》《中华人民共和国大气污染防治法》《中华人民共和国水污染防治法》《关于环境保护若干问题的决定》和《建设项目环境保护管理条例》等法律法规中，都增加了关于清洁生产的内容。

　　1999 年 5 月，清洁生产进入审核试点阶段，国家经济贸易委员会发布了《关于实施清洁生产示范试点的通知》，选择试点行业开展清洁生产示范和试点。同期，山西省太原市被联合国环境规划署和中国环境与发展国际合作委员会确定为我国第一个清洁生产示范城市，同时被国家经济贸易委员会和国家环境保护总局确定为第一个清洁生产试点城市。

(二) 实施阶段(2003～2007 年)

　　2003 年 1 月 1 日，《中华人民共和国清洁生产促进法》开始实施，这是我国清洁生产和循环经济的里程碑。从此，在法律法规的促进下，我国的清洁生产工作从部分地区和部分行业的试点示范阶段走向了推广阶段，清洁生产在各地推行。

(三) 提升完善阶段(2008 年以后)

　　为贯彻落实《中华人民共和国清洁生产促进法》，评价企业清洁生产水平，指导和推动企业依法实施清洁生产，国家发展和改革委员会先后编制了 30 个重点行业的清洁生产评价指标体系，包括煤炭、铝业、铬盐、包装等行业，我国清洁生产制度不断走向完善。同时出台了《关于进一步加强重点企业清洁生产审核工作的通知》《重点企业清洁生产审核评估、验收实施指南》和《需重点审核的有毒有害物质名录》，标志着重点企业清洁生产审核评估验收制度的确立。

四、建设项目环境影响评价中存在的问题

　　环境影响评价制度在发挥其重要作用的同时也存在着一些问题，其中比较严重的问题是小规模工业污染源的失探。第一，这是由于环境影响评价制度主要针对大中型综合建设项目，而忽视了小型工业企业生产污染的管理；第二，主要评价污染物产生以后对环境的影响，污染控制措施一旦未能有效执行，则环境影响评价就失去其有效性。

　　1996~1997 年，在关停"十五小"的过程中，中国关闭了超过 60000 家污染严重的小型企业，这一行动虽然产生了一定的环境效益，但对社会和经济带来了很大的影响。原因之一是环境影响评价系统没有对技术低下、高消耗和污染严重的小型工业企业的发展加以有效限制。

　　通过对进行末端处理的企业的调查发现，大约三分之一的末端处理设施在通过验收后停止了使用；大约有三分之一的企业正在使用，但也未按照原设计的要求进行运转；只有大约三分之一企业的末端处理设备运行良好。这其中最主要的原因是末端处理运行费用太高，很多企业负担不了，而这些企业往往又是大型企业，为了避免引起其他的社会问题，很难强行关闭它们。在建设项目环境影响评价时，对企业是否负担得起如此高昂的末端处理费用往往考虑较少，这也是现在的环境影响评价制度中存在的问题之一。

　　总之，建设项目环境影响评价虽然是一种预防性的措施，但它关注的重点是污染产生以后对环境的影响，而不是预防污染的产生，因而和清洁生产有着明显的区别。

五、清洁生产概念引入环境影响评价中的好处

　　清洁生产(污染预防)被证明是优于污染末端控制且需要优先考虑的一种环境战略，现在正在将清洁生产的概念引入环境影响评价中，并以此强化工程分析，这将大大提高环境影响评价的质量。清洁生产引入环境影响评价可有以下几方面的好处。

　　(一) 减轻建设项目的末端处理负担

　　因为如果污染物在产生之前就予以削减，则会减轻末端处理的负担。

　　(二) 提高建设项目的环境可靠性

　　末端处理设施的"三同时"制度一直是我国环境管理的一个重点和难点，如果环境影响评价提出的末端处理方案不能实施或实施不完全，则直接导致环境负担的增加，这实际上是环境影响评价制度在某种程度上的间接失效，而这种情况在全国各地大量存在。

　　(三) 提高建设项目的市场竞争力

　　清洁生产往往通过提高利用效率来达到，因而在许多情况下其将直接降低生产成本、提高产品质量、提高市场竞争力。

　　(四) 降低建设项目的环境责任风险

　　在环境法律、法规日趋严格的今天，企业很难预料其将来所面临的环境风险，因为每出台一项新的环境法律、法规和标准，都有可能成为一种新的环境责任，而最好的规避方法就是通过清洁生产减少污染产生。

六、清洁生产纳入环境影响评价的做法

　　(一) 程序分析

　　综上所述可知，清洁生产虽然是从现有企业的污染防治和废物最小化研究实践中发展起来的，但是它不应该仅仅局限于现有的工业企业。针对新建、扩建和改建项目，也应该应用清洁生产的分析方法，来审核和考察它们在清洁生产方面的潜力，以保证它们从可行性研究

阶段和设计阶段开始就立足于清洁生产，考虑和改进传统的资源、能源和原材料的利用方式，并改进传统的工艺方法和产品设计模式，而不要等到项目投产以后再来考虑清洁生产。因此环境影响评价工作应该适应这一新观念的要求，很显然，大家不能还停留在过去"末端治理"的旧观念上，要大胆地改革现行的环境影响评价制度，要跟上历史发展的潮流。这不是一种赶潮，而是环境影响评价制度在观念上的重大改革。清洁生产的新观念要求大家不但要在评价一个建设项目的环境影响时考虑传统的"末端治理"部分，还要考虑整个项目建设的方方面面，即对建设项目的环境影响评价应扩大到从项目的立项到实施全过程，对产品设计、原材料选用、工艺设计、技术选择和能源消耗等方面进行清洁生产审计，发现潜在的清洁生产机会并提出相应的清洁生产措施，同时通过"三同时"制度使这些措施得以实现。图6-1就是把清洁生产观念引入环境影响评价过程中的程序，这对环境影响评价的发展会起到积极的推动作用。

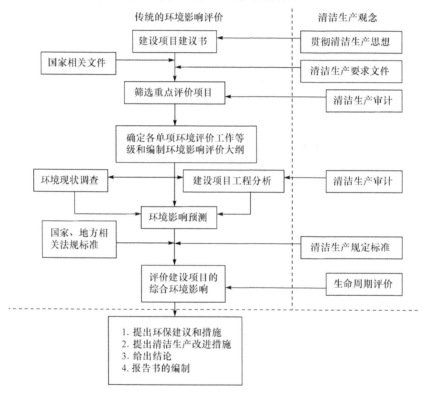

图 6-1　引入清洁生产思维的环境影响评价程序

由图 6-1 可知，引入清洁生产观念的环境影响评价工作是一项非常复杂的系统工程。不仅要完成传统环境影响评价规定的有关内容，而且考察环境影响的重点也转移到整个生产过程，需应用清洁生产的有关支持工具，如清洁生产审计和产品生命周期评价方法，来分析和挖掘潜在的清洁生产机会和在整个建设项目中需着重考虑的方面，从而使得在环境影响评价工作中能够针对这些重要方面开展评价，使建设项目从可行性研究阶段开始就融入清洁生产的思想，进而指导后续的"三同时"的工程设计、施工和试生产竣工验收等工作沿着清洁生产的思路发展。

(二) 方法研究

在项目环境影响评价中引入清洁生产思维方法是必然的发展趋势，现在工业企业中比较成熟的清洁生产方法有清洁生产审计。但在实施清洁生产思维的环境影响评价时存在诸多困难，如方法学还未形成，另在环境影响评价中引入清洁生产方法必将增大工作量，延长工作周期，受到各种习惯势力的阻碍，何况目前国内不少项目缺乏清洁审计所需的数据和资料条件，也缺乏能胜任的有经验的专家和机构。鉴于上述情况，在目前大中型项目的环境影响评价中引入清洁生产审计条件还不成熟，建议可在中小型项目中特别是乡镇工业的环境影响评价中进行试点、摸索，积累经验；在具体实施这些拟建项目环境影响评价时，可运用清洁生产审计的方法和内容，其内容和方法大致包含筹划与组织、预评估、评估、备选方案的产生与筛选、可行性分析以及方案的实施。

1. 组织和筹划

首先是组织一个由承担环境影响评价单位、拟建项目建设单位以及从外单位聘请的有经验专业人员组成的审计小组，它是一个通晓环境影响评价工程分析、清洁生产审计并熟悉项目生产工艺和管理的有关环境工程专家及操作工人组成的集体。审计小组负责制定出切合实际的审计计划，并详细收集和分析拟建项目建设和生产运行方面的资料，包括原料管理、能源与水源供应、运输、仓储、事故和风险、废物处理与处置以及监督与管理系统等方面资料。

2. 审计过程

结合环境影响评价的工程分析特点，审计过程可包含核查表筛选、确定重点审计单元(一般说来，确定重点审查单元可能采用的方法有投入产出全过程平衡、价值工程分析法、层次分析法等)、审计、提出改进措施或替代方案并进行评价，最后是确定清洁生产审计后的修改方案并提交和审查。

在审计方面参照国内外清洁生产和实施废物最少化的经验和方法，对重点审计单元的详细审计应包含以下内容：

(1) 详细的物料和能量衡算并对衡算结果的可靠性进行评估。

(2) 对物料和能量流失原因的分析。通常是从工艺流程总体、局部工艺技术、设备和管路、管理与维护以及废物的回收和循环利用等方面寻找原因。

(3) 减少和消除流失的途径探索。首先是寻找明显的低费/无费、简单易行减少废物的方法，并且评估其适用性；其次是探索革新的替代方案。在流失原因分析和消除流失的途径探索中，创造性思维是非常重要的，常常起着关键作用。

(4) 替代方案的形成和筛选。

上述仅是项目环境影响评价在工程分析阶段开展清洁生产审计工作的基本构架。

第二节　清洁生产评价指标体系

一、清洁生产指标的选取原则

(一) 从产品生命周期全过程考虑

生命周期分析方法是清洁生产指标选取的一个最重要原则，它是从一个产品的整个寿命周期全过程地考察其对环境的影响，如从原材料的采掘，到产品的生产过程，再到产品的销售，直至产品报废后的处理、处置。

生命周期分析方法有时也称生命周期评价，按国际标准化组织定义："生命周期评价是对一个产品系统的生命周期中输入、输出及其潜在环境影响的汇编和评价"。生命周期评价可追溯到 20 世纪 70 年代的二次能源危机，在经历二次能源危机时，许多制造业认识到提高能源利用效率的重要性，于是开发出一些方法来评估产品生命周期的能耗问题，以求提高总能源利用效率。后来这些方法进一步扩大到其他资源利用和废物的产生方面，以使企业在选择产品时作出正确的判断。

20 世纪 80 年代以来，随着一些环境影响评价技术的发展，如对温室效应和资源消耗等的环境影响定量评价方法的发展，生命周期评价方法日臻成熟。在发达国家，环境报告制度的形成需要对产品形成统一的环境影响评价方法和数据。这些均构成了今天生命周期评价的重要基础。

到了 20 世纪 90 年代，由于美国"环境毒理学和化学学会"(SETAC)和欧洲"生命周期评价开发促进会"(SPOLD)的大力推动，生命周期评价方法在全球范围得到比较大规模的应用。

生命周期评价方法的关键和其他环境评价方法的主要区别，是它要从产品的整个生命周期来评估对环境的总影响，这对于进行同类产品的环境影响比较尤为有用。例如，棉制衬衫和化纤衬衫哪个对环境更好？详细的生命周期评价结果表明，衬衫对环境的最大影响是衬衫的使用阶段，而不是在棉花的种植(化肥、杀虫剂的使用会有环境影响)或纤维的生产过程(化纤厂的废水也会有环境影响)；而衬衫在使用过程中对环境影响最大的问题是熨烫过程的能耗。由于化纤衬衫比棉衬衫更易于熨烫成型而节省能源，所以综合比较来看，使用化纤衬衫对环境影响较小。

生命周期评价方法的主要缺点是非常烦琐，且需数据量很大，而结果一般是相对的，尤其当系统边界或假设条件不同时，不同产品的比较便无意义。1997 年国际标准化组织正式出台了"ISO14040 环境管理生命周期评价原则与框架"，以国际标准形式提出对生命周期评价方法的基本原则与框架，这将有利于生命周期评价方法在全世界的推广与应用。

并非对建设项目要求进行严格意义上的生命周期评价，而是借助这种分析方法来确定环境影响评价中清洁生产评价指标的范围。

(二) 体现污染预防思想

清洁生产指标的范围不需要涵盖所有的环境、社会、经济等指标，主要反映出建设项目实施过程中所使用的资源量及产生的废物量，包括使用能源、水或其他资源的情况，通过对这些指标的评价能够反映出建设项目通过节约和更有效的资源利用来达到保护自然资源的目的。

(三) 容易量化

清洁生产指标是反映建设项目开展后对环境的影响，指标涉及面比较广，有些指标难以量化。为了使所确定的清洁生产指标既能够反映建设项目的主要情况，又简要易行，在设计时要充分考虑到指标体系的可操作性，因此应尽量选择容易量化的指标项，这样，可以给清洁生产指标的评价提供有力的依据。

(四) 数据易得

清洁生产的指标体系是为评价一个项目是否符合清洁生产战略而制定的，是一套非常实用的体系，所以在设计时，即要考虑到指标体系构架的整体性，又要考虑到体系在使用时易获得较全面的数据支持。

二、清洁生产评价指标

依据生命周期分析的原则，清洁生产评价指标应能覆盖原材料、生产过程和产品的各个主要环节，尤其对生产过程，既要考虑对资源的使用，又要考虑污染物的产生(注意：不是污染物的排放！)，因而环境影响评价中的清洁生产评价指标可分为四大类：原材料指标、产品指标、资源指标和污染物产生指标。

(一) 原材料指标

原材料指标应能体现原材料的获取、加工、使用等各方面对环境的综合影响，因而可从毒性、生态影响、可再生性以及可回收利用性这四个方面建立指标。

1) 毒性

毒性指原材料所含毒性成分对环境造成的影响程度。

2) 生态影响

生态影响指原料取得过程中的生态影响程度。例如，露天采矿就比矿井采矿的生态影响大。

3) 可再生性

可再生性指原材料可再生或可再生的程度。例如，铝的再生性比铁要好。

4) 可回收利用性

可回收利用性指原材料的可回收利用程度。例如，金属材料的可回收利用性比较好，而许多有机原料(如酿造的大米)则几乎不能回收利用。

(二) 产品指标

对产品的要求是清洁生产的一项重要内容，因为产品的销售、使用过程以及报废后的处理处置均会对环境产生影响，有些影响是长期的，甚至是难以恢复的。另外，对产品的寿命优化问题也应加以考虑，因为这也影响到产品的利用效率。

1) 销售

销售指标指产品的销售过程中，即从工厂运送到零售商和用户过程对环境造成的影响程度。

2) 使用

使用指标指产品在试用期内使用的消耗品和其他产品可能对环境造成的影响程度。

3) 寿命优化

在多数情况下产品的寿命是越长越好，因为可以减少对生产该种产品的物料的需求，但有时并不然。例如，某一高能耗产品的寿命越长则总能耗越大，随着技术进步有可能生产同样功能的低能耗产品，而这种节能产生的环境效应有时会超过节省物料的环境效益，在这种情况下，产品的寿命越长对环境的危害越大。寿命优化就是要使产品的技术寿命(指产品的功能保持良好的时间)、美学寿命(指产品对用户具有吸引力的时间)和初设寿命处于优化状态。

4) 报废

报废指标指产品报废后对环境的影响程度。

(三) 资源指标

在正常的操作情况下，生产单位产品对资源的消耗程度可以部分地反映一个企业的技术工艺和管理水平，即反映生产过程的状况。从清洁生产的角度看，资源指标的高低同时也反映企业的生产过程在宏观上对生态系统的影响程度，因为在同等条件下，资源消耗量越高，则对环境的影响越大。资源指标可以由单位产品的新鲜水耗量、单位产品的能耗和单位产品的物耗来表达。

1) 单位产品新鲜水耗量

单位产品新鲜水耗量指在正常的操作下，生产单位产品整个工艺使用的新鲜水量(不包括回用水)。

2) 单位产品的能耗

单位产品的能耗指在正常的操作下，生产单位产品消耗的电力、油耗和煤耗等。

3) 单位产品的物耗

单位产品的物耗指在正常的操作下，生产单位产品消耗的构成产品的主要原料和对产品起决定作用的辅料的量。

(四) 污染物产生指标

除资源(能耗)指标外，另一类能反映生产过程状况的指标便是污染物产生指标，污染物产生指标效率较高，说明工艺相应比较落后或/和管理水平较低。考虑到一般的污染问题，污染物产生指标设三类，即废水产生指标、废气产生指标和固体废物产生指标。

1) 废水产生指标

废水产生指标首先要考虑的是单位产品的废水产生量，因为该项指标最能反映废水产生的总体情况。但是，许多情况下单纯的废水量并不能完全代表产污状况，因为废水中所含的污染物量的差异也是生产过程状况的一种直接反映。因而对废水产生指标又可细分为两类，即单位产品废水产生量指标和单位产品主要水污染物产生量指标。

2) 废气产生指标

废气产生指标和废水产生指标类似，也可细分为单位产品废气产生量指标和单位产品主要大气污染物产生量指标。

3) 固体废物产生指标

对于固体废物产生指标，情况则简单一些，因为目前国内还没像废水、废气那样具体的排放标准，因而指标可简单地定为"单位产品主要固体废物产生量"。

第三节　清洁生产评价方法

要对环境影响评价项目进行清洁生产分析，必须针对清洁生产指标确定出既能反映总体情况又简便易行的评价方法。考虑到清洁生产指标涉及面较广、完全量化难度较大等特点，拟针对不同的评价指标，确定不同的评价等级，对于易量化的指标评价等级可分细一些，不易量化的指标的等级则分粗一些，最后通过权重法将所有指标综合起来，从而判断建设项目的清洁生产程度。

一、评价等级

根据以上的清洁生产指标分析，清洁生产评价可分为定性评价和定量评价两大类。原材料指标和产品指标在目前的数据条件下难以量化，属于定性评价，因而粗分为三个等级；资源指标和污染物产生指标易于量化，可作定量评价，因而细分为五个等级。

(一) 定性评价等级

(1) 高。表示所使用的原材料和产品对环境的有害影响比较小。
(2) 中。表示所使用的原材料和产品对环境的影响中等。
(3) 低。表示所使用的原材料和产品对环境的有害影响比较大。

(二) 定量评价等级

(1) 清洁。有关指标达到本行业国际先进水平。
(2) 较清洁。有关指标达到本行业国内先进水平。
(3) 一般。有关指标达到本行业国内平均水平。
(4) 较差。有关指标达到本行业国内中下水平。
(5) 很差。有关指标达到本行业国内较差水平。

为了统计和计算方便，定性评价和定量评价的等级分值范围均定为 0~1，对定性评价分三个等级，按基本等量、就近取整的原则划分不同等级的分值范围，具体见表6-1；对定量指标依据同样原则，但划分五个等级，具体见表6-2。

表 6-1　原材料指标和产品指标(定性指标)的等级评分标准

等级	分值范围	低	中	高
等级分值	[0, 1.0]	[0, 0.30)	[0.30, 0.70)	[0.70, 1.0]

注：确定分值时取两位数字。

表 6-2　资源指标和污染物产生指标(定量指标)的等级评分标准

等级	分值范围	很差	较差	一般	较清洁	清洁
等级分值	[0, 1.0]	[0, 0.20)	[0.20, 0.40)	[0.40, 0.60)	[0.60, 0.80)	[0.80, 1.0]

二、评价方法

清洁生产指标的评价方法采用百分制，首先对原材料指标、产品指标、资源指标和污染物生产指标按等级评分标准分别进行打分，若有分指标则按分指标打分，然后分别乘以各自的权重值，最后累加起来得到总分。通过总分值的比较可以基本判定建设项目整体所达到的清洁生产程度，另外各项分指标的数值也能反映出该建设项目所改进的地方。

权重值的确定方法：清洁生产评价的等级分值范围为 0~1，为数据评价直观起见，对清洁生产的评价方法采取百分制，因而所有指标的总权重值应为100。为了保证评价方法的准确性和适用性，在各项指标(包括分指标)的权重确定过程中，1998 年在国家环境保护总局的"环境影响评价制度中的清洁生产内容和要求"项目研究中，采用了专家调查打分法。专家范围包括清洁生产方法学专家、清洁生产行业专家、环境影响评价专家、清洁生产和环境影响评价政府管理官员。调查统计结果见表 6-3。

表 6-3　清洁生产指标权重值专家调查结果

评价指标		权重值
原材料指标		25
	毒性	9
	生态影响	8
	可再生性	4
	可回收利用性	4
产品指标		17
	销售	3
	使用	4
	寿命优化	5
	报废	5
资源指标		29
	能耗	11
	水耗	10
	其他物耗	8
污染物产生指标		29
总权重值		100

专家们对生产过程的清洁生产指标比较关注，对资源指标和污染物生产指标分别都给出最高权重值 29；原材料指标次之，权重值为 25；产品指标最低，权重值为 17。

原材料指标包括四项分指标：毒性、生态影响、可再生性、可回收利用性。根据它们的重要程度，权重值分别为 9、8、4、4。

产品指标包括四项分指标：销售、使用、寿命优化、报废。它们的权重分别为 3、4、5、5。

资源指标包括三项分指标：能耗、水耗、其他物耗。它们的权重值分别为 11、10、8。如果这三项指标中每一项指标下面还分别包括几项分指标，则根据实际情况另行确定它们的权重，但分指标的权重值之和应分别等于这三项指标的权重值。

污染物产生指标权重值为 29，此类指标根据实际情况可选择包含几项大指标(如废水、废气、固废)，每项大指标又可包含几项分指标。因为不同企业的污染物产生情况差别太大，因而未对各项大指标和分指标的权重值加以具体规定，可依据实际情况灵活处理，但各项大指标权重值之和等于 29，每一大指标下的分指标权重值之和应等于大指标的权重值。例如，如果污染物产生指标包括三项大指标，如废水、废气、固废，它们的权重值可以取为 10、10、9，则废水所包含的分指标权重分值之和应为 10，废气和固废依次为 10 和 9；如果此项大指标仅包括一项指标，如造纸厂，污染物产生主要是废水，那废水指标的权重就是污染物产生指标的权重，即为 29，废水指标所包括的几项分指标，权重值之和也应为 29。

第四节 清洁生产案例分析

一、造纸行业清洁生产

(一) 造纸行业典型工艺流程

造纸行业(制浆)的典型工艺为：漂白碱法麦草制浆，本色硫酸盐木浆和漂白硫酸盐木浆生产工艺。

(1) 漂白碱法麦草制浆生产典型工艺流程。漂白碱法麦草制浆生产典型工艺流程如图 6-2 所示。

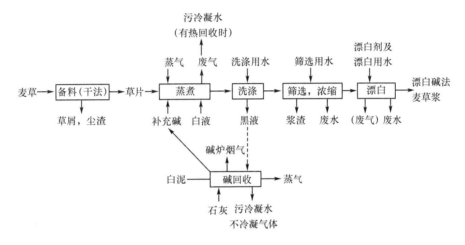

图 6-2 漂白碱法麦草制浆生产典型工艺

(2) 本色硫酸盐木浆生产典型工艺流程。本色硫酸盐木浆生产典型工艺流程如图 6-3 所示。

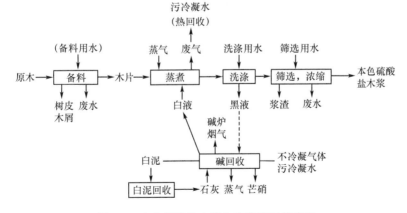

图 6-3 本色硫酸盐木浆生产典型工艺流程

(3) 漂白硫酸盐木浆生产典型工艺流程。漂白硫酸盐木浆生产典型工艺流程如图 6-4 所示。

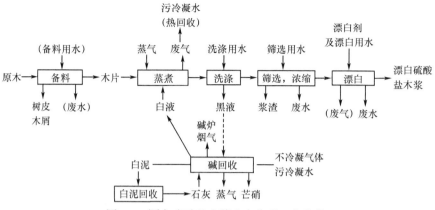

图 6-4　漂白硫酸盐木浆生产典型工艺流程

(二) 造纸行业清洁生产指标

造纸行业的清洁生产评价指标基准数据主要是根据国内外现有统计数据经分析总结得出，并经造纸行业专家评议修正。同时参考了我国已进行过清洁生产审核企业的清洁生产数据。

漂白碱法麦草制浆工艺清洁生产指标基准数据见表 6-4，本色硫酸盐木浆工艺清洁生产指标基准数据见表 6-5，漂白硫酸盐木浆制浆工艺清洁生产指标基准数据见表 6-6。

表 6-4　漂白碱法麦草制浆工艺清洁生产指标基准数据

分类	指标评价等级	清洁	较清洁	一般	较差	很差
	指标评价等级范围	[0.8, 1.0] 国际先进	[0.6, 0.8) 国内先进	[0.4, 0.6) 国内平均	[0.2, 0.4) 国内较差	[0, 0.2) 国内很差
资源消耗指标	耗水量/(m³/tp)	<100	<150	150～300	300～400	>400
	耗麦草量/(t/tp) 白度 75 度以上 白度 75 度以下	<2.2 <2.4	<2.2 <2.4	2.2～2.5 2.4～2.7	2.5～2.6 2.7～2.8	>2.6 >2.8
	碱回收率/%	80～85	70～75	50～70	40～50	<10
污染物产生负荷指标	废水量/(m³/tp)	<100	<150	150～300	300～400	>400
	CODcr/(kg/tp)	100～150	200～250	250～450	450～500	>550
	BOD5/(kg/tp)	30～50	60～80	80～140	140～180	>180
	SS/(kg/tp)	<30	50～100	100～200	200～300	>300

注：t/tp 表示吨绝干麦草/吨绝干浆，其余各处 tp 均为吨绝干浆。

表 6-5　本色硫酸盐木浆制浆工艺清洁生产指标基准数据

分类	指标评价等级	清洁	较清洁	一般	较差	很差
	指标评价等级范围	[0.8, 1.0] 国际先进	[0.6, 0.8) 国内先进	[0.4, 0.6) 国内平均	[0.2, 0.4) 国内较差	[0, 0.2) 国内很差
资源消耗指标	耗水量/(m³/tp)	≤15	50～100	100～200	200～250	>250
	耗木材量/(t/tp)	<1.85	<1.90	1.90～2.05	2.05～2.15	>2.15
	碱回收率/%	98	90～95	70～90	50～70	<50
污染物产生负荷指标	废水量/(m³/tp)	≤15	<100	100～200	200～250	>250
	CODcr/(kg/tp)	<20	40～80	80～250	250～500	>500
	BOD5/(kg/tp)	<6	12～25	25～75	75～150	>150
	SS/(kg/tp)	10～15	15～50	50～150	150～200	>200

注：t/tp 表示吨绝干木材/吨绝干浆，其余各处 tp 均为吨绝干浆。

表 6-6　漂白硫酸盐木浆制浆工艺清洁生产指标基准数据

分类	指标评价等级	清洁	较清洁	一般	较差	很差
	指标评价等级范围	[0.8, 1.0] 国际先进	[0.6, 0.8) 国内先进	[0.4, 0.6) 国内平均	[0.2, 0.4) 国内较差	[0, 0.2) 国内很差
资源消耗指标	耗水量/(m³/tp)	<50	<100	100～250	250～350	>350
	耗木材量/(t/tp)	<2.10	<2.15	2.15～2.30	2.30～2.40	>2.40
	碱回收率/%	97～98	88～90	70～88	50～70	<50
污染物产生负荷指标	废水量/(m³/tp)	<50	<100	100～250	250～350	>350
	COD_{cr}/(kg/tp)	<40	60～100	100～300	300～550	>550
	BOD_5/(kg/tp)	<12	18～30	30～90	90～170	>170
	SS/(kg/tp)	10～15	15～50	50～150	150～250	>250
	AOX/(kg/tp)	0(零排放)	<1.5	1.5～5.0	5.0～6.0	>6.0

注：t/tp 表示吨绝干木材/吨绝干浆，其余各处 tp 均为吨绝干浆。

　　需要说明的是，虽然对于一家工业企业来说，污染物多种多样，而对于制浆造纸行业来说，污染物主要是水污染，因此在表 6-4～表 6-6 中，主要统计了 COD、BOD、SS 和废水量等几项水污染物指标。由于国内目前没有能耗统计数据，所以上表中能耗基准数据暂缺。

二、电解铝行业清洁生产

(一) 电解铝行业典型工艺流程

　　现代工业炼铝主要采用冰晶石-氧化铝熔盐电解法。铝生产在电解槽中进行，直流电流通入电解槽，在阴极和阳极发生电化学反应，阴极产物是铝液，铝液用真空抬包抽空，经过净化和澄清之后，浇铸成铝锭，铝含量达到 99.5%～99.8%；阳极是 CO_2 和 CO 气体，其中还含有少量有害的氟化物和沥青烟气，净化后废气排放到大气，收回的氟化物返回电解槽。图 6-5 是电解铝生产工艺流程图。

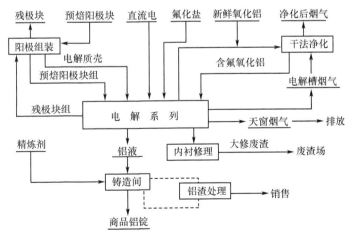

图 6-5　电解铝生产工艺流程图

(二) 电解铝行业清洁生产指标

1. 电解铝清洁生产指标判定依据

电解铝 LCA 清单分析的数据，可以反映电解铝清洁生产的程度，即通过 LCA 清单分析获得的敏感的、便于度量且内涵丰富的、起主导性作用的数据可作为电解铝清洁生产的评价指标，在具体确定清单分析数据作为清洁生产评价指标时应遵循如下原则：

1) 评价指标应具有科学性

指标体系必须建立在科学性的基础上，指标概念须明确，能够度量和反映系统的结构和功能。

2) 评价指标应具有可操作性

指标的确立要有利于利用现有的统计资料，指标要具有可测性和可比性，易于量化。在调查评价中，指标数据要便于从统计资料、取样调查、典型调查或直接从相关部门获取。

3) 评价指标应具有完备性

指标体系作为一个有机整体，应能够比较全面地反映被评价的材料生产和使用等过程对环境的影响状况。

4) 评价指标的相对独立性

表征系统环境状况的指标常存在指标间信息重叠的情况，因此在确立指标时，应选择具有相对独立性的指标，从而提高环境协调性评价的准确性和科学性。

2. 电解铝清洁生产评价指标分析

电解铝清洁生产指标采纳 LCA 清单分析的主要数据，同时考虑电解铝生产管理与环境管理的作用，经电解铝行业专家与高级管理人员商讨，确定下列指标，评价的指标应能覆盖原材料、生产过程和产品的各个主要环节。

1) 管理与工艺设备要求指标

管理与工艺设备要求是实施清洁生产的重要标志和保障。铝电解槽是电解铝生产的主要指标，采用质量管理体系达标情况、原材料质量标准体系情况反映生产管理高效的指标。

2) 资源消耗指标

(1) 原材料消耗指标。

原材料消耗指标主要考虑用于电解铝生产的原辅材料在生产过程中是否对生态环境产生不利的影响，以及原料在企业生产过程中是否得到充分利用，原材料指标包括氧化铝单耗、氟化铝单耗、冰晶石单耗、炭阳极单耗。

(a) 氧化铝单耗。

$$氧化铝单耗 = \frac{电解铝年耗量（kg/a）}{铝锭年产量（t/a）}$$

随着科学技术进步和生产管理的提高，氧化铝单耗不断降低，国内铝电解企业氧化铝单耗处于 1930～1950kg/t Al，最好企业已经达到 1920kg/t Al，多余的消耗主要是运输损耗、加料过程中的飞扬以及其他机械损失造成的，随着机械化、自动化技术的发展，槽体密闭程度的提高，氧化铝的损失量是可以降低的。考虑大型预焙槽铝电解企业的生产管理水平和技术装备能力，制定本项指标。

(b) 氟化铝和冰晶石单耗。

$$氟化铝单耗 = \frac{氟化铝年耗量（kg/a）}{铝锭年产量（t/a）}$$

$$冰晶石单耗 = \frac{冰晶石年耗量（kg/a）}{铝锭年产量（t/a）}$$

氟化铝、冰晶石理论上都是不消耗的，然而在高温电解下氟化物(主要是氟化铝)的挥发与碱及碱土金属的相互作用和水解造成它们的损失。损失大部分被烟气带走。随着烟气净化系统的建立和完善，这部分损失基本可以避免，减少其挥发量的主要途径是降低电解温度。国内铝电解企业氟化铝单耗处于27～30kg/t Al，冰晶石单耗处于5～7kg/t Al；最好企业氟化铝单耗23kg/t Al，冰晶石单耗5kg/t Al，已经处于国际领先水平，本项指标的选用切合实际。

(c) 炭阳极单耗(净耗)。

$$炭阳极（单耗）净耗 = \frac{（炭阳极年耗量 - 残极年回收量）（kg/a）}{铝锭年产量（t/a）}$$

炭阳极理论上消耗量为393kg/t Al，国内铝电解企业炭阳极单耗处于480～540kg/t Al，最好企业达到450kg/t Al，平均利用率在70%左右，主要原因是纯度不高、质量不好、操作(电解)管理不善等。国外炭阳极单耗在410～425kg/t Al，随着科学技术进步和生产管理的提高，炭阳极单耗不断降低，考虑大型预焙槽铝电解企业的生产管理水平和技术装备能力，选用本项指标。

(2) 能耗消耗指标。

在正常的操作情况下，生产单位产品对资源的消耗程度可以部分地反映一个企业的技术工艺和管理水平，在同等条件下，资源消耗量越高，对环境的影响越大。资源消耗指标选择最常用的经济技术指标整流效率、电流效率、原铝直流电耗和综合交流电耗，此外，还有阳极效应系数和效应持续时间。

(a) 整流效率。

整流效率即整流器输出的直流电量与输入的交流电量的比值，整流效率越高，得到的直流电量越多，其转换损失越小。

$$整流效率 = \frac{整流器输出的直流电量(kW \cdot h)}{输入整流器的交流电量(kW \cdot h)} \times 100\%$$

(b) 电流效率。

电流效率是铝电解生产过程中的一项非常重要的技术经济指标。它在一定程度上反映了电解生产的技术和管理水平。电流效率大小是用实际铝产量和理论铝产量之比来表示，即

$$\eta = \left(P_{实} / P_{理}\right) \times 100\%$$

式中，$P_{理} = C \times I \times \tau \times 10^{-3}$(kg)，其中，$C$ 为铝的电化当量，$C = 0.3356$g/(A·h)；I 为电解槽系列平均电流强度，A(经国家授权部门标定后核实整流效率为准，确定电流强度)；τ为电解时间，h。

在电解生产过程中一方面金属铝在阴极析出，另一方面又以各种原因损失掉，目前，国际最先进电流效率指标已达 95.8%，国内普遍采用的 160kA 预焙槽电流效率为 88.27%～91.0%，而200kA 预焙槽电流效率提高到92.5%，已在国内处于领先水平，个别达到93%～95%。结合国内铝电解企业生产实际情况，选用本项指标。

(c) 直流电耗和综合交流电耗。

原铝直流电耗 $W(\text{kW}\cdot\text{h/t Al})$：

$$W = \frac{V_{\text{电解槽平均电压}}}{0.3356\times\eta}$$

式中

$$V_{\text{电解槽平均电压}} = V_{\text{工作电压}} + V_{\text{线路分摊电压}} + V_{\text{效应电压}}$$

综合交流电耗$(\text{kW}\cdot\text{h/tAl})$：

$$\text{综合交流电耗} = \frac{\text{电解铝生产系统年耗电量（kW}\cdot\text{h/a）}}{\text{铝锭年产量（t/a）}}$$

直流电耗和综合交流电耗是电解生产中一项综合技术指标，电解槽的效应越多，槽平均电压就越高，电耗就必然高。在发生阳极效应时，不产出铝，而增加了电的消耗。考虑大型预焙槽铝电解企业的生产管理水平和技术装备能力，选用本项指标。

(d) 阳极效应系数和效应持续时间。

阳极效应系数是指每台电解槽每天发生的阳极效应次数，用"次/(天·槽)"表示。效应持续时间单位为分钟(min)。

3) 产品指标

考虑到产品的销售、使用过程以及报废后对环境产生的影响难以量化，采取产品规模、等级和合格率指标。

4) 环境指标

(1) SO_2排放量(kg/t Al)。

$$SO_2\text{排放量} = \frac{\text{电解铝生产系统}SO_2\text{排放量（kg/a）}}{\text{铝锭年产量（t/a）}}$$

(2) 粉尘排放量(kg/t Al)。

$$\text{粉尘排放量} = \frac{\text{电解铝生产系统粉尘排放量（kg/a）}}{\text{铝锭年产量（t/a）}}$$

(3) 氟化物(以氟计)排放量(kg/t Al)。

氟化物是指铝电解槽烟气中的无机氟化物，包括气氟(氟化氢等气体)和固氟(氟化铝等固体氟化盐)。

$$\text{氟化物（以氟计）排放量} = \frac{\text{电解铝生产系统氟化物（以氟计）排放量（kg/a）}}{\text{铝锭年产量（t/a）}}$$

环境指标是表示污染严重程度的指标，它直接与环境有关，结合企业的实际情况提出了污染物产生指标，电解铝生产过程产生的废气污染物主要有沥青烟、氟化物、粉尘、二氧化硫、一氧化碳、二氧化碳等；固体污染物主要考虑碳块量、碳化硅量、复合型材料等。

5) 废弃物资源化利用指标

与固体废弃物资源化利用有关的指标为废阳极回收利用情况、废阴极回收利用情况；与废气有关的指标为废气回收、处理情况；同时考虑废水循环利用情况。电解铝生产过程中所产生的这几项废物基本具有可回收利用的特点和价值，只有回收和利用才可以减少对环境的影响。

(三) 电解铝清洁生产评价等级

1. 等级划分

电解铝清洁生产评价指标体系中各具体指标按照国际清洁生产先进水平(一级)、国内清洁生产先进水平(二级)、多数采用 160kA 及以上预焙电解槽技术正常生产能达到的清洁生产水平(三级)分成三级(表 6-7)。采用模糊数学评价方法,得到各具体指标对应的隶属度,乘以各指标对应的权重,得到单指标评价结果。将单指标评价结果组成的判断向量乘以评价尺度,所得结果就是各企业清洁生产评价的分数。三级对应分数确定如表 6-8 所示。

表 6-7　电解铝清洁生产评价指标

一级指标名称	二级指标名称	三级指标名称
管理与工艺设备要求(B1)	质量管理体系达标情况(C11)	ISO 9000 达标(D111)
		ISO 14000 达标(D112)
		创建环境友好企业情况(D113)
	原材料的质量标准体系情况(C12)	氟化铝质量标准(D121)
		氧化铝质量标准(D122)
		冰晶石质量标准(D123)
		碳阳极质量标准(D124)
	电解槽(C13)	平均单槽日产原铝(D131)
		系列标准槽型数(D132)
		系列标准槽使用寿命(D133)
资源消耗指标(B2)	能源消耗指标(C21)	综合交流电耗(D211)
		整流效率(D212)
		电流效率(D213)
		直流电耗(D214)
		阳极效应系数(D215)
		效应持续时间(D216)
	原材料消耗指标(C22)	氟化铝单耗(D221)
		氧化铝单耗(D222)
		冰晶石单耗(D223)
		阳极净耗(D224)
		阳极毛耗(D225)
产品指标(B3)	铝锭一级品合格率(C31)	
环境指标(B4)	吨铝废气排放总量(C41)	粉尘排放量(D411)
		SO_2 排放量(D412)
		CO_2 排放量(D413)

续表

一级指标名称	二级指标名称	三级指标名称
环境指标(B4)	吨铝废气排放总量(C41)	CO 排放量(D414)
		气态 F 排放量(D415)
	吨铝固废排放量(C42)	阴极碳块(D421)
		阳极碳块(D422)
		其他内衬材料(D423)
废弃物资源化利用情况(B5)	吨铝废水排放量(C43)	
	废阳极回收利用情况(C51)	
	废阴极回收利用情况(C52)	
	废气回收处理情况(C53)	电解槽集气效率(D531)
		废气净化效率(D532)
	废水重复利用率(C54)	

表 6-8　清洁生产等级划分

等级划分	分值范围
清洁生产一级	90～100(含 90)
清洁生产二级	80～90(含 80)
清洁生产三级	70～80(含 70)

2. 清洁生产等级说明

通过对电解铝企业的基础数据调查及评价结果显示，全国约有 5%的电解铝厂家可以达到清洁生产一级水平，30%的厂家达到清洁生产二级水平，达到清洁生产三级水平的厂家占 45%左右。

根据清洁生产指标等级标准，可得出等级贡献值，见表 6-9。

表 6-9　清洁生产指标等级贡献值

指标	能耗降低量/%	资源节约量/%	污染物减排量/%			
			气态 F	SO_2	粉尘	CO_2
三级上升到二级	4	4	20	50	19	4
二级上升到一级	7	4	38	80	15	9

思　考　题

1. 清洁生产的内涵是什么？为什么要将清洁生产纳入环境影响评价中？
2. 清洁生产评价指标选取原则有哪些？如何确定具体的清洁生产评价指标？
3. 清洁生产评价的方法有哪些？
4. 环境影响评价的报告书中清洁生产分析的编写要求有哪些？
5. 清洁生产对我国的可持续发展有什么意义？
6. 论述一下环境评价与清洁生产的关系。

第三篇
环境要素评价

第七章 大气环境影响评价

【内容摘要】 大气环境影响评价是建设项目环境影响评价的一个重要组成部分，其主要目的是预防大气污染，保证大气环境质量。本章主要介绍建设项目大气环境影响评价的原理、工作程序、评价等级、范围和大气环境现状调查，重点介绍不同评价工作等级的大气环境影响评价现状调查范围、方法、内容及环境影响预测模式与预测参数的选择和计算。并结合两个工程实例阐述大气环境影响评价的具体方法。

第一节 大气环境影响评价程序与等级

一、评价工作程序

大气环境影响评价工作的整个过程可以分为三个阶段：第一阶段为准备阶段，是评价工作的基础，主要工作包括研究有关文件、环境空气质量现状调查、初步工程分析、环境空气敏感区调查、评价因子筛选、评价标准确定、气象特征调查、地形特征调查、编制工作方案、确定评价工作等级和评价范围等。第二阶段是评价工作的重要阶段，主要工作包括污染源的调查与核实、环境空气质量现状监测、气象观测资料调查与分析、地形数据收集和大气环境影响预测与评价等。第三阶段是报告书编制阶段，主要工作包括给出大气环境影响评价结论与建议、完成环境影响评价报告书中大气部分的编写等。这三个阶段是相互联系的，最终的目的是提供一份满足大气环境保护要求的报告书，其评价程序见图7-1。

二、评价等级的划分

划分评价等级的目的是区分出不同的评价对象，以便在保证评价质量的前提下，尽可能节约经费和时间。

《大气环境影响评价技术导则》(HJ/T 2.2—1993)规定，根据评价项目主要污染物排放量、周围地形的复杂程度以及当地应执行的大气环境质量标准等因素，将大气环境影响评价工作划分为一级、二级、三级，见表7-1。

表 7-1 评价工作等级

$P_i/(m^3/h)$	$P_i \geqslant 2.5 \times 10^9$	$2.5 \times 10^9 > P_i \geqslant 2.5 \times 10^8$	$P_i < 2.5 \times 10^8$
复杂地形	一	二	三
平原	二	三	三

评价工作等级划分是在工程分析的基础上，选择建设项目可能排放的1～3个主要大气污染物，计算其等标排放量 P_i（下标为第 i 种污染物，$i =$ 1, 2, 3），同时应考虑建设项目周围地形特征，以确定评价工作等级。

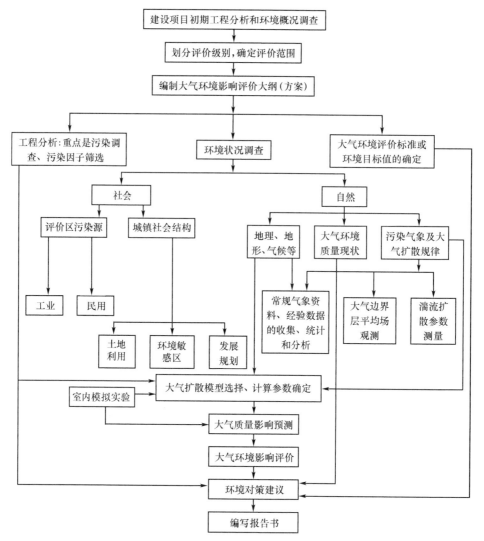

图 7-1　大气环境影响评价技术工作程序

P_i 的计算公式为

$$P_i = \frac{Q_i}{C_i} \times 10^9$$

式中，P_i——等标排放量，m^3/h；

　　　Q_i——第 i 种污染物的单位时间排放量，t/h；

　　　C_i——第 i 种污染物的环境空气质量标准，mg/m^3。

C_i 一般从《环境空气质量标准》(GB 3095—1996)中选取，选取建设项目所在地所执行的环境空气质量标准等级 1h 平均浓度限值。GB 3095—1996 中未包括的项目，可参照其他标准，如从《工业企业设计卫生标准》居住区大气中有害物质的最高允许浓度的一次标准和国外有关环境标准等中选取(表 7-1)，但同时应做出说明，并经环境保护主管部门批准。

建设项目周围地形特征可分为平原和复杂地形两类。复杂地形为山区、丘陵、沿海、大中城市的城区等。

三、评价范围

建设项目的大气环境影响评价范围需根据评价项目的等级，项目所在地周围的自然地理特征、社会环境特征，以及有无环境保护敏感区来确定。一般是以建设项目的主要污染源为中心，主导风向为主轴的方形或矩形。按照《环境影响评价技术导则》的要求，对于一级评价项目，主轴方向长度不应小于16km，二级评价不应小于10km，三级评价不应小于4km，平原地区取上限，复杂地形取下限。对于以线源为主的城市道路等项目，评价范围可设定为线源中心两侧各200m的范围。核设施的大气环境影响评价范围一般是以核设施为中心，半径为80km的圆形区域。

对于某些等标排放量较大的一、二级项目，评价范围应适当扩大。考虑到界外区对评价区的影响，对于地形、地利特征及排放高度、排放量大的点源的调查还应扩大到界外区。各方位的界外区域边长大致为评价区边长的二分之一。

在实际的大气环境影响评价的过程中，若建设项目附近有大中城区、自然保护区、风景名胜区等环境保护敏感区，评价范围应将其包括在内。

第二节 大气环境现状调查

大气环境现状调查的主要目的是通过收集现有大气环境监测资料和监测数据，查清评价区大气环境质量现状，为大气环境影响预测和评价提供背景数据。主要内容包括大气污染源调查与评价、大气环境质量现状监测和气象观测资料调查等方面内容。

一、大气污染源调查与评价

(一) 大气污染源调查

通过大气污染源调查可以掌握污染源的类型、数量及其分布，以及各类污染源排放的污染物种类、数量及其随时间的变化情况。污染源排放参数、污染源的位置和类型直接关系到大气环境质量。大气环境影响评价中污染源调查的目的是弄清评价区背景污染的来源，分析和估计它们对评价区大气环境的影响程度，确定影响评价区大气环境质量的主要污染源和主要污染物。

1. 调查范围

大气污染源调查范围一般与影响评价范围一致或略小，应根据污染源排放强度、排放源高度及环境特征综合确定。

2. 调查对象

对于一、二级评价项目，应调查分析项目的所有污染源(对于改、扩建项目应包括新、老污染源)、评价范围内与项目排放污染物有关的其他在建项目、已批复环境影响评价文件的拟建项目等污染源。如有区域替代方案，还应调查评价范围内所有的拟替代的污染源。三级评价项目可只调查拟建项目污染源。

3. 调查方法

污染源调查与分析方法根据不同的项目可采用不同的方式，一般对于新建项目可通过类比调查、物料衡算或设计资料确定；对于评价范围内的在建和未建项目的污染源调查，可使用已批准的环境影响报告书中的资料；对于现有项目和改、扩建项目的现状污染源调查，可利用已有有效数据或进行实测；对于分期实施的工程项目，可利用前期工程最近 5 年内的验收监测资料、年度例行监测资料或进行实测。评价范围内拟替代的污染源调查方法参考项目的污染源调查方法。

1) 现场实测法

对于有组织排放的大气污染物，如由烟囱排放的 SO_2 或颗粒物等，可根据实测的废气流量和污染物浓度，按下式计算：

$$Q_i = Q_n \cdot C_i \times 10^{-6}$$

式中，Q_i ——废气中 i 类污染物单位时间排放量，kg/h；

Q_n ——废气体积(标准状态)流量，m^3/h；

C_i ——废气中污染物 i 的实测质量浓度值，mg/m^3。

废气体积流量及浓度的测量方法见《空气和废气监测分析方法》。

2) 物料衡算法

物料衡算法是对生产过程中所使用的物料情况进行定量分析的一种科学方法。对一些污染实测污染源，可采用此方法计算污染物的排放量。

3) 排污系数法

根据《产排污系数手册》提供的实测和类比数据，按规模、污染物、产污系数、末端处理技术及排污系数来计算污染物的排放量，《产排污系数手册》可参考《第一次全国污染源普查工业污染源产排污系数手册》。

4. 建设项目大气污染源调查内容

建设项目污染源调查包括污染流程、排放量、排放方式等，对于毒性较大的污染物还应估算其非正常排放量或事故排放量。污染流程图一般按生产工艺流程或按分厂、车间分别绘制，并按分厂或车间逐一统计各有组织排放源和无组织排放源的主要污染物排放量。

污染排放方式是指点源排放、面源排放和线源排放。所谓点源、面源、线源并非严格的几何概念，高的、独立的烟囱一般作点源处理；无组织排放源及数量多、源高不高、源强不大的排气筒一般作面源处理；繁忙的公路、铁路、机场跑道一般作线源处理；对于厂区某些属于线源性质的排放源可并入附近的面源，按面源排放统计。

1) 污染源排污概况调查内容

在满负荷排放下，按分厂或车间逐一统计各有组织排放源和无组织排放源的主要污染物排放量；对改、扩建项目应给出现有工程排放量、扩建工程排放量，以及现有工程经改造后的污染物预测削减量，并按上述三个量计算最终排放量；对于毒性较大的污染物还应估计其非正常排放量；对于周期性排放的污染源，还应给出周期性排放系数。周期性排放系数取值为 0~1，一般可按季节、月份、星期、日、小时等给出周期性排放系数。

2) 点源调查内容

排气筒底部中心坐标(一般按国家坐标系)及分布平面图;排气筒的海拔高度(m)、几何高度(m)及出口内径(m);烟气出口速度(m/s);排气筒出口处烟气温度(K);各主要污染物正常排放速率(g/s),排放工况,年排放小时数(h);毒性较大物质的非正常排放速率(g/s),排放工况,年排放小时数(h);排放是连续排放还是间断排放,间断排放应注明具体排放时间、每次排放时间长度及排放频率等。对排放颗粒物的点源,除调查排放量外,还应根据工作需要调查颗粒物密度及粒径分布。

3) 面源调查内容

面源调查统计之前首先将评价区在选定的坐标系内网格化,网格单元一般可取 1km×1km,评价区域较小时也可取 500m×500m,或者根据工作方便的需要确定网格单元。建设项目所占面积小于网格单元面积时,可取其为网格单元面积,然后按网格统计面源各参数,其内容包括:面源起始点坐标及面源所在位置的海拔高度(m);面源初始排放高度(m),若网格内排放高度不等时,可按排放量加权取平均排放高度;各主要污染物正常排放速率[g/(s·m^2)],排放工况,年排放小时数(h)。如果评价区面源分布较密且排放量较大,当面源高差较大时,可酌情按不同平均高度将面源分成两三类。此外,对燃料及一些固体废弃物堆场,当风速达到某一等级时就刮起扬尘,对于这类扬尘可作"风面源"处理,可通过实验、类比调查或现场观测确定起动风速,计算扬尘量。

(二) 大气污染源评价

1. 污染源评价的目的

通过污染源评价,可以确定一个区域内的主要污染物和主要污染源,然后提出具体可行的污染控制和治理方案,为政府决策提供技术依据。污染源评价的主要目的是通过分析比较,确定主要污染物和主要污染源,为污染治理和区域治理规划提供依据。各种污染物具有不同的特性和环境效应,要对污染源和污染物作综合评价,必须考虑到排污量与污染物危害性两方面的因素。为了便于分析比较,需要把这两个因素综合到一起,形成一个可把各种污染物或污染源进行比较的(量纲统一的)指标。其主要目的就是使各种不同的污染物和污染源能够互相比较,以确定其对环境影响大小的顺序。污染源评价是污染源调查的继续和深入,是该项综合工作中的一个主要组成部分。

2. 评价项目和评价标准

原则上要求各地区污染源排放出来的大多数种类的污染物都进入评价。但考虑到区域环境中污染源和污染物数量大、种类多,目前困难较大,因此,在评价项目选择时,应保证本区域引起污染的主要污染源和污染物进入评价。

为了消除不同污染源和污染物,因毒性和计量单位的不统一,评价标准的选择就成为衡量污染源评价结果合理性、科学性的关键问题之一。在选择标准进行标准化处理时,一要考虑所选标准制定的合理性,二要考虑到各标准能否反映出污染源在区域环境中可能造成危害的各主要方面,同时还要使应选的标准至少包括本区域所有污染物的 80%以上。

为了使各地区的污染源能相互比较,就需要有一个全国范围的统一标准。国家环境保护部污染源调查领导小组在《工业污染源调查技术要求及建档技术规定》中根据全国的具体情况制定了污染源评价标准。严格来说，各地在污染源评价时，都应执行这一标准。但是近年来，在环境影响评价的污染源调查和评价工作中常采用对应的环境质量标准或排放标准作为污染源评价标准。

3. 污染源评价方法

污染源评价方法很多，目前多采用等标污染负荷法和大气污染特征指数法对大气污染物进行评价。

1) 等标污染负荷法

(1) 污染物的等标污染负荷：

$$P_i = \frac{Q_i}{C_{0i}} \times 10^9$$

式中，P_i——第 i 种污染物的等标污染负荷，t/h；

Q_i——第 i 种污染物的单位时间排放量，t/h；

C_{0i}——第 i 种污染物的环境空气质量标准，mg/m³。

(2) 工厂污染物等标污染负荷。某工厂污染物等标污染负荷等于该工厂所排放的各种污染物的等标污染负荷之和，即

$$P_n = \sum_{t=1}^{n} P_i$$

(3) 地区的等标污染负荷 P_m：

$$P_m = \sum P_n$$

(4) 污染物占工厂的等标污染负荷比：

$$K_i = \frac{P_i}{\sum P_i}$$

(5) 污染源占区域的等标污染负荷比：

$$K_n = \frac{P_n}{\sum P_n}$$

主要污染源的确定：按调查区域内污染源等标污染负荷比由大到小排列，然后由大到小计算累计污染负荷比，累计污染负荷比为 80%左右所包含的污染源被确定为该区域的主要污染源。

注意事项：采用等标污染负荷法处理容易造成一些毒性大、流量小、在环境中易于积累的污染物排不到主要污染物中去，然而对这些污染物的排放控制又是必要的。所以通过计算后，还应作全面的考虑和分析，最后定出主要污染物和主要污染源。

2) 大气污染源特征指数法

大气污染源特征指数计算公式为

$$P_i = \frac{Q_i}{C_{0i}H^2}$$

式中，P_i——大气污染源特征指数；

Q_i——第 i 种污染物的质量排放量，mg/s；

C_{0i}——第 i 种污染物的环境空气质量标准，mg/m³；

　　H——排气筒高度，m。

　　该法考虑了排气筒的高度，比等标污染负荷法能更好地反映污染源对地面浓度的贡献。

二、大气环境质量现状监测

　　大气环境质量现状监测的目的是取得进行大气环境质量预测和评价所需的背景数据。因此，监测范围、监测项目、监测点和监测制度的确定都应根据拟建项目的规模、性质和厂址周围的地理环境及实际条件而定，突出针对性和实用性。

　　大气环境质量监测的项目包括 TSP、PM_{10}、SO_2、NO_x、CO 和光化学氧化剂等。由于大气环境污染物的时空变化规律和气象条件密切相关，因此，在进行大气环境质量监测时应同步进行气象观测。

(一) 监测范围

　　监测范围应该根据拟建工程可能影响的范围确定，一般设置在所确定的评价范围内。为了查清对照(背景点)的浓度，往往需要在评价区外选择拟建项目主导风向的上风侧(不受当地工业的废气污染)的地点进行监测。对于评价区附近的名胜古迹、游览区等特定保护对象，可以根据特殊要求设置专门检测点。

(二) 监测布点

1. 监测点的数量设置

　　监测点设置的数量应根据拟建项目的规模和性质，综合考虑当地的自然环境条件、区域大气污染状况和发展趋势、功能布局和敏感点的分布，结合地形、污染气象等自然因素综合优化选择确定，对于一级评价项目监测点不应少于 10 个；二级评价项目监测点数不应少于 6 个；三级评价项目，如果评价区内已有例行监测点可不安排监测，否则可布置 1~3 个点进行监测。

2. 监测点位置的设置原则

　　监测点的位置应具有较好的代表性，设点的测量值应能反映一定地区范围的气象要素及大气环境污染水平和规律。

　　设点时应从总体上把握大气流场的特征与规律，不论是近距离输送还是中远程输送，大气流场都是首要因素，同时适当考虑自然地理环境、交通和工作条件，使测点尽可能分布比较科学合理而兼顾均匀，又便于有效自序工作。

　　监测点周围应开阔，采样口水平线与周围建筑物高度的夹角应不大于 30°；测点周围应没有局地污染源，并应避开树木和吸附能力较强的建筑物。原则上应在 20m 以内没有局地污染源，在 15~20m 避开绿色乔木、灌木，在建筑物高度的 2.5 倍距离内避开建筑物。

3. 监测点位置的布设方法

　　主要思路与原则是正确把握大气流场及充分反映其运动规律与主要特征参数，具体的监测点位置的布设方法大致有以下五种：

　　(1) 网格布点法。这种布点法，适用于待监测的污染源分布非常分散(面源为主)的情况。

具体布点方法是, 把监测区域网格化, 根据人力、设备等条件确定布点密度。如果条件允许, 可以在每个网格中心设一个监测点。否则, 可适当降低布点的空间密度。该方法监测结果代表性强, 但监测分析的工作量大。在区域环境影响评价中常应用网格布点法。

(2) 同心圆多方位布点法。该布点法适用于孤立源及其所在地区风向多变的情况。布点方法是, 以排放源为圆心, 画出 16 个或 8 个方位的射线和若干个不同半径的同心圆, 同心圆周与射线的交点即为监测点。在实际工作中, 根据客观条件需要, 往往是在主导风向的下风方位布点密些, 其他方位疏些。确定同心圆半径的原则是, 在预计的高浓度区及高浓度与低浓度交接区应密些, 其他地区疏些。

(3) 扇形布点法。该布点法适用于评价区域风向变化不大的情况。其方法步骤如下: 沿主导风向轴线, 从污染源向两侧分别扩出 45°、22.5°或更小的夹角(视风向脉动情况而定)的射线, 两条射线构成的扇形区即是监测布点区。再在扇形区内做出若干条射线和若干个同心圆弧, 圆弧与射线的交点即为待定的监测点。在实际环境影响评价工作中, 因检测时间较短, 风向和风速等气象条件变化大, 故代表性差。

(4) 配对布点法。该布点法适用于线源。例如, 对公路和铁路建设工程进行环境影响评价时, 在行车道的下风侧, 离车道外沿 0.5～1m 处设一个监测点, 同时在该点外沿 100m 处再设一个监测点, 根据道路布局和车流量分布, 选择典型路段, 用配对法设置监测点。

(5) 功能分区布点法。该方法适用于了解污染物对不同功能区的影响。环境空气质量的例行监测和区域环境质量现状评价中, 常用这种方法。

此外, 通常应在居民集中区、风景区、文物点、医院、院校等关心点、敏感点以及下风向距离最近的村庄布设监测点。在最小风向上风向的适当位置往往还需要设置对照点。在实际工作中, 可根据人力、物力条件及监测点条件的限制, 因地制宜, 以一种布点方法为主, 多种方法结合, 根据环境与项目的具体情况对布点位置与方法予以调整, 以满足具体项目的环境影响评价需要。

(三) 监测时间和采样频率

检测时间和频率的确定, 主要考虑当地的气象条件和人们的生活和工作规律。中国大部分地区处于季风气候区, 冬、夏季风有明显不同的特征, 由于日照和风速的变化, 边界层温度层结也有较大的差别。在北方地区, 冬季采暖的能耗量大, 逆温现象的频率高, 扩散条件差, 大气污染比较严重。而在夏季, 气象条件对扩散有利, 又是作物的主要生长季节。所以《环境影响评价技术导则——大气环境》规定: 一级评价项目应进行 2 期(冬季、夏季)监测; 二级评价项目可取 1 期不利季节进行监测, 必要时应作 2 期监测; 三级评价项目必要时可作 1 期监测。

由于气候存在着周期性的变化, 每个小周期平均为 7 天左右。在一天之中, 风向、风速、大气稳定性都存在着时间变化。同时人们的生产和生活活动也有一定的规律。生物的生长都有明显的时令、气节与物候。景观生态呈现周期和时律变化。为了使监测数据具有代表性, 所以《环境影响评价技术导则——大气环境》规定: 每期监测时间, 至少应取得有季节代表性的 7 天有效数据, 采样时间应符合监测资料的统计要求。对于评价范围内没有排放同种特征污染物的项目, 可减少监测天数。监测时间的安排和采用的监测手段, 应能同时满足环境空气质量现状调查、污染源资料验证及预测模式的需要。监测时应使用空气自动监测设备，在不具备自动连续监测条件时，1 小时质量浓度监测值应遵循下列原则：一级评价项目每天监测时段，应至少获取当地时间 2 时、5 时、8 时、11 时、14 时、17 时、20 时、23 时 8 个小时质量浓度值，二级和三级评价项目每天监测时段，至少获取当地时间 2 时、8 时、14 时、20 时 4 个小时质量浓度值。日平均质量浓度监测值应符合《环境空气质量标准》(GB 3095—2012)对数据有效性的规定。

对于部分无法进行连续监测的特殊污染物，可监测其一次质量浓度值，监测时间须满足所用评价标准值的取值时间要求。

现状监测应同步观测污染气象参数。对于不需要进行气象观测的评价项目，应收集其附近有代表性的气象台站各检测时间的地面风速、风向、气温、气压等资料。

(四) 采样及分析方法

采样时必须对采样过程进行严格的质量控制，以保证样品的代表性和数据的可靠性。采样方法按《采样技术规范》进行。有单独采样和集中采样两种方法。

样品的分析方法按照《环境空气质量标准》所规定的分析方法进行，该标准中未规定的监测分析项目，按《环境监测分析方法》进行。

三、气象观测资料调查

(一) 气象观测资料调查的基本原则

1. 气象观测资料调查的条件

气象观测资料的调查要求与项目的评价等级有关，还与评价范围内地形复杂程度、水平流场是否均匀一致、污染物排放是否连续稳定有关。常规气象观测资料包括常规地面气象观测资料和常规高空气象探测资料。

2. 常规气象资料的调查时间

对于各级评价项目，均应调查评价范围 20 年以上的主要气候统计资料，包括年平均风速和风向玫瑰图、最大风速和月平均风速、年平均气温、极端气温与月平均气温、年平均相对湿度、年均降水量、降水量极值、日照等。对于一、二级评价项目，还应调查逐日、逐次的常规气象观测资料及其他气象观测资料。

(二) 气象观测资料调查要求

(1) 对于一级评价项目，气象观测资料调查基本要求分两种情况：

(a) 评价范围小于 50 km 条件下，须调查地面气象观测资料，并按选取的模式要求，调查必需的常规高空气象探测资料；

(b) 评价范围大于 50 km 条件下，须调查地面气象观测资料和常规高空气象探测资料。

地面气象观测资料调查要求：调查距离项目最近的地面气象观测站，近 5 年内的至少连续 3 年的常规地面气象观测资料。如果地面气象观测站与项目的距离超过 50 km，并且其与评价范围的地理特征不一致，还需补充地面气象观测。

常规高空气象探测资料调查要求：调查距离项目最近的高空气象观测站，近 5 年内的至少连续 3 年的常规高空气象探测资料。如果高空气象探测站与项目的距离超过 50 km，高空气象资料可采用中尺度气象模式模拟的 50 km 内的格点气象资料。

(2) 对于二级评价项目，气相观测资料调查基本要求同一级评价项目。对应的气象观测资料年限要求为近 3 年内的至少连续 1 年的常规地面气象观测资料和高空气象探测资料。

(三) 气象观测资料调查内容

1. 地面气象观测资料

1) 观测资料的时次

根据所调查地面气象观测站的类别，遵循先基准站、次基本站，后一般站的原则，收集每日逐次的实际观测资料。

2) 常规调查项目

观测资料的常规调查项目包括时间(年、月、日、时)、风向(以角度或按 16 个方位表示)、风速(m/s)、干球温度(℃)、低云量(十分量)、总云量(十分量)。

3) 不同评价等级预测精度要求的调查项目

根据不同评价等级预测精度要求及预测因子特征，可选择调查的观测资料的内容：湿球温度(℃)、露点温度(℃)、相对湿度(%)、降水量(mm/h)、降水类型、海平面气压(hPa)、观测站地面气压(hPa)、云底高度(km)、水平能见度(km)等。

2. 常规高空气象探测资料

1) 时次

观测资料的时次根据所调查常规高空气象探测站的实际探测时次确定，一般应至少调查每日 1 次(北京时间 8 时)的距地面 1500m 高度以下的高空气象探测资料。

2) 探测资料的常规调查项目

探测资料的常规调查项目包括：时间(年、月、日、时)，探空数据层数，每层的气压(hPa)、高度(m)、气温(℃)、风速(m/s)、风向(以角度或按 16 个方位表示)。

对于修订版大气导则所推荐的进一步预测模式，输入的地面气象观测资料需要逐日每天 24 次的连续观测资料，对于每日实际观测次数不足 24 次的，应在应用气象资料前对原始资料进行插值处理。插值方法可采用连续均匀插值法(实际观测次数为一日 4 次或一日 8 次)或者均值插值法(实际观测次数为一日 8 次以上)。

(四) 补充地面气象观测

如果地面气象观测站与项目的距离超过 50km，并且与评价范围的地理特征不一致，还需要进行补充地面气象观测。在评价范围内设立补充地面气象观测站，站点设置应符合相关地面气象观测规范的要求。

一级评价的补充观测应进行为期一年的连续观测；二级评价的补充观测可选择有代表性的季节进行连续观测，观测期限应在 2 个月以上。观测内容应符合地面气象观测资料的要求。

观测方法应符合相关项目气象观测规范的要求。

补充地面气象观测数据可作为当地长期气象条件参与大气环境影响预测。

第三节　大气环境影响预测与评价

建设项目对评价区大气环境可能产生哪些影响，影响范围和程度如何，是预测评价需要回答的问题。预测工作要有一定的深度，并且应具有较高的科学性，所选择的方法应能准确、定量地说明对环境影响的范围和程度，大气环境预测除考虑正常状况的预测外，还应考虑静风、小风、逆温、熏烟、事故排放等异常状况的预测。不但要预测污染物的贡献值，还要预测叠加值，绘制污染影响预测分布图。在基础数据正确的情况下，预测结果的准确与否，主要取决于扩散模式和扩散参数的合理选择和应用。

一、影响预测模型

本节介绍污染物排入大气后通过物理过程发生变化的常用预测模型。这些模型都是在高斯扩散模型基础上发展起来的。

高斯模型的坐标系是以排放点(无界点源或地面源)或高架源排放点在地面的投影点为原点，平均风向为 x 轴，y 轴在水平面内垂直于 x 轴，y 轴的正向在 x 轴的左侧，z 轴垂直于水平面，向上为正，即右手坐标系。在这种坐标系中，烟流中心线或与 x 轴重合，或在 xOy 面的投影为 x 轴。后面介绍的模型都是在这种坐标系中导出的。

由于污染物的种类、高度、排放方式的不同，以及所处的地理环境和对应的气象条件不同，其对周围环境的影响范围和影响程度存在有差别，这就需要选择不同条件下的大气扩散模型进行预测计算。

(一) 无界空间假设下的连续点源正态扩散模型

实验和理论证明，对于连续稳定点源的污染物扩散的平均状况，其浓度分布符合正态分布规律，并采用如下的假设：

(1) 污染物浓度在 y 轴、z 轴上的分布为正态分布，根据统计学理论，污染物在 y 方向、z 方向浓度概率分布函数可分别表示为

$$Z(x) = \frac{1}{\sqrt{2\pi}\delta_z} e^{-z^2/2\delta_z^2}$$

$$Y(x) = \frac{1}{\sqrt{2\pi}\delta_y} e^{-y^2/2\delta_y^2}$$

(2) 大气只在一个方向做稳定的水平运动，即水平风速 U 为常数。

(3) 在 x 轴方向上做准水平运动，其平流输送作用远远大于扩散作用，即在湍流扩散方程中有

$$U\frac{\partial C}{\partial x} \gg \frac{\partial}{\partial x}\left(K_x \frac{\partial C}{\partial x}\right)$$

$$Q = \int_{z=0}^{\infty} \int_{y=-\infty}^{\infty} CU \mathrm{d}y \mathrm{d}z$$

(4) 浓度分布不随时间改变，即

$$\frac{\partial C}{\partial t} = 0$$

(5) 地表面足够平坦，污染源与坐标原点重合，即污染源的坐标在(0，0，0)。

考虑无界空间(无地面影响)的情况，取污染物扩散的轴线为 x 方向(平均风向)。由上述假设可以知道大气流场在水平和垂直方向是均匀的，因此，在 y、z 方向上的分布是相互独立的，从而可以推导出无界情况下的大气扩散模型。

由假设(1)可以得到污染物浓度分布函数：

$$C(x, y, z) = A \frac{1}{2\pi\delta_z\delta_y} \mathrm{e}^{-y^2/2\delta_y^2} 2\mathrm{e}^{-z^2/2\delta_z^2}$$

式中，δ_y、δ_z 分别为正态分布函数 y、z 方向的均方差。

由假设(3)和无界空间的假设，可以得到

$$\begin{aligned} Q &= \int_{z=-\infty}^{\infty} \int_{y=-\infty}^{\infty} CU \mathrm{d}y \mathrm{d}z \\ &= \int_{z=-\infty}^{\infty} \int_{y=-\infty}^{\infty} A \frac{1}{2\pi\delta_z\delta_y} \mathrm{e}^{-y^2/2\delta_y^2} \mathrm{e}^{-z^2/2\delta_z^2} U \mathrm{d}y \mathrm{d}z \\ &= AU \int_{z=-\infty}^{\infty} \frac{1}{\sqrt{2\pi}\delta_z} (\int_{y=-\infty}^{\infty} \frac{1}{\sqrt{2\pi}\delta_y} \mathrm{e}^{-y^2/2\delta_y^2}) \mathrm{e}^{-z^2/2\delta_z^2} \mathrm{d}z \\ &= AU \end{aligned}$$

由分布函数公式可以解得

$$A = \frac{Q}{U}$$

从而可以得到无界空间下的连续点源正态扩散模型：

$$C(x, y, z) = \frac{Q}{2\pi\delta_y\delta_z U} \exp\left[-\frac{y^2}{2\delta_y^2} - \frac{z^2}{2\delta_z^2} \right]$$

式中，C ——污染物浓度，$\mathrm{mg/m^3}$；

　　　Q ——源强，$\mathrm{mg/s}$；

　　　δ_y ——水平方向扩散参数(水平方向上概率分布均方差)，m；

　　　δ_z ——垂直方向扩散系数(垂直方向上概率分布均方差)，m；

　　　U ——平均风速，$\mathrm{m/s}$。

(二) 连续点源正态扩散模型

污染物在大气中的扩散必须考虑到地面对扩散的影响。假设地面像镜子一样，对污染物起到完全反射的重用，按反射原理，可用"像源法"的原理来考虑点源扩散的地面反射作用。源有效高度为 H_e 的污染源$(0，0，H_e)$对于某一点 $P(x, y, z)$的扩散浓度可以分为两部分，一部分为实源$(0，0，H_e)$在不存在地面时的扩散浓度 C_1，另一部分为地面反射作用的影响，地面反射作用的影响可以看作$(0, 0, H_e)$的虚源$(0, 0, -H_e)$在不存在地面时所造成的扩散浓度C_2。

P点对于污染源的垂直距离为$(z-H_e)$，对于虚源的垂直距离为$(z+H_e)$，根据无界空间下的连续扩散正态扩散模式，则可以得到

$$C_1(x,y,z,H_e) = \frac{Q}{2\pi\delta_y\delta_z U}\exp\left[-\frac{y^2}{2\delta_y^2} - \frac{(z-H_e)^2}{2\delta_z^2}\right]$$

$$C_2(x,y,z,H_e) = \frac{Q}{2\pi\delta_y\delta_z U}\exp\left[-\frac{y^2}{2\delta_y^2} - \frac{(z+H_e)^2}{2\delta_z^2}\right]$$

P点的实际污染物浓度应为实源和虚源的作用之和，即

$$C = C_1 + C_2$$

$$C(x,y,z,H_e) = \frac{Q}{2\pi\delta_y\delta_z U}\left(-\frac{y^2}{2\delta_y^2}\right)\left\{\exp\left[-\frac{(z-H_e)^2}{2\delta_z^2}\right] + \exp\left[-\frac{(z+H_e)^2}{2\delta_z^2}\right]\right\}$$

上式即为连续点源正态分布扩散模式。通过该模式可以计算下风向任一点的污染物浓度。

1. 地面浓度

在大气环境预测中人们往往更关心污染物排放对近地面的影响。在上式中，令$z=0$，可以得到高架点源的地面浓度公式：

$$C(x,y,0,H_e) = \frac{Q}{\pi\delta_y\delta_z U}\exp\left[-\frac{y^2}{2\delta_y^2} - \frac{H_e^2}{2\delta_z^2}\right]$$

在源附近，地面浓度接近于零，然后逐渐增高，在某个距离上达到最大值，再缓慢减小；y方向上，浓度按正态分布规律向两边减小。

2. 地面轴线浓度

地面轴线浓度为x轴上的浓度，在地面浓度公式中，令$y=0$，得到

$$C(x,0,0,H_e) = \frac{Q}{\pi\delta_y\delta_z U}\exp\left(-\frac{H_e^2}{2\delta_z^2}\right)$$

地面轴线浓度反映的是垂直于气流方向上地面最大浓度出现的地方，因此污染物扩散的最大落地浓度出现在地面轴线上。

3. 地面源

若污染源位于近地面，则将$H_e=0$代入连续点源正态分布扩散模式，得到地面源公式：

$$C(x,y,z,0) = \frac{Q}{\pi\delta_y\delta_z U}\exp\left(-\frac{y^2}{2\delta_y^2} - \frac{z^2}{2\delta_z^2}\right)$$

令$z=0$，可以得到地面源的地面浓度公式：

$$C(x,y,0,0) = \frac{Q}{\pi\delta_y\delta_z U}\exp\left(-\frac{y^2}{2\delta_y^2}\right)$$

再令$y=0$，可以得到地面源的地面轴线浓度公式：

$$C(x,0,0,0) = \frac{Q}{\pi\delta_y\delta_z U}$$

(三) 熏烟型扩散模式

熏烟型扩散模式，也称漫烟型扩散模式，在夜间辐射逆温存在时，由高架源排入稳定的大气层的污染物，在源的上方形成一条狭长的高浓度区。日出以后，太阳辐射逐渐增加，地面逐渐变暖，逆温从地面开始破坏，逐渐向上发展。当逆温破坏到烟流下边稍高一些时，受到刚刚发展起来的势力湍流作用，逆温破坏处的污染物便发生强烈的向下混合作用，增大了地面污染物浓度。当逆温消退到烟流顶部时，则所有烟云在上部逆温下迅速向下扩散，造成地面高浓度，这个过程称为熏烟过程。整个过程一般持续半小时左右。为了估算在逆温破坏熏烟条件下的地面浓度，假设烟流原来是排入稳定层内的，当逆温消退到高度 h_1 时，在高度 h_f 以下，浓度的铅直分布是均匀的，这时地面浓度计算式为

$$C_f(x,y) = \frac{Q}{\sqrt{2\pi}\bar{u}h_f\delta_{yf}}\exp\left(-\frac{y^2}{2\delta_{yf}^2}\right)\phi(P)$$

$$P = \frac{(h_f - H_e)}{\delta_z}$$

$$\delta_{yf} = \delta_y + \frac{H_e}{8}$$

$$\phi(P) = \frac{1}{\sqrt{2\pi}}\int_{-\infty}^{P} e^{\frac{-t^2}{2}}dt$$

式中，δ_{yf}——熏烟条件下的扩散参数；

$\phi(P)$——原稳定状态下的烟羽进入混合层的份额。

如果逆温消失在烟囱的有效高度时，可以认为烟流的一半向下混合，而另一半则留在上部稳定的大气层中，这时地面浓度为

$$C_f(x,y) = \frac{Q}{\sqrt{2\pi}\bar{u}h_f\delta_{yf}}\exp\left(-\frac{y^2}{2\delta_{yf}^2}\right)$$

地面轴线浓度($y=0$)为

$$C_f(x,y) = \frac{Q}{\sqrt{2\pi}\bar{u}h_f\delta_{yf}}$$

若逆温消退到高度 h_f，恰好等于烟流的上边源时，烟流全部向下垂直混合，使地面浓度达到极大值，其地面浓度公式为

$$C_f(x,y) = \frac{Q}{\sqrt{2\pi}\bar{u}h_f\delta_{yf}}\exp\left(-\frac{y^2}{2\delta_{yf}^2}\right)$$

式中，$h_f = H + 2\delta_z$ (m)。

以上扩散模式只适用于逆温破坏到 $H+2\delta_z$ 以下的各高度时，当逆温层破坏到 $H+2.15\delta_z$ 以上时，整个烟流就位于不稳定的大气中，熏烟过程已不存在，故上述模式不能应用。

(四) 颗粒物模式

当颗粒污染物的粒径大于 15μm 时,则必须考虑其在大气中的沉降,即颗粒物受重力作用,烟羽中心轴向下倾斜,其地面浓度用烟羽倾斜模式计算。

$$C_p = \frac{(1-\alpha)Q}{2\pi \bar{u}\delta_y\delta_z}\exp\left[-\frac{y^2}{2\delta_y^2}-\frac{\left(V_g\dfrac{x}{\bar{u}}-H\right)^2}{2\delta_z^2}\right]$$

$$V_g = \frac{d^2\rho g}{18\mu}$$

式中, α ——尘粒的地面反射系数,其具体值见表 7-2;

V_g ——尘粒沉降速度,m/s;

g ——重力加速度;

d, ρ ——分别为尘粒的直径和密度;

μ ——空气动力黏性系数。

表 7-2 地面反射系数 α

项目	反射系数 x			
粒度范围/μm	15~30	31~47	48~75	76~100
平均粒径/μm	22	38	60	85
反射系数	0.8	0.5	0.3	0

二、模型参数的选择与计算

影响大气扩散最直接的因素是大气中的湍流运动,而大气稳定度对湍流运动的生长、发展有着至关重要的影响,是大气湍流运动强弱的一种标志,因此,大气稳定度是确定大气扩散参数的重要依据。

(一) 大气稳定度分级

当使用常规气象资料时,大气稳定度等级可采用修订的帕斯奎尔(Pasquill)稳定度分级法,分为强不稳定、不稳定、弱不稳定、中性、较稳定和稳定 6 级,它们分别表示为 A、B、C、D、E、F。确定等级时首先由云量与太阳高度角按表 7-3 查出太阳辐射等级数,再由太阳辐射等级数与地面风速按表 7-4 查找大气稳定度等级。

表 7-3 太阳辐射等级数

云量,十分制		夜间	太阳高度角			
			$h_0 \leq 15°$	$15° < h_0 \leq 35°$	$35° < h_0 \leq 65°$	$h_0 > 65°$
总云量/低云量	≤4/≤4	−2	−1	+1	+2	+3
	5~7/≤4	−1	0	+1	+2	+3
	≥8/≤4	−1	0	0	+1	+1
十分制云量	≥5/5~7	0	0	0	0	+1
	≥8/≥8	0	0	0	0	0

注:云量(全天空十分制)观测规则和中国气象局编订的《地面气象观测规范》相同。

表 7-4　大气稳定度等级

地面风速/(m/s)	太阳辐射等级数					
	+3	+2	+1	0	−1	−2
≤1.9	A	A～B	B	D	E	F
2～2.9	A～B	B	C	D	E	F
3～4.9	B	B～C	C	D	D	E
5～5.9	C	C～D	D	D	D	D
≥6	D	D	D	D	D	D

注：地面风速系指距地面 10m 高度处 10min 内的平均风速，如使用气象台(站)资料，其观测规则与中国气象局编订的《地面气象观测规范》相同。

太阳高度角 h_0 使用下式计算

$$h_0 = \arcsin\left[\sin\phi\sin\delta + \cos\phi\cos\delta\cos(15t - \lambda - 300)\right]$$

$$\delta = (0.006918 - 0.39912\cos\theta_0 + 0.070257\sin\theta_0 - 0.006758\cos2\theta_0$$

$$+ 0.000907\sin2\theta_0 - 0.002697\cos3\theta_0 + 0.001480\sin3\theta_0)\frac{180}{\pi}$$

式中，h_0——太阳高度角，deg；

ϕ——当地纬度，deg；

λ——当地经度，deg；

δ——太阳高度角，deg；

θ_0——$360d_n/365$，deg；

t——进行观测时的北京时间。

(二) 大气混合层高度的确定

当大气稳定度为 A、B、C 和 D 时，有

$$h = \frac{a_s U_{10}}{f}$$

大气稳定度为 E 和 F 时

$$h = b_s\left(\frac{U_{10}}{f}\right)^{1/2}$$

$$f = 2\Omega\sin\phi$$

式中，h——混合层厚度(E、F 时指近地层厚度)，m；

U_{10}——10m 高度处平均风速，m/s，大于 6m/s 时取 6m/s；

a_s、b_s——混合层系数，见表 7-5；

f——地转参数；

Ω——地转角速度，取为 7.29×10^5r/s；

ϕ——地理纬度，deg。

表 7-5　中国各地 a_s 和 b_s 的值

地区	a_s			b_s		
	A	B	C	D	E	F
新疆 西藏 青海	0.090	0.067	0.041	0.031	1.66	0.70
黑龙江 吉林 辽宁 内蒙古 北京 天津 河北 河南 山东 山西 陕西 宁夏 甘肃	0.073	0.060	0.041	0.019	1.66	0.70
上海 广东 广西 湖南 湖北 江苏 浙江 安徽 海南 台湾 福建 江西	0.056	0.029	0.020	0.012	1.66	0.70
云南 贵州 四川	0.073	0.048	0.031	0.022	1.66	0.70

三、判断影响后果重大性的方法

环境影响评价是人们在采取对环境有重大影响的行动之前，在充分调查研究的基础上，识别、预测和评价该行动可能带来的影响，按照社会经济发展与环境保护相协调的原则进行决策，并在行动之前制定出消除、减轻和监测负面影响的措施。所以环境影响评价的目的主要是预防开发行动(包括建设项目、区域性开发、立法议案、重大方针、战略性规划或行动)对环境可能产生的污染和破坏作用，为环境管理工作提供科学依据。

任何人的日常活动都会产生环境影响。国家或地方法规不可能要求任何行动都做环境影响评价，而只能规定可能造成重大环境影响的行动必须做环境影响评价，并进一步判断该行动是否可被接受。这里的环境影响重大性是指：①拟定行动就其性质而言是否属于会造成重大环境影响的；②该行动对环境资源的影响是否是重大的；③采取在费用–效益比上是合理的种种措施后，仍不能将影响消除和减轻到允许的水平。

判断一项开发行动对环境资源的影响是否重大的常用准则是：①国家和地方法规和条例中已明确是"重大的"环境影响，如对环境污染严重的项目或对区域有综合性环境影响的项目；②从事环境保护管理官员、环境管理与科技专家和(或)广大公众公认是重大的环境影响，这种公认的判断可以是一致的也可以是多数人认可的；③依据科学和技术知识或者对环境资源的关键性特征的判断认为是重大的影响，如将大中型开发项目建在稀有物种栖息地内或附近；④超过环境影响阈值的影响("环境影响阈值"指开发行动的环境影响或利用环境资源所容许的最大值、最小值或某一个数值范围，当超过此值或范围时就可认为其影响具有重大性)。

第四节　大气环境影响评价案例

一、某钢铁厂技改工程大气环境影响评价

某钢铁厂原生产钢材 15 万 t/a，现计划扩展其生产能力到 30 万 t/a。预计需完成转炉炼钢、电炉炼钢等系统的扩建和技术改造。其废气的排放量将增加，因而导致大气污染加重，所以进行该工程项目的大气环境影响评价。

(一) 工程概况及评价等级划分

该厂地处一大城市的东面，厂区距城区中心 7km，地形为河谷盆地，地质结构为风成黄土。气候属温带半干旱气候，干旱而寒冷，温差大，降水少，冬季较长。年平均气温 6～9℃。

技改工程的主要污染物每年 TSP 排放量为 4580t/a，SO_2 排放量为 1201t/a。根据以下公式划分评价等级：

$$P_i = Q_i / C_{0i}$$

式中，P_i——等标排放量，m^3/h；

　　　Q_i——单位时间排放量，应符合排放标准，t/h；

　　　C_{0i}——大气环境质量标准，mg/m^3，二级标准(GB 3095—1996)，小时浓度。

计算得评价等级为三级评价($P_{TSP}=1.3\times10^8$)，根据实际环境状况选定厂中心 6km × 5km 为评价范围。

(二) 工程分析和环境调查

电炉炼钢工艺流程为：钢铁料、合金料—熔化—氧化—扒渣—还原—浇铸。

在熔化、氧化、还原阶段均有废气外排，主要是烟尘、SO_2、CO、CO_2、氟化物等。

转炉炼钢工艺流程为矿石、石灰、铁水、氧气——转炉炼钢。

炼钢、炼铁阶段有废气外排，主要是烟尘、SO_2、CO 等。

现有废气污染源废气排放总量为 $14.43\times10^8m^3/a$，其中烟尘排放量为 5386t/a，SO_2 排放量为 707.17t/a，NO_x 排放量为 123t/a，CO 排放量为 638t/a。另据调查，主要污染物是烟尘、SO_2，主要污染源是转炉车间，其等标污染负荷分担率为 36%，其次是电炉车间分担率为 23%。

根据工程初步设计方案，计算得技改工程投产后，废气排放总量为 $31\times10^8Nm^3/a$，由于改造布袋除尘治理措施，烟尘排放量为 4580t/a(减少 15%)，SO_2 排放量为 1210t/a。

现状监测以转炉车间为中心东西向 3km，南北向各 2.5km 的范围布点，采用功能区与扇形布点相结合共设 7 个采样点，厂区 2 个，厂生活区 1 个，市区 3 个，对照点 1 个。评价采用上海大气指数，其数学模式为

$$I_上 = \sqrt{\left(\max\left|\frac{C_1}{S_1}, \frac{C_2}{S_2}, ..., \frac{C_k}{S_k}\right|\right)\times\frac{1}{k}\sum_{i=1}^{k}\frac{C_i}{S_i}} = \sqrt{I_{max}\times\overline{I}}$$

式中，C_i——第 i 种污染物的浓度，mg/m^3；

　　　S_i——第 i 种污染物的评价标准，mg/m^3；

　　　k——污染物种类数。

评价标准采用 GB 3095—1996 中的二级标准，并根据上海大气质量指数分级标准，评价区现状监测及评价结果见表 7-6。

表 7-6　现状监测情况及评价表

采样点	采样项目浓度/(mg/m³, 日平均)					评价指数 $I_上$	污染状况
	TSP	SO₂	NO_x	HF	CO		
1(对照点)	0.54	0.066	0.034	0.0065	1.52	0.78	轻污染
2(炼钢区)	1.34	0.083	0.069	0.0063	1.88	2.47	重污染
3(轧钢区)	0.96	0.072	0.058	0.0068	2.04	1.91	重污染

续表

| 采样点 | 采样项目浓度/(mg/m³，日平均) | | | | | 评价指数 $I_上$ | 污染状况 |
	TSP	SO₂	NOₓ	HF	CO		
4(生活区)	0.89	0.031	0.041	0.0062	1.64	1.7	中等污染
5(市区东)	0.71	0.065	0.05	0.0077	1.6	1.5	中等污染
6(市区北)	0.45	0.028	0.027	0.0057	1.2	0.96	轻污染
7(市区南)	0.74	0.084	0.057	0.0081	1.64	1.01	中等污染

从表 7-6 可见，炼钢区污染最重，生活区、城区基本为中等污染。根据 7 个采样点 5 种污染物单项质量指数值比较，它们造成大气污染程度的次序是：TSP、HF、NOₓ、SO₂。

(三) 环境影响预测

预测内容包括 1h 和日平均取样时间地面最大浓度和位置；不利气象条件下，评价区域内的浓度分布图及其出现频率；评价区年平均浓度分布图等。

根据评价大纲选择污染物排放量大的 TSP、SO₂ 为预测因子。

1. 评价区网格化

以炼钢车间为中心 5km×5km 见方面积，500m×500m 正方形为 1 个计算网格。

2. 气象参数的处理

根据气象资料归纳出评价区年、季、风向、风速、稳定度联合频率分布，见表 7-7。

表 7-7　评价区年风向、风速、稳定度联合频率分布表

风向 风速/(m/s)	稳定度	N	NNE	NE	…	NW	NNW	静风	降雨频率
≤1.5	A、B、C	0.37	0.33	0.96	…	0.30	0.56	12.61	
	D	0.32	0.15	0.29	…	0.26	0.13	16.62	
	E、F	0.22	0.15	0.59	…	0.07	0.22	39.55	
1.5~3.0	A、B、C	0.23	0.41	0.05	…	0.3	0.43	0	
	D	0.29	0.22	0.5	…	0.28	0.13	0	
	E、F	0.23	0.2	0.56	…	0.17	0.06	0	0.35
3.1~5.0	A、B、C	0.03	0.03	0.04	…	0.04	0.11	0	
	D	0.06	0.06	0.06	…	0.08	0.04	0	
	E、F	0.04	0.04	0.04	…	0.03	0	0	
>5.0	A、B、C	0.11	0.06	0.15	…	0.03	0	0	
	D	0.26	0.34	0.23	…	0.10	0.13	0	
	E、F	0.10	0.06	0.04	…	0	0	0	

另外，需收集全年不利(逆温)气象条件参数。污染源参数分类为将评价区内 30m 以下的源及无组织排放作为面源处理，30m 以上的排气筒按高架源处理。

3. 预测模型及方法

预测采用高斯模式：

(1) 扩散参数按有关规定选取。

(2) 有效源高的确定。面源按冷排放考虑，忽略热力抬升高度；高架源按热排放考虑，其有效排烟高度为

$$H_e = H + \Delta H$$

式中，H_e——有效源高，m；

　　　H——烟囱几何高度，m；

　　　ΔH——抬升高度，m。

抬升高度按国标 GB 3840—1991《制定地方大气污染物排放标准的技术原则和方法》中规定的模式计算。

4. 预测结果及评价

技改工程建成后的大气污染物浓度是，将短期浓度监测时的气象条件用于预测模型的计算，根据建设工程的污染源(转炉、电炉炼钢车间等)，计算出与现状监测相同条件下的预测浓度，再与监测点的现状监测数据叠加。得出监测点位置叠加后的浓度值。

评价需绘出的各种图有：主导风向下各大气稳定类型的大气环境质量状况短期预测分布图；月、季、年平均大气环境质量状况长期预测分布图；各大气稳定度类型下主要评价因子 TSP、SO_2 的最大落地浓度值和距离，以及季、年最大落地浓度的平均值和平均距离。

由以上计算可知，钢铁厂投产后，在评价区内各测点 SO_2 夏、冬季的日平均值低于"大气质量标准"二级标准限值，单项评价指数在 0.09～0.44。TSP 因技改工程改造烟尘治理措施，总排放量减少，日平均值在评价区内较监测时会降低 0.18～0.31mg/m³。因炼钢区本底超标，项目建成后此区 TSP 仍超标，但总的结果是评价区 TSP 污染将减轻。

二、环境影响评价工程师考试案例分析

【案例一】某玻璃企业拟在 A 市工业区新建一条 700t/d(420 万 t/a 质量箱)优质浮法玻璃生产线及一套 492 万 m²/a 的深加工玻璃线(包括钢化玻璃生产线、夹层玻璃生产线及中空玻璃生产线各一条)。浮法玻璃生产线产品主要为用于深加工的高档无色透明原片；深加工生产线产品主要是钢化玻璃、夹层玻璃及中空玻璃等。玻璃熔窑以天然气为燃料，并同步配套建设天然气配气系统。

浮法玻璃生产线所需要的原、辅材料主要有硅砂、白云石、石灰石、长石、纯碱、芒硝及包装木材；深加工生产线所需的主要原、辅材料为玻璃原片、液氮、PVB 胶布、分子筛及铝材。

【问题 1】运营期大气的环境影响预测应采用什么预测模式？主要预测内容包括什么？

【答】大气的环境影响预测应采用以下模式进行。

对于气态污染物如 SO_2、PM_{10}、NO_2 等，采用有风点源高斯模式；对于颗粒物 TSP，采用倾斜烟羽模式。

大气预测主要内容如下：

(1) 小时平均浓度预测：①最大落地浓度及出现位置预测；②小风、静风气象条件下各评

价点的小时平均浓度预测；③有风气象条件下小时平均地面轴线浓度分布。

(2) 日平均浓度预测：典型日气象条件下各评价点的日平均浓度预测。

(3) 年长期平均浓度预测。

【问题2】若在有风条件下采用大气预测模式进行预测，扩散参数如何提及？

【答】由于该玻璃企业拟建在 A 市工业区，根据《环境影响评价技术导则——大气环境》的要求，评价区为工业区、城区或丘陵地区时，A、B 级稳定度可直接由表查出，C、D、E、F 级稳定度需要向不稳定的方向提一级后再由表查算。

【问题3】分析该建设项目的主要污染因素。

【答】拟建工程施工期主要污染因素有厂区平整、基建等产生的粉尘、汽车尾气、废水、噪声、废渣(土)等。

拟建工程运营期主要污染因素有大气污染物(SO_2、NO_x、烟尘、粉尘等)、噪声、废水及固体废物(碎玻璃、废铝材、废耐火材料、废漆料及生活垃圾等)。

1) 大气污染因素分析

(1) 玻璃熔窑所用燃料为天然气，燃料生产的烟气中含有 SO_2、NO_x 和烟尘等主要污染物。

(2) 原料车间、各物料车间、原料破碎车间及物料运输产生的粉尘。

2) 废水污染因素分析

(1) 浮法玻璃生产线及其他深加工生产线产生的含 SS 的废水。

(2) 生活污水，污水中含有少量的 NH_3-N 和 BOD。

3) 噪声污染分析

各车间设备运转时会产生噪声污染，主要有原料车间、浮法联合车间、深加工车间及污水处理站等。

4) 固体废物污染分析

(1) 碎玻璃：生产过程中产生的碎玻璃，绝大部分作为熟料回收入窑，只有少量碎玻璃作为固体废物外排。

(2) 废耐火材料：熔窑冷修时拆下的废耐火砖及平时生产过程中熔窑热修更换下来的废耐火砖。

(3) 各类除尘设施捕集的不能回收的粉尘及水处理设施所产生的沉淀物。

(4) 生活垃圾等。

【问题4】本项目在施工期和运营期的主要评价因子有哪些？

【答】(1) 施工期主要污染因子有扬尘、噪声、固体废物。

(2) 运行期主要污染因子如下：

(a) 环境空气的评价因子：TSP、PM_{10}、SO_2。

(b) 声环境的评价因子：等效连续 A 声级。

(c) 水环境评价因子：SS、COD 及石油类等。

【问题5】请根据素材提供的相关资料，确定本项目环境风险物质识别及类型。

【答】本项目环境风险识别物质为液氨及天然气。

环境风险类型分为有毒有害物质泄漏和易燃易爆两种类型。

【案例二】某造纸公司拟新建年产 10 万吨高强瓦楞原纸工程。该工程位于该市规划的造纸和医药工业区，属平原地带，为环境功能二类区。该造纸厂产品定位于生产 A 级高强瓦楞原纸，达产后的规模为年生产 10.8 万吨 A 级高强瓦楞原纸，其中 A 级高强瓦楞原纸 102000t/a、箱板纸 6000t/a。造纸车间主要设备包括水力碎浆机、双盘磨、辅料制备系统、冲浆泵、压力筛、长网多缸造纸机、真空系统、三段通汽系统、水分定量控制系统、复卷机、链板自动输送线。公用工程包括 2 台 25t/h 燃气锅炉供热工程、供电工程、给排水工程(由该市自来水公司供水)以及绿化工程。工程总占地面积 40050m², 主要生产车间包括原料厂、造纸车间、废纸制浆车间、白水回收车间、污水处理站、锅炉房、10kV 开关站。本项目劳动定员 263 人，年工作 340 天，日工作时数 24h。生产废水和生活污水经自建污水处理站预处理后进入该市市政污水处理厂进行处理，最后达标排入小溪河，该河属于地表水 Ⅲ 类水体。

根据现场踏勘，其主要敏感保护目标有明星一组，居民 120 人，分布于厂址方向 WS300～400m，无其他各级野生保护动植物，也无文物古迹及其他特殊敏感区域。

【问题 1】请分析本项目的产业政策。

【答】根据中华人民共和国国家发展和改革委员会发布的《造纸产业发展政策》(2007 年第 71 号公告)规定：新建、扩建制浆项目单条生产线起始规模要求达到非木浆年产 5 万吨；新建、扩建造纸项目单条生产线箱纸板和白纸板年产 30 万吨，其他纸板项目年产 10 万吨。拟建项目年产 10 万吨高强瓦楞纸，生产规模符合《造纸产业政策》的要求，符合产业政策的要求。

【问题 2】根据下列提供的污染物排放量及评价标准，计算烟尘、SO_2 和 NO_x 的等标排放量，确定本项目的大气环境影响评价等级，并将计算结果填写到表7-8 中。

表 7-8　大气环境影响评价分级评定表(一)

项目	烟尘	SO_2	NO_x
污染物排放量 $Q/(t/h)$	0.00038	0.000019	0.00692
评价标准 $C_0/(mg/m^3)$	0.90	0.50	0.15
等标排放量 $P_i/(m^3/h)$			
评价等级			

【答】根据大气污染等级公式计算得到：

项目	烟尘	SO_2	NO_x
污染物排放量 $Q/(t/h)$	0.00038	0.000019	0.00692
评价标准 $C_0/(mg/m^3)$	0.90	0.50	0.15
等标排放量 $P_i/(m^3/h)$	$4.2×10^5$	$3.8×10^4$	$4.2×10^7$
评价等级		三级	

【问题 3】水环境质量现状调查与评价的主要内容有哪些？

【答】(1) 确定调查的水质因子，并结合该小溪河的特征污染因子。

(2) 搜集相关资料，调查当地的给排水规划，其中包括自来水的资料和污水处理厂的资料。

特别注意,该市污水处理厂对本项目的接纳能力。

(3) 调查当地的水文资料,包括地表水和地下水资料。

(4) 施工期和运营期的水环境排放源特征,预测影响并做出评价。

【问题 4】本项目运营期大气的环境影响预测因子有哪些? 应该采用何种模式进行预测? 主要预测内容包括哪些?

【答】(1) 本项目运营期大气的环境影响预测因子主要有锅炉的 SO_2 和 TSP。

(2) 预测模式:①正常工况下,对气态污染物 SO_2 采用点源高斯模式进行预测,对于 TSP 采用倾斜烟羽模式;②在非正常工况下,使用非正常预测模式。

(3) 大气的主要预测内容:

(a) 全年逐时或逐次小时气象条件下,环境空气保护目标、网格点处的地面浓度和评价范围内的最大小时地面浓度及出现位置,最大小时均浓度分布图(最大值),各关心点 1 小时最大落地浓度,以及可能出现超标浓度的概率和次数。

(b) 非正常排放情况下,全年逐时或逐次小时气象条件下,环境空气保护目标的最大地面小时浓度和评价范围内最大地面小时浓度。

(c) 长期气象条件下,环境空气保护目标、网格处的地面浓度和评价范围内最大年均地面浓度出现位置,各关心点年平均最大落地浓度值,年平均浓度分布图。

(d) 不利气象条件下,环境空气保护目标、网格处的地面浓度和评价范围内最大年均地面浓度出现位置,各关心点年平均最大落地浓度值,年平均浓度分布图以及可能出现的概率。

思　考　题

1. 简述大气环境影响评价的工作程序。

2. 如何划分大气环境影响评价的等级和评价范围?

3. 大气污染源的分类有哪些?

4. 大气污染源的调查与评价内容有哪些?

5. 某工厂的烟囱排气筒高度为 45m,平均排气筒的有效高度为 55m,排放 SO_2 污染物的强度为 $8 \times 10^4 g/s$,已知距地面 10m 处的风速为 5m/s,求大气稳定度为 D 级时正下风方向 300m 处的 SO_2 浓度。

6. 影响大气污染的主要因素有哪些?

7. 影响大气环境预测准确度的因素有哪些?

第八章　水环境影响评价

【内容摘要】　水环境影响评价是建设项目环境影响评价的主要内容之一，工作步骤一般为在准确全面的工程分析和充分的水环境状况调查的基础上，利用合理的数学模型对建设项目给地表水环境带来的影响进行计算、预测、分析和论证，给出环境影响的程度和范围，比较项目建设前后水体主要指标的变化情况，并结合当地的水环境功能区划，得出是否满足使用功能的结论，并进一步提出建设项目和区域主要污染物的控制和防治对策。

第一节　水环境评价程序与等级

水环境影响评价在理论上包括地下水环境影响评价和地表水环境影响评价，限于技术方法和地下水埋藏条件资料的缺乏，目前我国的建设项目环境影响评价一般只进行地表水环境影响评价，本章也主要讲述地表水环境影响评价。

一、评价工作程序

地表水环境影响评价的工作程序一般包括三个阶段。

第一阶段为前期准备阶段，具体内容为进行详细的工程分析，确定污染源强和特征污染物，选择确定预测因子，进行详细的环境现状调查，包括水文调查，必要时进行水文测量，调查纳污水体的功能区划，在预测范围内有无需特别注意的环境敏感目标，如取水口、居民区、学校、医院、党政机关集中办公区、文物保护单位、养殖场、鱼类的"三场"(越冬场、产卵场、索饵场)等，并根据这些情况查阅国家和地方关于设置排污口或排污要求的法律法规和标准，在纳污水体合适地方设置监测断面(点)进行水质监测，根据监测结果评价水质状况，对引起不达标的原因进行分析调查，在预测范围内进行污染源调查。根据纳污水体的类型(非感潮河流、感潮河流、湖泊、海域)、水文状况(流速、流量、河宽、河深、坡降、河床粗糙程度、弯曲程度、岛屿等)、排污条件(岸边排放、中心排放)及污染物类型(持久性污染物、非持久性污染物)等选择合理的预测模型及参数。

第二阶段为预测计算阶段，根据第一阶段的工作成果，选择合适的参数进行预测计算，成果以表或图的形式反映出来，应特别注意环境敏感目标处的预测结果。

第三阶段为分析评价阶段，对整个地表水环境影响评价得出结论，如果不能满足水体使用功能要求，应采取措施达到环境保护要求，如减小污染源强、改变排污口的位置或方式等。

具体的工作程序见图 8-1。

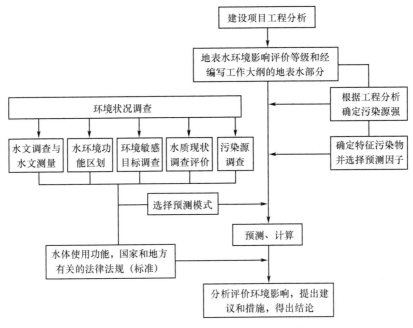

图 8-1　地表水环境影响评价工作程序

二、评价等级

地表水环境影响评价的工作等级划分为三个等级，一级评价项目要求最高，二级次之，三级最低，其划分的依据主要是项目排放的水量，废水复杂程度，废水中污染物迁移、转化和衰减变化特点以及纳污水体的规模、类型和使用功能要求。

《环境影响评价技术导则——地面水环境》(HJ/T 2.3—1993)中规定的地表水环境影响评价具体分级见表 8-1。

表 8-1　地表水环境影响评价分级判据

建设项目污水排放量 /(m³/d)	建设项目污水水质复杂程度	一级		二级		三级	
		地表水域规模（大小规模）	地表水水质要求（水质类别）	地表水域规模（大小规模）	地表水水质要求（水质类别）	地表水域规模（大小规模）	地表水水质要求（水质类别）
≥20000	复杂	大	Ⅰ～Ⅲ	大	Ⅳ、Ⅴ		
		中、小	Ⅰ～Ⅳ	中、小	Ⅴ		
	中等	大	Ⅰ～Ⅲ	大	Ⅳ、Ⅴ		
		中、小	Ⅰ～Ⅳ	中、小	Ⅴ		
	简单	大	Ⅰ、Ⅱ	大	Ⅲ～Ⅴ		
		中、小	Ⅰ～Ⅲ	中、小	Ⅳ、Ⅴ		
<20000 ≥10000	复杂	大	Ⅰ～Ⅲ	大	Ⅳ、Ⅴ		
		中、小	Ⅰ～Ⅳ	中、小	Ⅴ		
	中等	大	Ⅰ、Ⅱ	大	Ⅲ、Ⅳ	大	Ⅴ
		中、小	Ⅰ、Ⅱ	中、小	Ⅲ～Ⅴ		
	简单			大	Ⅰ～Ⅲ	大	Ⅳ、Ⅴ
		中、小	Ⅰ	中、小	Ⅱ～Ⅳ	中、小	Ⅴ

续表

建设项目污水排放量 /(m³/d)	建设项目污水水质复杂程度	一级		二级		三级	
		地表水域规模（大小规模）	地表水水质要求（水质类别）	地表水域规模（大小规模）	地表水水质要求（水质类别）	地表水域规模（大小规模）	地表水水质要求（水质类别）
＜10000 ≥5000	复杂	大、中	Ⅰ、Ⅱ	大、中	Ⅲ、Ⅳ	大、中	Ⅴ
		小	Ⅰ、Ⅱ	小	Ⅲ、Ⅳ	小	Ⅴ
	中等			大、中	Ⅰ～Ⅲ	大、中	Ⅳ、Ⅴ
		小	Ⅰ	小	Ⅱ～Ⅳ	小	Ⅴ
	简单			大、中	Ⅰ～Ⅲ	大、中	Ⅲ～Ⅴ
				小	Ⅰ～Ⅲ	小	Ⅳ、Ⅴ
＜5000 ≥1000	复杂			大、中	Ⅰ～Ⅲ	大、中	Ⅳ、Ⅴ
				小	Ⅱ～Ⅳ	小	Ⅴ
	中等			大、中	Ⅰ～Ⅲ	大、中	Ⅱ、Ⅲ
		小	Ⅰ	小	Ⅰ～Ⅲ	小	Ⅳ、Ⅴ
	简单					大、中	Ⅰ～Ⅳ
				小	Ⅰ	小	Ⅱ～Ⅴ
＜1000 ≥200	复杂					大、中	Ⅰ～Ⅳ
						小	Ⅰ～Ⅴ
	中等					大、中	Ⅰ～Ⅳ
						小	Ⅰ～Ⅴ
	简单					中、小	Ⅰ～Ⅳ

海湾环境影响评价的分级标准可参阅《环境影响评价技术导则——地面水环境》(HJ/T 2.3—1993)。

(一) 水质复杂程度划分

污水水质的复杂程度按污水中的污染物类型以及某类污染物中水质参数的多少划分为复杂、中等和简单三类。

根据污染物在水环境中输移、衰减特点以及它们的预测模式，将污染物分为四类：持久性污染物、非持久性污染物、酸和碱、热污染。

复杂：污染物类型数≥3，或者只含有两类污染物，但需预测其浓度的水质参数数目≥10；

中等：污染物类型数=2，且需预测其浓度的水质参数数目＜10；或者只含有一类污染物，但需预测其浓度的水质参数数目≥7；

简单：污染物类型数=1，需预测浓度的水质参数数目＜7。

(二) 水体规模的划分

河流与河口，按建设项目排污口附近河段的多年平均流量或平水期平均流量划分：

大河：≥150m³/s；

中河：15～150m³/s；

小河：<15m³/s。

湖泊和水库，按枯水期湖泊或水库的平均水深以及水面面积划分：

当平均水深≥10m 时：

大湖(库)：≥25km²；

中湖(库)：−25km²；

小湖(库)：<2.5km²。

当平均水深<10m 时：

大湖(库)：≥50km²；

中湖(库)：5～50km²；

小湖(库)：<5km²。

三、评价范围

建设项目地表水环境影响评价范围与地表水环境现状调查的范围相同或略小(特殊情况可略大)，确定环境现状调查范围(预测范围)的原则和要求如下。

(1) 环境现状调查的范围，应能包括建设项目对周围地表水水环境影响较显著的区域。在此区域内进行的调查，能全面说明与地表水环境相联系的环境基本状况，并能充分满足环境影响预测的要求。

(2) 在确定某项具体工程的地表水环境调查范围时，应尽量按照将来污染物排放后可能的达标范围，参考表 8-2、表 8-3 和表 8-4 并考虑评价等级高低(评价等级高时可取调查范围略大，反之可略小)后决定。

表 8-2　不同污水排放量时河流环境现状调查范围(排污口下游)参考表

污水排放量/(m³/d)	调查范围/km		
	大河	中河	小河
>50000	15～30	20～40	30～50
20000～50000	10～20	15～30	25～40
10000～20000	5～10	10～20	15～30
5000～10000	2～5	5～10	10～25
<5000	<3	<5	5～15

表 8-3　不同污水排放量时湖泊(水库)环境现状调查范围参考表

污水排放量/(m³/d)	调查范围	
	调查半径/km	调查面积/km²
>50000	4～7	25～80
20000～50000	2.5～4	10～25
10000～20000	1.5～2.5	3.5～10
5000～10000	1～1.5	2～3.5
<5000	≤1	≤2

注：调查面积为以排污口为圆心，以调查半径为半径的半圆面积。

表 8-4　不同污水排放量时海湾环境现状调查范围参考表

污水排放量/(m³/d)	调查范围	
	调查半径/km	调查面积/km²
＞50000	5～8	40～100
20000～50000	3～5	15～40
10000～20000	1.5～3	3.5～15
＜5000	≤1	≤3.5

注：调查面积为以排污口为圆心，以调查半径为半径的半圆面积。

第二节　水环境现状调查

进行水环境现状调查的目的是了解评价范围内的水环境质量是否满足水体功能使用要求，取得必要的背景资料，以此为基础进行计算预测，比较项目建设前后水质指标的变化情况。水环境现状调查应尽量利用现有数据，如资料不足时需进行实测。

一、水体污染源调查

为了充分说明问题，在调查范围内应进行现有污染源的调查。污染源分为两类：点污染源(简称点源)和非点污染源(简称非点源或面源)。

点源调查的方法以搜集现有资料为主，调查的详细程度应根据评价等级及其与建设项目的关系而确定，评价等级高且现有污染源与建设项目距离较近时应详细调查。调查的内容包括以下几方面。

(一) 点源的排放

排放口的平面位置(附污染源平面位置图)及排放方向；
排放口在断面上的位置；
排放形式：分散排放还是集中排放。

(二) 排放数据

根据现有的实测数据、统计报表以及各厂矿的工艺路线等选定的主要水质参数，并调查现有的排放量、排放速度、排放浓度及其变化等数据。

(三) 用排水状况

主要调查取水量、用水量、循环水量及排水量等。

(四) 厂矿企业、事业单位的污水处理情况

主要调查污水的处理设施、处理效率、处理能力及事故排放状况等。

非点源主要指生产废水或生活污水集中处理排放以外的其他污染源，如物料堆放引起的污染、农业面源污染(农药、化肥)、比较分散的没有处理设施的生活污水和大气沉降等。非点源的调查一般采用间接搜集资料的方法，基本上不实测。非点源调查的内容如下：

1. 概况

原料、燃料、废料、废弃物的堆放位置(即主要污染源,要求附污染源平面位置图)、堆放面积、堆放形式、堆放点的地面铺装及其保洁程度、堆放物的遮盖方式等。

2. 排放方式、排放去向与处理情况

应说明非点源污染物是有组织的汇集还是无组织的漫游,是集中后直接排放还是处理后排放,是单独排放还是与生产废水或生活污水共同排放等。

3. 排放数据

根据现有实测数据、统计报表以及根据引起非点源污染的原料、燃料、废料、废弃物的物理、化学、生物化学性质选定调查的主要水质参数,并调查有关排放季节、排放时期、排放量、排放深度及其变化等数据。

二、水质监测

水质监测所包括的项目有两类:一类是常规水质参数,它们能反映评价水体水质的一般状况,另一类是特征水质参数,它们能代表或反映建设项目建成投产后排放废水的性质。

常规水质参数以《地表水环境质量标准》(GB 3838—2002)中所提出的 pH、DO、OC、BOD_5、NH_3-N、挥发酚、石油类、氰化物、铜、锌、砷、汞、铬(六价)、总磷以及水温为基础,根据水域类别、评价等级、污染源状况适当删减。

特征水质参数应根据建设项目的特点、水域类别以及评价等级选定。不同行业的特征水质参数可参阅《环境影响评价技术导则——地面水环境》(HJ/T 2.3—1993)的相关规定。

当受纳水体的环境保护要求较高(如自然保护区、饮用水源保护区、珍贵水生生物保护区、经济鱼类养殖区等),且评价等级为一、二级时,应考虑调查水生生物和底泥,调查项目可根据具体工作要求确定,或从下列项目中选择部分内容:

(1) 水生生物方面:浮游动植物、藻类、底栖无脊椎动物的种类和数量、水生生物群落结构等。

(2) 底泥方面:主要调查与拟建工程排水性质有关的易积累的污染物。

三、地表水体布设水质监测断面及取样点的原则与方法

(一) 河流监测断面的布设原则

在调查范围的两端应布设监测断面,调查范围内重点保护水域、重点保护对象附近水域应布设监测断面,水文特征突然变化处(如支流汇入处等)、水质急剧变化处(如污水排入处等)、重点水工构筑物(如取水口、桥梁涵洞等)附近、水文站附近等应布设监测断面。

在拟建排污口上游 500m 处应设一个监测断面。

(二) 取样点的布设

1. 取样垂线的确定

当河流断面形状为矩形或相近于矩形时,可按下列原则布设。

(1) 小河：在取样断面的主流线上设一条取样垂线。

(2) 大、中河：河宽小于 50m 的，在监测断面上各距岸边三分之一水面宽处，设一条取样垂线(垂线应设在有较明显水流处)，共设两条取样垂线；河宽大于 50m 的，在监测断面的主流线上及距离两岸不少于 0.5m 并有明显水流的地方，各设一条取样垂线，共设三条取样垂线。

(3) 特大河(如长江、黄河、珠江等)：由于河流过宽，监测断面上的取样垂线应适当增加，而且主流线两侧的垂线不必相等，拟设置排污口一侧可以多一些。

如断面形状十分不规则时，应结合主流线的位置，适当调整取样垂线的位置和数目。

2. 垂线上取样水深的确定

在一条垂线上，水深大于 5m 时，在水面下 0.5m 水深处及在距河底 0.5m 处，各取样一个；水深为 1~5m 时，只在水面下 0.5m 处取一个样；在水深不足 1m 时，取样点距水面不应小于 0.3m，距河底也不应小于 0.3m。对于三级评价的小河不论河水深浅，只在一条垂线上一个点取一个样，一般情况下取样点应在水面下 0.5m 处，距河底不应小于 0.3m。

3. 水样的对待

(1) 三级评价：需要预测混合过程段水质的场合，每次应将该段内各监测断面中每条垂线上的水样混合成一个水样。其他情况每个监测断面每次只取一个混合水样，即在该断面上，各处所取的水样混匀成一个水样。

(2) 二级评价：同三级评价。

(3) 一级评价：每个取样点的水样均应分析，不取混合样。

河口、湖泊、海湾等地表水体及各类水体监测频次见《环境影响评价技术导则——地面水环境》(HJ/T 2.3—1993)的相关规定。

第三节　水环境影响预测与评价

一、预测工作的准备

(一) 预测条件

1. 预测范围

地表水预测范围一般与已确定的评价范围一致。

2. 预测点

为了全面地反映拟建项目对该范围内地表水的环境影响，一般应选以下地点为预测点：已确定的敏感点；环境现状监测点(以利于进行对比)；水文特征和水质突变处的上下游、水源地、重要水工建筑物及水文站；在混合过程段，应设若干预测点；在排污口下游附近可能出现局部超标，为了预测超标范围，应自排污口起由密而疏地布设若干预测点，直到达标为止；预测混合段和超标范围段的预测点可以互用。

3. 预测时期

地表水预测时期为丰水期、平水期和枯水期三个时期。一般来说，枯水期河水自净能力最小，平水期居中，丰水期最大。但不少水域因非点源污染可能使丰水期的稀释能力变小。冰封期是北方河流特有的现象，此时的自净能力最小。因此对一、二级评价应预测自净能力最小和一般的两个时期环境影响。对于冰封期较长的水域，当其功能为生活饮用水、食品工业用水水源或渔业用水时，还应预测冰封期的环境影响。三级评价或评价时间较短的二级评价可只预测自净能力最小时期的环境影响。

4. 预测阶段

一般分建设过程、生产运行和服务期满后三个阶段。所有建设项目均应预测生产运行阶段对地表水体的影响，并按正常排污和不正常排污(包括事故)两种情况进行预测。对于建设过程超过一年的大型建设项目，如产生流失物较多且受纳水体对水质级别要求较高(在Ⅲ类以上)时，应进行建设阶段环境影响预测。个别建设项目还应根据其性质、评价等级、水环境特点以及当地的环境保护要求，预测服务期满后对水体的环境影响(如矿山开发、垃圾填埋场等)。

(二) 预测方法的选择

预测建设项目对水环境的影响应尽量利用成熟、简便并能满足评价精度和深度要求的方法。

1. 定性分析法

定性分析法分为专业判断法和类比调查法两种。

(1) 专业判断法根据专家经验推断建设项目对水环境的影响，运用专家判断法、激智法、幕景分析法和德尔斐法等，有助于更好地发挥专家专长和经验。

(2) 类比调查法是参照现有类似工程对水体的影响，预测拟建项目对水环境的影响。本法要求拟建项目和现有类似工程在污染物来源、性质方面相似，并在数量上有比例关系。但实际的工程条件和水环境条件往往与拟建项目有较大差异，因此类比调查法给出的是拟建项目影响大小的估值范围。

定性分析法具有省时、省力、耗资少等优点，并且在某种条件下也可给出明确的结论。定性分析法主要用于三级和部分二级的评价项目及对水体影响较小的水质参数，或解决目前尚无法取得必需的数据而难以应用数学模型预测等问题。

2. 定量预测法

定量预测法指应用数学模型进行计算预测，是地表水环境影响预测最常用的方法。

二、影响预测模型

(一) 河流水质模型

河流是沿地表的线形低凹部分集中的经常性或周期性水流。较大的称为河(或江)，较小的称为溪。河口是河流注入海洋、湖泊或其他河流的河段，可以分为入海口、入湖口及支流河口。河口的水文特性及形态变化与河流及其所注入水体条件有关。

应用水质模型预测河流水质时，常假设该河段内无支流，在预测时期内河段的水力条件是稳态的且只在河流的起点有恒定浓度和流量的废水(或污染物)排入。如果在河段内有支流汇入，而且沿河段有多个污染源，这时应将河流划分为多个河段，采用多河段模型。

从理论上说，污染物在水体中的迁移、转化过程要用三维水质模型预测描述。但是，实际应用的是一维和二维模型。一维模型常用于污染物浓度在断面上比较均匀分布的中小型河流水质预测；二维模型常用于污染物浓度在垂向比较均匀，而在纵向(X轴)和横向(Y轴)分布不均匀的大河。对于小型湖泊还可以采用更简化的零维模型，即在该水体内污染物浓度是均匀分布的。

1. 完全混合模型

一股废水排入河流后能与河水迅速完全混合，则混合后的污染物浓度(ρ_0)为

$$\rho_0 = \frac{Q\rho_1 + q\rho_2}{Q + q}$$

式中，Q——河流的流量，m^3/s；

　　ρ_1——排污口上游河流中的污染物浓度，mg/L；

　　q——排入河流的废水流量，m^3/s；

　　ρ_2——废水中的污染物浓度，mg/L。

在完全混合段，持久性污染物的预测均应采用完全混合模型。

2. 一维模型

在河流的流量和其他水文条件不变的稳态条件下，可以采用一维模型进行污染物浓度预测。对于一般条件下的河流，推流形成的污染物迁移作用要比弥散作用大得多，在稳态条件下，弥散作用可以忽略，则有

$$\rho = \rho_0 \exp(-\frac{Kx}{u_x})$$

式中，u_x——河流的平均流速，m/s；

　　K——污染物的衰减系数，$1/d$ 或 $1/s$；

　　x——河水从排放口向下游流经的距离，m。

当污染物排入小型河流中，可认为混合过程瞬间完成，非持久性污染物的预测计算可采用一维模型。

3. 污染物与河水完全混合所需距离

污染物从排污口排出后要与河水完全混合需一定的纵向距离，这段距离称为混合过程段，其长度为x。

当某一断面上任意点的浓度与断面平均浓度之比为 0.95~1.05 时，称该段面已达到横向混合，由排放点至完成横向断面混合的距离称为完成横向混合所需的距离。一般混合段长度可由下式进行估算：

$$l = \frac{(0.4B - 0.6a)Bu}{(0.058H + 0.065B)(gHI)^{1/2}}$$

式中，B——河流宽度，m；

$\quad\quad a$——排放口到岸边的距离，m；

$\quad\quad u$——河流段面平均流速，m/s；

$\quad\quad H$——平均水深，m；

$\quad\quad I$——河流底坡，m/m；

$\quad\quad g$——重力加速度，m/s^2，取 9.81。

4. 二维稳态混合模式

当受纳河流较大，断面宽深比≥20，污染物进入河流后会形成一个明显的污染带，应选用二维稳态混合模式进行预测计算。

持久性污染物岸边排放时，有

$$c(x,y) = c_{\mathrm{h}} + \frac{c_{\mathrm{p}}Q_{\mathrm{p}}}{H(\pi M_y x u)^{1/2}} \left\{ \exp\left(-\frac{uy^2}{4M_y x} \right) + \exp\left[-\frac{u(2B-y)^2}{4M_y x} \right] \right\}$$

持久性污染物非岸边排放时，有

$$c(x,y) = c_{\mathrm{h}} + \frac{c_{\mathrm{p}}Q_{\mathrm{p}}}{2H(\pi M_y x u)^{1/2}} \left\{ \exp\left(-\frac{uy^2}{4M_y x} \right) + \exp\left[-\frac{u(2a+y)^2}{4M_y x} \right] + \exp\left[-\frac{u(2B-2a-y)^2}{4M_y x} \right] \right\}$$

式中，c——河流中污染物预测浓度，mg/L；

$\quad\quad c_{\mathrm{h}}$——河流上游污染物浓度，mg/L；

$\quad\quad c_{\mathrm{p}}$——污染物排放浓度，mg/L；

$\quad\quad Q_{\mathrm{p}}$——污水排放量，m^3/s；

$\quad\quad H$——水深，m；

$\quad\quad x, y$——预测点的位置，m；

$\quad\quad u$——河水的平均流速，m/s；

$\quad\quad B$——河道宽度，m；

$\quad\quad M_y$——横向混合系数，m^2/s，有 $M_y = \alpha u^* H = 0.284$，$\alpha$ 为综合系数，一般取 0.58，u^* 为摩阻流速，$u^* = \sqrt{HgI}$，g 为重力加速度，g=9.81m/s^2，I 为水力坡降；

$\quad\quad a$——排放口距岸边距离，m。

5. 二维稳态混合衰减模式

对于非持久性污染物(如有机物、氨氮等)，在考虑混合过程的同时，还需要考虑衰减的因素，预测模型如下：

岸边排放时，有

$$c(x,y) = \exp\left(-K_1 \frac{x}{86400u} \right) \left\{ c_{\mathrm{h}} + \frac{c_{\mathrm{p}}Q_{\mathrm{p}}}{H\sqrt{\pi M_y x u}} \left[\exp\left(-\frac{uy^2}{4M_y x} \right) + \exp\left(-\frac{u(2B-y)^2}{4M_y x} \right) \right] \right\}$$

式中，c——河流中污染物预测浓度，mg/L；

c_h——河流上游污染物浓度，mg/L；

c_p——污染物排放浓度，mg/L；

Q_p——污水排放量，m³/s；

H——水深，m；

x, y——预测点的位置，m；

u——河水的平均流速，m/s；

B——河道宽度，m；

M_y——横向混合系数，m²/s，有 $M_y = \alpha u^* H = 0.284$，$\alpha$ 为综合系数，一般取 0.58，u^* 为摩阻流速，$u^* = \sqrt{HgI}$，g 为重力加速度，$g=9.81$m/s²，I 为水力坡降；

K_1——污染物的一级降解速率常数，1/d。

非岸边排放时，有

$$c(x, y) = \exp\left(-K_1 \frac{x}{86400u}\right)\left\{C_h + \frac{c_p Q_p}{2H\sqrt{\pi M_y x u}}\left[\exp\left(-\frac{uy^2}{4M_y x}\right) + \exp\left(-\frac{u(2a+y)^2}{4M_y x}\right)\right.\right.$$

$$\left.\left. + \exp\left(-\frac{u(2B-2a-y)^2}{4M_y x}\right)\right]\right\}$$

式中，a——排放口距岸边距离，m；

其他符号意义同前。

(二) 河口水质模型

河口是入海河流受潮汐作用影响明显的河段。潮汐对河口水质具有双重影响。一方面，由海潮带来的大量的溶解氧，与上游下泄的水流相汇，形成强烈的混合作用，使污染物的分布趋于均匀；另一方面，由于潮流的顶托作用，延长了污染物在河口的停留时间，有机物的降解会进一步消耗水中的溶解氧，使水质下降。此外，潮汐也可使河口的含盐量增加。

河口模型比河流模型复杂，求解也比较困难。对河口水质有重大影响的评价项目，需要预测污染物浓度随时间的变化。这时应采用水力学中的非恒定流的数值模型，以差分法计算流场，再采用动态水质模型，预测河口任意时刻的水质。当排放口的废水能在断面上与河水迅速充分混合，则也可用一维非恒定流数值模型计算流场，再用一维动态水质模型预测任意时刻的水质。对河口水质有重大影响，但只需预测污染在一个潮汐周期内的平均浓度，这时可以用一维潮周平均模型预测。其计算方法如下：

$$E_x \frac{d}{dx}\left(\frac{d\rho}{dx}\right) - \frac{d}{dx}(u_x \rho) + r + s = 0$$

式中，r——污染物的衰减速率，$g/(m^3 \cdot d)$；

s——系统外输入污染物的速率，$g/(m^3 \cdot d)$；

u_x——不考虑潮汐作用，由上游来水(净泄量)产生的流速，m/s；

E_x——污染物横向扩散系数，m^2/s。

假定 $s = 0$ 和 $r = -K_1 \cdot \rho$，解得

对排放点上游($x < 0$)

$$\frac{\rho}{\rho_0} = \exp(j_1, x)$$

对排放点下游$(x>0)$

$$\frac{\rho}{\rho_0} = \exp(j_2, x)$$

其中

$$j_1 = \frac{u_x}{2E_x}\left(1 + \sqrt{1 + \frac{4K_1 E_x}{u_x^2}}\right)$$

$$j_2 = \frac{u_x}{2E_x}\left(1 - \sqrt{1 + \frac{4K_1 E_x}{u_x^2}}\right)$$

ρ_0 是 $x=0$ 处的污染物浓度，可以用下式计算：

$$\rho_0 = \frac{W}{Q \cdot \sqrt{1 + \frac{4K_1 E_x}{u_x^2}}}$$

式中，W——单位时间内排放的污染物质量，g;

Q——河口上游来的平均流量净泄量，m^3/d。

关于河口水质模型的其他详细情况，请参阅有关专著或《环境影响评价技术导则——地面水环境》(HJ/T 2.3—1993)。

我国南方河口地区的冲积平原上常形成河网，这些地区的河网流态受潮汐影响变化多端，有的地区河网上建有许多水闸、船闸和防潮闸等，使河网流态受自然水文因素和人工调节的双重作用。要模拟和预测河网的水质非常复杂，虽然已有几种理论计算模型，但实际应用性和可操作性较差。一般的计算原则是将环状河网中过水量很小的河流忽略，将环状河网简化为树枝状河网，然后采用水力学模型和水质模型耦合的计算模型进行动态模拟。

(三) 湖泊(水库)水质模型

湖泊是天然形成的，水库是出于发电、蓄洪、航运、灌溉等目的拦河筑坝人工形成的，它们的水流状况类似。绝大部分湖泊(水库)水域开阔，水流状态分为前进和振动两类，前者指湖流和混合作用，后者指波动和波漾。

1. 完全混合模型

完全混合模型属箱式模型，也称沃兰伟德(Vollenwelder)模型。

对于停留时间很长，水质基本处于稳定状态的中小型湖泊和水库，可以简化为一个均匀混合的水体。沃兰伟德假定，湖泊中某种营养物的浓度随时间的变化率，是输入、输出和在湖泊内沉积的该种营养物量的函数，可以用质量平衡方程表示：

$$V\frac{\mathrm{d}\rho}{\mathrm{d}t} = \overline{W_0} - Q \cdot \rho - K_1 \rho \cdot V$$

式中，V——湖泊(水库)的容积，m^3；

ρ——污染物或水质参数的浓度，mg/L；

$\overline{W_0}$——污染物或水质参数的平均排入量，mg/s；

t——时间，s；

Q——出入湖、库流量，m^3/s；

K_1——污染物或水质参数浓度衰减速率系数，$1/s$。

积分可得

$$\rho_t = \frac{\phi}{Q+K_1V}\left\{\frac{\overline{W}}{\phi} - \exp\left[-\left(\frac{Q}{V}+K_1\right)\cdot t\right]\right\}$$

其中

$$\overline{W} = \overline{W_0} + \rho_p \cdot q$$

式中，$\overline{W_0}$——现有污染物排入量，mg/s；

ρ_p——拟建项目废水中污染物浓度，mg/L；

q——废水排放量，m^3/s。

$$\phi = \overline{W} - (Q+K_1V)\rho_0$$

式中，ρ_0——湖、库中污染物起始浓度，mg/L。则

$$\rho_t = \frac{\overline{W}}{\alpha V}(1-e^{-\alpha t}) + \rho_0 e^{-\alpha t}$$

$$\alpha = \frac{Q}{V} + K_1$$

对于持久性污染物，$K_1=0$，则

$$\alpha = \frac{Q}{V}$$

当时间足够长，湖中污染物(营养物)浓度达到平衡时，$\dfrac{d\rho_0}{dt}=0$。则平衡时浓度为

$$\rho_e = \frac{\overline{W}}{\alpha V}$$

设 $\rho_t / \rho_p = \beta$，则湖中污染物达到一指定 ρ_t 所需的时间为

$$t_\beta = \frac{V}{Q+K_1V}\ln(1-\beta)$$

当无污染物输入($W=0$)时浓度随时间变化为

$$\rho_t = \rho_0 e^{-(Q/V+K_1)} = \rho_0 e^{-\alpha t}$$

此时，可求出污染物(营养物)浓度达到初始浓度之比为 δ 即 $\rho_t / \rho_0 = \delta$ 时，所需时间为

$$t_\delta = \frac{1}{\alpha}\ln\frac{1}{\delta}$$

2. 卡拉乌舍夫扩散模型

水域宽阔的大湖，当其污染来自沿湖厂矿或入湖河道时，污染往往出现在入湖口附近水域，此时应考虑废水在湖中的稀释扩散现象。假设污染物在湖中呈圆锥形扩散，则采用极坐标表示较为方便。根据湖水中的移流和扩散过程，用质量平衡原理可得

$$\frac{\vartheta\rho_r}{\vartheta t} = \left(E - \frac{q}{\phi \cdot H}\right)\frac{1}{r}\frac{\vartheta\rho_r}{\vartheta r} + E\frac{\vartheta^2\rho_t}{\vartheta r^2}$$

式中，q——排入湖中的废水量，m^3/s；

　　r——湖内某计算点离排出口距离，m；

　　E——径向湍流混合系数，m^2/s；

　　ρ_r——所求计算点的污染物浓度，mg/L；

　　H——废水扩散区污染物平均水深，m；

　　ϕ——废水在湖中的扩散角(由排放口处地形确定，如在开阔、平直和与岸垂直时，$\phi=180°$，而在湖心排放时，$\phi=360°$)。

第四节　水环境影响评价案例

一、水环境影响评价实际案例

某硫酸厂项目拟选址于某条大河边上，项目建成投产后排放生产废水为19.01万t/a，生产废水中污染物主要是pH、SS、氟化物、砷及微量重金属，其中比较敏感的污染物是氟化物和砷。因此，运营期对地表水环境的影响预测主要是预测项目废水正常排放和事故排放时，纳污河段中氟化物和砷的浓度分布。

(一) 预测因子

根据工程分析，结合所排废水的特征污染物，确定地表水环境影响的预测因子为氟化物和砷。

(二) 源强确定

根据《环境影响评价技术导则》，废水的排放分为正常排放和事故排放两种情况，达标排放即正常排放，事故排放是指当废水处理系统不能运行或完全失去作用，废水直接排放。根据工程分析结果，废水产生和排放源强见表8-5。

表8-5　生产废水的污染源强

排放类型 污染物种类	正常排放		事故排放	
	排放浓度/(mg/L)	排放源强/(t/a)	排放浓度/(mg/L)	排放源强/(t/a)
氟化物	10	1.90	41.7	7.93
砷	0.5	0.095	17.5	3.33

(三) 纳污水体水文条件

纳污河段为一库区范围，考虑枯水期水文条件，库区设计最低水位(33.5m)，下泄流量为控制下泄流量($70m^3/s$)，平均河宽300m，平均水深3m。

(四) 预测模式

该库区属于典型的狭长湖泊，不存在大面积回流区和死水区且流速较快,停留时间较短。

可以简化为河流，河流的断面宽深比≥20，属宽浅河道，可以认为水中物质在垂直方向的扩散是瞬间完成的，垂向浓度分布均匀。污水进入水体后会产生一个污染带，对于混合过程段，采用《环境影响评价技术导则　地面水环境》(HJ/T 2.3—1993)推荐的二维稳态混合模式预测计算混合过程段以内的断面平均水质，计算模式如下：

$$l = \frac{(0.4B - 0.6a)Bu}{(0.058H + 0.065B)(gHI)^{1/2}}$$

式中，B——河流宽度，m；

　　　a——排放口到岸边的距离，m；

　　　u——河流段面平均流速，m/s；

　　　H——平均水深，m；

　　　I——河流底坡，m/m；

　　　g——重力加速度，m/s²，取 9.81。

　　根据上述公式计算出混合过程段长度为543m。

　　氟化物和总砷(均为持久性污染物)的预测采用二维稳态混合模式，其公式如下：

$$c(x, y) = c_h + \frac{c_p Q_p}{H\sqrt{\pi M_y x u}} \left[\exp\left(-\frac{uy^2}{4M_y x} \right) + \exp\left(-\frac{u(2B - y)^2}{4M_y x} \right) \right]$$

式中，c——河流中污染物预测浓度，mg/L；

　　　c_h——河流上游污染物浓度，mg/L；

　　　c_p——污染物排放浓度，mg/L；

　　　Q_p——污水排放量，m³/s；

　　　H——水深，m；

　　　x, y——预测点的位置，m；

　　　u——河水的平均流速，m/s；

　　　B——河道宽度，m；

　　　M_y——横向混合系数，m²/s，有如下规律：$M_y = \alpha u^* H = 0.48$。

　　完全混合段采用完全混合模式：

$$c = \frac{c_p Q_p + c_h Q_h}{Q_p + Q_h}$$

式中，c——混合后污染物的浓度，mg/L；

　　　c_p——外排污水中污染物的浓度，mg/L；

　　　Q_p——外排污水的量，m³/s；

　　　c_h——河水中污染物的浓度，mg/L；

　　　Q_h——参与混合稀释的河水量，m³/s。

(五) 预测结果

　　对砷和氟化物的预测结果见表 8-6～表 8-9。

表 8-6　砷正常排放预测结果　　　　　（单位：mg/L；本底 0.012）

X/m＼Y/m	0	30	60	90	120	150	180	210	240	270	300
0	0.5	0.012	0.012	0.012	0.012	0.012	0.012	0.012	0.012	0.012	0.012
5	0.0179	0.0148	0.0123	0.012	0.012	0.012	0.012	0.012	0.012	0.012	0.012
10	0.0162	0.0149	0.013	0.0122	0.012	0.012	0.012	0.012	0.012	0.012	0.012
50	0.0139	0.0137	0.0134	0.013	0.0126	0.0123	0.0121	0.0121	0.012	0.012	0.012
100	0.0133	0.0133	0.0131	0.0129	0.0127	0.0125	0.0124	0.0122	0.0121	0.0121	0.0121
200	0.0129	0.0129	0.0129	0.0128	0.0127	0.0126	0.0125	0.0124	0.0124	0.0123	0.0123
500	0.0121	0.0121	0.0121	0.0121	0.0121	0.0121	0.0121	0.0121	0.0121	0.0121	0.0121
800	0.0121	0.0121	0.0121	0.0121	0.0121	0.0121	0.0121	0.0121	0.0121	0.0121	0.0121
1000	0.0121	0.0121	0.0121	0.0121	0.0121	0.0121	0.0121	0.0121	0.0121	0.0121	0.0121
1400	0.0121	0.0121	0.0121	0.0121	0.0121	0.0121	0.0121	0.0121	0.0121	0.0121	0.0121
1800	0.0121	0.0121	0.0121	0.0121	0.0121	0.0121	0.0121	0.0121	0.0121	0.0121	0.0121
2200	0.0121	0.0121	0.0121	0.0121	0.0121	0.0121	0.0121	0.0121	0.0121	0.0121	0.0121
2600	0.0121	0.0121	0.0121	0.0121	0.0121	0.0121	0.0121	0.0121	0.0121	0.0121	0.0121
3000	0.0121	0.0121	0.0121	0.0121	0.0121	0.0121	0.0121	0.0121	0.0121	0.0121	0.0121

表 8-7　砷事故排放预测结果　　　　　（单位：mg/L；本底 0.012）

X/m＼Y/m	0	30	60	90	120	150	180	210	240	270	300
0	17.5	0.012	0.012	0.012	0.012	0.012	0.012	0.012	0.012	0.012	0.012
5	0.2184	0.1111	0.023	0.0123	0.012	0.012	0.012	0.012	0.012	0.012	0.012
10	0.1579	0.1131	0.0456	0.0174	0.0124	0.012	0.012	0.012	0.012	0.012	0.012
50	0.0773	0.0727	0.0607	0.0457	0.0322	0.0224	0.0167	0.0138	0.0126	0.0122	0.0121
100	0.0582	0.0565	0.0519	0.0452	0.0377	0.0305	0.0244	0.0197	0.0166	0.0149	0.0144
200	0.0447	0.0441	0.0424	0.0398	0.0366	0.0332	0.0298	0.0268	0.0244	0.0229	0.0224
500	0.0337	0.0339	0.034	0.0338	0.0335	0.0331	0.0327	0.0324	0.0321	0.0319	0.0318
800	0.0137	0.0137	0.0137	0.0137	0.0137	0.0137	0.0137	0.0137	0.0137	0.0137	0.0137
1000	0.0137	0.0137	0.0137	0.0137	0.0137	0.0137	0.0137	0.0137	0.0137	0.0137	0.0137
1400	0.0137	0.0137	0.0137	0.0137	0.0137	0.0137	0.0137	0.0137	0.0137	0.0137	0.0137
1800	0.0137	0.0137	0.0137	0.0137	0.0137	0.0137	0.0137	0.0137	0.0137	0.0137	0.0137
2200	0.0137	0.0137	0.0137	0.0137	0.0137	0.0137	0.0137	0.0137	0.0137	0.0137	0.0137
2600	0.0137	0.0137	0.0137	0.0137	0.0137	0.0137	0.0137	0.0137	0.0137	0.0137	0.0137
3000	0.0137	0.0137	0.0137	0.0137	0.0137	0.0137	0.0137	0.0137	0.0137	0.0137	0.0137

表 8-8　氟化物正常排放预测结果　　　　　　　（单位：mg/L；本底 0.235）

X/m \ Y/m	0	30	60	90	120	150	180	210	240	270	300
0	10	0.235	0.235	0.235	0.235	0.235	0.235	0.235	0.235	0.235	0.235
5	0.3529	0.2916	0.2413	0.2352	0.235	0.235	0.235	0.235	0.235	0.235	0.235
10	0.3184	0.2928	0.2542	0.2381	0.2352	0.235	0.235	0.235	0.235	0.235	0.235
50	0.2723	0.2697	0.2628	0.2543	0.2465	0.241	0.2377	0.236	0.2353	0.2351	0.235
100	0.2614	0.2604	0.2578	0.254	0.2497	0.2455	0.2421	0.2394	0.2377	0.2367	0.2363
200	0.2537	0.2533	0.2524	0.2509	0.2491	0.2471	0.2451	0.2434	0.2421	0.2412	0.241
500	0.2474	0.2475	0.2475	0.2475	0.2473	0.2471	0.2469	0.2466	0.2465	0.2464	0.2463
800	0.2359	0.2359	0.2359	0.2359	0.2359	0.2359	0.2359	0.2359	0.2359	0.2359	0.2359
1000	0.2359	0.2359	0.2359	0.2359	0.2359	0.2359	0.2359	0.2359	0.2359	0.2359	0.2359
1400	0.2359	0.2359	0.2359	0.2359	0.2359	0.2359	0.2359	0.2359	0.2359	0.2359	0.2359
1800	0.2359	0.2359	0.2359	0.2359	0.2359	0.2359	0.2359	0.2359	0.2359	0.2359	0.2359
2200	0.2359	0.2359	0.2359	0.2359	0.2359	0.2359	0.2359	0.2359	0.2359	0.2359	0.2359
2600	0.2359	0.2359	0.2359	0.2359	0.2359	0.2359	0.2359	0.2359	0.2359	0.2359	0.2359
3000	0.2359	0.2359	0.2359	0.2359	0.2359	0.2359	0.2359	0.2359	0.2359	0.2359	0.2359

表 8-9　氟化物事故排放预测结果　　　　　　　（单位：mg/L；本底 0.235）

X/m \ Y/m	0	30	60	90	120	150	180	210	240	270	300
0	41.7	0.235	0.235	0.235	0.235	0.235	0.235	0.235	0.235	0.235	0.235
5	0.7268	0.4711	0.2611	0.2357	0.235	0.235	0.235	0.235	0.235	0.235	0.235
10	0.5828	0.476	0.3152	0.2478	0.236	0.235	0.235	0.235	0.235	0.235	0.235
50	0.3905	0.3795	0.351	0.3154	0.2831	0.2598	0.2461	0.2393	0.2364	0.2354	0.2352
100	0.345	0.341	0.33	0.3141	0.2962	0.279	0.2644	0.2534	0.2461	0.2419	0.2406
200	0.3128	0.3115	0.3075	0.3013	0.2937	0.2854	0.2773	0.2702	0.2646	0.2611	0.2598
500	0.2868	0.2873	0.2873	0.2869	0.2863	0.2854	0.2844	0.2836	0.2829	0.2824	0.2822
800	0.239	0.239	0.239	0.239	0.239	0.239	0.239	0.239	0.239	0.239	0.239
1000	0.239	0.239	0.239	0.239	0.239	0.239	0.239	0.239	0.239	0.239	0.239
1400	0.239	0.239	0.239	0.239	0.239	0.239	0.239	0.239	0.239	0.239	0.239
1800	0.239	0.239	0.239	0.239	0.239	0.239	0.239	0.239	0.239	0.239	0.239
2200	0.239	0.239	0.239	0.239	0.239	0.239	0.239	0.239	0.239	0.239	0.239
2600	0.239	0.239	0.239	0.239	0.239	0.239	0.239	0.239	0.239	0.239	0.239
3000	0.239	0.239	0.239	0.239	0.239	0.239	0.239	0.239	0.239	0.239	0.239

(六) 预测结果分析评价

1. 废水正常排放时的影响

废水处理达标排放时，砷在纳污河段中的最高浓度为 0.5mg/L，造成下游河段约 0.03m² 的水域超标，超标河段长 0.12m；完全混合后的浓度是 0.0121mg/L，增量为 0.001mg/L。氟化物在纳污河段中的最高浓度是 10mg/L(排放口)，造成约 0.02m² 的水域面积超标，超标河段长约 0.11m；完全混合后的浓度是 0.2359mg/L，增量是 0.0009mg/L。废水正常排放时，对纳污河段的影响很小。

2. 废水事故排放时的影响

废水未处理直接排放时，砷在纳污河段中的最高浓度为 17.5mg/L(排放口)，造成下游 150m 河段超标；完全混合后的浓度是 0.0137g/L，增量是 0.0017mg/L，没有超过水质标准。混合距离长度为 600m，对这一段水域有一定的影响。氟化物在纳污河段中的最高浓度是 41.7mg/L(排放口)，造成下游 4.5m 河段超标；完全混合后的浓度是 0.239mg/L，增量是 0.004mg/L。可见废水事故排放时将给纳污河段带来一定程度的污染，应尽量减少这种情况出现。

由上述可见，废水正常排放时，除了会造成排放口附近极小区域的污染以外，不会对纳污河段造成实质性影响。在项目排水口下游约 4000m 处有一个饮用水取水口，可供 15000 人的生活用水。根据预测结果，废水事故排放时取水口位置的砷和氟化物浓度分别小于 0.0137mg/L 和 0.239mg/L，均未超过标准值。废水处理达标排放时，取水口位置的砷和氟化物浓度分别小于 0.0121mg/L 和 0.2359mg/L，对饮用水源的影响不大。

二、环境影响评价工程师考试案例分析

【案例一】 某城市建设一座工程设计处理规模为 5 万 m^3/d 的污水处理厂，包括服务范围内的污水收集、输送及污水处理系统。采用 A^2/O 二级生物处理工艺+纤维转盘滤池深度处理，尾水中 30000t/d 作为中水，回用于某电厂，360t/d 回用于生产及绿化，19640t/d 排入附近的某小河，然后排入有更大稀释能力的大河。

本项目废气特征污染物为 NH_3 和 H_2S 等具恶臭的有害物，以无组织释放为主，拟建污水处理厂项目厂址周围均为空地、农田和林地。厂址西南侧 135km 处为某村，西侧 1800km 处为另一村，北侧 600km 为一铁路。

【问题1】本项目的环境现状调查与评价的主要内容是什么？

【答】(1) 根据本项目特点、可能产生的环境影响和该项目用地周围的环境特征选择调查要素。建设项目周围环境现状调查包括水环境调查、大气环境调查、声环境调查。评价结果影响使用期的环境保护措施和污染物的排放方式。例如，中水有一部分排入某小河，则需要调查小河的河流水质情况，如果此小河本来就是超标的，那么处理后的污水就不可以直接排入。

(2) 调查评价范围内的环境功能区划和主要的环境敏感区，收集评价范围内各例行监测点、断面或站位的近期环境监测资料或背景值调查资料，以环境功能区为主兼顾均布性和代表性布设现状监测点位。即详细说明项目周边的环境敏感点的位置、距离及其影响方式，施工期的环境保护措施。如果周边有文物保护单位，爆破、开挖等活动必须经过有关部门的审批。

(3) 分析工程占地性质，是否占用基本农田，建设用地的前期使用情况，即如果以前是重金属冶炼厂、农药厂等，要设置回顾性评价专题，进行土壤及地下水的监测分析；垃圾填埋场稳定后的土地不宜作为建设用地。

【问题2】本项目的施工期环境影响有哪些？

【答】从环境现状调查与评价考虑，确定环境敏感区域、敏感点与环境保护目标；根据项目特征判断主要的施工活动等，由此从主要环境要素角度考虑相应的施工内容对应的环境要素，并注意《中华人民共和国文物保护法》关于文物保护区控制范围内的环境管理规定。

施工期的环境影响因素包括废水、废气、废渣、噪声。如果污水处理厂不包括配套管网，

则项目施工期环境影响较小；如果污水处理厂包括配套网管，应对网管进行专题评价，其评价重点在施工期。配套管网施工期的环境影响因素如下：

废气：主要是扬尘和施工机械排放的尾气，包括土方开挖、堆放、回填造成的扬尘，运输车辆遗撒造成的扬尘，人来车往造成的道路烟尘。

噪声：施工机械和运输车辆产生的噪声。

废渣：土方开挖产生的渣土碎石；车辆运输过程中的物料损耗，如砂石、混凝土等；铺路修整阶段遗弃的废石料、灰渣、建材等。

水土流失：施工过程中大量土方开挖、破坏地表植被，在雨季可能造成水土流失。

社会环境影响：施工期对于交通的影响，有土方开挖阻断交通、物料运输增大车流量，工程施工对结构的影响。

【问题3】本项目的运营期环境影响有哪些？

【答】(1) 对受纳污水处理厂排水的河流水质的影响分析。①运转正常时，达标排放对河流水质的改善情况；②超负荷污水溢流和事故排水对河流水质的影响，影响程度通过模式计算分析。如果处理后污水用于农灌，分析农田环境因此得到的改善和受到的影响。

(2) 污泥处置和利用的影响分析。污水处理厂污泥的处置在我国以农田施用为主，包括以下两个方面：①污泥运输和干化的影响分析；②对农田和农作物的选择和影响分析。对污泥的养分、重金属含量进行类比分析，对受纳的农田土质、面积进行分析，最后得出是否可行的结论。

(3) 恶臭、含菌气溶胶对周边环境的影响分析。恶臭主要产生于曝气池、污水泵房、污泥脱水机房，含菌气溶胶主要产生于曝气池，可以用类比法、公式计算法分析，同时注意场内合理布局，提出污水处理厂的卫生防护距离。

(4) 锅炉烟气。

(5) 处理厂设备噪声。

【问题4】本项目的工程分析主要包括哪几部分的内容？

【答】(1) 项目概括：项目名称、建设地址及性质，建设规模及内容、工程投资、项目建设进度计划。

(2) 接纳污水水质水量调查分析：污水水量预测分析，接纳污水水质分析。

(3) 污水处理工艺选择。

(a) 处理工艺的选择原则。①处理工艺的选择：污水处理厂按三级处理设计，并考虑污水的再生回用；近、远期全面规划，更好地发挥投资效益；采用工艺成熟、设备先进、运行管理方便的设计方案；在保证出水水质标准的前提下，尽量减少投资和日常运行费用；②处理工艺的功能要求。

(b) 污水处理工艺总体方案。

(c) 二级生化处理工艺方案。

(d) 深度处理工艺方案。

(e) 污泥处置分析。

(f) 污水处理运行自动控制系。

【案例二】 某市拟建 15 万 m^3/d 的城市污水处理厂一座，收水范围为东城区全部废水，其中包括 40%工业废水，污水经过处理后排入某河。该河穿过该城市东部，市区段为景观用水功能，检测数据表明该河现状水质超标，并由于河流上游建供水水库，使该河水量减少，枯水期有断流现象。

根据设计文件，污水处理厂入水浓度为 BOD₅ 200mg/L，COD 350mg/L，SS 150mg/L，经过处理后浓度为 BOD₅ 20mg/L，COD 60mg/L，SS 30mg/L。污水处理厂污泥在浓缩池经过浓缩、脱水后，加石灰处理后交城市垃圾填埋场。污水处理厂西侧 300m 为居住区，北侧 250m 为一个工厂。

【问题1】建完污水处理厂后经市区的 S 河段能否实现功能指标？使其达标可采取的措施有哪些？

【答】不能，由于存在枯水期，排入的污水将会超标。可以采取以下措施：对污水进行进一步的处理；水库放水增加河水流量。

【问题2】从环境管理的角度分析污水处理厂污泥的优化处理、处置路径。

【答】可以进行焚烧、堆肥、发酵、厌氧消化等处理。

【问题3】根据污水处理厂的进出水污染物浓度计算 BOD 的去除率。

【答】
$$\frac{200-20}{200}\times100\%=90\%$$

【问题4】预测 BOD 在下游 20km 处的水质，需要知道的参数有哪些？

【答】需要知道污水厂的排放流量、浓度，排污口上游的水流量及流速，BOD 的降解速率等。

【问题5】若与公众参与，应公开的环境信息有哪些？

【答】污水处理的卫生状况以及对附近居民的影响，运转中的噪声以及对应措施，工程状况，水环境改善等。

思 考 题

1. 水环境评价参数有哪些？

2. 什么是水体污染和水体自净？污染物进入河流后，与河水是如何混合的？由哪几个阶段组成？其机理是什么？

3. 在一水库附近拟建一个工厂，投产后向水库排放废水 1500m³/d，水库设计库容为 8.5×10^6m³，入库地表径流为 8×10^4m³/d，当地政府规定该水库为 II 类水体。水库现状 BOD₅ 为 1.2mg/L。请计算该拟建工厂容许排放的 BOD₅。如果该工厂产出的废水中 BOD₅ 为 300mg/L，处理率应达到多少才能排放？应采取什么处理措施？

4. 有一条比较浅而窄的河流，有一段长 1km 的河段，稳定排放含酚废水 1.0m³/s，酚浓度为 200mg/L，河水流量为 9m³/s，上游河水中酚未检出，河水的平均流速为 40km/d，酚的衰减速率系数为 0.21/d，则河段出口处酚的浓度是多少？

5. 一条河流为 III 类水体，COD_Cr 基线浓度为 10mg/L。一个拟建项目排放废水后，将使 COD_Cr 提高到 13mg/L。当地的发展规划规定还将有两个拟建项目在附近兴建。按照水环境规划，该河段自净能力允许利用率为 0.6，当地环保部门是否应批准该拟建项目的废水排放？为什么？

第九章　声环境影响预测与评价

【内容摘要】　声环境评价主要是研究噪声对人们日常生活和社会活动产生的各种影响。噪声对人的危害和影响包括各个方面，噪声评价的目的是有效地提出适合于人们对噪声反应的主观评价量。本章首先介绍了声环境的基础知识、噪声的评价标准，并详细介绍噪声评价的一般性原则、方法、内容及要求，最后给出声环境影响评价案例。

第一节　噪声评价的物理基础

噪声本身也是声音，因此噪声的产生及物理性质是与通常提到的声音是一样的。

一、声音的物理量

(一) 声波、声源、声速、波长、频率(周期)

1. 声

声音由振动而产生。物体振动引起周围媒质的质点位移，媒质密度产生疏、密变化，这种变化的传播就是声波。它是弹性介质中传播的一种机械波。

2. 声速(C)

声波在弹性媒质中的传播速度，即振动在媒质中的传递速度，称为声速，单位为 m/s。

在任何媒质中，声速的大小只取决于媒质的弹性和密度，而与声源无关。如常温下，在空气中的声速为 345m/s；在钢板中的声速为 5000m/s。在空气中声速(C)与温度(t)间的关系为

$$C = 331.4 + 0.607t$$

3. 波长(λ)

一声波相邻的两个压缩层(或稀疏层)之间的距离称为波长，单位为 m。

4. 频率(f)、周期(T)

频率(f)：为每秒钟媒质质点振动的次数，单位为赫兹(Hz)。人耳能感觉到的声波频率为 20～20000Hz，低于 20Hz 的称为次声，高于 20000Hz 的称为超声。

周期(T)：波行经一个波长的距离所需要的时间，即质点每重复一次振动所需的时间就是周期，单位为秒(s)。

对正波来说，频率和周期互为倒数，即

$$T = \frac{1}{f} \qquad 或 \qquad f = \frac{1}{T}$$

频率(周期)、声波和波长三者之间的关系为

$$C = f\lambda \qquad 或 \qquad C = \frac{\lambda}{T}$$

(二) 声压、声强、声功率

1. 声压(P)

声压指当有声波存在时，媒质中的压强超过静止的压强值。声波通过媒质时引起媒质压强的变化(即瞬时压强减去静止压强)，变化的压强称为声压，单位为 Pa。

$$1Pa = 1N/m^2$$

描述声压可以用瞬时声压和有效声压等。瞬时声压是指某瞬时媒质中内部压强受到声波作用后的改变量，即单位面积的压力变化。瞬时声压的均方根值称为有效声压。通常所说(一般应用时)的声压即指有效声压，用 P 表示。

人耳能听到的最小声压，称为人耳的听阈，声压值为 $2 \times 10^{-5}Pa$，如蚊子飞过的声音。使人耳产生疼痛感觉的声压，称为人耳的痛阈，声压为 20Pa，如飞机发动机的噪声。

2. 声强(I)

声强指单位时间内声波通过垂直于声波传播方向单位面积的声能量，单位为 W/m^2。声压与声强有密切关系。在自由声场中，对于平面波和球面波某处的声强与该处声压的平方成正比，即

$$I = \frac{P^2}{\rho C}$$

式中，P——有效声压，Pa；

$\quad\quad\ \rho$——介质密度，kg/m^2；

$\quad\quad\ C$——声速，m/s。

3. 声功率(W)

声功率指声源在单位时间内向外发出的总声能，单位为 W 或μW。声功率与声强之间的关系为

$$I = \frac{W}{S}$$

二、环境噪声的评价量

(一) 声压级、声强级、声功率级

1. 声压级

声压从听阈到痛阈，即 $2 \times 10^{-5} \sim 20Pa$，声压的绝对值相差非常大，达 100 万倍。因此，用声压的绝对值表示声音的强弱是很不方便的。并且，人对声音响度的感觉是与声音强度的对数成比例的。为了方便起见，引进了声压比或者能量比的对数来表示声音的大小，这就是声压级。

声压级的单位是分贝(dB)，分贝是一个相对单位，将有效声压(P)与基准声压(P_0)的比，取

以 10 为底的对数，再乘以 20，就是声压级的分贝数，即

$$L_P = 20\lg\frac{P}{P_0}$$

式中，L_P——声压级，dB；

　　　　P——有效声压，Pa；

　　　　P_0——基准声压，即听阈，$P_0 = 2 \times 10^{-5}$Pa。

2. 声强级

$$L_I = 10\lg\frac{I}{I_0}$$

式中，L_I——声强级，dB；

　　　　I——声强，W/m^2；

　　　　I_0——基准声强，$I_0 = 10^{-12}$W/m^2。

3. 声功率级

$$L_W = 10\lg\frac{W}{W_0}$$

式中，L_W——声功率级，dB；

　　　　W——声功率，W；

　　　　W_0——基准声功率，$W_0 = 10^{-12}$W。

(二) A 声级、等效连续 A 声级、昼夜等效声级、统计噪声级、计权有效连续感觉噪声级

1. A 声级 (L_A)

环境噪声的度量，不仅与噪声的物理量有关，还与人对声音的主观听觉有关。人耳对声音的感觉不仅和声压级大小有关，而且和频率的高低有关。声压级相同而频率不同的声音，听起来不一样响，高频声音比低频声音响，这是人耳听觉特性所决定的。为了能用仪器直接测量出人的主观响度感觉，研究人员为测量噪声的仪器——声级计设计了一种特殊的滤波器，即 A 计权网络。通过 A 计权网络测得的噪声值更接近人的听觉，测得的声压级称为 A 计权声级，简称 A 声级。

声级也称计权声级，指声级计上以分贝表示的读数，即声场内某一点的声级。声级计读数相当于全部可听声范围内按规定的频率计权的积分时间而测得的声压级。通常有 A、B、C 和 D 计权声级。其中 A 声级是模拟人耳对 55dB 以下低强度噪声的频率特性而设计的，以 L_{PA} 或 L_A 表示，单位为 dB(A)。由于 A 声级能较好地反映出人们对噪声吵闹的主观感觉，因此，它几乎已成为一切噪声评价的基本值。

2. 等效连续 A 声级 (L_{eq})

A 声级用来评价稳态噪声具有明显的优点，但是在评价非稳态噪声时又有明显的不足。因此，人们提出了等效连续 A 声级(简称"等效声级")，即将某一段时间内连续暴露的不同 A

声级变化,用能量平均的方法以 A 声级表示该段时间内的噪声大小,单位为 dB(A)。

等效连续 A 声级的数学表示:

$$L_{eq} = 10 \lg \left(\frac{1}{T} \int_0^T 10^{0.1L_A(t)} dt \right)$$

式中,L_{eq}——在 T 段时间内的等效连续 A 声级,dB(A);

$L_A(t)$——t 时刻的瞬时 A 声级,dB(A);

T——连续取样的总时间,min。

进行实际噪声测量时采用的噪声测量方法,应根据噪声的实际情况而定。如果一日之内的声级变化较大,而每天的变化规律相同,则应选择有代表性的一天测量其等效连续 A 声级。若噪声级不但在日内变化,而且日间变化也较大,但却有周期性的变化规律,也可选择有代表性的一周测量其等效连续 A 声级。

由于噪声测量实际上是采取等间隔取样的,所以等效连续 A 声级又按下列公式计算:

$$L_{eq(A)} = 10 \lg \left(\frac{1}{N} \sum_{i=1}^N 10^{0.1L_i} \right)$$

式中,L_i——第 i 次读取的 A 声级,dB(A);

N——取样总数。

3. 昼夜等效声级(L_{dn})

昼夜等效声级是考虑了噪声在夜间对人影响更为严重,将夜间噪声另增加 10dB 加权处理后,用能量平均的方法得出 24h A 声级的平均值,单位为 dB(A)。

计算公式为

$$L_{dn} = 10 \lg \left[\frac{16 \times 10^{0.1L_d} + 8 \times 10^{0.1(L_n+10)}}{24} \right]$$

式中,L_d——昼间 T_d 各小时(一般昼间小时数取 16)的等效声级,dB(A);

L_n——夜间 T_n 各小时(一般夜间小时数取 8)的等效声级,dB(A)。

4. 统计噪声级(L_n)

统计噪声级是指在某点噪声级有较大波动时,用于描述该点噪声随时间变化状况的统计物理量。一般用 L_{10}、L_{50}、L_{90} 表示。

L_{10} 表示在取样时间内 10%的时间超过的噪声级,相当于噪声平均峰值。

L_{50} 表示在取样时间内 50%的时间超过的噪声级,相当于噪声平均中值。

L_{90} 表示在取样时间内 90%的时间超过的噪声级,相当于噪声平均底值。

其计算方法是:将测得的 100 个或 200 个数据按大小顺序排列,第 10 个数据或总数 200 个的第 20 个数据即为 L_{10},第 50 个数据或总数 200 个的第 100 个数据即为 L_{50},同理,第 90 个数据或第 180 个数据即为 L_{90}。

5. 计权有效连续感觉噪声级(L_{WECPN})

计权有效连续感觉噪声级是在有效感觉噪声级的基础上发展起来,是用于评价航空噪声的方法，其特点在于既考虑了在 24h 的时间内飞机通过某一固定点所产生的总噪声级，同时也考虑了不同时间内的飞机对周围环境所造成的影响。

一日计权有效连续感觉噪声级的计算公式如下：

$$\mathrm{WECPNL} = \overline{\mathrm{EPNL}} + 10\lg(N_1 + 3N_2 + 10N_3) - 40$$

式中，$\overline{\mathrm{EPNL}}$——N 次飞行的有效感觉噪声级的能量平均值，dB；

　　　　N_1——7～19 时的飞行次数；

　　　　N_2——19～22 时的飞行次数；

　　　　N_3——22～7 时的飞行次数。

第二节　噪声评价工作程序与等级

一、噪声环境影响评价工作程序

(一) 噪声环境影响评价程序

图 9-1 所示为噪声环境影响评价程序。

(二) 准备工作内容

从图 9-1 中可以看出，噪声环境影响评价工作包括许多环节，以方框及其内文字所示，各环节之间的联系以箭头表示。这些工作的完成，尚需很多前提性准备工作。其主要内容包括以下几方面：。

1. 项目概况与环境概况分析

(1) 项目概况分析：对于扩建、拟建厂矿企业类项目，应包括工程概况、主要声源的分析。其中应着重分析主要噪声源及其特性；厂区布局、车间建筑及外场构筑物的特征；年、月、日的运输量以及采用的交通工具类型、噪声特性、行驶过的道路和区域状况。

对于交通运输项目，则需了解运输量，使用的运输工具的种类、噪声特性及流量变化规律等。

(2) 环境概况分析：对于扩建、拟建工程项目，环境概况主要包括区内声学环境及其特点、噪声敏感点的分析。具体工作内容有：

(a) 确定评价工作范围。根据预测和评价的目的、要求，向拟建地区有关部门索取工程所在地区的地图，画出评价区域范围。还可以根据与该工程项目类型、规模相类似的工程进行类比分析，通过估算求得；

(b) 搜集历年来该区域噪声监测资料及居民对本区域噪声的反应、该区域内的主要噪声源及其特征；

(c) 拟建工程附近的地形特征、地面建筑物状况；

(d) 拟建工程附近的气候特征、主导风向、温度、湿度、逆温层出现等情况；

(e) 噪声敏感点；

(f) 拟建工程附近地区未来的区域经济发展方向及功能分区。

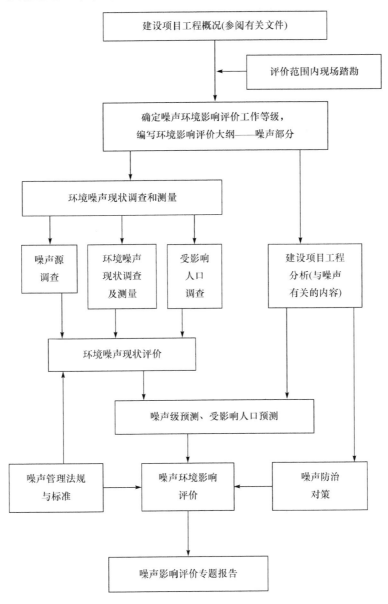

图 9-1 噪声环境影响评价工作程序

2. 背景噪声调查

1) 调查目的

(1) 通过实际测量，获得拟建工程附近地区的背景噪声，用来说明工程建设前，本区域居民所受到的噪声影响。

(2) 为拟建工程建成后对本区域的噪声影响提供叠加值。

(3) 了解本区域主要噪声源的噪声特性、影响范围和程度。

2) 调查内容

包括区域噪声普查、主要声源测量、噪声敏感点的噪声测量、该区域内人口密度和分布情况等。

3) 调查结果表示

区域噪声调查完成后，如需要，可将测试结果以等值线图或方块图表示。调查结果应表示出以下内容：

(1) 该区的建筑布局，道路情况，主要噪声源及其影响范围，噪声敏感建筑物的位置。

(2) 该区域附近道路上车辆交通频繁程度和交通车辆种类，出入该区域的车辆流量或区域内交通要道上的车辆流量等。

(3) 该区域内在不同噪声级影响下的居民人数。如能做出评价，应表示出该区域分区的噪声影响指数。

(4) 各点应加在拟建工程环境噪声影响评价上的背景值。

二、评价等级划分

(一) 评价等级划分依据

(1) 按投资额划分拟建项目规模(大、中、小型建设项目)。
(2) 噪声源种类及数量。
(3) 项目建设前后噪声级的变化程度。
(4) 受拟建项目噪声影响范围的环境保护目标、环境噪声目标和人口分布。

(二) 评价等级划分

1. 一级评价

属于大、中型建设项目，位于规划区的技术工程，以及对噪声有限制保护区等噪声敏感目标；项目建设前后有噪声级显著增高[噪声级增高达 50～100dB(A)或以上]或受影响的人口显著增多的情况，应按一级评价的要求进行评价。

2. 二级评价

凡评价区或边界外附近有 1 类或 2 类区域等较敏感目标，或项目建设前后有噪声级较明显增高[噪声级增高量达 3～5dB(A)]或受噪声影响人口增加较多的情况，应按二级评价进行工作。

3. 三级评价

对处在允许的噪声标准为 65dB(A)及以上的区域中的中型建设项目，或者大、中型建设项目建设前后噪声级增高量在 3dB(A)以内，且受影响人口变化不大的情况，应按三级评价工作进行。

（三）不同评价等级的基本工作要求

1. 一级评价要求

现状调查全部实测；噪声源强逐点测试和统计，定型设备可利用制造厂测试密度；按车间或工段绘制总体噪声图，评价项目齐全、图表完整、预测计算详细、预测范围覆盖全部敏感目标，并绘制等声级曲线图；编制噪声防治对策方案，内容具体实用，能反馈指导环境保护工程设计。

2. 二级评价要求

现状调查以实测为主，利用资料为辅；噪声源强可利用现有资料进行类比计算；评价项目较齐全、预测计算较详细；绘制总体等声级曲线图；提出防治对策建议，能反馈指导环境保护工程设计。

3. 三级评价要求

现状调查以利用资料为主；噪声源强统计以资料为主分析；提出防治对策建议，能付诸实施。

（四）噪声环境影响的评价范围

噪声环境影响的评价范围一般根据评价工作等级确定。

对于建设项目包含多个呈现点声源性质的情况（如工厂、港口、施工工地、铁路的站场等），该项目边界往外 200m 内评价范围一般能满足一级评价的要求；相应的二级和三级评价的范围可根据实际情况适当缩小。若建设项目周围较为空旷而较远处有敏感区，则评价范围应适当放宽到敏感区附近。

对于建设项目是机场的情况，主要飞行航迹下离跑道两端各 15km，侧向 2km 内的评价范围一般能满足一级评价的要求；相应的二级和三级评价范围可根据实际情况适当缩小。

第三节　噪声现状调查与预测

一、环境噪声现状调查

（一）环境噪声现状调查目的

(1) 使评价工作者掌握评价范围内的噪声现状。

(2) 向决策管理部门提供评价范围内的噪声现状，以便与项目建设后的噪声影响程度进行比较。

(3) 调查出噪声敏感目标和保护目标、人口分布。

(4) 为噪声预测和评价提供资料。

（二）环境噪声现状调查内容

(1) 评价范围内现有噪声源种类、数量及相应的噪声级。

(2) 评价范围内现有噪声敏感目标、噪声功能区划分情况。

(3) 评价范围内各噪声功能区的环境噪声现状、各功能区环境噪声超标情况、边界噪声超标以及受噪声影响人口分布。

(三) 环境噪声现状调查方法

环境噪声现状调查主要采用收集资料法、现场调查和测量法。在评价过程中，应根据噪声评价工作等级相应的要求确定是采用收集资料法还是现场调查和测量法，或是两种方法相结合。

二、噪声预测

(一) 预测的基础资料

建设项目噪声预测应掌握的基础资料包括建设项目的声源资料和建筑布局、外声波传播条件、气象参数及有关资料等。

1. 建设项目的声源资料

建设项目的声源资料是指声源种类(包括设备型号)与数量、各声源的噪声级与发声持续时间、声源的空间位置、声源的作用时间段。

声源种类与数量、各声源的发声持续时间及空间位置由设计单位提供或从工程设计书中获得。

2. 影响声波传播的各种参量

影响声波传播的各种参量包括当地常年平均气温和平均湿度；预测范围内声波传播的遮挡物(如建筑物、围墙等，若声源位于室内还包括门或窗)的位置(坐标)及长、宽、高数据；树林、灌木等分布情况、地面覆盖情况(如草地等)；风向、风速等。这些参量一般通过现场或同类类比现场调查获得。

(二) 预测范围与预测点布置原则

1. 预测范围

噪声预测范围一般与所确定的噪声评价等级所规定的范围相同，也可稍大于评价范围。

2. 预测点布置原则

(1) 所有的环境噪声现状测量点都应作为预测点。

(2) 为了便于绘制等声级曲线图，可以用网格法确定预测点，网格的大小应根据具体情况确定。

(3) 对于建设项目包含呈线状声源特征的情况，平行于线状声源走向的网格间距可大些(如 100～300m)，垂直于线状声源走向的网格间距应小些(如 20～60m)；对于建设项目包含呈点声源特征的情况，网格的大小一般范围在 20m×20m～100m×100m。

(4) 评价范围内需要特别考虑的预测。

(三) 拟建、扩建项目的环境噪声预测

拟建、扩建项目类型的噪声预测，基本上可以分为两种情况：一是在拟建、扩建企业建设项目进行可行性研究阶段所进行的噪声预测。在此阶段内，由于企业建设的具体位置、所选用的设备及其安装情况设计部门还无法提出，所能提出的只是大致的企业建设范围、生产能力等，这样，噪声预测只能是估算结果，噪声评价也只能给出大致的噪声污染范围。二是对拟建扩建工厂总体设计已经完成的情况下进行的噪声预测。在此阶段，拟建、扩建项目的主要噪声源(设备)的型号、类型、安装情况和主要建筑物(厂房、办公楼等)及其建筑位置都已确定下来。这样，所进行的噪声预测及其结果就比较精确。

(四) 噪声传播声级叠加与衰减

1. 噪声级(分贝)的相加

如果已知两个声源在某一预测点单独产生的声压级(L_1，L_2)，这两个声源合成的声压级(L_{1+2})就要进行级(分贝)的相加。

1) 公式法

根据声压级的定义，分贝相加一定要按能量(声功率或声压平方)相加，求合成的声压级L_{1+2}，可按下列步骤计算：

(1) 因$L_1 = 20 \lg P_1/P_0$和$L_2 = 20 \lg P_2/P_0$，运用对数换算得

$$P_1 = P_0 10^{\frac{L_1}{20}} \qquad 和 \qquad P_2 = P_0 10^{\frac{L_2}{20}}$$

(2) 合成声压P_{1+2}，按能量相加则

$$(P_{1+2})^2 = P_1^2 + P_2^2$$

即　　　　　$(P_{1+2})^2 = P_0^2 (10^{\frac{L_1}{10}} + 10^{\frac{L_2}{10}})$　　　或　　　$\left(\dfrac{P_{1+2}}{P_0}\right)^2 = 10^{\frac{L_1}{10}} + 10^{\frac{L_2}{10}}$

(3) 按声压级的定义合成的声压级：

$$L_{1+2} = 20 \lg \frac{P_{1+2}}{P_0} = 10 \lg \left(\frac{P_{1+2}}{P_0}\right)^2$$

即　　　　　$L_{1+2} = 10 \lg \left[10^{\frac{L_1}{10}} + 10^{\frac{L_2}{10}} \right]$

几个声压级相加的通用式为

$$L_{总} = 10 \lg \left(\sum_{i=1}^{n} 10^{\frac{L_i}{10}} \right)$$

式中，$L_{总}$——几个声压级相加后的总声压级，dB；

$\quad L_i$——某一个声压级，dB。

若上式的几个声压级均相同，即可简化为

$$L_{总} = L_P + 10 \lg N$$

式中，L_P——单个声压级，dB；

$\quad N$——相同声压级的个数。

2) 查表法

例如，$L_1 = 100\text{dB}$，$L_2 = 98\text{dB}$，求 L_{1+2} 为多少。

先算出两个声音的分贝差，$L_1 - L_2 = 2\text{dB}$，再查表 9-1 找出 2dB 相对应的增值 $\Delta L = 2.1\text{dB}$，然后加在分贝数大的 L_1 上，得出 L_1 与 L_2 的和 $L_{1+2} = 100 + 2.1 = 102.1$，取整数为 102dB。

表 9-1　分贝和的增值表　　　　　　　　　　　（单位：dB）

声压级差 $(L_1 - L_2)$	0	1	2	3	4	5	6	7	8	9	10
增值 ΔL	3.0	2.5	2.1	1.8	1.5	1.2	1.0	0.8	0.6	0.5	0.4

2. 噪声在传播过程中的衰减

1) 声衰减和声的吸收

(1) 声波在传播过程中强度随距离的增加而逐渐减弱的现象称为声的衰减。引起声的衰减有以下原因：第一，由于声波不是平面波，其波阵面面积随距离增加而增大，致使通过单位面积的声功率减小；第二，由于媒质的不均匀性引起声波的折射和散射，部分声能偏离传播方向；第三，由于媒质具有耗散特性，一部分声能转化为热能，即产生所谓声的吸收；第四，由于媒质的非线性使一部分声能转移到高次谐波上，即所谓非线性损失。这四部分损失构成声衰减的主要原因。

(2) 声吸收是指声波传播经过媒质或遇到表面时声能量减少的现象。吸声的机制是由于黏滞性、热传导和分子弛豫吸收而把入射声能最终转变为热能。利用吸声机制可以用来设计生产各种吸声材料。

(3) 声音是由物体振动而产生的，其中包括固体、液体和气体，这些振动的物体通常称为声源或发声体。物体振动产生的声能，通过周围介质(可以是气体、液体或者固体)向外界传播，并且被感受目标所接收，如人耳则是人体的声音接收器官。在声学中，把声源、介质、接收器称为声音的三要素。

2) 几何发散衰减

(1) 点声源的几何发散衰减。

① 无指向性点声源几何发散衰减的基本公式是

$$L(r) = L(r_0) - 20\lg\left(\frac{r}{r_0}\right)$$

式中，$L(r)$、$L(r_0)$ 分别为 r、r_0 处的声级。

如果已知点声源的 A 声功率级 L_{WA}，且声源处于自由空间，则等效为

$$L_A(r) = L_{WA} - 20\lg r - 11$$

如果声源处于半自由空间，则等效为

$$L_A(r) = L_{WA} - 20\lg r - 8$$

② 具有指向性声源几何发散衰减的计算式为

$$L(r) = L(r_0) - 20\lg\left(\frac{r}{r_0}\right)$$

$$L_A(r) = L_A(r_0) - 20\lg\left(\frac{r}{r_0}\right)$$

式中，$L(r)$ 与 $L(r_0)$、$L_A(r)$ 与 $L_A(r_0)$ 必须是在同一方向上的声级。

③ 反射体引起的修正。如图 9-2 所示，当点声源与预测点处在放射体同侧附近时，达到预测点的声级是直达声与反射声叠加的结果，从而使预测点声级增高(增高量用 ΔL_r 表示)。

当满足下列条件时需考虑放射体引起的声级增高：

(a) 放射体表面是平整、光滑、坚硬的；

(b) 反射体尺寸远远大于所有声波的波长；

(c) 入射角 θ 小于 85°。

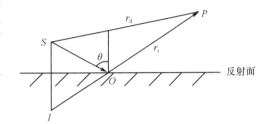

图 9-2 反射体的影响

在图 9-2 中，被 O 点反射到达 P 点的声波相当于从虚点源 I 辐射的声波，记 $SP = T_d$，$IP = T_r$。在实际情况下，声源辐射的声波是宽频带的且满足条件 $T_d - T_r \gg \lambda$，反射引起的声级增高量 ΔL_r 与 T_d/T_r 有关；当 $T_d/T_r \approx 1$ 时，$\Delta L_r = 3\text{dB(A)}$；当 $T_d/T_r \approx 1.4$ 时，$\Delta L_r = 2\text{dB(A)}$；当 $T_d/T_r \approx 2$ 时，$\Delta L_r = 1\text{dB(A)}$；当 $T_d/T_r > 2.5$ 时，$\Delta L_r = 0\text{dB(A)}$。

(2) 现状声源的几何发散衰减。

① 无限长线声源。无限长线声源几何发散衰减的基本公式是

$$L(r) = L(r_0) - 10\lg\left(\frac{r}{r_0}\right)$$

如果已知 r_0 处的 A 声级，则下式等效：

$$L_A(r) = L_A(r_0) - 10\lg\left(\frac{r}{r_0}\right)$$

式中，r、r_0——垂直于线状声源的距离。

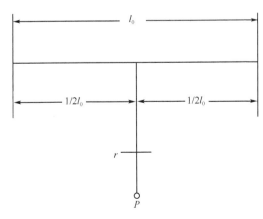

图 9-3 有限长线声源

② 有限长线声源。如图 9-3 所示，设线状声源长为 l_0，单位长度线声源辐射的声功率级为 L_W。在线声源垂直平分线上距声源 r 处的声级为

$$L_P(r) = L_W + 10\lg\left[\frac{1}{r}\arctan\left(\frac{l_0}{2r}\right)\right] - 8$$

$$L_P(r) = L_P(r_0) + 10\lg\left[\frac{\frac{1}{r}\arctan\left(\frac{l_0}{2r}\right)}{\frac{1}{r_0}\arctan\left(\frac{l_0}{2r_0}\right)}\right]$$

当 $r > l_0$ 且 $r_0 > l_0$ 时，上式近似简化为

$$L_P(r) = L_P(r_0) - 20\lg\left(\frac{r}{r_0}\right)$$

即在有限长线声源的远场，有限长线声源可当作点声源处理。

当 $r < l_0/3$ 且 $r_0 < l_0/3$ 时，简化为

$$L_P(r) = L_P(r_0) - 10\lg\left(\frac{r}{r_0}\right)$$

当 $l_0/3 < r < l_0$ 且 $l_0/3 < r_0 < l_0$ 时，可以作近似计算：

$$L_P(r) = L_P(r_0) - 15\lg\left(\frac{r}{r_0}\right)$$

(3) 遮挡物引起的衰减。

位于声源和预测点之间的实体障碍物，如围墙、建筑物、土坡等都起屏障作用。声屏障存在使声波不能直达某些预测点，从而引起声能量的较大衰减。在环境影响评价中，一般可将各种形式的屏障简化为具有一定高度的薄屏障。

如图 9-4 所示，S、O、P 三点在同一平面内且垂直于地面。

定义 $\delta = SO + OP - SP$ 为声程差，$N = 2\delta/\lambda$ 为菲涅尔数，其中 λ 为声波波长。

声屏障插入损失的计算方法很多，大多是半理论半经验的，有一定的局限性，因此在噪声预测中，需要根据实际情况作简化处理。

① 有限长薄屏障在点声源声场中引起的声衰减计算。如图 9-5 所示，推荐的计算方法是：

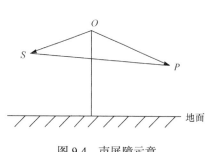

图 9-4　声屏障示意

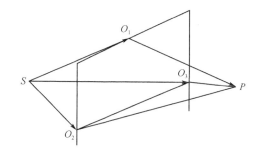

图 9-5　有限长薄屏障、点声源

(a) 首先计算三个传播途径的声程差 δ_1、δ_2、δ_3 和相应的菲涅尔数 N_1、N_2、N_3。

(b) 声屏障引起的衰减量为

$$A_{\text{octbar}} = -10\lg\left[\frac{1}{3 + 20N_1} + \frac{1}{3 + 20N_2} + \frac{1}{3 + 20N_3}\right]$$

当屏障很长(作无限处理)时，则

$$A_{\text{octbar}} = -10\lg\left[\frac{1}{3 + 20N_1}\right]$$

② 有限长薄屏障在无限长线声源声场中引起的衰减计算，推荐的计算方法是：

(a) 首先计算菲涅尔数 N。

(b) 按图9-6所示的曲线，由 N 值查出相应的衰减量。

对铁路列车、公路上的汽车流，在近场条件下，可作无限长声源处理；当预测点与声屏障的距离远小于屏障长度时，屏障可当无限长处理。当计算出的衰减量超过25dB，实际所用的衰减量应取其上限衰减量25dB。

③ 绿化林带的影响。绿化林带并不是有效的声屏障。密集的林带对宽带噪声曲线的附加衰减量是每10m衰减1～2dB(A)；取值的大小与树种、林带结构和密度等因素有关。密集的绿化林带对噪声的最大附加衰减量一般不超过10dB(A)。

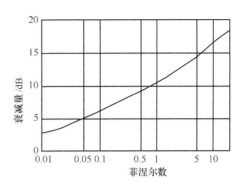

图9-6　无限长屏障、无限长线声源的声衰减

④ 噪声从室内向室外传播的声级差计算。如图9-7所示，声源位于室内。设靠近开口处(或窗户)室内、室外的声级分别为 L_1 和 L_2。如声源所在室内声场近似扩散声场，则

$$NR = L_1 - L_2 = TL + 6$$

式中，TL——隔墙(或窗户)的传输损失。

图9-7中，L_1 可以是测量值或计算值；若为计算值时，有如下计算式：

$$L_1 = L_W + 10\lg\left(\frac{Q}{4\pi r_1^2} + \frac{4}{R}\right)$$

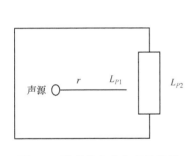

图9-7　噪声从室内向室外传播

(4) 空气吸收引起的衰减。

空气吸收引起的衰减量按下式计算：

$$A_{\text{octatm}} = \frac{a(r - r_0)}{100}$$

式中，r——预测点距声源的距离，m；

　　　r_0——参考位置距离，m；

　　　a——每100m空气吸收系数，dB。

a 为温度、湿度和声波频率的函数，预测计算中一般根据当地常年平均气温和湿度相应的空气吸收系数。

(5) 附加衰减。

附加衰减包括声波传播过程中由于云、雾、温度梯度、风(称为大气非均匀性和不确定性)引起的声能量衰减以及地面效应(指声波在地面附近传播时由于地面的反射和吸收，以及接近地面的气象条件引起的声衰减效应)引起的声能量衰减。

在噪声环境影响评价中，不考虑风、温度梯度以及雾引起的附加衰减。

如果满足下列条件，需考虑地面效应引起的衰减：

① 预测点距离声源50m以上。

② 声源(或声源的主要发声部位)距地面高度和预测点距地面高度的平均值小于30m。

③ 声源与预测点之间的地面被草地、灌木等覆盖(软地面)。

若不满足以上条件，则不考虑地面效应。

地面效应引起的附加衰减量：

$$A_{exc} = 5\lg\frac{r}{r_0} \qquad [dB(A)]$$

不管距离多远，地面效应引起的衰减量上限为 10dB。

如果在声屏障和地面效应同时存在的条件下，声屏障和地面效应引起的衰减量之和的上限为 25dB。

第四节　噪声环境影响评价及其对策

一、噪声环境影响评价

(一) 噪声环境影响评价基本内容

(1) 项目建设前环境噪声现状。

(2) 根据噪声预测结果和环境噪声评价标准，评述建设项目施工、运行阶段噪声的影响程度、影响范围和超标状况(以敏感区域或敏感点为主)。

(3) 分析受噪声影响的人口分布(包括受超标和不超标噪声影响的人口分布)。

(4) 分析建设项目的噪声源和引起超标的主要噪声源或主要原因。

(5) 分析建设项目的选址、设备布置和设备选型的合理性；分析建设项目设计中已有的噪声防治对策的适用性和防治效果。

(6) 为了使建设项目的噪声达标，评价必须提出需要增加的、适用于评价工程的噪声防治对策，并分析其经济、技术的可行性。

(7) 提出针对该建设项目的有关噪声污染管理、噪声监测和城市规划方面的建议。

(二) 受噪声影响的人口预估

(1) 城市规划部门提供的某区域规划人口数。

(2) 若无规划人口数，可以用现有人口数和当地人口增长率计算预测年限的人口数。

(三) 评价方法

根据不同目的，可有多种方法进行评价。

(四) 噪声环境影响评价大纲的编写内容

(1) 建设项目概况(主要论述与噪声有关的内容，如主要噪声源种类、数量、噪声特性分析等)。

(2) 噪声评价工作等级和评价范围。

(3) 采用的噪声标准、噪声功能区和其他保护目标执行的标准值。

(4) 噪声现状调查和测量方法，包括测量范围、测点分布、测量仪器、测量时段等。

(5) 噪声预测方法，包括预测模型、预测范围、预测时段及有关参数的估值方法等。

(6) 不同阶段的噪声评价方法和对策。

(五) 噪声环境影响专题报告的编写内容

(1) 总论：包括编制依据、有关噪声标准及保护目标、噪声评价工作等级、评价范围等。

(2) 工程概述：主要论述与噪声有关的内容。

(3) 环境噪声现状调查与评价：包括调查与测量范围、测量方法、测量仪器以及测量结果；受影响人口分布；相邻的各功能区噪声、建设项目边界噪声的超标情况和主要噪声源等。

(4) 噪声环境影响预测和评价：包括预测时段、预测基础资料、预测方法(类比预测法、模式计算法及其参数选择、预测模式验证等)、声源数据、预测结果、受影响人口预测、超标情况和主要噪声源等。

(5) 噪声防治措施与控制技术：包括替代方案的噪声影响降低情况、防治噪声超标的措施和控制技术、各种措施的投资估计等。

(6) 噪声污染管理、噪声监测计划建议。

(7) 噪声环境影响评价结论或小结。

二、噪声防治对策

噪声环境影响评价中，噪声防治对策应该考虑从声源上降低噪声和从噪声传播途径上降低噪声两个环节。

(一) 从声源上降低噪声

从声源上降低噪声是指将发声大的设备改造成发声小的或不发声的设备，其方法包括：

(1) 改进机械设计以降低噪声，如在设计和制造过程中选用发声小的材料来制造机件，改进设备结构和形状、改进传动装置以及选用已有的低噪声设备都可以降低声源的噪声。

(2) 改革工艺和操作方法以降低噪声，如用压力式打桩机代替柴油打桩机，反铆接改为焊接，液压代替锻压等。

(3) 维持设备处于良好的运转状态，因设备运转不正常时噪声往往增大。

(二) 从噪声传播途径上降低噪声

从噪声传播途径上降低噪声是一种常用的噪声防治手段，以使噪声敏感区达标为目的，具体做法如下：

(1) 采用"闹静分开"和"合理布局"的设计原则，使高噪声敏感设备尽可能远离明声敏感区。

(2) 利用自然地形物(如位于噪声源和噪声敏感区之间的山丘、土坝、地堑、围墙等)降低噪声。

(3) 合理布局噪声敏感区中的建筑物功能和合理调整建筑物平面布局，即把非噪声敏感建筑或非噪声敏感房间靠近或朝向噪声源。

(4) 采取声学控制措施，如对声源采用消声、隔振和减振措施，在传播途径上增设吸声、隔声等措施。

(5) 通过评价提出的噪声防治对策，必须符合针对性、具体性、经济合理性、技术可行性原则。

第五节　案 例 分 析

一、某磷肥厂改建工程噪声影响评价案例分析

某化工企业主要生产磷肥，改建工程欲将其磷铵产量从年产 3 万 t 改为年产 4 万 t，每年增加产量 1 万 t，配套硫酸产品由原来年产 10 万 t 改为年产 12 万 t，每年增加产量 2 万 t。因新增加大型设备而产生噪声，所以欲对其进行噪声影响评价。

(一) 工程分析和环境影响识别

1. 主要生产工艺简述

(1) 磷铵生产工艺：原 3 万 t 磷铵生产工艺由两个主要生产工艺组成。第一个工序是磷酸的制备，用磷矿和硫酸为原料，湿法萃取制备磷酸；第二个工序是由磷酸和气态氮的中和反应生成磷酸铵产品，简称为磷铵。

(2) 硫酸生产工艺：生产磷酸所需要的原料之一硫酸由该厂所属硫酸分厂提供。硫酸分厂采用硫铁矿沸腾焙烧制取二氧化硫；所得二氧化硫气体经过一系列净化洗涤干燥等处理后进入转化炉，在转化炉中二氧化硫经催化转化成为三氧化硫；再经硫酸吸收后得到浓硫酸。

2. 技改方案要点简述

本技改工程实质上包括两项技术改造，即磷铵生产系统本身的改造和配套硫酸生产系统的改造。本环境影响评价即针对这两项技改工程而进行。噪声的主要声源及其车间岗位强度情况见表 9-2。

表 9-2　噪声的主要声源及其车间岗位强度情况表

单位	主要声源/dB(A)	车间岗位/dB(A)	治理措施
硫酸分厂	SO₂ 风机 96	79	隔音操作室
	叶式风机 84	75	地下式消声室
	酸泵 89	71	隔音操作室
	水泵 92	78	隔音操作室
普钙分厂	球磨机 89.5	81.5	隔音室
	抽风机 93	68	隔音室
	离心机 89	75	隔音室
	浆泵 81.5	75.5	隔音室
磷酸分厂	萃取槽 88	78	隔音室
	绝干风机 92.5	80	隔音室
	酸泵 90	73.5	隔音室
	球磨机 94	82	隔音室
炼钢分厂	透平风机 87.5	77.5	半地下式消声室
	罗茨风机 106	82	半地下式消声室
机修分厂	金工房 77.5	77.5	无措施
动力分厂	发电机组 94	72	半地下式消声室
	锅炉给水泵 92	72.5	半地下式消声室

工厂设备噪声主要来自硫酸分厂的风机、普钙分厂的球磨机、炼钢分厂的罗茨风机等。工程运行时的噪声是设备设置隔、消声措施后对居民区的影响。

(二) 声环境现状监测及评价

该厂厂区位于山区谷地，周围工厂较少，外来噪声较少。厂区西南面 700～1000m 处是铁路，火车站有间隙性的噪声偶尔影响厂环境本底值。工厂环境噪声主要来自厂内设备。根据监测站监测(布点图略)，结果见表 9-3。

表 9-3　噪声现状监测值

位置	噪声值 L 昼间~L 夜间/dB(A)
1#(厂子弟学校)	65~43
2#(商店附近)	57~44
3#(3kW 热电站)	65~51
4#(硫酸、炼铁车间相交处)	75~55
5#(磷铵厂)	83~64
6#(厂区主要公路)	70~53

由表 9-3、表 9-4 可见厂区环境符合工业集中区规定值。操作岗位噪声值均小于标准规定值 85dB(A)。

表 9-4　噪声评价标准

适用区域	昼间/dB(A)	夜间/dB(A)
工业集中区、交通干线道路两侧	65 70	55 55
每个工作日接触噪声时间 8h	允许噪声 85dB(A)	

(三) 噪声影响预测及评价

1. 新增声源情况

此次改建工程因工艺线路有所改动，产量和原材料相应增加，需更换一些设备，其中噪声值大者见表 9-5。

表 9-5　工程新增改建设备表

项目	设备名称	噪声值/dB(A)
新增设备	鼓风机	95
更换设备	料浆泵	85
	滤液泵	92
	洗液泵	75
改造设备	SO_2 风机	85

2. 工程噪声环境影响预测

根据其生产规模属三级评价，由表 9-5 可见工程的主要噪声源来自于磷铵分厂和硫酸分厂改造的设备。根据厂区及周围的实际情况，主要的敏感点在厂区北方距磷铵分厂 100m 处的居民区和距硫酸分厂 100m 外的厂区职工宿舍区。厂内主要噪声设备都采用了厂房内隔声等有关消声措施。预计到达厂界的噪声不会大于 85dB(A)(见表 9-6 对比实测值)。

表 9-6　设备厂房外噪声实测值

项目		设备噪声/dB(A)	厂房外噪声/dB(A)	倍频程声压级/dB					
				125	250	500	1000	2000	4000
硫酸分厂	SO₂风机	89	79	75	79.5	81	84	89	75
	炉底风机	79	66	71	84	71	73	69	63
磷铵分厂	球磨机	94	82	92	97	92	85	76	70
	干燥风机	85	80	88	82	84	77.5	71	61.5

噪声的衰减可通过以下几个方面实现：①厂房隔声；②距离衰减；③空气吸收衰减；④绿化降噪等。预测仅考虑距离衰减而将其余量作为安全系数，根据无指向性点声源几何发散衰减模式得

$$\Delta L_1 = L_{P1} - L_{P2} = 20 \lg \left(\frac{r_2}{r_1} \right)$$

式中，L_{P2}、L_{P1}——声源 2、1 处的声压级，dB(A)；

　　r_2、r_1——2、1 点距声源的距离，m。

预测的结果见图 9-8，由图 9-8 可见在两处敏感点(即距离厂界 100m 之外)，其噪声的值为 45dB(A)对原本底值的贡献已很小，改建工程不会对环境造成噪声危害。

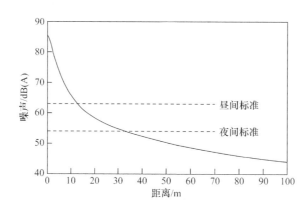

图 9-8　噪声随距离衰减关系图

二、环境影响评价工程师考试案例分析

【案例一】　某娱乐城 KTV 项目选址于某镇商业小区 23#楼 3 层。该娱乐有限公司投资500 万元，租赁该商业小区的商业裙楼三楼部分商业场所，从事 KTV 歌厅娱乐服务。

项目租赁建筑面积 3011.6m²，设有 VIP 包、包中包、大包、中包、小包几种 KTV 包厢 38间，是浈水镇 KTV 的时尚娱乐文化场所。

【问题1】简述该项目产业政策及选址合理性分析。

【答】根据《产业结构调整指导目录》(2011版)(修正)，该项目为允许类项目，符合国家产业政策。选址合理性分析项目应该在环境影响评价报告中提供该娱乐有限公司门店布置的规划或方案，附文化管理部门的批复意见。

【问题2】阐述该项目运营期主要的污染源及防治措施。

【答】项目噪声源主要为KTV包间音响设备和配套设施。噪声源强65~100dB(A)，针对项目音响产生的噪声，业主拟采取以下降噪措施：①墙体采用吸声材料、内置隔音棉；②包厢门、窗、地板也采用了隔声结构以防止场内的噪声向外传播。另外，运营期间，建议建设单位加强管理，避免大声喧哗影响周边居民，营业时关闭门窗，调整大功率音箱音量，在22时以后调低全频音箱音量。

【问题3】该项目的主要环境风险问题是什么？

【答】该项目的主要环境风险是发生火灾等突发性事故的风险，必须提出有效火灾防治措施及相应应急预案措施。

【问题4】该项目施工期的环境影响有哪些，其治理措施是什么？

【答】该项目施工期的环境影响有大气、噪声和固体废物，大气污染是KTV包厢装修的挥发性油漆废气和粉尘，噪声是施工产生的机械噪声，固体废物是装修产生的废弃物。其治理措施是加强施工期装修、材料运输和堆存等粉尘环节管理和固废管理措施。

【案例二】　某铜矿矿区面积0.222km²，开采100m标高以上矿体。矿山现生产规模为年产6万t铜矿石(硫化矿原矿)，开拓方式为竖井、斜井、盲竖井联合开拓，采矿方法为浅孔留矿法，采场采用人工装车，0.5m³矿车经轨道运至井口调车场，由竖井、斜井、盲竖井提升至矿石堆场，矿石经破碎后外运到选厂，企业工作制度为矿山采用连续工作制，每年工作300d，每天三班作业，每班作业0.8h；矿石破碎每天一班作业，每班作业8h，距离企业南侧厂界150m为宝南村(约十三户90人)，距企业西侧厂界200m为宝西村(约11户88人)，矿区南侧有一条季节性河流陶河，主要用于农田灌溉，矿区附近有一家选铜厂。

企业根据地质勘探储量复核结果，拟开采220m以上矿床，矿山现有工业场地地表设施基本不变，增加一台PE400×600颚式破碎机，矿山现有开拓系统完全利用，按深部矿体倾角、厚度及埋藏深度，采取主井延伸加盲竖井开拓方案。

【问题1】本项目为技改项目，工程分析应注意什么？

【答】技改项目在工程分析时，应说明设备变化情况、项目污染物变化情况以及待改项目与现有工程的依托关系，绘制技改之后的水量平衡图，列出现有污染源、新增污染源。

【问题2】本项目井下涌水和地表水现状监测要注意哪些内容？

【答】对于井下涌水应注意监测涌水点位置、涌水量、pH、混浊度、水温。地表水的监测指标应有pH、重金属浓度、有机物浓度。

【问题3】本项目运营期主要环境及生态影响是什么？

【答】本项目在运营期，由于矿山是硫化矿，因此会给环境带来酸性废水的影响，另外，金属矿石多含重金属，可能会有重金属废水的产生。在继续掘进的过程中，围岩的稳固性不断变化，采空区变多，会对地表的稳定带来一定影响。采矿作业带来的废石堆放，会对环境产生一定影响。

【问题4】本项目的噪声污染源是什么？对于噪声控制采取哪些措施？

【答】本项目的噪声污染源有建设期挖掘机、打夯机、推土机的机械噪声和运营过程的破碎机等机械噪声。主要措施为在施工期加强管理,严格执行国家标准,禁止夜间(22:00～6:00)作业,特别是对学校、居民环境敏感点加强控制,运营期则有在声源上降低噪声和从噪声传播途径上降低噪声两个环节,如对声源采用消声、隔振和减振措施,在传播途径上增设吸声、隔声等措施。

思 考 题

1. 在空气中离点声源 2m 距离处测得声压 $P=0.6Pa$,此处的声强 I、质点声速 U、声能密度和声源的声功率 W 各为多少?

2. 噪声的声压分别为 2.97Pa、0.332Pa、$2.7 \times 10^{-5}Pa$,它们的声压级各为多少分贝?

3. 在半自由声场中,一点声源辐射半球面波。在距声源 1m 处,测得声压级为 90dB(A)。若空气吸收的衰减可不计,则 10m 和 20m 处声压级各是多少分贝?

4. 简述环境噪声影响评价的一般步骤及基本内容。

5. 若声压级相同的 n 个声音叠加,即 $L_1=L_1=\cdots=L_i\cdots=L_n$,则总声压级比 L_1 增加了多少?

第十章　固体废物环境影响评价

【内容摘要】 本章阐述了固体废物的概念及其分类和危害，重点介绍固体废物环境评价等级和工作内容，详细概述了固体废物环境影响识别与评价方法，并详细介绍了一般工程项目的固体废物环境影响评价与工业固体废物处理处置的环境影响评价和危险废物处理处置的环境影响评价内容及要求，最后给出固体废物环境评价案例。

第一节　固体废物污染与破坏概述

一、固体废物的含义

固体废物是指在生产、生活和其他活动中产生的丧失原有利用价值或者虽未丧失利用价值但被抛弃或者放弃的固态、半固态和置于容器中的气态的物品、物质以及法律、行政法规规定纳入固体废物管理的物品、物质。

二、固体废物的分类

固体废物分类方法很多，可以根据其性质、状态和来源等进行分类。如按其化学性质可分为有机废物和无机废物；按其形状可分为固体废物(粉状、粒状、块状)和泥状废物(污泥)；按其危害状况可分为有害废物(指有易燃性、易爆性、腐蚀性、毒性、传染性、放射性等废物)和一般废物。应用较多的是按其来源进行分类，分为工业固体废物、矿业固体废物、农业固体废物、城市垃圾和有害废物五类，见表 10-1。

表 10-1　固体废物的分类、来源和主要组成物

分类	来源	主要组成物
矿业固体废物	矿山、选冶	废石、尾砂、金属、砖瓦灰石、水泥等
工业固体废物	冶金、交通、机械、金属结构等工业	金属、矿渣、砂石、模型、芯、陶瓷、边角料、涂料、管道、绝热和绝缘材料、黏结剂、废木、塑料、橡胶、烟尘、各种废旧建材等
	煤炭业	矿石、木料、金属、煤矸石等
	食品加工业	肉类、谷物、果类、蔬菜、烟草等
	橡胶、皮革、塑料等工业	橡胶、皮革、塑料、布、线、纤维、染料、金属等
	造纸、木材、印刷等工业	刨花、锯末、碎木、化学药剂、金属填料、塑料等
	石油化工	化学药剂、金属、塑料、橡胶、陶瓷、沥青、油毡、石棉、涂料等
	电器、仪器仪表等工业	金属、玻璃、木材、橡胶、塑料、化学药剂、研磨料、陶瓷、绝缘材料等
	纺织服装业	布头、纤维、橡胶、塑料、金属等
	建筑材料业	金属、水泥、黏土、陶瓷、石膏、石棉、砂石、纸、纤维等
	电力工业	炉渣、粉煤灰、烟尘等

续表

分类	来源	主要组成物
城市垃圾	居民生活	食物垃圾、纸屑、布料、木料、金属、玻璃、塑料、陶瓷、庭院植物修剪物、燃料、灰渣、碎砖瓦、废器具、粪便、杂品等
	商业、机关	管道、碎砌体、沥青及其他建筑材料，废汽车、废电器、废器具，含有易燃、易爆、腐蚀性、放射性的废物，以及类似居民生活栏内的各种废物
	市政维护、管理部门	碎砖瓦、树叶、死禽畜、金属、锅炉灰渣、污泥、脏土等
农业固体废物	农林	稻草、秸秆、蔬菜、水果、果树枝条、糠秕、落叶、废塑料、人畜粪便、农药等
	水产	腥臭死禽畜，腐烂鱼、虾、贝壳，水产加工污水、污泥等
有害废物	核工业、核电站、放射性医疗单位、科研单位	含有放射性的金属、废渣、粉尘、污泥、器具、劳保用品、建筑材料等
	其他有关单位	含有易燃性、易爆性、腐蚀性、反应性、有毒性、传染性的固体废物

我国从固体废物管理的角度出发，将其分为工业固体废物、危险废物和城市垃圾三类。

(一) 工业固体废物

工业固体废物是指在工业生产、加工过程中产生的废渣、粉尘、碎屑、污泥，以及在采矿过程中产生的废石、尾砂等。

(二) 危险废物

危险废物是指对人类、动植物现在和将来会构成危害的、有特殊的预防措施不能进行处理或处置的废弃物，它具有毒性(如含重金属的废物)、爆炸性(如含硝酸铵、氯化铵等的废物)、易燃性(如废油和废溶剂等)、腐蚀性(如废酸和废碱)、化学反应性(如含铬废物)、传染性(如医院临床废物)、放射性(如核反应废物)等一种或几种以上的危害特性。

(三) 城市垃圾

城市垃圾是指来自居民的生活消费、商业活动、市政建设和维护、机关办公等过程中产生的固体废物，包括生活垃圾、城建渣土、商业固体废物、粪便等。

第二节 固体废物环境影响评价等级划分和工作内容

一、固体废物环境影响评价等级划分

以大气环境、水环境等对某个自然环境产生的影响大小来定评价工作等级，固体废物对环境的影响具有一定的滞后性和隐蔽性，因此其环境影响评价一般难以直接从危害角度进行等级划分，可参照《建设项目环境风险评价技术导则》对固体废物环境影响评价等级类似划分为一、二两级，具体如表10-2所示。

表 10-2　固体废物环境影响评价等级划分

分类	急性毒性	一般毒性	可燃、易燃	易爆
重大危险源	一级	二级	一级	一级
非重大危险源	二级	二级	二级	二级
环境敏感地区	一级	一级	一级	一级

其中，一级评价应对固体废物的环境影响进行定量预测，说明影响范围和程度，提出防范、减缓和应急措施。二级评价可降低为对固体废物的环境影响进行简要分析，提出防范、减缓和应急措施。

二、环境影响评价类型与内容

固体废物的环境影响评价主要分两大类型：第一类是对一般工程项目产生的固体废物，由产生、收集、运输、处理到最终处置的环境影响评价；第二类是对处理、处置固体废物设施建设项目的环境影响评价。

(1) 第一类环境影响评价类型内容：①污染源调查。根据调查结果，要给出包括固体废物的名称、组分、性态、数量等内容的调查清单，同时应按一般工业固体废物和危险废物分别列出。②污染防治措施的论证。根据工艺过程、各个产出环节提出防治措施，并对防治措施的可行性加以论证。③提出最终处置措施方案，如综合利用、填埋、焚烧等。并应包括对固体废物收集、储运、预处理等全过程的环境影响及污染防治措施。

(2) 第二类环境影响评价类型内容：是根据处理处置的工艺特点，依据《环境影响评价技术导则》，执行相应的污染控制标准进行环境影响评价，如一般工业废物储存、处置场，危险废物储存场所，生活垃圾填埋场，生活垃圾焚烧厂，危险废物填埋场，危险废物焚烧厂等。在这些工程项目污染物控制标准中，对厂(场)址选择、污染控制项目、污染物排放限制等都有相应的规定，是环境影响评价必须严格予以执行的。

第三节　固体废物环境影响识别与现状评价

一、固体废物环境影响识别

建设项目环境影响评价工作的目的是贯彻"预防为主"的方针，在项目的开发建设之前，通过对其"活动、产品或服务"的识别，预测和评价可能带来的环境污染与破坏，制定出消除或减轻其负面影响的措施，从而为环境决策提供科学依据。因此，在开展固体废物环境影响评价之前，需先进行固体废物环境影响识别，主要针对以下几个基本环节。

(1) 根据清洁审查、环境管理体系(ISO14000)这一新的环境保护模式的要求，对建设项目的工艺、设备、原辅材料以及产品进行分析，从生产活动的源头分析固体废物的产出。对生产工艺、设备、生产水平与目前具有的部分工业行业固体废物排放系数等进行(同行业)比较，分析固体废物排放量的大小。

(2) 根据《固体废物鉴别导则(试行)》的规定，对各类副产物是否属于固体废物进行判断。属于非固体废物的，则不需再做进一步评价分析。属于固体废物的，应依据《国家危险废物名录》(以下简称《名录》)判断其是否属于危险废物,凡列入《名录》的,属于危险废物,不需再进行危险特性鉴别;未列入《名录》的,应根据产生环节和主要成分进行分析,对可能含有危险组分的,应明确在项目试生产阶段,对其作危险特性鉴别要求,并确定其环境影响危害程度。鉴别指标主要按照下列标准进行检测:

① 反应性:包括以下七种情况:

(a) 性质不稳定,在无爆震时即发生剧烈变化;

(b) 遇水能剧烈反应;

(c) 遇水能形成爆炸性混合物;

(d) 与水混合产生有毒气体、蒸气或烟雾;

(e) 在有引发源和加热时引起爆震或爆炸;

(f) 在常温常压下易发生爆炸或者爆炸性反应;

(g) 根据其他法规所定义的爆炸品。

② 易燃性:含闪点低于60℃的液体,经摩擦、吸热或自发产生着火倾向的固体,燃烧剧烈并能持续,以及在管理期间会引起危险的废物。

③ 腐蚀性:当 pH≥12.5 或 pH≤2.0 时,该废物是具有腐蚀性的危险废物。

④ 急性毒性:按照标准中的《附录 A:危险废物急性毒性初筛试验方法》进行实验,对小白鼠(或大白鼠)经口灌喂,经过48h死亡超过半数者,则该废物是具有急性毒性的危险废物。

⑤ 浸出毒性:指固态的危险废物遇水浸沥,其中的有害物质迁移转化、污染环境,浸出的有毒物质的毒性称为浸出毒性。若浸出液中任何一种危害成分的浓度超过标准《固体废物浸出毒性测定方法》(GB/T l5555.1～15555.11)中所列的浓度值,该废物就是具有浸出毒性的危险废物。

⑥ 毒性物质含量鉴定:危险废物的毒性物质含量鉴别。

(3) 分析项目生产过程中的有毒有害的原辅材料,是否可采用替代或更换为对环境影响较小的物料。

二、现状评价

现状评价是在前期现状调查和影响识别的基础上,对评价范围内的固体废物现状进行定量或定性的分析评价,评价应采用文字分析与描述,并辅之以数学表达式(计算方法)。

评价主要内容包括:

(1) 分析评价范围内的主要固体废物种类、数量等特征,明确主要污染源。

(2) 参照废物处理控制标准(如《含多氯联苯废物污染控制标准》GB 13015—2011、《城市垃圾产生源分类及垃圾排放》CJ/T 3033—1996 等)和设施控制标准(如《生活垃圾填埋污染控制标准》GB l6889—2008、《危险废物禁烧污染控制标准》GB 18484—2001、《危险废物贮存污染控制标准》GB 18597—2001、《危险废物填埋污染控制标准》GB 18598—2001、《一般工业固体废物贮存、处置场污染控制标准》GB 18599—2001 等),说明评价范围内的超、达标情况。

第四节 固体废物环境影响评价

一、一般工程项目的固体废物环境影响评价

一般工程项目的固体废物环境影响评价包括由产生、收集、运输、处理到最终处置的全

过程环境影响评价，其主要评价内容可参照下述几个方面。

(一) 污染源调查

对所建的一般工程项目进行"工程分析"，依据整个工艺过程，深入分析固体废物的产生环节、种类、性质和危害特性，科学预测产生量，列出各个生产环节所产生的固体废物的名称、组分、形态、排放量、排放方式及规律等内容的调查清单，并按一般工业固体废物和危险废物分别列出。

(二) 污染防治措施的论证

根据工艺过程的各个环节产生的固体废物的危害性及排放方式、排放量等，按照"全过程"的思路，分析其在产生、收集、运输、处理到最终处置等过程中对环境的影响，有针对性地从以下几个方面提出污染防治措施：①安全储存的技术要求：主要包括储存设施的建设指标、分类储存以及规范包装的要求，具体指标可参考《一般工业固体废物贮存、处置场污染控制标准》(GB 18599—2001)、《危险废物贮存污染控制标准》(GB 18597—2001)的内容；②规范利用处置方式：根据建设项目固体废物利用处置方式评价结果，针对不符合环境保护要求的，逐一提出改进意见；③日常管理要求：履行申报的登记制度、建立台账管理制度，属自行利用处置的，应符合有关污染防治技术政策和标准，需定期监测污染物排放情况；属委托利用处置的，应执行报批和转移联单等制度，并对提出的污染防治措施可行性加以论证；对于危险废物则需要提出最终处置措施并加以论证。

(三) 提出危险废物最终处置措施方案

1. 综合利用

给出综合利用的危险废物名称、数量、性质、用途、利用价值、防治污染转移及二次污染措施、综合利用单位情况、综合利用途径、供需双方的书面协议等。

2. 焚烧处置

给出危险废物名称、组分、热值、形态及在《国家危险废物名录》中的分类编号，并应说明处置设施的名称、隶属关系、地址、运距、路线、运输方式及管理。如处置设施属于工程范围内项目，则需要对处置设施建设项目单独进行环境影响评价。

3. 安全填埋处置

给出危险废物名称、组分、产生量、形态、容量、浸出液组分及浓度以及在《国家危险废物名录》中的分类编号、是否需要固化处理。对填埋场应说明名称、隶属关系、厂址、运距、路线、运输方式及管理。如填埋场属于工程范围内项目，则需要对填埋场单独进行环境影响评价。

4. 委托处置

一般工程项目产出的危险废物也可采取委托处置的方式进行处理处置，受委托方须具有环境保护行政主管部门颁发的相应类别的危险废物处理处置资质。在采取此种处置方式时，应提供与接收方的危险废物委托处置协议和接收方的危险废物处理处置资质证书，并将其作为环境影响评价文件的附件。

(四) 全过程的环境影响分析

依据固体废物的种类、产生量及其管理的全过程可能造成的环境影响进行针对性的分析和预测是固体废物环境影响评价的重点。全过程环境影响分析包括固体废物的分类收集，有害与一般固体废物、生活垃圾的混放对环境的影响；包装、运输过程中的散落、泄漏产生的环境影响；堆放、储存场所的环境影响；综合利用、处理、处置的环境影响。

二、对固体废物集中处理设施的环境影响评价

固体废物集中处置设施主要包括生活垃圾填埋场和焚烧厂，一般工业废物的储存、处置场，危险废物储存场，危险废物填埋场和焚烧厂等。在进行这些项目的环境影响评价时，应根据固体废物处理处置的工艺特点，依据《环境影响评价导则》，执行相应的污染控制标准进行环境影响评价。评价的重点应放在处理、处置固体废物设施的选址、污染控制项目、污染排放等内容上。除此之外，在预测分析中，需对固体废物堆放、储存、转移及最终处置可能造成的对大气、水体、土壤的污染影响及对人体、生物的危害进行充分的分析和预测，避免产生二次污染，以及如何规避这些环境风险也是环境影响评价的主要内容。

由于生活垃圾与危险废物、工业废物在性质上差别较大，因此其环境影响评价的内容和重点也有所不同。

根据处理、处置设施建设及其排污特点，生活垃圾集中处理设施建设项目环境影响评价的主要工作内容有场(厂)址选择评价，环境质量现状评价，工程污染因素分析，施工期影响评价，地表水和地下水环境影响预测和评价，以及大气环境影响预测和评价。

1. 生活垃圾填埋场环境影响评价

1) 生活垃圾填埋场对环境的主要影响
运行中的生活垃圾填埋场对环境的影响主要包括：
(1) 填埋场渗滤液泄漏或处理不当对地下水及地表水的污染。
(2) 填埋场产生气体排放对大气的污染、对公众健康的危害以及可能发生的爆炸对公众安全的威胁。
(3) 填埋场的存在对周围景观的不利影响。
(4) 填埋作业及垃圾堆体对周围地质环境的影响，如滑坡、崩塌、泥石流等。
(5) 填埋机械噪声对公众的影响。
(6) 填埋场滋生的害虫、昆虫、啮齿动物以及在填埋场觅食的鸟类和其他动物可能传播疾病。
(7) 填埋场中的垃圾袋、纸张以及尘土等在未来得及覆土压实的情况下可能飘出场外造成环境污染和景观破坏。
(8) 流经填埋场区的地表径流可能受到污染。
垃圾填埋场封场后对环境的影响减小，上述环境影响中的(5)～(8)项基本上不存在，但在

填埋场植被恢复过程中种植于填埋场顶部覆盖层上的植物可能受到污染。

2) 生活垃圾填埋场的主要污染源

生活垃圾填埋场的主要污染源是垃圾渗滤液和填埋气体。

(1) 渗滤液。生活垃圾填埋场渗滤液是一种高污染负荷且表现出很强的综合污染特征、成分复杂的高浓度有机废水，其 pH 为 4～9，COD 浓度为 2000～62000mg/L，BOD_5 为 60～45000mg/L，可生化性差，重金属浓度和市政污水中重金属浓度基本一致。

一般来说，垃圾渗滤液的水质随着填埋场的运行时间不同而发生变化，这主要是由填埋场中垃圾的稳定化过程决定的。垃圾填埋场渗滤液通常可根据填埋场的填埋时间分为两大类：一类是年轻的填埋场(填埋时间在 5 年以下)渗滤液，水质特点是 pH 较低，COD 和 BOD_5 浓度均较高，色度大，可生化性较好，各类重金属离子浓度较高；另一类是年老的填埋场(填埋时间一般在 5 年以上)渗滤液，水质特点是 pH 为 6～8，接近中性或弱碱性，COD 和 BOD_5 浓度均较低，NH_4^+-N 浓度高，重金属离子浓度比年轻填埋场有所下降，可生化性差。因此，在进行生活垃圾填埋场的环境影响评价时，应根据填埋场的年龄选择有代表性的指标。

(2) 填埋气体。生活垃圾填埋场产生的气体主要为甲烷和二氧化碳，此外还含有少量的一氧化碳、氢、硫化氢、氨、氮和氧等。填埋场释放气体中微量气体量很少，但成分却含多达116 种有机成分，其中许多为挥发性有机组分。在垃圾填埋过程中产生环境影响的主要大气污染物是恶臭气体。

3) 生活垃圾填埋场环境影响评价的工作内容

根据生活垃圾填埋场的建设及污染物排放特征，环境影响评价的主要工作内容有场址选择评价、自然环境质量评价、工程污染因素分析、施工期影响评价、水环境影响预测与评价、空气环境影响预测与评价等，其主要工作内容如表 10-3 所示。

表 10-3　填埋场环境影响评价的主要工作内容

评价项目	评价内容
场址选择评价	评价拟选场址是否符合选址标准 方法：根据场地自然条件对照选址标准逐项进行评判 重点：拟选场地水文地质、工程地质条件、土壤自净能力等
自然环境质量评价	评价拟选场地及其周围空气、地面水、地下水、噪声等自然环境质量状况 方法：监测值与标准对照，采用单因子或多因子综合评判法
工程污染因素分析	分析建设过程中和建成投产后可能产生的主要污染源及其污染物的种类、数量、排放规律等 方法：计算、类比、经验分析等
施工期影响评价	评价施工期场地内排放的生活污水、机械噪声、二次扬尘、水土流失对周围环境(包括生态环境)的不利影响
水环境影响预测与评价	评价填埋场衬层结构的安全性及排出的渗滤液对周围水环境的影响：①正常排放对地表水的影响；②非正常渗漏对地下水的影响
大气环境影响预测与评价	评价填埋场释放气体及恶臭对环境的影响：①释放气体，主要根据排气系统的结构预测和评价排气系统的可靠性、排气利用的可能性及排气对环境的影响；②恶臭，根据垃圾的种类预测恶臭气体产生的位置、种类、浓度计影响范围等，评价垃圾在运输、填埋及封场后对环境的影响

续表

评价项目	评价内容
噪声环境影响预测与评价	评价垃圾运输、施工、填埋操作、封场阶段机械产生的振动及噪声对环境的影响 方法：机械噪声声压级预测并结合卫生标准和功能区标准评价
污染防治措施	主要包括：①渗滤液的治理、控制及填埋场衬层破裂补救措施；②释放气体的导排、综合利用及防臭措施；③减振防爆措施
环境经济损益评价	计算评价污染设施投资及产生的经济、社会、环境效益
其他	①对土壤、景观及生态进行评价；②对洪涝特征年产生的过量渗滤液及垃圾释放气体因物理、化学条件变化而产生爆炸等进行风险评价

2. 生活垃圾焚烧厂环境影响评价

1) 生活垃圾焚烧厂对环境的主要影响

运行中的生活垃圾焚烧厂对环境的影响主要包括：

(1) 焚烧炉内所产生的废气对大气环境的影响及对公众健康的危害。

(2) 余热锅炉蒸气排空管、高压蒸气吹管、汽轮发电机组、送风机、引风机、空压机、水泵等设备运行的噪声对公众的影响。

(3) 垃圾储坑、垃圾车、从储坑向垃圾焚烧炉加料以及焚烧过程中产生的恶臭气体对环境的影响。

(4) 焚烧灰渣对环境的不利影响，如垃圾焚烧炉、炉排下炉渣和烟气除尘器中收集的飞灰等。

(5) 垃圾渗滤液和生产废水对周围地表水和地下水产生的不利影响。

(6) 厂房、烟囱等设施对周围景观的不利影响。

2) 生活垃圾焚烧厂的主要污染源

生活垃圾焚烧厂的主要污染源是焚烧烟气。

垃圾焚烧厂产生的烟气的主要污染物可以分为粉尘(颗粒物)、酸性气体(HCl、HF、NO_x、SO_x等)、重金属(Hg、Pb、Cr等)和有机剧毒性污染物(多环芳烃、多氯联苯、甲醛、多氯二苯并呋喃以及二噁英等)等几大类。垃圾焚烧烟气中的重金属主要有镉、铅、铬、汞等及其化合物，大部分来源于废旧电池、日光灯管、电子元件、涂料及其温度计等在焚烧过程因高温气化挥发进入烟气，以及部分在焚烧过程中形成氧化物或者卤化物气化挥发进入烟气。二噁英产生的首要原因是混合垃圾含水率高、发热量低，导致垃圾燃烧不充分；其次是垃圾中自身含有的二噁英类物质(含氯塑料、杀虫剂、农药等)在焚烧过程中释放出来以及在焚烧过程中形成的前驱体，如氯苯、氯酚、聚氯酚类物质在重金属的催化下转化而成；最后是烟气处理过程中的低温再合成污染物。

3) 生活垃圾焚烧厂环境影响评价的工作内容

根据生活垃圾焚烧厂的建设及污染物排放特征，环境影响评价的主要工作内容有厂址选择评价、工程规划、工程分析、环境现状调查、环境影响识别与预测、污染防治措施等，其主要工作内容如表 10-4 所示。

表 10-4　生活垃圾焚烧厂环境影响评价的主要工作内容

评价项目	评价内容
厂址选择评价	评价拟选厂址是否符合选址标准 方法：根据场地自然条件对照选址标准逐项进行评判 重点：地形及地质状况、污染物扩散和稀释条件、附近地区未来发展情形、交通状况等
工程规划评价	①评价服务区域考虑运输距离和运行过程中对环境的影响；②评价设厂容量考虑容量与计划服务年限、垃圾量的增长及垃圾品质的变动等因素；③评价基本处理流程考虑技术、经济、垃圾品质等因素选择焚烧方式
工程分析	收集垃圾焚烧厂的工艺和设备资料，从清洁生产的角度，分析设备的先进性和合理性，通过物料衡算，确定污染物种类、排放量及规律 方法：计算、类比、经验分析等
环境现状调查	收集和调查预选厂址的气象、水文、水体质量、空气质量、噪声背景、土地利用、公众意见、社会经济、交通状况、文化景观和古迹、生态环境及相关法规等资料，并在高浓度出现的地区作背景空气质量测定
环境影响预测和评价	①大气污染评价：利用高斯扩散模式，计算废气通过烟囱排放后，各种污染物经扩散稀释后的着地浓度，将该着地浓度与污染物背景浓度之和同空气质量标准对比；②噪声污染评价：余热锅炉蒸气排空管、高压蒸气吹管、汽轮发电机组、送风机、引风机、空压机、水泵等噪声对环境的影响
污染防治措施	主要包括：①烟气、灰渣排放控制、烟气净化工艺及防恶臭措施；②施工场地和影响区域的水土保持工作；③减振防爆措施
环境经济损益评价	计算评价污染设施投资及产生的经济、社会、环境效益
其他	①对土壤、景观及生态进行评价；②对垃圾焚烧过程中产生的二次环境污染及释放气体因物理、化学条件变化而产生爆炸等进行风险评价；③针对性地对周边公众意见进行收集，调查意见中增加对项目的认识，提出意见要求或建议

三、危险废物处理处置的环境影响评价

危险废物是指列入《国家危险废物名录》(以下简称《名录》)或根据国家规定的危险废物鉴别标准和鉴别方法认定的具有腐蚀性、毒性、易燃性、反应性和感染性等一种或一种以上的危险特性，以及不排除具有以上危险特性的固体废物。危险废物的鉴别标准有《危险废物鉴别标准》(GB 5085.1~7—2007)和《危险废物鉴别技术规范》(HJ/T 298—2007)，鉴别方法包括《固体废物浸出毒性浸出方法　翻转法》(GB 5086.1—1997)和《固体废物浸出毒性测定方法》(GB/T 15555—1995)。对危险废物的环境影响评价主要目的在于对危险废物的资源化、减量化和无害化的收集、运输、储存、综合利用和最终处置的全过程中对环境的不利因素进行分析、预测和评价，提出具有针对性的、可满足区域环境质量要求的减轻或消除危害和风险的措施和预案的建议，符合城市总体规划、土地利用规划、水源保护规划、环境保护规划等法律法规要求，征求受影响区域公众意见，做出危险废物处理项目选址环境可行性的结论，为工程设计和环境管理提供科学依据。

(一) 危险废物鉴别

危险废物种类繁多、性质复杂，危险特性鉴别作为《名录》判定的补充手段，是各级环境保护部门实施环境管理的重要依据。随着危险废物环境管理要求的不断提高，现行"企业确定检测指标、企业送样分析"的操作模式，给环境监管造成了较大干扰。在当前社会经济条件下，积极引入第三方鉴别和评估，规范危险特性鉴别行为，提高危险废物判定合理性，对准确把握工作重点，集中力量实施污染防治与监督管理，具有十分重要的意义。各地务必高

度重视，强化危险废物鉴别的指导，提高危险废物环境管理水平，切实防治危险废物环境污染。危险废物鉴别主要包括以下五个步骤：鉴别方案编制、鉴别方案论证、采样检测、鉴别报告编制、鉴别报告备案。

1. 鉴别方案编制

鉴别机构应当根据国家有关危险废物鉴别的标准规范，结合委托方提供的技术资料，编制鉴别方案，应当至少包括三方面内容：

(1) 固体废物属性判定。根据《固体废物鉴别导则(试行)》(国家环境保护总局公告 2006年 11 号)的规定，对被鉴别物的固体废物属性进行鉴别。经鉴别，不属于固体废物的，则被鉴别物也不属于危险废物；经鉴别属于固体废物的，需作进一步鉴别。

(2) 危险废物属性初筛。被鉴别物属固体废物的，鉴别机构应确定被鉴别物是否列入《名录》。经对照《名录》，被鉴别物列入《名录》且属于无"*"号标注的，则属于危险废物；被鉴别物列入《名录》且属于有"*"号标注的，初步认为无危险特征可能的，需进行危险特性鉴别确认；被鉴别物虽未列入《名录》但可能具有危险特性的，需进行危险特性鉴别。被鉴别物未列入《名录》的，且经综合分析产生环节和主要成分，不可能具有危险特性的，则不属于危险废物。

(3) 危险特性鉴别。依据《危险废物鉴别标准》(GB 5085.1~7—2007)的规定，确定被鉴别物的危险特性检测项目、检测方法和样品采集要求。通常情况下，检测项目应当根据被鉴别废物的性质，结合其产生源特性，在相应的《危险废物鉴别标准》中筛选确定。根据被鉴别物的产生过程，可以确定不存在、不产生的有害物质，可不进行相应的项目检测。鉴别机构应当在鉴别方案中，逐项说明检测项目筛选和排除依据。

2. 鉴别方案论证

鉴别方案编制完成后，需对其进行技术论证或者评估的，鉴别机构应当邀请相关环境管理部门和专家进行论证评估，并出具书面评估意见。参与论证的应包括行业工艺、环境工程、检测和环境管理等方面的专家和人员。

3. 采样检测

鉴别方案经评估论证通过后，鉴别机构应当严格按照鉴别方案，对被鉴别物进行采样和检测，以确定其危险特性。鉴别机构不具备相应认证资质的，应当委托有资质的机构进行采样和检测。被鉴别物的样品不得由委托方送样。样品检测应当使用《危险废物鉴别标准》规定的方法。检测机构应当出具书面检测报告。

4. 鉴别报告编制

鉴别机构应当根据检测结果，判定被鉴别物是否属于危险废物，并出具书面鉴别报告。鉴别报告中应有鉴别机构名称、完成时间，以及编写、审核和负责人签字，并加盖公章。鉴别机构应及时将鉴别报告送交委托方，并保留备份报告存档。

5. 鉴别报告备案

委托方应当将鉴别报告向所在地县级环境保护行政主管部门备案，经备案的鉴别报告可作为被鉴别物环境管理的依据。

(二) 危险废物的收集

危险废物产生单位进行的危险废物收集包括两个方面：一是在危险废物产生节点将危险废物集中到适当的包装容器中或运输车辆上的活动，二是将已包装或装到运输车辆上的危险废物集中到危险废物产生单位内部临时储存设施的内部转运。

危险废物收集前应制定详细的操作规程，内容至少应包括适用范围、操作程序和方法、专用设备和工具、转移和交接、安全保障和应急防护。同时根据危险废物产生的工艺特征、排放周期、危险废物特性、废物管理计划等因素制定收集计划。收集计划应包括收集任务概述、收集目标及原则、危险废物特性评估及收集量估算、收集作业范围和方法、收集设备与包装容器、安全生产与个人防护、工程防护与事故应急、进度安排与组织管理等。

危险废物在收集转运过程中，应采取相应的安全防护和污染防治措施。作业人员应根据工作需要配备必要的个人防护装备，同时做好防爆、防火、防中毒、防感染、防泄漏、防飞扬、防雨或其他防止污染环境的措施。

危险废物收集时应根据危险废物的种类、数量、危险特性、物理形态、运输要求等因素确定包装形式，具体包装材质可根据废物特性选择钢、铝、塑料等材质。性质类似的废物可收集到同一容器中，性质不相容的危险废物不应混合包装；危险废物包装应能有效隔断危险废物迁移扩散途径，并达到防渗、防漏要求；包装好的危险废物应设置相应的标签，标签信息应填写完整翔实；盛装过危险废物的包装袋或包装容器破损后应按危险废物进行管理和处置。

在危险废物的收集作业过程中应根据收集设备、转运车辆以及现场人员等实际情况确定相应作业区域，同时设置作业界限标志和警示牌，作业区域内应设置危险废物收集专用通道和人员避险通道，收集时应配备必要的收集工具和包装物，以及必要的应急监测设备及应急装备，"危险废物收集记录表"(表 10-5)应作为危险废物管理的重要档案妥善保存，收集结束后应清理和恢复收集作业区域，确保作业区域环境整洁安全，收集过危险废物的容器、设备、设施、场所及其他物品转作他用时，应消除污染，确保其使用安全。

表 10-5　危险废物收集记录表

收集地点		收集日期	
危险废物种类		危险废物名称	
危险废物数量		危险废物形态	
包装形式		暂存地点	
责任主体			
通信地址			
联系电话		邮编	
收集单位			
通信地址			
联系电话		邮编	
收集人签字		责任人签字	

危险废物在进行内部转运时，应采用专用的工具并填写"危险废物产生单位内转运记录表"(表 10-6)，转运时应综合考虑厂区的实际情况确定转运路线，尽量避开办公区和生活区，内部转运结束后，应对转运路线进行检查和清理，确保无危险废物遗失在转运路线上，并对转运工具进行清洗。

表 10-6　危险废物产生单位内转运记录表

企业名称:

危险废物种类		危险废物名称	
危险废物数量		危险废物形态	
产生地点		收集日期	
包装形式		包装数量	
转移批次		转移日期	
转移人		接收人	
责任主体			
通信地址			
联系电话		邮编	

(三) 危险废物的储存

危险废物应按种类和特性进行分区储存，易燃易爆危险废物应配置有机气体报警、火灾报警装置和导出静电的接地装置。储存废弃剧毒化学品时应充分考虑防盗要求，采用双钥匙封闭式管理，且有专人 24h 看管。危险废物储存单位应建立危险废物储存的台账制度。

危险废物储存容器(指储存危险废物的车子、箱、筒、袋及经执行机关规定的容器)应当使用符合标准的容器盛装危险废物，容器及材质要满足相应的强度要求，装载危险废物的容器必须完好无损，盛装危险废物的容器材质和衬里要与危险废物相容(不相互反应)；液体危险废物可注入开孔直径≤70mm 并有放气孔的桶中。

危险废物储存设施的选址应满足以下条件：①地质结构稳定，地震烈度不超过 7 度；②设施底部必须高于地下水最高水位，场界应位于居民区 800m 以外，地表水域 150m 以外；③应避免建在溶洞区或易遭受严重自然灾害如洪水、滑坡、泥石流、潮汐等影响的地区；④应建在易燃、易爆等危险品仓库、高压输电线路防护区域之外；⑤应位于居民中心区常年最大风频的下风向；⑥基础必须防渗，防渗层为至少 1m 厚黏土层，或 2mm 厚高密度聚乙烯，或至少 2mm 厚的其他人工材料。

(四) 危险废物填埋场的选址要求及工程分析

目前在危险废物处理处置技术方面，行之有效的处理处置手段包括化学法、固化法、高温焚烧及安全填埋等。根据我国危险废物处理处置法律、法规和技术规程、规范的规定，目前我国危险废物的最终处置主要采取安全填埋。安全填埋场是一种陆地处置设施，它由若干个处置单元和构筑物组成，处置场有界限规定，主要包括废物预处理设施、废物填埋设施和渗滤液收集处理设施。由于危险废物具有危险性和危害性的特点，对危险废物安全处置项目的环境影响评价与一般建设项目相比，存在一定的特殊性。安全填埋场选址是关系到环境影响评价质量好坏的最为关键的问题之一，也是安全填埋项目中重要的环节之一。

首先应根据《危险废物和医疗废物处置设施建设项目环境影响评价技术原则》(试行)(环发[2004]58 号)中对环境现状调查的要求,对项目拟建地的自然环境和社会环境现状进行调查,然后与国家有关危险废物的法规和规范中对选址的要求一一对照,分析拟选场址的可行性。在实际工作中,若遇到危险废物处理设施距离 800m 以内有居民等敏感目标时,如没有其他合适的场址,环境影响评价通常要求在该区域内的居民搬迁,并附有相关部门的承诺。在进行环境影响评价时,最好有备选场址,一般以 2 个以上候选场址为宜。如通过评价,对拟选场址均给出否定结论,则应另选场址,并重新进行环境影响评价。

场址比选重点论证填埋场场址地质条件和水文地质条件。

1. 危险废物填埋场场址工程地质条件

工程地质条件对于填埋场的建设是相当重要的。填埋场应避开地质断裂带、坍塌地带、地下溶洞,以防止危险废物渗滤液对地下水造成污染风险;尽量选择有较厚的低渗透率土层和地下水位低的地区;尽量避开软土地基和可能产生地基沉降的地区,以防止在填满废物后由于重力作用造成填埋层沉降,破坏防渗衬层,造成渗滤液渗漏污染地下水。

根据《危险废物填埋污染控制标准》(GB 18598—2001),填埋场场址的地质条件应符合下列要求:①能充分满足填埋场基础层的要求;②现场或其附近有充足的黏土资源以满足构筑防渗层的需要;③位于地下水饮用水水源地主要补给区范围之外,下游无集中供水井;④地下水水位应在不透水层 3m 以下;⑤天然地层岩性相对均匀、渗透率低;⑥地质结构相对简单、稳定,没有断层。如果工程地质欠缺但又必须选址于此的,应加强填埋库区天然材料衬层厚度库底所有回填的黏土,均须经机械分层压实,压实后的渗透系数应不大于 1.0×10^{-7}cm/s。同时还应考虑区域地质构造、区域稳定性、地震烈度及断裂带活跃性,可能受区域地质构造影响而出现基岩破碎程度较高和强、中风化岩层厚度情况。

2. 危险废物填埋场场址水文地质条件

水文地质条件包括场区地表水系发育情况、地层富水性、含水层赋存特征、地下水形成条件径流和排泄路径。应给出地下水及地层分布柱状图;若水文地质条件欠缺的地方,需采取水文地质工程措施,如地下水丰富地区为了避免不利现象出现必须对库区底部地下水进行导排和截流、填埋场库区环场截流。地下水收集系统及导排宜采用导排盲沟+排水席垫相结合的方案。安全填埋项目对选址要求较高,其中社会接受性和环境适宜性是场址选择的关键因素,因此在项目环境影响评价时,对场址选择的论证应严格按照标准要求,逐条对照。选择合理的场址,将为环境影响带来诸多有利因素。

3. 危险废物安全填埋项目工程分析

安全填埋项目工程分析主要工作内容是按国家对危险废物处置的相关标准、规定,分析项目采用的预处理工艺、设施及环境保护措施的合理性。应对危险废物的接收、分析鉴别、储存、安全处置系统进行分析,分阶段给出工艺路线和环境保护措施,其中产生污染较大的车间有预处理车间、稳定化固化车间。

预处理工艺主要采取物化处理,物化处理主要是处理废酸、废碱液、废乳化液、重金属废液以及填埋场的渗滤液，主要将有害物质从水中分离出来，从而对其进行稳定化固化处理，以满足危险废物填埋的入场标准。

需要进行稳定化/固化处理的废物，经称量鉴别后送入稳定化/固化处理车间，根据废物不同性质分类分区储存于未处理废物容器内。通过泵体或叉车将废物运送至电子称量后，再转运至搅拌机上料斗，然后根据固体废物的重量及污染物组分加入相应的水泥及稳定剂，废物与水泥及稳定剂经搅拌机搅拌充分混合后，由卸料口出料并转运至废物暂存区域养护。同时进行分批次的抽样进行浸出实验，测定浸出液浓度是否达到入场标准。若达标后，方可送入填埋场进行填埋；若没能达到标准，则需将其固化体返回破碎再次进行稳定化固化处理。医疗废物和与衬层具有不相容性反应的废物禁止送入填埋场填埋。

(五) 危险废物焚烧处置项目的场址选择及工程分析

由于危险废物具有危险性和危害性的特点，特别是医疗废物具有的特殊性，因此对危险废物焚烧处置项目环境影响评价与一般建设项目相比，存在一定的特殊性，需要重点关注厂(场)址选择、工程分析及环境风险。

1. 危险废物焚烧处置项目的场址选择

危险废物焚烧处置设施厂(场)址选择要求甚高，除要符合国家法律、法规要求外，还要对社会环境、自然环境、场地环境、气候条件、应急救援等因素进行综合分析，是一项十分复杂的工作。作为环境影响评价单位，首先应对项目拟建地的自然环境和社会环境现状进行调查，然后与国家有关危险废物的法规和规范中对选址的要求一一对照，分析拟选厂(场)址的可行性。

危险废物焚烧项目环境影响评价中的选址要求，根据重要程度应依次注意以下问题：

(1) 应符合当地城市总体发展规划、环境保护规划、环境功能区划等的规划要求。

(2) 危险废物处理设施距离主要居民区以及学校、医院等公共设施应不小于 800m。拟选厂址应避免公用设施或居民的大规模拆迁。场界应位于地表水域 150m 以外。对于医疗废物焚烧设施，还特别要求处置厂距离工厂、企业等工作场所的直线距离应大于 300m。

(3) 不允许建设在饮用水源保护区、自然保护区、风景区、旅游度假区等环境敏感区内。

(4) 不允许建设在居民区主导风向的上风向地区。

(5) 需进行公众调查，并得到公众支持。

(6) 应具备满足工程建设要求的工程地质条件和水文地质条件。不应建在受洪水、潮水或内涝威胁的地区；受条件限制，必须建在上述地区时，应具备抵御 100 年一遇的洪水防洪、排涝措施。

(7) 具备一定的基础条件(水、电、交通、通信、医疗等)；有实施应急救援的水、电、通信、交通、医疗条件；应考虑焚烧产生的炉渣及飞灰的处理与处置，并宜靠近危险废物安全填埋场；应有可靠的供水水源和污水处理及排放系统。

在进行环境影响评价中，最好有备选厂(场)址，一般以 2 个以上候选场址为宜。如通过评价，对拟选厂(场)址均给出否定结论，则应另选厂(场)址，并重新进行环境影响评价。

2. 危险废物焚烧处置项目的工程分析

焚烧项目工程分析主要工作内容，是按国家对危险废物处置的相关标准、规定，分析项目采用的工艺、设施及环境保护措施的合理性。焚烧系统是危险废物焚烧处置过程的中心环节，根据国内外焚烧系统的设计和具体应用经验，其核心设备——焚烧炉，应根据危险废物的种类和特征，选用不同的炉型。在环境影响评价过程中，应根据危险废物的种类和特征，分析所采用处理技术的可行性，重点分析焚烧炉操作工况能否满足《医疗废物焚烧炉技术要求》(GB 19218—2003)规定的要求，即焚烧温度不低于850℃，停留时间不小于2s，焚烧效率不小于99.9%等的指标要求。

烟气净化系统分析是焚烧项目工程分析的关键内容，环境影响评价中应根据不同的废物类型、组分含量，分析选择所用烟气净化方式的可行性。对于含氮量较高的危险废物，必须考虑氮氧化物的去除措施，应优先考虑通过对危险废物焚烧过程的燃烧控制，以抑制氮氧化物有害气体成分的产生。

环境影响评价时需根据项目拟处置危险废物的组成成分不同，考虑所选工艺的适用范围、处理效果，并分析其技术合理性，重点论证"三废"治理措施的可行性和可靠性。

四、工业固体废物处理处置的环境影响评价

一般固体废物是指未被列入《国家危险废物名录》或者根据国家规定的鉴别标准和《固体废物浸出毒性浸出方法》等鉴别方法判定不具有危险特性的工业固体废物。

按照2001年修订的《一般工业固体废物贮存、处置场污染控制标准》(GB 18599—2001)规定，第Ⅰ类一般工业固体废物是指按照《固体废物浸出毒性浸出方法》规定方法进行浸出实验而获得的浸出液中，任何一种污染物的浓度均未超过《污水综合排放标准》最高允许排放浓度，且pH范围在6~9的一般工业固体废物；第Ⅱ类一般工业固体废物是指按照《固体废物浸出毒性浸出方法》规定方法进行浸出实验而获得的浸出液中，有一种或一种以上的污染物浓度超过《污水综合排放标准》最高允许排放浓度，或者pH范围在6~9之外的一般工业固体废物。堆放场Ⅰ类一般工业固体废物的储存、处置场为第一类，简称Ⅰ类场。堆放场Ⅱ类一般工业固体废物的储存、处置场为第二类，简称Ⅱ类场。

(一) 储存、处置场场址选择要求

1. Ⅰ类场和Ⅱ类场的要求

(1) 所选场址应符合当地城乡建设总体规划要求。

(2) 应选在工业区和居民集中区主导风向下风侧，厂界距居民集中区500m以外。

(3) 应选在满足承载力要求的地基上，以避免地基下沉的影响，特别是不均匀或局部下沉的影响。

(4) 应避开断层、断层破碎带、溶洞区，以及天然滑坡或泥石流影响区。

(5) 禁止选在江河、湖泊、水库最高水位线以下的滩地和洪泛区。

(6) 禁止选在自然保护区、风景名胜区和其他需要特别保护的区域。

2. Ⅱ类场的其他要求

(1) 应避开地下水主要补给区和饮用水源含水层。

(2) 应选在防渗性能好的地基上，天然基础层地表距地下水位的距离不得小于1.5m。

(二) 储存、处置场污染控制项目

2001年修订的《一般工业固体废物贮存、处置场污染控制标准》(GB 18599—2001)对一

般固体废物储存、处置场污染控制项目做了明确规定。

(1) 渗透液及其处理后的排放水。应选在一般工业固体废物的特征组分作为控制项目。

(2) 地下水。储存、处置场投入使用前，以《地下水环境质量标准》规定的项目作为控制项目，使用过程中和关闭或封场后的控制项目，可选择所储存、处置的固体废物的特征组分。

(3) 大气。储存、处置场以颗粒物为控制项目，其中属于自燃性煤矸石的储存、处置场，以颗粒物和二氧化硫为控制项目。

第五节　固体废物环境影响评价案例分析

一、实际案例

(一) 项目概况

1. 项目名称

某市废弃物安全处置中心。

2. 项目性质

某市每年都生产大量的固体废物和危险废物，其工业以轻纺、化工、制药、石化、电子、交通运输业为主，2001 年申报登记的工业固体废物年产生量 416.256 万 t，危险废物年产生量 26.36 万 t，是某省固体废物、危险废物产生大户。

3. 项目组成

某市废弃物安全处置中心主要由以下建设内容组成。

1) 安全填埋场

建设内容主要包括场区土方工程、边坡工程、截污坝、防渗系统、排洪系统、地下水导排系统、场区道路、渗滤液收集系统、最终覆盖层系统和生态修复工程等。

2) 接受、交换、调配中心

建设内容主要包括信息管理系统、收运系统、分析测试系统、工艺实验系统、储存系统和调配车间等。

3) 物化处理车间

(略)

4) 稳定化/固化处理车间

建设内容主要包括稳定化/固化处理车间的土建工程、水泥固化设施、药剂稳定化处理设施、中和预处理设施、脱水预处理设施等。

5) 污水处理系统

建设内容主要包括污水处理车间土建工程，调节池、沉淀池、反应池、过滤池及污泥浓缩池和人工湿地系统。

6) 公用工程设施

本项目的公用工程设施主要包括给排水、供电、通信、消防、道路及绿化等。

7) 办公生活设施

(略)

4. 项目规模与构成

某市废弃物安全处置中心拟选厂址位于某市某区某镇某村的山谷中，征地面积 333333m²。根据危险废弃物的产生量和预测量，项目营运期内(2005～2023 年)需填埋的危险废弃物总量约为 818431m³，按适当留有余地原则，安全填埋场的建设规模按 860000m³ 计。某市废弃物安全处置中心建设规模见表 10-7。

表 10-7 某市废弃物安全处置中心建设规模

序号	处理设施	处理规模	需处理量/t	建设分期	备注
1	接受、配料车间	80000t/a	45426		
2	物化处理车间	5000t/a	952		渗滤液 14t/d
3	稳定化/固化车间	56000t/a	32057		
4	安全填埋	86 万 m³	818431	首期 15 万 m³	可用 5 年
				二期 15 万 m³	可用 7 年
				三期 15 万 m³	可用 8 年

1) 填埋场场区平面布置

安全填埋场位于场区内东北部的 I 区，占地 86700m²，总容积 86 万 m³，场区底部高程为 46m。第一期拟填埋高程为 52m，库容为 15 万 m³；第二期拟填埋高程为 60m，库容为 31 万 m³；第三期拟填埋高程为 66m，库容为 40 万 m³。场区内东南部的 II 区作为预留发展用地，占地 45400m²，总容积 56 万 m³。

2) 填埋场区结构

填埋场分单元开挖和填埋，开挖边坡的开挖坡度为 1∶3，平均开挖深度为 6.5m，除去衬层系统所占空间厚度(1.0m)，地下平均开挖深度为 5.5m，封场地形坡度4%，最终覆盖层厚度1.5m。

3) 地下水排水系统

填埋场场区内的地下水主要补给来源为降雨入渗补给，场区开挖的平均深度为 6.5m，而地下水位稳定水位埋深为 2.20(沟谷)～15.60m(山坡)，因此在填埋场衬层以下，需要建设地下水排水系统，控制地下水最高水位与填埋场防渗层的安全距离在 2.0m 以上。排水系统由穿孔塑管、疏导砾石、集水池和排水泵组成。

4) 填埋单元的防渗构造

根据我国《危险废物填埋污染控制标准》(GB 18598—2001)及参照国外有关技术规定和要求，结合本项目厂址的实际地质、水文条件，确定采用双人工防渗系统，由上至下分别为主防渗层和次防渗层。其结构为

(1) 底部防渗层构造。

(a) 200g 土工无纺布。

(b) 300mm 砂、碎石疏水层。

(c) 800g 土工无纺布。

(d) 2.0mm HDPE 防渗层。

(e) 1200g 工厂化合成膨润土层。

(f) HDPE 排水网格。

(g) 200g 土工无纺布。

(h) 1.5mm HDPE 防渗层。

(i) 500mm 黏土层。

(j) 天然基础层≥3.0m。

(2) 边坡防渗层构造。

(a) 400g 土工无纺布。

(b) HDPE 排水网格。

(c) 2.0mm HDPE 防渗层(双毛面)。

(d) 1200g 工厂化合成膨润土层。

(e) 1.5mm HDPE 防渗层(毛面)。

(f) 天然基础层≥3.0m。

5) 集排气系统

在填埋场划出一集中填埋污泥的区域,设立石笼,将气体直接排向大气。石笼使用卵石为排气材料,外裹铁丝网,顶有雨帽,防止降水流入。

6) 截污坝

为了使填埋场形成一个相对封闭的填埋坑,同时防止堆填的危险废物流失,在填埋西端和西南边沟口需修建截污坝。

7) 渗滤液收集系统

填埋场渗滤液收集系统包括位于填埋的废弃物与主防渗层之间的渗滤液主集排水系统和位于两层人工合成衬层之间的辅助集排水系统。

渗滤液主集排水系统由疏水层和 D=200mm 的 HDPE 穿孔导渗管组成。疏水层包括场底砂石疏水层和边坡网格疏水层。

辅助集排水系统由 HDPE 网格及相应的管道、集水井、监测井组成。

在填埋单元上部砾石中铺设带孔 HDPE 排水干管,与场底坡度一致。两侧铺设带孔支管,与主管连接。干管和支管分别使用外裹无纺布的 HDPE 穿孔管。

填埋场渗滤液排至渗滤液集水井后,由潜水泵抽至物化处理车间,经物化处理和污水 DT-RO 工艺处理后达标排放。

8) 填埋场防雨措施及排水

在填埋区的周边设置雨水排水沟,沟内铺设排水管,其外侧充填砾石过滤层。排水沟与最终覆盖层中的砾石排水层相衔接,使进入排水层中的降水流入排水沟。在填埋场西面分区土堤外修建集水坑,将雨水引出填埋场外。填埋废弃物达到设计标高后及时进行封场,将雨水沿场顶坡面引入封场后场边的碎石盲沟,由盲沟汇集排入周边水沟。

填埋区的降水可通过临时的覆盖、雨帽、防水帆布和支撑的遮棚等措施防止雨水进入废物中。未填埋区域的集水将被泵到周边的环场排水沟中。未能防止与废弃物接触的降水将允许其透过废弃物后作为渗滤液处理。

(二) 工程分析

1. 渗滤液产生量的估算

由于危险废物的填埋在雨季是不作业的,因此使用平均降雨强度(1783.6mm)来预测渗滤液的产生量，只考虑开挖单位接收的降雨入渗液，忽略封场单元接受降雨的入渗量、废物重力给水量和废物(已水泥固化)的持水量。

由于填埋场分期分阶段填埋施工(整个填埋区分为 6 个单元填埋施工)，接受降雨补给并可转化为渗滤液的部分为一个填埋单元(每填完一个单元后，进行终场覆盖，然后再开挖和填埋另一单元)。如按最大的填埋单元(面积为15500m²)来计算，由此估算出最大的填埋单元渗滤液年均产生量为 4976m³，约14m³/d。如果采用日最大降雨量 269.5mm(历史记录)计算，填埋单元渗滤液最大日产生量约为 752m³。

2. 渗滤液处理

渗滤液收集后(先入缓冲池，由于在暴雨时填埋单元的渗滤液量最高可达 752m³/d，因此缓冲池设计规模考虑为800m³，这样平常可以收集约 60d 正常运转产生的渗滤液量)，送物化车间进行处理。

3. 废气排放

1) 填埋场产生的废气分析

本填埋场的填埋物绝大部分为无机废物，产生的有害或恶臭类污染物比生活垃圾填埋场少得多。进场的重金属污泥经过干化后进行稳定化处理，采用水泥石灰作为稳定剂可减少污泥中残留的 H_2S 排放，虽然同时产生 NH_3，但 NH_3 的毒性比 H_2S 小得多。危险废物填埋场排放的少量气体对周围环境空气的影响较小。

2) 预处理车间产生的废气分析

本项目物化车间存放的待处理废液密封存放，进行中和、混凝沉淀、化学还原等预处理时产生的气体量也小，不会影响周围环境空气。

储存间和固化车间所需的原料主要为水泥、石灰石、石灰、粉煤灰等，本项目在该两种处理车间采用布袋式除尘器处理颗粒物，通风量大于 5000m³/h。经布袋式除尘器处理后，外派的颗粒物的排放浓度和排放速率均达到 DB 44/27—2001 二级标准的要求。

3) 职工食堂燃气炉灶

本项目职工食堂拟安装 2 个炉头燃气炉灶,燃用液化石油气,职工食堂每天耗气量为 64m³,按每吨液化气产生 SO_2 0.0386 kg 和 NO_x 0.2358 kg 计，则产生 SO_2 0.005kg/d、NO_x 0.029kg/d，相应的年排放量为 SO_2 1.83kg、NO_x 10.59kg。油烟质量浓度按 13mg/m³、烟气量按 32000m³/d计，职工食堂油烟产生量为 0.416kg/d。

4) 填埋作业时产生的废气分析

填埋作业时产生废气的主要有压力推土机和装载运输机。若考虑一台推土机和一台装载运输机同时工作，以上海 120 型推土机为例，耗油量 158g/min，装载运输机的耗油量与推土机相同，工作耗油量为 22.2kg/h，大气污染物的排放量 CO 为 627g/h，CH 为 193g/h，NO_x 为 905g/h，烟尘为 72g/h。

4. 其他废水的产生量

1) 场区雨水

本项目设有雨水集排水系统，尽可能避免雨水渗入填埋场内。场区收集到的雨水，其污染物含量较少，经一级处理设施加以处理后外排或回用。

2) 预处理车间其他废水

预处理车间(如暂存仓库生产废水、机修车间生产废水等)在进行化学还原、中和沉淀或混凝沉淀处理后会产生一定量的废水(含去除重金属污染物后的渗滤液废水)。还有各车间生产废水、地面冲洗水、洗车水、实验室分析化验废水等，这部分生产废水约 12000m³/a。类比深圳市危险固体废物填埋场实测的生产废水的数据，确定本填埋场生产废水中主要污染物指标见表 10-8。

表 10-8   生产废水中主要污染物指标表

主要污染指标	浓度范围/(mg/L)
pH	5~8
Cu^{2+}	10~30
Ni^{2+}	3~10
Cr^{3+}	3~10
Zn^{2+}	10~15
Pb^{2+}	1~3
F^-	5~10
CN^-	0.02~2
COD_{Cr}	200~400
SS	100~300

3) 场区生活污水

本项目定员 80 人，按 50 人住在场区，在职工食堂就餐人数为 80 人，则建成后的生活污水量约为 22m³/d，其中职工食堂含油污水量约为 4m³/d。食堂含油污水经隔油隔渣预处理、粪便污水经三级厌氧化粪池处理后(经化粪池处理后，出水水质 COD_{Cr} 150～250mg/L，NH_3-N 25mg/L，PO_4-P 3.5mg/L)，进行二级生化处理达到一级排放标准，将和其他经处理后的生产废水进入人工湿地系统。

5. 固体废物

本项目预处理车间会产生沉淀污泥等。预处理车间产生的沉淀污泥将视待处理的废料而定，对重金属类废物采用药剂稳定化处理，对废酸废碱废物采用中和处理，对含氰、氟、石棉废物采用水泥、石灰固化处理后再由本项目安全填埋场处置。产生的生活垃圾送某市生活垃圾填埋场处置。

6. 污水处理站排放标准、设计规模及处理工艺

1) 污水处理排放标准的确定

污水处理车间主要是将各处理处置工序及其他设施排放的工艺废水和生活污水进行集中处理，考虑到拟选地区的水是经良田最终排入流溪河，而流溪河为某市主要的饮用水水源地，因此对污水厂的出水水质严格要求，处理后的废水应达到《污水综合排放标准》(GB 8978—1996)、某省《水污染物排放限值》(DB 44/26—2001)中的一级标准后回用或外排。

2) 污水处理设计规模的确定

根据生产废水的产生量 17028m³/a(47m³/d)，生活污水的产生量 22m³/d，考虑到废水水量

的波动性、强风暴降水等外界因素和将来生产的发展,确定生产污水处理设计规模为 55m³/d,生活污水的处理规模为 25m³/d。

3) 污水处理工艺流程

由于生产废水和生活污水的水质不同,生产废水采用 DT-RO 工艺,生活污水采用二级生化处理。经分别处理后生产废水和生活污水再进入人工湿地系统进一步去除有机物、氨氮和磷。经该系统处理后的废水应确保达到 GB 8978—1996 和 DB 44/26—2001 中的一级标准限值,最终进入储水池外排或回用。

(三) 环境概况

1. 拟选场址周围的自然环境概况(略)

2. 拟选场址周围的社会经济概况(略)

3. 拟选场址区域生态概况(略)

(四) 环境影响评价

1. 环境影响识别

某市废弃物安全处置中心的建设时间约为 8 年(1～3 期合计),营运期为 20 年,不同时期的工程行为的环境影响要素不同,环境影响要素识别见表 10-9。

表 10-9 环境影响要素筛选和识别

环境资源		施工前期		施工期					运营期		
		占地	拆迁安置	取弃土	进场道路	填埋场	材料运输	机械作业	安全填埋	危废运输	绿化复垦
社会发展	就业、劳务			○	○	○	○	○	●	●	●
	经济			○	○	○	○	○	●	●	●
	旅游										
	农业	■		□	□	□					●
	水利			□	□	□					●
	土地利用	□		□	□						●
物质资源	土质								■		●
	地面水文			□	□	□					●
	地下水文										
	地面水质			□		□			■		●
	地下水质								■		
	水土保持	□		□	□	□					●
生态资源	陆地植被	■	■	■	■						●
	陆栖动物	□	□	□	□						●

环境资源		施工前期		施工期					运营期		
		占地	拆迁安置	取弃土	进场道路	填埋场	材料运输	机械作业	安全填埋	危废运输	绿化复垦
生活质量	声学环境			□	□	□	□	□	■	■	●
	空气环境			□	□	□	□	□	■	■	●
	居住										
	美学			□	□	□			■	■	●

注：□/○表示不利/有利影响；涂黑/白表示长期/短期影响；空白表示无相互作用。

1) 施工期环境要素识别

本项目的建设时间约为 8 年(1～3 期合计)，在这样长的建设期内，一般会对拟选场厂周围环境质量带来以下几方面的影响：

(1) 施工噪声。各类施工机械(如挖掘机、推土机、平地机、混凝土搅拌机、压路机、装载机、钻井机等)，离施工机械 5m 处的声级值在 76～112dB(A)。

(2) 生态环境和景观的影响。建设安全填埋场会在一定程度上存在破坏场区内的植被、占用土地、引起水土流失、弃土的堆放等问题，对场区内的生态环境和景观产生不利的影响。

(3) 施工污水。在施工过程中，施工人员产生的生活污水及开挖地面因降雨而产生的高浓度泥沙地面雨水，会对本项目沿线的环境质量产生一定的影响。

2) 营运期环境影响要素识别

本项目建成后，对场区周围可能带来的环境影响主要有以下几方面：

(1) 水环境影响。主要来源于渗滤液、预处理车间产生的废水以及生活污水，特别是渗滤液，如防渗措施做得不到位，其排放可能会对地表水和地下水水质产生严重不利影响。

(2) 环境空气污染。项目建成后，填埋机械在作业时排出的尾气会对沿线环境空气质量造成一定程度的影响；同时预处理车间产生的一些粉尘如防治措施不当，也可能影响周围的环境空气质量。

(3) 噪声。项目建成营运后，填埋机械在作业时产生的噪声将对周围的声环境质量产生不利影响。

(4) 运输危险废物的车辆。运输危险废物的车辆如发生事故时，则可能导致危险废物进入水体或土壤，对环境产生不利影响，同时运输车辆本身会产生一些噪声和废气，影响沿线的环境质量。

2. 推荐场址的环境功能区划

本项目推荐场址的环境功能区分别为①大气环境功能区：2 类功能区；②水环境功能区：工、农业用水区；③声环境功能区：Ⅰ类区。

3. 评价范围、评价因子和评价标准

1) 评价因子的筛选

根据本项目的性质及排污的特点，筛选以下因子进行评价：①环境空气评价因子：NO_2、PM_{10}、F^-、CN^-；②地表水评价因子：pH、DO、COD_{Cr}、BOD_5、挥发酚、总汞、总氰化物、Cr^{6+}、Cu、Zn、Cd、As 和石油类；③地下水评价因子：pH、总汞、总氰化物、Cr^{6+}、Cu、Zn、

Cd、As；④声环境现状评价因子：等效声级；⑤生态环境现状评价因子：土壤环境质量、生物多样性、群落多样性、群落类型、结构。

2) 评价范围

(1) 大气环境：以项目厂址为中心，半径为 4km 的区域。

(2) 水环境：九佛水从沙田村断面至出流溪河的黎家塘断面(全长约 24km)，沙田水千家围断面至出流溪河的竹料段(全长约 9km)，溪流河黎家塘断面至钟落潭水厂断面(长约 5.5km)，沙田水汇入到溪流河竹料段上下游 2km 的范围，共约 42.5km² 的水域范围。地下水评价范围：以选点为中心，4km² 范围的区域面积。

(3) 声环境：厂边界 1m 范围为评价区域。

(4) 陆生生态环境：以场址为中心，3km² 的区域为本次生态环境评价范围。

3) 评价标准

拟采取的标准有：①《环境空气质量标准》(GB 3095—2012)，填埋场大气污染物排放执行《大气污染物综合排放标准》(GB 16297—1996)和某省地方标准《大气污染物排放限值》(DB 44/27—2001)第二时段中无组织排放监控浓度限值，饮食业油烟执行《饮食业油烟排放标准(试行)》(GB 18483—2001)中最高允许排放浓度为 2.0mg/m³，地表水质量标准、排放标准与地下水质量标准根据《某市水环境功能区区划》和《某市饮用水源保护区、饮用水源保护范围和新饮用水源污染控制区区划》的规定，声环境质量标准及厂界噪声标准，土壤质量标准等。

4. 评价重点

(1) 通过调查分析某市固废产生的数量、种类及特性，分析评价处理危险废弃物工艺可行性，是否达到废物利用、资源回收、清洁生产的要求。

(2) 工程运行后对拟选场址区范围内的地下水、地表水水质影响作为评价重点。

(3) 拟选场址区内工程地质和水文情况，也作为评价重点之一。

(4) 综合分析和判断项目选址合理性、污染预防措施的可行性，为某市固废提供一个在环境保护上可行的场址。

(五) 环境影响预测

环境影响预测模型案例繁多，这里不详细展开。

(六) 场址的比选论证和选址的合理性分析

1. 拟选场址基本概况及工程条件比较(表 10-10)

表 10-10　拟选场址基本概况和工程条件比较

条件	A 场址	B 场址	C 场址
建设地点	良田镇良田村东面山谷	良田镇沙田村北面山谷	太和镇新丰村南面山谷
自然生态环境影响	非水源地，选址下游流溪河，最近的水厂位于 30km 外	非水源地，选址位于流溪河钟落潭水厂吸水点上游(距离 20km 多)	非水源地，场址所在区域为金坑水库汇水区
地形条件	地形有利，能尽可能减少工程量，有足够的覆土来源	地形有利，能尽可能减少工程量，有足够的覆土来源	地形较有利，能尽可能减少工程量，有足够的覆土来源

续表

条件	A 场址	B 场址	C 场址
地质水文条件	厂区地表水水量较小,大部分以渗流形式汇集到沟谷山塘中,汇入良田水,再进入溪流河。厂区内无不良地质现象发生	厂区地表水量较小,大部分以河流形式汇集到沟谷山塘中,汇入九佛水,进入流溪。场区内无不良地质现象发生	厂区地表水受金坑水库直流影响,地下水位受金坑水库的影响。场区内无不良地质现象发生,但场外有断裂带通过
水电设施条件	场区内无水电供应设备。但选址区西面边界 150m 外上空有一高压高架输电线穿过	区内未有水电供应设备,距竹料变电站约 30km	由于兴丰生活垃圾填埋场的建成,可共用水电供应设备及以后的输变电设备
生产、生活条件	生产条件需全部自建,生活配套设施缺乏	生产条件需全部自建,生活配套设施缺乏	生产条件可与兴丰生活垃圾填埋场互补,生活配套设施缺乏
废物运距合理性,交通方便程度	场外交通方便,废弃物经新广从公路进入,运输最近,需新建进场公路约 1000m	场外交通方便,废弃物经新广从公路进入,运输较近,需新建进场公路约 800m	场外交通方便,市区以东产生的废弃物经东线运输,以西产生的废弃物经西线运输,运输较近,需新建进场公路约 400m
水文和工程地质条件是否适宜	较适宜	较适宜	一般
100m 泛洪区外,对河流和水库不造成污染	不受洪水影响,影响水库水体水质	不受洪水影响,影响水库水体水质	泛洪区内,影响金坑水库水体水质
避开居民区和风景区	1km 外才有居民点,距离帽峰山森林公园有 8km	800m 外有居民点,紧挨帽峰山森林公园北边界	1km 外有居民点,西面紧邻帽峰山森林公园东边界,南邻金坑森林公园
应在居民点的下风向,尤其是夏季	是	是	否

2. 拟选场址周围环境质量状况比较(表 10-11)

表 10-11　3 个拟选场址环境质量现状比较

项目	A 场址	B 场址	C 场址
环境空气质量现状	达到环境空气 2 级标准的要求		
声环境质量现状	达到声环境 1 类标准的要求		
地表水环境质量现状	直接受纳水体——良田水在上游处受到有机污染和 Zn 污染严重;流溪河石油类污染严重,下游有机污染也较严重	直接受纳水体——九佛水上游水质可达到 1 级标准;流溪河石油类污染严重,下游有机污染也较严重	金坑水库、金坑河、西福河受到了一定程度的粪大肠杆群污染,水体水质基本达到 4 类水标准
地下水环境质量现状	达到地下水质量 3 类标准,地下水水质较好	达到地下水质量 3 类标准,地下水水质较好	地下水中的氨氮、细菌总数和粪大肠杆菌群超标,水质一般
土壤环境质量现状	达到环境质量 2 类标准		

3. 替代方案在运营期的环境影响比较(表 10-12)

表 10-12　3 个拟选场址运营期环境影响比较

场址项目	A 场址	B 场址	C 场址
大气环境影响		对周围环境的空气质量基本没有影响	
水环境影响	地表水对良田水、流溪河水质影响很小，对地下水无影响	地表水对九佛水、流溪河水质的影响很小，对地下水无影响	地表水对金坑水库、金坑河、西福河有明显影响，对地下水无影响
声环境影响	运输汽车噪声对道路沿线居民会有影响，但影响很小	除进场汽车噪声对道路沿线居民会有影响外，进场时可能会影响到沙田村少数居民，但影响程度较小	运输汽车噪声对道路沿线居民会有影响，但影响很小
自然生态	基本无影响	破坏帽峰山森林公园北部的生态景观	破坏帽峰山森林公园西部景观；破坏金坑森林公园北部景观
风险影响	可能存在垃圾渗滤液渗漏的风险，需要在建设时做好防渗措施		

4. 选址的可行性、合理性分析比较

根据《某省固体废物污染防治规划》的要求，3 个场址在自然环境条件、交通条件、环境质量现状、地表水环境影响等方面十分类似，没有显著的差别，但在敏感点与项目所处的位置、水文地质条件、与周围环境(特别是森林公园)的协调方面、施工期和运营期等的综合影响程度方面，A 场址就要优于 B 场址和 C 场址，因此推荐 A 场址为最终的拟选场址(表 10-13)。

表 10-13　废弃物安全处置中心场址比较分析

项目	场址分析比较	场址比选结论
A 场址	地表径流少，无地表水系通过本场址，不受洪水的影响；地下水水位较高；场内及周围未发现不良地质现象 周围的居民点在 1km 外，不处于主导风向的下风向，施工期间和运行期间的噪声不影响居民 和周围的环境协调性较好	符合填埋场建设运行条件，对当地生态环境、社会环境影响很小，可作为推荐场址
B 场址	地表径流少，无地表水系通过本场址，不受洪水的影响；地下水水位较高；场内及周围未发现不良地质现象 选址位于流溪河钟落潭水厂吸水点上游，运行期间对钟落潭水厂吸水点水质可能会有影响 周围居民点在 800~1000m，冬季处于主导风向的下风向，施工期间和运行期间的噪声不影响居民 项目会破坏面积保存较好的马尾松-芒其群落，对区域的生态环境影响较大 项目选址距离帽峰山国家森林公园北边界较近，影响该森林公园的生态景观	项目对钟落潭水厂吸水点有一定程度影响，且对当地生态环境和帽峰山森林公园景观影响较大，施工期和营运期对部分居民声环境产生影响，故不作推荐

续表

项目	场址分析比较	场址比选结论
C场址	项目选址所在区域为金坑水库上游，位于泛洪区内；受水库的影响，地下水位较高，增加了施工的难度；场区周围发现不良地质现象；运行期间对金坑水库水质可能会有影响 周围的居民点在1km外，但处于主导风向的下风向，施工期间和运行期间的噪声会影响居民 靠近金坑生活垃圾填埋场，生活垃圾的渗滤液含有大量的有机酸，若侵入危险废物填埋场，会与重金属形成络合物，增加滤出的可能性 项目选址距离帽峰山国家森林公园边界、金坑森林公园的北边界较近，影响两森林公园的生态景观 项目会破坏面积保存较好的马尾松-芒萁群落、马占相思阔叶林群落，对区域的生态环境影响较大	项目位于金坑水库上游。处于泛洪区内，地下水位高，增加了施工的难度；邻近生活垃圾填埋场，可能会受到生活垃圾填埋场渗滤液的影响；对金坑水库水质有一定影响，且对当地生态环境和帽峰山森林公园、金坑森林公园景观影响较大，故不作推荐

(七) 结论

某市废弃物安全处置中心的建设本身就是一项环境保护工程，有助于将该市的危险废物量进行有效的削减和处置，对该市的城市环境有明显的改善作用。拟选在该市白云区良田镇良田村东部的山谷中建设，就自然环境、周边社会环境、社会效益、环境效益等而言，该项目是可行的和相当重要的。该项目的建设符合《某市环境保护"十五"规划》，并与当地的城市发展规划相协调，当地政府认为有积极意义的要求。本项目的环境影响主要是渗滤液对地表水和地下水的影响，但影响较小，通过废弃物安全处置中心员工严格培训和管理，以及对渗滤液采取严格的防渗工程措施和治理措施，其影响是可以减小的，可以消除或减弱对地表水、地下水的影响。在采取这些缓解影响措施后，拟建的场址和本项目均是可行的。

二、环境影响评价工程师考试案例分析

【案例一】 某铜矿矿区面积 0.222km²，开采 100m 标高以上矿床。矿山现生产规模为年产 6 万 t 铜矿石(硫化矿)原矿，开拓方式为竖井、斜井、盲竖井联合开拓，采矿方法为浅孔留矿法，矿石堆场。矿石经破碎后外运到选厂。企业工作制度为矿山采用连续工作制，每年工作 300d，每天三班作业，每班作业 8h：矿石破碎每天一班作业，每班作业 8h。企业南侧有一条季节性河流陶河，主要用于农田灌溉。矿区附近有一家选铜厂。

企业根据地质勘探储量复核结果，拟开采 220m 以上矿床。矿山现有工业场地地表设施基本不变，增加一台 PE400×600 颚式破碎机，矿山现有开拓系统完全利用，按深部矿体倾角、厚度及埋藏深度，采取主井延伸加盲竖井开拓方案。

【问题 1】本项目为技改项目，工程分析应注意什么？

【答】技改项目在工程分析时，应说明设备变化情况、项目污染物变化情况以及技改项目与现有工程的依托关系，绘制技改前后水量平衡图，列出现有污染源、新增污染源以及"以新带老"削减量。

【问题 2】本项目井下涌水和地表水现状监测应监测哪些内容？

【答】本项目为铜矿井下采矿项目，铜矿硫化物矿床一般与重金属共生，应考虑监测相应的共生金属，本项目监测项目为 SS、COD、As^{3+}，Pb^{2+}、Cu^{2+}、Zn^{2+}、Cd^{2+}。

【问题 3】井下涌水如何处理？

【答】对于企业井下涌水应首先考虑用于井下采矿湿式作业，多余的井下涌水应沉淀后外排。附近有选矿厂的可将井下涌水作为选矿厂生产用水。

【问题4】本项目运营期主要环境、生态影响是什么？

【答】废气污染源主要为矿井通风所产生的污风、矿石破碎产生的粉尘及汽车运输所产生的扬尘，废水污染源主要为井下涌水和矿石、废石堆场淋溶水，噪声源主要有空压机、风机、破碎机设备噪声以及 0.5 翻斗式 U 型矿车轨道运输和矿石汽车运输交通噪声，生态影响主要是井下开采引起的地表错动进而地表塌陷以及井下爆破所引起的震动，对附近居民房屋的影响。

【案例二】　在某国道附近拟建总库容量为 $27.2 \times 10^3 m^3$ 的储备库，主要内容包括油品储备罐、消防、锅炉、供排水、通信、油品计量系统以及满足油库安全生产运行需要的进油、装卸系统等。其中包括 13 座 $2000 m^3$ 和 2 座 $600 m^3$ 原油储罐，3 座 $15 m^3$ 脱水灌，导热油锅炉房 1 座，消防水池 $800 m^3$，防火墙 300m。

油品装卸车作业线为润滑油、燃料油、沥青装卸车作业线。

消防系统采用火灾信号人工确认，消防系统连锁启动的流程如下：消防水池→冷却水泵→冷却水消防管网→喷淋装置→油罐冷却。

【问题1】请分析该项目的主要环境保护措施。

【答】施工期环境保护措施分析如下：

施工期主要包括管道铺设、道路铺设和土建施工，设计采取以下环境保护措施：

(1) 加强对施工队伍的管理，严格执行占地标准，规范行车路线，施工过程中人员、车辆要充分利用已有的道路，尽量减少对地表植被的破坏。

(2) 场地平整施工时应边洒水边施工，减少扬尘对环境的影响。

(3) 施工营地的生活污水采取临时装置盛装，定期拉运外排。

(4) 生活垃圾、施工现场的废弃物一日一清，集中存放在垃圾箱内，由车辆统一运到当地垃圾堆放点倾倒，严禁随处倾倒垃圾。

(5) 管线和油罐选用性能优良、污染较轻的防腐材料。管线防腐采用工厂化作业方式，减少施工防腐作业对大气造成的污染。

(6) 施工结束后，对临时占地进行土地复垦和植被重建，主要采取平整土地、耕翻疏松机械碾压后的土地等措施。

(7) 对工程施工全过程进行环境监理。

运营期环境保护措施分析如下：

(1) 废气治理。

(a) 制定各项规章制度，做好操作工人的培训工作，尽可能减少由人为操作失误造成油品泄漏带来的环境影响。

(b) 在油气散发、泄漏的场所，设置可燃气体报警器，及时发现有害气体泄漏情况，以便及时处理，保护人身安全及大气环境。采用新型保温材料，加强隔热措施，减少汽油挥发。

(c) 为了降低烃类气体挥发损失，新建的储油罐均采用先进的储存技术。其罐内可供油品蒸发的自由表面及气体空间体积较小，而且气体空间体积不随油面高度变化而变化，在卸油和储存过程中大大减少了烃类的损失。

(d) 成品油采用浸没式装油，能够大大降低油品在装车过程中受喷射、冲击和搅动等因素影响的蒸发损耗量。

(2) 废水治理。油库目前的含油污水主要以少量清扫、擦洗水为主，由于排量极少，目前和油库内工作人员的生活污水一起存储在一座 $200m^3$ 的防渗水池中，通过自然蒸发就地处理，储水量过大时，拉运至污水处理厂处理。

(3) 固体废物处理。油库建成后的固体废物主要是清罐时产生的罐底淤积物，这些固体废物都属于危险废物。

油库原油储罐清理为 5～8 年一个周期，平均每年清理一个油罐，清罐产生的含油固体废物 40～80 t/罐。清罐产生的全部含油固体废物全部统一拉运，由收集处理的企业回收后再次提炼，对于项目区的危险废物，由持有危险废物收集许可证的单位上门收集，从而实现废物不外排。

(4) 噪声治理。在满足工艺要求的前提下，尽量选用低噪声设备；在噪声比较集中的加热炉操作间，对声源较大的设备通过加设减噪装置、设置隔音操作间、加隔声门窗等措施以最大限度地降低噪声值。

【问题 2】分析该项目的清洁生产，并对其提出改进建议。

【答】本工程的清洁生产分析将主要从节能、油品储运工艺以及污染物控制措施等几方面进行论述。

1) 油品储运工艺分析

新建油品储罐采用稳定性强、保温性能好的储罐。储罐的密封系统推荐采用一次密封(机械密封)+二次密封结构，与传统的泡沫密封+挡雨板的结构相比，具有密封性能好、使用寿命长的特点，既有利于储罐的安全运营，也可以减少油品的蒸发损失，减少大气污染物的排放。

2) 节能减耗分析

(1) 通过选用保温材料对油罐、管道等进行保温，以减少热能损失。

(2) 采用高效节能型设备和器材，以减少电能消耗。

3) 污染控制措施分析

该工程在设计时，通过优先选用低能耗、少污染的工艺，从源头上控制污染，减少污染物排放量，并针对产生的污染物采取有效措施进行削减，使排放指标符合或低于有关标准。

(1) 废气。为了降低烃类气体挥发损失，新建油品储罐均采用拱顶罐储存技术，在卸油和储存过程中减少了部分烃类的损失，节约了资源，保护了环境。

(2) 废水。某储备库内目前最大生活用水量约 $600m^3/月$，主要包括清扫、擦洗等生产用水量以及工作人员的生活用水量，由于目前库区还没有建成城市排水系统，排水主要通过修建防渗水池解决。

为了更好地、持续地进行清洁生产，结合本装置工艺特点，提出如下改进建议。

(1) 储油罐应选用目前较先进的浮顶罐储存方式。

(2) 定期检查和维修各生产设备主要可能发生泄漏的部位，减少或杜绝无组织泄漏的发生。

(3) 定期检查环境保护设施和排污系统，保证其处于正常运行和使用状态。

(4) 在卸油作业过程中严格按照操作规程进行，尽可能避免跑冒滴漏现象的发生。

(5) 做好清洁生产的宣传工作，提高职工清洁生产意识，减少人为误操作造成的泄漏损失，不断提高清洁生产水平。

(6) 库区内清扫、擦洗应节约用水。

【问题 3】该建设项目对地下水环境产生的污染影响主要表现在哪些方面?

【答】①石油运输储存(管线输送)过程中跑冒滴漏的原油通过土壤渗漏对地下水水质的影响。②地下储油罐工程对地下水水位和水质的影响。

【问题 4】请预测会发生哪些突发事故,该如何进行后果评估?

【答】可结合发生以下泄漏事故:

1) 油气泄漏事故

(1) 沥青泄漏。本工程沥青泄漏事故极有可能发生在装卸过程中的输送管道破损、腐蚀穿孔或人为破坏。泄漏的沥青会造成局部地区的大气污染,但由于发生沥青泄漏时,管线压力的变化比较容易发现,如及时采取必要措施就可将污染控制在局部区域,再加上大气的稀释扩散作用,其影响一般不显著。

(2) 油品泄漏。油品泄漏事故对大气环境造成的影响较大。油品的主要成分是烷烃和芳烃碳氢化合物,其中,对大气环境造成污染的是油品中较轻的烃类组分,这些成分挥发进入大气形成烃类污染。

本次评价选取 D 类稳定度、SSE 风向、风速为 2.6m/s 的气象条件,对油品泄漏事故发生后烃类气体的挥发扩散进行预测,预测采用《环境影响评价技术导则》中推荐的有风情况下非正常排放模式。

2) 油气泄漏事故

油品储罐发生火灾通常是由油品泄漏引起的。扩散的可燃液体泄漏遇到引火源就会引起火灾。池火灾的主要危害为热辐射,辐射热量足够时,会使受辐射物体达到燃点。采用池火灾模型计算距油池不同距离处的辐射热值。

思　考　题

1. 阐述固体废物的概念与分类及其危害。
2. 详细说明固体废物环境评价等级和工作内容。
3. 危险废物处理处置的环境影响评价与一般工程项目的固体废物环境影响评价有哪些差异?
4. 生活垃圾焚烧厂环境影响评价注意事项有哪些?
5. 固体废物储存、处置场场址选择要求有哪些?

第十一章　生态环境影响评价

【内容摘要】　本章首先介绍了生态环境影响的概念及评价程序两部分内容，具体包括生态环境影响评价的目的、指导思想及基本原则、评价等级和范围、基本工作程序等。第三节重点介绍了生态环境影响识别与现状评价，以及生态环境现状评价的内容和方法。第四节主要介绍了生态环境影响预测的内容与指标、基本步骤、方法和技术要点。通过结合上述内容，最后详细介绍了琅琊山抽水蓄能电站生态环境影响评价的案例，旨在说明如何进行生态环境影响评价。

第一节　生态环境影响评价概论

一、生态环境影响评价的概念

生态环境通常指人类生存环境中所有生态因子的总和，包括水、气、光、声、热、土壤、生物等全部环境要素，也可理解为生物圈。由于生态系统具有因素众多、结构复杂、层次交叠、功能综合的特点，其组成成分之间的相互制约关系和整个生态系统对外界冲击因子的响应方式的复杂性，使得生态环境影响评价比大气、水、土壤、噪声等评价复杂得多，因而在理论研究和实践探索中存在较大的困难。

生态环境影响评价(ecological environmental impact assessment)是指通过定量揭示和预测人类活动对生态环境的影响及其对人类健康和经济发展作用分析确定一个地区的生态负荷或环境容量。随着经济的不断增长，人类开发行动对生态环境的影响越来越大，更为严重的可直接危及人类生存，因此生态环境影响评价也越来越受到世人的关注，成为环境影响评价的重要组成部分。

二、生态环境影响评价等级和范围

(一) 生态环境影响评价的等级确定

根据评价项目对生态影响的程度和范围的大小，《环境影响评价技术导则——非污染生态影响》(HJ/T 19—2011)将生态影响评价工作划分为1、2、3级，见表11-1。

表 11-1　生态环境影响评价工作等级划分

主要生态影响及其变化程度	工作影响范围		
	>50km²	20~50km²	<20km²
生物群落			
生物量减少(<50%)	2	3	—
生物量锐减(≥50%)	1	2	3
异质性程度降低	2	3	—
相对同质	1	2	3
物种的多样性减少(<50%)	2	3	—
物种的多样性锐减(≥50%)	1	2	3
珍稀濒危物种消失	1	1	1

续表

主要生态影响及其变化程度	工作影响范围		
	>50km²	20~50km²	<20km²
区域环境			
绿地数量减少，分布不均，连通程度变差	2	3	—
绿地减少 1/2 以上，分布不均，连通程度极差	1	2	3
水和土地			
荒漠化	1	2	3
理化性质改变	2	3	—
理化性质恶化	1	2	3
敏感地区	1	1	1

依据我国现行的一般技术原则，进行生态影响评价的开发行动或建设项目可分为两类：

(1) 自然资源的开发项目，如大型矿山(包括露天开采和井采)、大型水利电力、森林、公路、港口建设，石油和天然气开发、垦荒等。

(2) 工业建设和中小型资源开发项目，如工业建设项目(化工厂、食品加工、钢铁厂等)、小型水利工程、地区性道路建设等。

对于这两类项目，首先是进行项目筛选和确定评价等级，大中型自然资源开发项目按评价的要求可选择出 1~3 个主要评价因子，然后根据表 11-1 分级方法，其要点如下：

首先，对项目和工程所在区域进行初步分析。选择出 1~3 个主要评价因子，然后根据该生态因子变化的程度和范围进行工作级别划分；在选择的因子大于 1 时，则根据评价级别高的因子确定其工作级别。

二级项目的评价，要满足生态完整性的需要，对生态负荷及其环境容量要进行分析确定。

三级评价为重点因子评价或一般性分析，生态环境保护一般，必须按规定完成绿化指标和其他保护与恢复措施。

(二) 生态环境影响评价范围及其确定

生态环境影响评价的范围主要根据评价区域与周边环境的生物与生态的多样性及完整性确定。生态影响评价的范围应该包括：直接作用区，指生态系统可能受到拟建项目各种活动的直接影响的区域；间接作用区，指与污染物环境运输、食物链转移及动物的迁移或洄游有关的间接影响区域；对照区，为了对比和提供某些背景资料而选择的与评价区自然生态条件相似的其他地区。而生态系统结构的完整性、运行特点和生态环境功能都是在较大的时空范围内才能完全和清晰地表现出来，因此生态环境影响评价的时空范围宜大不宜小。

在实际工作中，确定生态环境评价范围主要考虑以下因素：

(1) 地表水系特征。要能说明地表水系特征、地表水功能及使用情况、水生生态系统特征、建设项目的影响范围和主要因素、流域内敏感的生态目标等。

(2) 地形地貌特征。特征较为简单的如平原或微丘陵地区，生态系统的相似性一般较高，调查范围可选择直接影响区域；特征较复杂的如山地丘陵区，可以选择山体构成的相对独立或封闭的地理单元为评价范围，但沿着河道或沟谷等廊道应适当延伸。在陆海交接处，调查范围应沿岸延伸到相邻的其他功能区。

(3) 生态特征。要能说明受影响生态系统的结构完整性，确定评价范围时应特别考虑动物的活动范围。特殊生境如湿地、红树林、保护区等应视为独立的生态系统而进行全面的调查。此外，建设项目所在或所影响的生态系统物流的源与汇，生态环境功能也应列为调查与评价的范围。

(4) 开发建设项目的特征。特别是空间布局(点状如工厂、线型如铁路、斑点式如矿山、蛛网状如水利工程、面状如各类开发区)，一般以项目(主工程和全部辅助工程)发生地和直接影响所及范围为主，适当包括间接影响所涉及的范围。某些情况下，技术的可达性与资料的获得性以及行政区界等也是需要考虑的限定因子。

第二节　生态环境影响评价程序与内容

一、生态环境影响评价的工作程序

生态环境影响评价的基本工作程序可大致分为生态环境影响识别、现状调查与评价、影响预测与评价、减缓措施和替代方案四个步骤，具体见图 11-1。

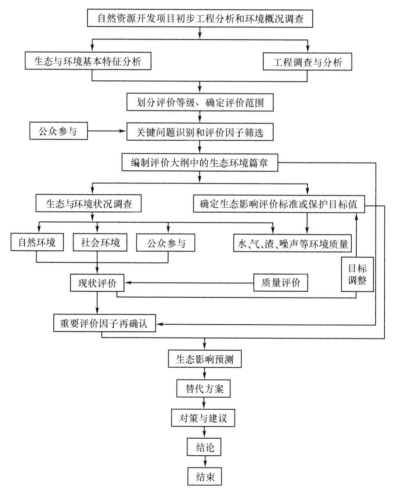

图 11-1　生态环境影响评价技术工作程序图

资料来源：《环境影响评价技术导则——非污染生态影响》(HJ/T 19—1997)

二、生态影响评价内容

我国的环境影响评价技术人员在生态环境评价方面，积累了丰富的经验，国家环境保护总局于 1998 年颁布了《环境影响评价技术导则——非污染生态影响》，它是我国实施生态环境影响评价的标准和规范，本节就此讲述生态环境影响评价的工作内容。

区域生态质量评价的指标可概括为 6 项：多样性、代表性、稀有性、自然性、适宜性和生存威胁。六者之间相互关联、相互依托、相互影响、相得益彰。例如，生态系统的自然性越强越完美则其生物多样性越丰富和代表性越高，其存留的稀有性越好越有价值，从而适宜性越强，其生存威胁也越低。生态质量指标间的相关性是相当显著的。

生态环境评价的主要内容有 7 项：生物多样性与衰减率；生态系统及其服务功能的完整性与演变趋势；环境与景观生态的完善度和破碎性、边缘化、退化程度；生物入侵的现状及其深远影响；生物群落组成结构现状与变异趋势；资源环境的丰度和衰减度；生态环境演变可能引起的对社会经济发展及公众福利的影响。评价的重点要树立生态环境本质价值，分析其实用价值和潜在价值及其服务功能对社会经济持续发展的重大意义。

由于建设项目的所有活动都可能对生态环境造成影响，生态影响评价首先要注意全面性，即应包括主要工程、辅助工程、配套工程和公用工程的全部影响。因为建设项目的全过程都可能对生态环境造成影响，生态影响评价应包括从选址勘探设计、施工期、营运期直至工程报废的全部过程。其中，很多工程在施工期对生态环境有直接和重大影响，因而要引起特别的注意。

建设项目对生态环境的影响方式有集中作用与分散作用、长期作用与短期作用、物理、化学或生物作用。影响的性质有正影响和负影响、可逆影响和不可逆影响，还有直接作用和间接作用。许多建设项目中，其间接作用或间接影响比直接作用还要长久和严重。对所有这些影响，在影响评价中都要阐明。

影响对象的敏感性和重要性是决定影响评价工作深度的重要依据，此类影响常需做定量评价。

对区域和流域性影响，应从可持续发展的角度对生态环境功能变化做出评价，特别是不能加剧区域性自然灾害。重大的开发建设活动还应做生态风险预测评价。

影响评价的内容由建设项目产生影响的特点、性质和生态环境对影响的反应(生态效应)决定。一般评价中比较重视直接影响而忽视间接影响，重视显现性影响而忽视潜在影响，重视局地影响而忽视区域性影响，重视单因子影响而忽视对生态系统整体影响的分析，这种倾向应在增强生态意识的基础上逐步克服。一般而言，生态环境影响评价包括生态系统结构和功能的变化及发展趋势，生态问题的恶化或转好，自然资源的变化态势以及其他影响，如污染的生态效应等。很多项目可能只影响生态系统的一些组成因子，而且也不会因此构成对生态系统整体的影响，此时，可针对受影响的因子进行单因子影响评价。

针对生物多样性的影响评价包括：拟建项目将会影响的生态系统的类别(如热带森林或盐沼地等)；其中有无特别值得关注的荒地或具有国家或国际重要意义的自然景区；生态系统的重要特征；濒临灭绝的物种的生境或特殊物种的繁殖筑巢的地方；确定拟建项目对生态系统的冲击，如砍伐森林、水淹、排水、改变水文状况、便利人类出入、交通噪声等；估计损失的生态系统总面积(如占国家剩余的同类生态系统的百分数)；估计生态累积效应和趋势等。

由于拟建项目类型、对环境作用方式以及评价等级和目的要求等不同，生态影响评价采用的方法、内容和侧重也不尽相同：有的用定性描述评价，有的用定量或半定量的方法评价；有的侧重对生态系统中生物因子的评价，有的侧重对生态系统中物理因子的评价；有的着重对拟建项目的生态系统效应进行评价，有的着重对生态系统污染水平变化进行评价。这里很难用一个统一的模式予以概括。

第三节　生态影响识别与现状评价

一、生态环境影响识别

影响识别又称影响分析(impact identification)，是一种定性与定量相结合的生态影响分析。它是设计环境影响评价工作和编制环境影响评价大纲的重要步骤，这是将人类活动的作用和环境的反应结合起来作综合分析的第一步，其目的是明确主要的影响因素、主要受影响的生态系统和生态因子，从而筛选出评价工作的重点内容。

影响识别是一种定性的和宏观的生态影响分析，主要包括影响因素的识别、影响对象的识别和影响性质与程度的识别。

(一) 影响因素识别

影响因素识别是指对作用主体的识别，即开发建设项目的识别。目的是明确主要作用因素，包括如下几个方面：

(1) 作用主体。包括主要工程(或主设施、主装置)和全部辅助工程在内，如施工道路、作业场地、重要原材料的生产、储运设施建设、拆迁居民安置地等。

(2) 项目实施的时间序列。项目实施的全时间序列包括设计期(如选址和决定施工布局)、施工建设期、运营期和死亡期(如矿山闭矿、渣场封闭与复垦)，至少应识别其施工建设期和运营期。

(3) 项目实施地点。识别集中开发建设地和分散影响点、永久占地与临时占地等。

(4) 其他影响因素。识别影响发生方式，作用时间长短，物理性作用、化学性作用还是生物性作用，直接还是间接作用等。人类活动对生态环境的影响可分为物理性作用、化学性作用和生物性作用三类。物理性作用是指因土地用途改变、清除植被、收获生物资源、引入外来物种、分割生境、改变河流水系、以人工生态系统代替自然生态系统，使组成生态系统的成分、结构形态或支持生态系统的外部条件发生变化，从而导致其结构和功能发生变化；化学性作用是指环境污染的生态效应；生物性作用是指人为引入外来物种或严重破坏生态平衡导致的生态影响，但这种作用在开发建设项目中发生的概率不高。很多情况下，生态系统都是同时处在人类作用和自然营力的双重作用之下，两种作用常常相互叠加，加剧危害。

(二) 影响对象识别

影响对象识别是指对影响受体即主要受影响的生态系统和生态因子的识别，识别的内容包括以下几个方面：

(1) 识别受影响的生态系统的类型及生态系统构成要素。例如，生态系统的类型、组成生态系统的生物因子(动物与植物)、组成生态系统的非生物因子(如水分和土壤)、生态系统的区域性特点及其区域性作用与主要环境功能。

(2) 受影响的重要生境的识别。生物多样性受到的影响往往是由其所在的重要生境被占据、破坏或威胁等造成的，故在识别影响对象时对此类生境应予以足够重视并采取有效措施加以保护。

(3) 识别区域自然资源及主要生态问题。区域自然资源对开发建设项目及区域生态系统均有较大的影响或限制作用。在我国，诸如耕地资源和水资源等都是在影响识别及保护时首先要加以考虑的。同时，由于自然资源的不合理利用以及生境的破坏，一些区域性的生态环境问题如水土流失、沙漠化、各种自然灾害等也需要在影响识别中予以注意。

(4) 识别敏感生态保护目标或地方要求的特别生态保护目标。这些目标往往是人们的关注点，在影响评价中应予以足够重视。一般包括如下目标：具有生态学意义的保护目标，如珍稀濒危野生生物、自然保护区、重要生境等；具有美学意义的保护目标，如风景名胜区、文物古迹等；具有科学文化意义的保护目标，如著名溶洞、自然遗迹等；具有经济价值的保护目标，如水源林、基本农田保护区等；具有社会安全意义的保护目标，如排洪泄洪通道等；生态脆弱区和生态环境严重恶化区，如脆弱生态系统、生态过渡带、沙尘暴源区等；人类社会特别关注的保护对象，如学校、医院、科研文教区和集中居民区等；其他一些有特别纪念意义或科学价值的地方，如特产地、特殊保护地、繁育基地等，均应加以考虑。

(5) 受影响的途径与方式。指直接影响、间接影响或通过相关性分析明确的潜在影响。

(6) 识别受影响的景观。具有美学意义的景观，包括自然景观和人文景观，对于缓解当代人与自然的矛盾，满足人类对自然的需求和人类精神生活需求具有越来越重要的意义。由于我国自然景观和人文景观特别丰富，许多有保护价值的景观尚未纳入法规保护范围，需要在环境影响评价中给予特别的关注，进行认真调查，识别此类保护目标。

(三) 影响性质与程度的识别

影响效应的识别主要是识别影响作用产生的生态效应，即影响后果与程度的识别，具体包括如下三个方面的内容：

(1) 影响的性质。应考虑是正影响还是负影响、可逆影响还是不可逆影响、可恢复还是不可恢复影响、短期影响还是长期影响、累积性影响还是非累积性影响。如果是渐进的、累积性的或是有临界值的影响可以从量变引起质变。凡不可逆变化应给予更多关注，在确定影响可否接受时应给予更大权重。

(2) 影响的程度。范围大小、持续时间的长短、剧烈程度、受影响的生态因子多少、生态环境功能的损失程度、是否影响到生态系统的主要组成因素等。在判别生态受影响的程度时，受到影响的空间范围越大、强度越高、时间越长、受影响因子越多或影响到主导性生态因子，则影响就越大。

(3) 影响发生的可能性分析，即发生影响的可能性和概率，影响可能性可按极小、可能、很可能来识别。

影响识别及其表达可用列表清单法。该法就是将人类活动的各期各种活动和可能受影响的生态因子和问题分别列为同一表格中的行与列，再用不同的符号表示每项活动对应环境因子影响的性质与程度。例如，用正负符号表示正面影响与负面影响，用单向箭头(如→)和双向箭头(↔)表示影响性质是不可逆和可逆，用1～3的数字表示影响程度的轻重等，再辅之以文字说明其他问题，一般就能比较清楚地表达出影响识别的结果。

二、生态环境现状评价

生态环境现状评价是将生态分析得到的重要信息进行量化，定量或比较仔细地描述生态环境的质量状况和存在问题。由于生态环境结构的层次性特点决定着生态环境的评价也具有层次性，一般可按两个层次进行评价：一是生态系统层次上的整体质量评价；二是生态因子状况评价。两个层次的评价都是由若干指标来表征的。

生态环境评价的基本要求：生态环境现状调查一般需阐明生物多样性及其生态系统的类型、基本结构和特点，评价区内居优势的生态系统及其环境功能；域内自然资源赋存和优势资源及其利用情况；阐明域内不同的生态系统间的相互关系，各生态因子间的相互关系；明确区域生态系统的主要约束条件以及所研究的生态系统的特殊性。

(一) 评价内容

在人类活动的生态环境现状评价中，一般对可控因子要做较详细的评价，以便采取保护或恢复性措施；对人力难以控制的因子，如气候因子，一般只作为生态系统存在的条件和影响因素看待，不作为评价的对象。

1. 生态因子现状评价

大多数人类活动的生态环境现状评价是在生态因子的层次上进行。一般评价的内容是：

(1) 植被。应阐明植被的类型、分布、面积和覆盖率、历史变迁及原因、植物群系及优势植物种，植被的主要环境功能，植物的种、分布及其存在的问题等。

(2) 动物。应阐明野生动物生境现状，破坏与干扰，野生动物的种类、数量、分布特点，珍稀动物种类与分布等。动物的有关信息可从动物地理区划资料、动物资源收获(如皮毛收购)、实地考察与走访、调查、生境与动物习性相关性等获得。

(3) 土壤。应阐明土壤的成土母质，形成过程，理化性质，土壤类型、性状与质量(有机质含量，全氮、有效磷、钾含量，并与选定的标准比较而评定其优劣)，物质循环速度，土壤厚度与容量，受环境影响(淋溶、侵蚀)以及土壤生物丰度、保水蓄水性能和土壤碳氮比(保肥能力)等以及污染水平。

(4) 水资源。包括水资源与地下水评价两大领域，评价内容主要是水质与水量两个方面。水质评价是污染性环境影响评价的主要内容之一。生态环境现状评价中水环境的评价也有两个方面：一是评价水的资源量，如供需平衡、用水竞争状况和生态用水需求等；二是与水质和水量都有紧密联系的水生生态评价。在有养殖和捕捞渔业的水环境的影响评价中，水生生态状况的评价是必要的。

2. 生态系统结构与功能现状评价

不同类型的生态系统很难进行结构上的优劣比较，但可借助于生态制图并辅之以文字描述阐明生态系统的空间结构和运行情况，也可借助于经管生态学的评价方法进行结构的描述，还可通过类比分析定性地认识生态系统的结构是否受到影响等。

生态系统的功能是可以定量或半定量地评价的。例如，生物量植被生产力和种群量都可定量地表达；生物多样性也可量化相比较。运用综合评价方法可以综合地评价生态系统的整体结构和功能；许多研究还揭示了如森林覆盖率(或城市绿化率)与气候的相关关系，利用这些信息也可评价生态系统的功能。

3. 区域生态环境问题评价

一般区域生态环境问题是指水土流失、沙漠化、自然灾害和污染灾害等几大类。这类问题也可进行定性与定量相结合的评价。用通用土壤流失方程可计算工程进度导致的水土流失量；用侵蚀模数、水土流失面积和土壤流失量指标，可定量地评价区域的水土流失状况；测算流动沙丘、半固定和固定沙丘的相对比例，辅之以荒漠化指示生物的出现和盖度，可以半定量地评价土地沙漠化程度；通过类比，可以半定量地评价生态系统防灾减灾(削减洪水、防止海岸侵蚀、防止泥石流、滑坡等地质灾害)功能。

4. 生态资源评价

无论是水土资源还是动植物资源，因其巨大的经济学意义，一般都在使用中，都有相应的经济学评价指标。例如，对土地资源进行分类，阐明其适宜性与限制性，现状利用情况(需附图表达)以及开发利用潜力；耕地分为优劣等级，并可用历年的粮食产量来衡量其质量，评价中应阐明其肥力、通透性、利用情况、水利设施、抗洪涝能力、主要受到的灾害威胁等；草原根据其产量和可利用性，定量地分为 8 等 24 级。木材、药材、建材等动植物资源，也有相应的经济计量方法。一般而言，环境质量高，其资源的生产率也高，经济价值也高，因而有些经济学评价方法可以引入环境评价中来。

(二) 评价方法

生态环境现状评价要有大量数据支持评价结果，可以用定性与定量相结合的方法进行。常用的方法有图形叠置法、系统分析法、生态机理分析法、质量指标法、景观生态法、数学评价法等。

1. 图形叠置法

该方法把两个或更多的环境特征重叠表示在同一张图上，构成一份负荷图，用以在开发行为影响所及的范围内，指明被影响的环境特性及影响的相对大小。重点是将生态质量的 6 大指标和生态评价的 7 大重点内容作为经纬，并科学表征。该方法使用简单，但不能作精确的定量评价。其基本意义在于说明、评价或预测某一地区的受影响状态及适合开发程度，提供选择的地点和线路。目前该方法被用于公路及铁路选线、滩涂开发、水库建设、土地利用等方面的评价，也可将污染影响程度和植被或动物分布，重叠成污染物对生物的硬性分布图。

2. 生态机理分析法

以生态质量的 6 大指标和生态评价的 7 大重点内容作为评价分析的基础，由于动物或植物与其生长环境构成了有机整体，当开发项目影响生物生长环境时，对动物或植物的个体、种群和群落也产生影响。按照生态学原理进行影响预测的步骤如下：
(1) 调查环境背景现状和搜集有关的资料。
(2) 调查植物和动物分布、动物栖息地和迁徙路线。

(3) 根据调查结果分别对植物或动物按种群、群落和生态系统进行划分,描述其生物区系、分布特点、结构特征、演化等级、服务功能、价值评估、演化趋势。

(4) 识别有无珍稀濒危物种及具有重要经济、历史、景观和美学科研价值的物种。

(5) 观测项目建成后该地区的动物、植物生长环境的变化,评估其生物多样性与景观生态的可逆性。

(6) 根据兴建项目后的环境变化,对照无开发项目条件下动物、植物或生态系统演替趋势,预测对动物、植物个体、种群和群落的影响,并预测生态系统的演替方向。

(7) 自然生态与生态环境、生态产业、生态文化之间的相互关系,并协调自然生态与人文生态的关系。

评价过程中有时要根据实际情况进行相应的生物模拟实验,如环境条件-生物习性模拟实验、生物毒理实验、实地种植或放养实验等,或进行数学模拟,如种群增长模型的应用。该方法需要较翔实的生态学知识,有时需要与生物学、地理学、水文学、数学及其他多学科合作评价,才能做出较为客观的结果。

3. 类比法

类比法是一种常用的定性和半定量的评价方法,可分成整体类比和单项类比。整体类比是根据已建成的项目对植物、动物或生态系统产生的影响来预测拟建项目的影响。该方法需要被选中的类比项目在工程特性、地理地质环境、气候因素、动物和植物背景等方面都与拟建项目相似,并且项目建成已达到一定年限,其影响已基本趋于稳定。在调查类比项目的植被现状,包括个体、种群、群落以及动物、植物分布和生态功能的变化情况之后,再根据类比项目的变化情况预测拟建项目对动物、植物和生态系统的影响。在类比中应突出生态质量 6 大指标和生态评价 7 大内容,综合比较。

由于条件的千差万别,在生态环境影响评价时很难找到完全相似的两个项目,因此单项类比或部分类比可能更实用一些。

4. 列表清单法

该方法是 Little 等在 1971 年提出的一种定性分析方法。其基本做法是将实施的开发活动和可能受影响的环境因子分别列于同一张表格行与列,在表格中用不同的符号来表示和判定每项开发活动与对应的环境因子的相对影响大小。该方法使用方便,针对性强。列表清单中应将生态质量的 6 大指标和生态评价的 7 大内容作为主题,综合系统评估。

5. 质量指标法

质量指标法是环境质量评价中常用的综合指数法的拓展形式。

(1) 基本原理:以大系统理论为基础,将生态质量 6 大指标和生态评价 7 大内容作为纲目,通过对环境因子性质及变化规律的研究与分析,建立起评价函数曲线,通过评价函数曲线将这些环境因子的现状值(项目建设前)与预测值(项目建设后),转换为统一的无量纲的环境质量指标,由差至好用 0~1 表示,由此可计算出项目建设前、后各因子环境质量指标的变化值。最后,根据各因子的重要性赋予权重,再将各因子的变化值综合起来,便可得到项目对环境的综合影响。

(2) 环境质量指标的基本公式如下：

$$\Delta E = \sum_{i=1}^{n} (E_{h_i} - E_{q_i}) \times W_i$$

式中，ΔE——项目建设前后环境质量指标的变化值，即项目对环境的综合影响；

　　　E_{h_i}——项目建设后的环境质量指标；

　　　E_{q_i}——项目建设前的环境质量指标；

　　　W_i——权值。

该方法的核心问题是建立环境因子的评价函数曲线，通常要先确定环境因子的质量指标，再根据不同标准规定的数值确定曲线的上、下限；对于已被国家标准或地方标准明确规定的环境因子，如水、大气等，可以直接用标准值确定曲线的上、下限；对于一些无明确标准的环境因子，需要对其进行大量的工作，选择与之相对应的质量标准，再用以确定曲线的上、下限。权值的确定大多采用专家咨询法。

6. 景观生态法

景观生态学方法对生态环境质量状况的评价是通过两个方面进行的：一是空间结构解析；二是功能与稳定性解析。这种评价方法可体现生态系统结构与功能匹配一致的基本原理。生态质量的6大指标和生态评价的7大内容要点同样是景观生态评价的纲目与经纬。

空间结构分析基于景观是高于生态系统的自然系统，是一个清晰的和可度量的单位。景观由拼块、模地和廊道组成，其中模地是景观的背景地块，是景观中可以控制环境质量的组分。因此，模地的判定是空间结构分析的重要内容。判定模地有三个标准，即相对面积大、连通程度高、有动态控制功能。模地的判定多借用传统生态学中计算值的方法。决定某一拼块类型在景观中的优势的量，也称优势度值(D_0)。优势度值由密度(R_d)、频率(R_f)和景观比例(L_p)三个参数计算得出。其数学表达式如下：

$$R_d = (拼块\ I\ 的数目 / 拼块总数) \times 100\%$$
$$R_f = (拼块\ I\ 出现的样方数 / 总样方数) \times 100\%$$
$$L_p = (拼块\ I\ 的面积 / 样地总面积) \times 100\%$$
$$D_0 = 0.5 \times [0.5 \times (R_d + R_f) + L_p] \times 100\%$$

上述分析同时反映自然组分在区域生态环境中的数量和分布，因此能准确地表示生态环境的整体性。

7. 系统分析法

系统分析法的要点是以可持续发展为指导原则，将生物多样性、生态系统及其服务功能同其相关的区域景观生态、人文生态、产业生态、人居生态、经济水平与动态、社会生活质量与动态、环境质量与动态、经济发展实力、社会发展实力、生态建设实力等进行全方位的综合系统分析。同时应该以生态质量的6大指标和生态评价7大重点内容作为纲目或经纬来系统分析。当然可以选择或优化组合各项指标与要点，因其能妥善地解决一些多目标动态问题，目前已广泛使用，尤其在进行区域规划或解决优化方案选择问题时，系统分析法可显示出其他方法所不能达到的效果。由于生态环境是开放的远离平衡状态的非线性系统，需要外界输入必要能源物流以维持其正常运行。系统多处于混沌态而可能发生各种突变，在风险分析中应高度关注。

在生态系统质量评价中使用系统分析的具体方法有专家咨询法、层次分析法、模糊综合评判法、综合排序法、系统动力学法、灰色关联等方法。

第四节　生态环境影响预测与评价

一、影响预测的内容与指标

影响预测的内容与指标基本上从保护环境功能出发，应结合具体情况进行。例如，我国许多人类活动发生在农业区，农业区的主要功能是生产生物资源，同时具有区域生态环境保护所要求的其他相关功能。人类活动对农业生态系统的影响主要有占地、恶化土壤性质和生态条件、改变系统结构以及污染影响等。预测应围绕农业生态系统主要功能和区域功能的保护进行，尚须注意支持条件和影响生态系统的主要环境问题(表 11-2)。

表 11-2　农业生态环境一般考虑的影响内容与指标

环境功能	功能性质	影响预测因子与指标考虑
生物资源生产力(含特产)	主功能	资源类型、面积、产量与价值；污染影响面积、程度、种类与损失价值
土壤质量保护	支持条件	污染面积、程度；肥力和水分变化等
蓄水功能	相关功能	集水面积、持水能力、蓄水量、地下水影响
保护土壤	支持条件	土壤侵蚀面积、特点、模数、侵蚀量及相关损失
防止沙化	支持条件	沙化面积、侵蚀模数、相关损失
区域气候维持	相关功能	干湿度变化、防风能力变化等
防止盐渍化	支持条件	盐渍化面积、程度、变化动态、经济损失、物种损失
生物多样性	支持条件	物种增减数量与种类，生境变化情况，生态平衡分析

又如，我国多山地丘陵，从区域生态环境保护需要和山地丘陵生态系统自身的保护考察，涉及山地丘陵的生态环境影响预测在内容和指标选取上都应充分体现这种特点(表 11-3)。

表 11-3　山地丘陵生态环境影响预测的一般内容与指标

环境功能	功能性质	影响预测的内容与指标
生物资源生产力(含特产)	主功能	土地类型、面积、生物资源量与价值；污染影响面积、程度、种类及损失量
森林与植被	支持条件	种类、面积、覆盖率；相关影响
蓄水功能	主功能	集水面积、蓄水量，水源情况
保护土壤	主功能	侵蚀面积、模数、土壤流失量及相关损失
防止灾害	相关功能	崩、滑、流易发点、概率、量及经济损失
生物多样性保护	主功能	物种多样性动态变化，影响范围
调节水文	相关功能	对极端水情的缓解情况，削洪补枯作用
调节气候	相关功能	防风能力，干湿变化，制氧与吸收 CO_2
净化污染物	相关功能	吸收污染物种类、数量及变化情况
景观等		视具体情况确定

二、影响预测的基本步骤

生态环境影响预测是在生态环境现状调查、生态分析和影响分析的基础上，对主要生态因子和生态系统的结构与功能因开发建设活动而导致的变化作定量或半定量预测计算，分析其变化程度以及相关环境后果，明确开发建设者应负的环境责任，以及指出为保护生态环境和维持区域生态环境功能不被削弱而应采取的措施及要求。其基本程序是：

(1) 进行影响预测因素的分析。

(2) 选定影响预测的主要对象和主要预测因子。

(3) 根据预测的影响对象和因子选择预测方法、模式、参数，并进行计算。

(4) 研究确定评价标准和进行主要生态系统和主要环境功能的预测评价。

(5) 进行社会、经济和生态环境相关影响的综合评价与分析。

三、预测评价

建设项目的生态环境影响预测中，进行综合评价与分析是一个十分重要的步骤，一般应阐述如下问题和内容：

(1) 生态环境所受的主要影响。阐明建设项目主要影响的生态系统及其环境功能，影响的性质和程度。

(2) 生态环境变化对区域或流域生态环境功能和生态环境稳定性的影响。阐明影响的补偿可能性和生态环境功能的可恢复性。

(3) 对主要敏感目标的影响程度及保护的可行途径。

(4) 主要生态问题和生态风险。阐明区域生态环境的主要问题、发展趋势；阐明主要生态风险(生态灾害与污染风险)的源、出现概率、可能损失、影响风险的因素及防范措施。

(5) 生态环境宏观影响评述。评述区域生态环境状况及可持续发展对生态环境的需求，阐明建设项目生态环境影响与区域社会经济的基本关系。

第五节　生态环境影响防治对策

建设项目生态环境影响减缓措施和生态环境保护措施是整个生态环境影响评价工作成果的集中体现，根据工程建设特征、区域的资源和生态特征，按照影响识别、预测与评价的结果，结合区域资源的可承载能力，对开发建设方案提出切实可行的生态影响的防护与恢复措施，使生态环境得到可持续发展。

一、生态影响的防护、恢复与补偿原则

(1) 应按照避让、减缓、补偿和重建的次序提出生态影响防护与恢复的措施；所采取措施的效果应有利于修复和增强区域生态功能。

(2) 凡涉及不可替代、极具价值、极敏感、被破坏后很难恢复的敏感生态保护目标(如特殊生态敏感区、珍稀濒危物种)时，必须提出可靠的避让措施或生境替代方案。

(3) 涉及采取措施后可恢复或修复的生态目标时，也应尽可能提出避让措施；否则，应制定恢复、修复和补偿措施。各项生态保护措施应按项目实施阶段分别提出，并提出实施时限和估算经费。

同时，在制定生态环境减缓措施时，应遵循生态环境保护的科学原理，减缓措施应符合环境保护政策导向和生态保护战略，并且具有针对性和工程性。在减缓措施的建议方案中，

最好能包含数个可供选择的方案，以便开发者考虑决定采取具体的方案；所有方案应针对工程和环境的特点，充分体现特殊性问题。

二、主要的生态环境防护与恢复措施

开发建设项目的生态环境保护措施必须从生态环境特点及其保护要求和开发建设工程项目的特点两个方面考虑。从生态环境的特点和环境保护的要求考虑，实施防护与减缓措施的主要途径按考虑的优先程度有保护、恢复、补偿和建设。从工程建设特点来考虑，主要能采取的保护生态环境的措施是替代方案、生产技术改革、生态保护工程措施和加强管理几个方面。其中，在设计期、项目建设期、生产运营期和工程结束期(死亡期)又都有不同的考虑。

1. 保护

贯彻"预防为主"的思想和政策的预防性保护是应予优先考虑的生态环境保护措施。在开发建设活动前和活动中注意保护区域生态环境的本来面貌与特征，尽量减少干扰与破坏。有些类型的生态环境一经破坏就不能再恢复，即发生不可逆影响，此时实行预防性保护几乎是唯一的措施。

保护的思想在工程的设计期就应得到贯彻，如在建设项目选址选线时，注意避开重要的野生动植物栖息地；在施工期注意保护施工区域及其周围的植被与生物物种等。保护的措施可在不同的层次上进行，如种群、群落、生态系统以及景观层次，在报告书编制时，应针对工程和环境的特点提出具体的措施。

在提出预防性保护措施时主要应考虑：①更合理的构思和设计方案；②影响最小的选址和选线；③选址、选线和工程活动避开敏感保护目标或地区；④避免在关键时期进行有影响的活动，如鸟类孵化期间施行爆破作业等；⑤不进行或否决有影响的活动。

2. 恢复

开发建设活动不可避免地对生态环境产生一定影响，但有些影响通过一定措施可使生态系统的结构或环境功能得到恢复。一般的生态恢复是指恢复其生态环境功能，如公路建设中取土地区的复耕、矿山开发后的覆盖与绿化、施工过程中植被被破坏后的恢复等。凡被破坏后能再恢复的均应提出相应的恢复措施。

3. 补偿

补偿有就地补偿和异地补偿两种形式，是一种重建生态系统以补偿因开发建设活动损失的环境功能的措施。就地补偿类似于恢复，异地补偿是指在项目发生地之外实施补偿，但补偿的均是生态系统的功能而不是其结构，故在外貌及结构上不要求一致。补偿措施的一个最重要的方面就是植被补偿，可按照生物量或生产力相等的原理确定具体的补偿量。

4. 建设

在生态环境已经相当恶劣的地区，为保证建设项目的可持续发展和促进区域的可持续发展，开发建设项目不仅应保护、恢复、补偿直接受其影响的生态系统及其环境功能，而且需要采取改善区域生态环境、建设具有更高环境功能的生态系统的措施。如沙漠或绿洲边缘的开发建设项目、水土流失或地质灾害严重的山区、受台风影响严重的滨海地带及其他生态环境脆弱带的开发建设项目，都需为解决当地最大的生态环境问题而进行有关的生态建设。

5. 替代方案

(1) 替代方案主要指项目中的选线、选址替代方案，项目的组成和内容替代方案，工艺和生产技术的替代方案，施工和运营方案的替代方案，生态保护措施的替代方案。

(2) 评价应对替代方案进行生态可行性论证，优先选择生态影响最小的替代方案，最终选定的方案至少应该是生态保护可行的方案。

6. 生产技术选择

采用清洁和高效的生产技术是从工程本身来减少污染和减少生态环境影响或破坏的根本性措施。可持续发展理论认为，数量增长型发展受资源能源有限性的限制是有限度的，只有依靠科技进步的质量型发展才是可持续的。环境影响评价中的技术先进性论证特别要注意对生态资源的使用效率和使用方式的论证。例如，造纸工业不仅存在造纸废水污染江河湖海导致水生生态系统恶化的问题，还有原料采集所造成的生态环境影响问题。

7. 工程措施

工程措施可分为一般工程措施和生态工程措施两类。前者主要是防治污染和解决污染导致的生态效应问题；后者则是专为防止和解决生态环境问题或进行生态环境建设而采取的措施，包括生物性的和工程性的措施。例如，为防止泥石流和滑坡而建造的人工构筑物，为防止地面下沉实行的人工回灌，为防止盐渍化和水涝而采取的排涝工程，这些是工程性的措施；为防风或保持水土、防止水土流失或沙漠化而实施的植树造林、种草、退耕还牧、退田还湖等，都属于生物性工程。所有为保护生态环境而实施的工程，都必须在综合考虑建设项目的特点、工程的可行性和效益、环境特点与需求等情况的基础上提出，进行必要的科学论证。

8. 管理措施

管理措施的设计也同样必须考虑工程建设的特点和生态环境的特点与保护要求。主要管理措施如下：

(1) 在强调执行国家和地方有关自然资源保护法规和条例的前提下，制定并落实生态影响防护与恢复的监督管理措施。

(2) 生态影响管理人员编制建议纳入项目环境管理机构，并落实生态管理人员的职能。

(3) 制定并实施对项目进行的生态监测(监视)计划，发现问题特别是重大问题时要呈报上级主管部门和环境保护部门及时处理。

(4) 对自然资源产生破坏作用的项目要依据破坏的范围和程度制定生态补偿措施，补偿措施的效应要进行评估论证，择优确定，并落实经费和时限。

总之，在编制生态环境保护措施时，从上述 4 项体现生态环境特点的措施和 4 项体现工程特点的措施出发，可纵横列表得出 16 个措施编制方向，再考虑工程建设的几个时段(设计期、施工期、营运期、关闭废弃期)，措施编制方向可达几十个。从这几十个可能的措施中，经过科学的筛选和技术经济论证，可以得出一组比较适用、可行的生态环境保护措施。

三、生态环境保护措施的有效性评估

对拟采取或建议的(或规定的)环境保护措施进行有效性评估是必要的,可以避免所提出的措施本身带来的某些不利影响,其主要内容有:

(1) 科学性评估。主要是针对生态系统保护措施是否符合生态学基本原理。

(2) 经济技术的可行性评估。经济可行性评估主要是考察环境保护措施经济投资的可承受能力和投资的效益,即效益费用比。其技术可行性评估主要考察其技术的先进性、可靠性或成熟性,以及技术的有效性。

(3) 采取环境保护措施后的"残余影响评估"。此类评估的内容与指标与前述的影响评估基本一致,但其内容是提出的环境保护措施从另一个角度考察拟采用环境保护措施的有效性,常用的有效方法是类比调查和分析,在缺乏类比对象时可能需要通过较长期的生态监测来认定。

(4) 环境保护措施的影响评估。在提出生态环境保护与恢复措施时,有时可能引起一些继发性影响,主要有:建议的生物措施可能造成外来物种入侵,或提出的生态移民可能引起移入地区的环境问题;建议的为减缓某种生态环境影响的措施可能带来另一类环境问题,如实施公路边坡对景观的影响等。

第六节　生态环境影响评价案例

【案例一】　南方某山区拟建水资源综合利用开发工程,开发目的包括城镇供水、农业灌溉和发电。工程包括一座库容为 $2.4 \times 10^9 m^3$ 的水库、引水工程和水电站。水库大坝高 54m,水库回水长度 27km,水电站装机容量 80MW,水库淹没耕地 230hm²,移民 1870 人,安置方式拟采用就地后靠,农业灌溉引水主干渠长 30km,灌溉面积 $6 \times 10^4 hm^2$,城镇供水范围主要为下游地区的 2 个县城。库区及上游地区土地利用类型为林地和耕地,有自然村落,无城镇和工矿业,河流在水库坝址下游 50km 河段内有经济鱼类、土著鱼类的索饵场、产卵场。

【问题1】大坝上游陆域生态环境现状调查应包括哪些方面?

【答】大坝上游陆域生态环境现在调查的内容如下:

(1) 调查上游陆域大坝蓄水淹没区及影响范围内涉及的物种、种群和生态系统。

(2) 重点调查陆域范围内有无受保护的珍稀濒危物种、关键种、土著种和特有种、天然的经济物种及自然保护区等。如涉及国家级和省级保护生物、珍稀濒危生物和地方特有物种时,应逐个或逐类调查说明其类型、分布、保护级别、保护状况与保护要求等。

(3) 植被调查可设置样方,调查植被组成、分层现象、优势种、频率、密度、生物量等指标。

(4) 动物调查应调查动物种类、分布、食源、水源、庇护所、繁殖所及领地范围,生理生殖特性,移动迁徙等活动规律。

(5) 调查生态系统的类型、结构、功能和演变过程。

(6) 调查相关的非生物因子特征(如气候、土壤、地形地貌、水文及水文地质等)。

【问题2】指出水坝对上游农业的影响。

【答】水坝对上游农业的影响如下:

(1) 淹没造成农田面积的大量损失,农田及移民区污染物大量进入水库,造成库区水质恶化。

(2) 农灌用水与城镇供水产生矛盾，需要进一步协调。

(3) 取水口在库区取深层低温冷水灌溉对农业生产有不利影响。

【问题 3】对上游陆生野生动物有哪些影响？

【答】对上游陆生野生动物的影响如下：

(1) 施工期，由于大量的施工人员活动和施工机械噪声干扰以及库区拆迁、清理等，原来两岸活动的动物受到惊扰而发生逃逸。

(2) 蓄水运营期，由于水库面积的扩大将造成野生动物生境的淹没、水面扩大影响陆生动物跨河迁移受到阻隔，动物生境有可能缩小。

【问题 4】针对工程移民安置，环境影响评价需要考虑哪些环境影响？

【答】环境影响评价应考虑以下环境影响：

(1) 移民区遗留的环境影响。遗留的固体废物、建筑残物、生活垃圾，特别是养殖垃圾如不能得到彻底清理，对库区蓄水将造成不利影响；若原来的陡坡开垦的农田不能及时退耕还林还草，其水土流失也将影响库区水质与水位。

(2) 移民安置区的环境影响。对安置区环境容量的影响，增加了安置区的环境与资源压力，移民安置占地及土地开发植被变化对生态有不利影响。

(3) 移民安置不当可能产生的不利影响：一是有可能造成移民返迁，加剧库区生态破坏；二是陡坡开垦，使水土流失加剧，甚至诱发地质灾害。

(4) 人体健康与民族文化多样性的影响。

【问题 5】提出对水库工程需要考虑的环境保护工程措施和环境管理计划。

【答】应主要采取以下环境保护工程措施：

(1) 库区移民、库底清理措施，保障库区水质。

(2) 涉及珍稀保护植物的移植、引种栽培、工程防护等措施，涉及保护动物的栖息地保护、建立新的栖息地等措施。

(3) 防治水土流失的护坡、拦挡、导排洪水的排水沟、导水槽等工程措施。

(4) 保障洄游性鱼类的正常洄游的过鱼设施、人工增殖放流，如竹木流放，则需要设置流放竹木的设施。

环境管理计划应包括以下内容：

(1) 成立环境管理机构、制定管理办法、落实人员与经费，实施施工期的环境监理。

(2) 开展库区水质定期监测、生态调查，特别是针对工程对鱼类"三场"的影响及变化情况应进行调查。

(3) 严格分层取水、定期放水、保障生态需水量的日常管理。

(4) 制定环境风险应急预案，并定期进行演练。

(5) 建立健全环境管理档案，如实记录工程建设过程及其环境影响与变化过程，环境调查成果及科学研究成果。

(6) 在工程竣工后落实竣工验收，并在稳定运行后 3～5 年内进行环境影响后评价。

【问题 6】库区回水区的环境问题有哪些？

【答】库区回水区的环境问题如下：

(1) 回水淹没造成农田损失及移民。

(2) 蓄水初期水质恶化，影响城市供水水质；库岸受到冲蚀，稳定性受到威胁。

(3) 由于水量及水温等水文情势发生变化,鱼类饵料生物种群类型与结构将发生一定的变化。

(4) 鱼类资源及种群结构会发生一定的变化,原急流性鱼类不适宜在库区生活,而静水性鱼类可在库区生活。

【案例二】 某油田开发公司拟开发一座新 A 油田,目前已探明原油储量 1 亿 t,该区域地势平坦,中西部为粮食种植区,有一条中型 S 河流自北向南流过 A 油田边界,滨河地带为宽阔的河滩,为"洪泛区",每年夏秋两季洪水暴涨时 40km² 以上区域称为水面。"洪泛区"内水生植物茂盛,有多种候鸟分布其中,其中有国家和省级保护鸟类 20 种。拟建油田分布在东西长 20km、南北宽约 10km 的带状区域,规划在位于油田西北部的镇建设油田生产和生活基地,拟建设道路网将各油田区联通。

【问题 1】 按照自然生态系统类型划分的常用分法,说明 A 油田开发涉及哪几种生态系统类型。

【答】 A 油田开发涉及的主要生态系统类型有农田生态系统、湖泊生态系统、湿地生态系统、淡水生态系统。

【问题 2】 该油田建设项目环境影响评价应分几个时期?

【答】 主要分为建设期和运营期,具体内容需展开。

【问题 3】 按自然生态系统类型划分,项目环境现状调查与评价的重点和要点是什么?

【答】 环境现状:珍稀濒危动植物、地方重点保护生物种类种群、分布、生活习性、环境条件、繁殖、迁徙行为规律;生态系统的完整性和稳定性;生态系统与其他生态系统的关系及制约因素。评价重点因子:①大气环境影响因子:总烃、NO_2、SO_2;②水环境影响因子:pH、COD、石油类、挥发酚、硫化物;地下水环境影响评价因子:pH、石油类、硫化物、高锰酸盐指数、总硬度、氯化物。生态影响因子是石油类。

【问题 4】 说明油田开发建设时主要生态环境影响和应采取的环境保护措施。

【答】 主要影响:施工期对植物的破坏和生物的影响会破坏生物的多样性;施工过程产生噪声和扬尘也会影响动植物的生存环境。

具体措施:①建立规范的操作程序的制度;②合理安排施工次序、季节、时间;③改变落后的施工组织方式,采取科学的施工组织方法。

【问题 5】 该项目的最大生态影响是什么?应采取什么有效的措施减轻这种影响?

【答】 主要影响:①建设期有占用土地、改变土地利用、植被破坏、扰动土层。②运营期有风险事故。具体措施有:

建设期:①少占农田与林地、地表水体;②施工避开农作物生长季节;③保护表土,加强施工管理;④合理安排作业时间等。

运营期:①管线设置标志;②管线上种植浅根系植物,二次开挖注意按原有土壤层次回填,减轻对农作物的影响;③加强日常监督管理防范风险;④对作业过程中的废物和落地油进行妥善处理;⑤对各种设备、管线、阀门定期进行检查,防止跑、冒、滴、漏,消除事故隐患;⑥对站场进行绿化。

【案例三】 某水电站项目,于 2001 年验收。现有 3 台 600MW 发电机组。安排移民 3 万人,水库淹没面积 100km²,由于移民安置不太妥当,移民开垦陡坡、毁林开荒等现象严重。

扩建工程拟新增一台 600MW 发电机组,以增加调峰能力,库容、运行场所等工程不变。

职工人员不变、新增机组只在用电高峰时使用。在山体上开河，引水进入电站。工程所需的砂石料购买商品料，距项目 20km 处有汽车运输，路边 500m 有一村庄。原有工程弃渣堆放在水电站下游 200m 的滩地上，有防护措施。

一期竣工验收，河段下游有多处取水口，淹没土地，移民存在生活、生产问题。

二期扩建，保证水库水位不变，在大坝左侧山体引取水口并建设引发水电系统。库区有职工生活，料场运输过程经过 A 村。欲在河滩上建设弃渣场。

【问题 1】确定本项目环境保护敏感目标，说明影响保护目标的主要因素。

【答】项目主要环境保护目标及影响因素：

(1) 自然环境。影响因素：移民开垦陡坡、毁林开荒造成的植被减少和山体上开河造成的水土流失。

(2) 路边 500m 的村庄。影响因素：施工期噪声。

(3) 河道管理范围。影响因素：工程弃渣。

项目现有主要环境问题：

(1) 移民所造成的开垦陡坡、毁林开荒等。

(2) 山体上开河可能造成水土流失。

(3) 施工期噪声。

(4) 工程弃渣。

【问题 2】扩建工程运营期的主要环境影响因素和评价内容是什么？

【答】调查动植物物种清单，生态系统完整性、稳定性、生产力等；生态系统与其他系统的联通性与制约问题；水土流失等。

【问题 3】环境影响评价除了一般生态调查外，特别要关注的内容是什么？

【答】库区：泥沙的排泄，适流水的鱼类的洄游，物种多样性问题；脱水段：受影响两栖类、鱼类物种，生态用水，民用、工业用水，整个流域的生物多样性、完整性，以及岸上动物的迁移。此外，调水区的生态，交通道路对植被的破坏、水土流失、景观的影响、过鱼设施等。

【问题 4】弃渣场位置是否合理？拟采取的措施是什么？

【答】不合理。该弃渣场容易被下泄水流冲蚀，导致泥石流的发生，并污染水体，不符合"水土保持法"的规定，应予清理，建议有关部门在指定的地点堆存。

思 考 题

1. 生态环境影响评价的概念是什么？
2. 简述生态环境影响评价的指导思想与基本原则。
3. 生态环境影响评价有什么基本工作程序？生态质量的 6 大指标指的是哪些？7 大重点内容是什么？
4. 如何进行生态环境影响识别？
5. 有哪些生态评价方法？都是如何进行的？
6. 影响预测有什么方法和技术要点？

第四篇
环境评价进展

第十二章　项目验收与公众参与

【 **内容摘要** 】　本章阐述了项目验收重点与验收标准, 详细论述了验收监测与调查的工作内容, 以及验收调查报告和验收监测报告编制技术, 并对项目环境影响评价公众参的重要性和内容及方式进行了介绍。

建设项目环境影响评价制度与建设项目环境保护"三同时"制度(同时设计、同时施工、同时投产使用)构成了建设项目环境保护管理的两项基本制度。建设项目环境保护"三同时"制度是建设项目环境影响评价制度实施和环境影响评价文件(环境影响评价报告书、报告表、登记表)中各项环境保护措施落实的保证。

建设项目竣工环境保护验收是指建设项目竣工后, 环境保护行政主管部门根据《建设项目环境保护管理条例》(国务院令 253 号)和《建设项目环境保护验收管理办法》(国家环境保护总局第 13 号令)的规定, 依据环境保护验收监测或调查结果, 并通过现场检查等手段, 考核建设项目是否达到环境保护要求的管理方式。

建设项目竣工环境保护验收监测与调查指在建设项目竣工试生产(或试营运)期间, 依据环境保护行政主管部门的计划安排, 由建设单位委托有资质的单位对建设项目设计、施工、投产各阶段环境保护工作开展监测与调查, 并依据环境影响评价文件及其批复提出的具体要求进行分析、评价, 得出结论, 为建设项目竣工、环境保护验收提供技术依据的过程。

第一节　验收重点与验收标准

一、验收的分类管理

《建设项目环境保护验收管理办法》明确将建设项目分为以污染排放为主项目和以生态影响为主项目两类, 实施分类管理, 使建设项目竣工环境保护验收管理工作做到按照项目的类别有所侧重、区别对待。污染型建设项目具体包括工业类项目, 如化工、石油炼制、金属冶炼、火力发电等, 以及房地产、饮食娱乐服务业等项目。生态型项目具体包括水利、水电、交通、矿山、油田及输油气管线建设、农林、旅游等建设项目。

同时, 根据国家对建设项目环境保护分类管理的规定, 建设项目竣工环境保护验收按项目对环境影响的大小, 实施编制验收监测(调查)报告、报告表以及登记卡的分类管理。具体类别的划分依据《建设项目环境保护分类管理名录》, 由负责建设项目竣工环境保护验收的环境保护行政主管部门确定。

二、验收重点的确定依据与重点

(一) 验收重点的确定依据

确定验收重点的依据主要包括以下几个方面:

(1) 项目可研、批复以及设计文件确定的项目建设规模、内容、工艺方法及与建设项目有关的各项环境设施,包括监测手段,各项生态保护设施。

(2) 环境影响评价文件及其批复规定应采取的各项环境保护措施,污染物排放、敏感区域保护、总量控制等要求,以及生态保护的有关要求。

(3) 各级环境保护主管部门针对建设项目提出的具体环境保护要求文件。

(4) 国家法律、法规、行政规章及规划确定的敏感区,如饮用水水源保护区、自然保护区、重要生态功能保护区、珍稀动植物栖息地或特殊生态系统、重要湿地和天然渔场等。

(5) 国家相关的产业政策及清洁生产要求。

(二) 验收重点

(1) 核查验收范围。对照原环境影响评价批复文件及设计文件检查核实项目工程组成,包括建设内容、规模及产品、生产能力、工程量、占地面积等情况与变更情况。

核实该项目环境保护设施建成及环境保护措施落实情况,确定环境保护验收的主要对象。重点核查为满足总量控制要求,区域内落后生产设备的淘汰、拆除、关停情况;落实"以新带老",落后工艺改进及老污染源的治理情况等。

核查周围是否存在环境保护敏感区,确定必要进行的环境质量调查与监测。

(2) 确定验收标准。污染物达标排放、环境质量达标和总量控制满足要求是建设项目竣工环境保护验收达标的主要依据。建设项目竣工环境保护验收应执行的标准,应以环境影响评价阶段执行的标准为验收标准,同时按现行标准进行校核。主要将新的国家污染排放标准、质量标准,对应环境影响报告书批准的相应标准作为执行标准,应按污染物排放的环境区域类别,套用相应级别或类别的标准。

(3) 核查验收工况。按项目产品及中间产品产量、原料、物料消耗情况,主体工程运行负荷情况等,核查建设项目竣工环境保护验收监测期间的工况条件。

(4) 核查验收监测(调查)结果。核查建设项目环境保护设施的设计指标,判定企业环境保护设施运转效率和企业内部污染控制水平。重点核查建设项目外排污染物的稳定达标排放情况、主要污染治理设施稳定运行及设计指标的达标情况、污染物排放总量控制情况、敏感点环境质量达标情况、清洁生产考核指标达标情况、有关生态保护的环境指标(植被覆盖率、水土流失率)的对比评价结果等。

(5) 核查验收环境管理。环境管理检查涵盖了验收监测(调查)非测试性的全部内容,验收核查应包括:建设单位在设计期、施工期执行相关的各项环境保护制度情况;落实环境影响评价及环境影响评价批复有关水土流失防治、噪声防治、生态保护等环境保护措施情况;建成相应的环境保护设施情况。建成投产后是否建立健全了环境保护组织机构及环境管理制度,污染治理设施是否正常稳定运行,污染物是否稳定达标排放,检查建设单位是否规范排污口、安装污染源在线监测仪、实施环境污染日常监测等。

(6) 检查验收现场。按照建设项目布局特点或工艺特点,安排现场检查。内容主要包括水、气、声(振动)、渣污染源及其配套的处理设施、排污口的规范化、环境保护敏感点及相应的监测点位,在线监测设备监测结果的查验,水土保持、生态保护、自然景观恢复措施等的实施效果。

核查建设项目环境管理档案资料,内容包括环境保护组织机构、各项环境管理规章制度、施工期环境监理资料、日常监测计划(监测手段、监测人员及实验室配备、检测项目及频次)。

(7) 风险事故环境保护应急措施检查。建设项目运行过程中,出现生产或安全事故,有可能造成严重环境污染或损害的，验收工作中应对其污染防治预案和应急措施进行检查，检查内容还应包括应急体系、预警、预防措施、组织机构、人员配置和应急物资准备等。

(8) 验收结论。依据建设项目竣工环境保护验收监测(调查)结论，结合现场检查情况，主要监测(调查)结果符合环境保护要求的，给予通过验收；主要监测结果不符合要求或重大生态保护措施未落实的，提出整改意见。限期达到要求，另行监测或检查合格后给予通过；限期仍达不到要求的，则按法律程序由环境保护主管部门下达停产通知书。

(三) 验收监测与调查标准选用的原则

(1) 依据国家、地方环境保护行政主管部门对建设项目环境影响评价批复的环境质量标准和排放标准。如环境影响评价未做具体要求，应核实污染物排放受纳区域的环境区域类别、环境保护敏感点所处地区的环境功能区划情况，套用相应的执行标准(包括级别或类别)。环境质量标准仅用于考核环境保护敏感点环境质量达标情况，有害物质限值根据建设项目环境保护敏感点所处环境功能区确定。

(2) 依据地方环境保护行政主管部门有关环境影响评价执行标准的批复以及下达的污染物排放总量控制指标。

(3) 依据建设项目环境保护初步设计中确定的环境保护设施的设计指标：处理效率，处理能力，环境保护设施进、出口污染物浓度，废气排气筒高度。对既是环境保护设施又是生产环节的装置，工程设计指标可作为环境保护设施的设计指标。化工、石化项目多有此类情况。例如，磷铵工程硫磺制硫酸工艺转换器和吸收塔既是生产环节又是环境保护设施，起到降低SO_2、硫酸雾排放浓度的作用，转换器转换率、吸收塔吸收率两项工程设计指标即是环境保护设施的设计指标。

(4) 环境监测方法标准应选择与环境质量标准、排放标准相配套的方法标准。若质量标准、排放标准未做明确规定，应首选国家或行业标准监测分析方法，其次选发达国家的标准方法或权威书籍、杂志登载的分析方法。

(5) 综合性排放标准与行业排放标准不交叉执行。如国家已经有行业污染物排放标准的，应按行业污染物排放标准执行；有地方环境标准的，优先执行地方标准。

三、验收过程中应注意的问题

(一) 大气污染物排放口的考核

(1) 排放高度的考核。应严格对照建设项目环境影响报告书和批复的要求及行业标准和国家大气污染物综合排放标准的要求，核查其排放高度。

(2) 对有组织排放的点源，应对照行业要求，分别考核最高允许排放浓度及最高允许排放速率。

(3) 对无组织排放的点源，应对照行业要求考核监控点与参照点浓度差值或周界外最高浓度点浓度值。

(4) 标准限值的确切含义。最高允许排放浓度及最高允许排放速率均指连续1h采样平均值或1h内等时间间隔采集样品平均值。

(5) 实测浓度值的换算。燃煤电厂、锅炉、工业炉窑、饮食业油烟等实测烟尘、SO_2、NO_x、油烟等排放浓度应分别按标准要求换算为相应空气过剩系数、出力系数、炉型折算系数、掺风系数时的值后再与标准值比较。

(6) 标准的正确选用。分清工业炉窑标准、锅炉标准与火电标准，焚烧炉标准、危险废物焚烧标准的适用范围，正确选用标准。

(7) 位于两控区的锅炉，除执行锅炉大气污染物排放标准外，还应执行所在区规定的总量控制指标。

(二) 污水排放口的考核

(1) 对第一类污染物，不分行业和污水排放方式，也不分受纳水体的功能类别，一律在车间或车间处理设施排放口考核。

(2) 对清净下水排放口，原则上应执行《污水综合排放标准》(其他行业排放标准有要求的除外)。

(3) 总排口可能存在稀释排放的污染物，在车间排放口或针对性治理设施排放口以排放标准加以考核(如电厂含油污水)，外排口以排放标准进一步考核。

(4) 其他：应重点考核与外环境发生关系的总排污口污染物排放浓度及吨产品最高允许排水量(部分行业)。其中的浓度限值以日均值计。吨产品最高允许排水量以月均值计。

(5) 废水混合排放口以计算的混合排放浓度限值考核。

(6) 同一建设单位的不同污水排口可执行不同的标准。

(7) 检查排污口的规范化建设。

(三) 噪声考核

(1) 厂界噪声背景值修正：根据各厂界评价点背景值修正后得出各厂界监测点厂界噪声排放值。

(2) 昼夜等效声级的计算：由于噪声在夜间比昼间影响大，故计算昼夜等效声级时，需要将夜间等效声级加上 10dB 后再计算。

(四) 指标考核

(1) 设计指标的考核：按环境影响报告书和设计文件规定的指标考核环境保护设施处理效率，处理设施进、出口浓度控制指标。

(2) 内控制指标的考核：按企业内部管理或设计文件确定的考核指标，考核不同装置或设施处理的污水在与其他污水混合前或处理前的浓度及流量等。

(五) 正确评价监测结果

使用标准对监测结果进行评价时，应严格按照标准指标进行评价。例如，污水综合排放标准，是按污染物的日均浓度进行评价的，水环境质量标准则按季度、月均值进行评价，大气污染物综合排放标准是按监测期间污染物最高排放浓度进行评价。

第二节　验收监测与调查的工作内容

建设项目竣工环境保护验收的原则是污染物浓度排放达标验收和排污总量达标验收并重、污染型项目和生态影响型建设项目并重、建设项目分类管理和实验验收公告制度。验收监测(调查)报告还应有清洁生产考核、总量控制、公众意见调查等章节，在环境管理检查章节中应有污染源在线监测仪校比、企业日常监测与管理制度、污染扰民事件核查等内容。

一、验收监测与调查的内容范围

建设项目竣工环境保护验收监测与调查主要包括下述内容：

(1) 检查建设项目环境管理制度的执行和落实情况以及各项环境保护设施或工程的实际建设、管理、运行状况以及各项环境保护治理措施落实情况。

(2) 监测分析评价治理设施处理效果或治理工程的环境效益。

(3) 监测分析建设项目外排废水、废气、噪声、固体废物等排放达标情况。

(4) 监测必要的环境保护敏感点的环境质量。

(5) 监测统计国家规定的总量控制污染物排放指标的达标情况。

(6) 调查分析评价生态保护以及环境敏感目标保护措施情况。

二、验收监测与调查的主要内容

(一) 环境保护管理检查

根据《建设项目环境保护管理条例》《建设项目竣工环境保护验收管理办法》检查内容确定为以下几部分：

(1) 建设项目从立项到试生产各阶段执行环境保护法律、法规、规章制度的情况。

(2) 环境保护审批手续及环境保护档案资料。

(3) 环境保护组织机构及规章管理制度。

(4) 环境保护设施建成及运行记录。

(5) 环境保护措施落实情况及实施效果。

(6) "以新带老"环境保护要求的落实。

(7) 环境保护监测计划，包括监测机构设置、人员配置、监测计划和仪器设备。

(8) 排污口规范化，污染源在线监测仪的安装，测试情况检查。

(9) 事故风险的环境保护应急计划，包括人员、物资配备、防范措施、应急处置等。

(10) 施工期、试运行期扰民现象的调查。

(11) 固体废物种类、产生量、处理处置情况、综合利用情况。

(12) 按行业特点确定的检查内容，如清洁生产、移民工程、海洋生态保护等特殊内容。

(二) 环境保护设施运行效果测试

主要考察原设计或环境影响评价中要求建设的处理设施的整体处理效率。涉及以下领域的环境保护设施或设备均应进行运行效率监测：

(1) 各种废水处理设施的处理效率。

(2) 各种废气处理设施的处理效率。

(3) 工业固(液)体废物处理设施的处理效率等。

(4) 用于处理其他污染物的处理设施的处理效率。

(三) 污染物达标排放监测

以下污染物外排口应进行达标排放监测：

(1) 排放到环境中的废水(包括生产污水、清净下水和生活污水)。

(2) 排放到环境中的各种废气(包括工艺废气及供暖、食堂等生活设施废气)。

(3) 排放到环境中的各种有毒有害工业固(液)体废物及其浸出液。

(4) 厂界噪声(必要时测定对噪声源极敏感点的噪声);公路、铁路及城市轨道交通噪声;码头、航道噪声;机场周围飞机噪声。

(5) 建设项目的无组织排放。

(6) 国家规定总量控制污染物指标的污染物排放总量。

(四) 环境保护敏感点环境质量的监测

主要针对"环境影响评价"及其批复中所涉及的环境敏感保护目标。监测以建设项目投运后环境敏感保护目标能否达到相应环境功能区所确定的环境质量标准为主,主要考虑以下几方面:

(1) 环境敏感保护目标的环境地表水、地下水和海水质量。

(2) 环境敏感保护目标的环境空气质量。

(3) 环境敏感保护目标的声学环境质量。

(4) 环境敏感保护目标的环境土壤质量。

(5) 环境敏感保护目标的环境振动。

(6) 环境敏感保护目标的电磁辐射公众照射。

(五) 生态调查的主要内容

(1) 建设项目在施工、运行期落实环境影响评价文件、工程设计文件以及各级环境保护行政主管部门批复文件所提生态保护措施的情况。

(2) 建设项目已采取的生态保护、水土保持措施实施效果。

(3) 开展公众意见调查,了解公众对项目建设期、施工期、运营期环境保护工作满意度,对当地经济、社会、生活的影响。

(4) 针对建设项目已产生的环境破坏或潜在的环境影响提出补救措施或应急措施。

(六) 清洁生产调查

主要调查环境影响评价文件和批复文件所要求的清洁生产指标落实情况,如

(1) 单位产品耗新鲜水及废水回用率。

(2) 固体废物资源利用率。

(3) 单位产品能耗指标及清洁能源替代要求。

(4) 单位产品污染物产生指标等。

第三节　验收调查与监测报告编制技术

一、验收调查报告编制技术

(一) 验收调查工作程序

验收调查工作程序包括资料收集与现场初步踏勘、编制验收调查方案、实施现场调查、

编制验收调查报告(表)四个过程，具体见图 12-1。

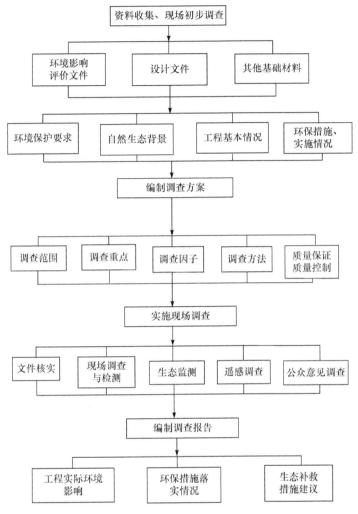

图 12-1 建设项目竣工环境保护验收调查工作程序

(二) 验收调查报告编制技术要求

(1) 正确确定验收调查范围。调查范围一般与建设项目环境影响评价文件一致。如项目建设内容发生变动或环境影响评价文件未能反映出项目建设的实际生态影响，调查范围应根据现场初步调查结果在环境影响评价范围基础上调整确定。

(2) 明确验收调查重点。在验收调查过程中，应根据前述验收原则，并考虑各类项目环境影响特点，确定验收调查的重点。验收重点中主要生态问题关注程度可参照表 12-1。

表 12-1 验收调查中主要生态问题关注程度

生态问题	土地开发	交通运输	水库和水坝建设	矿产开采工程(地表矿/地下矿)	森林开采	海洋和海岸开发	旅游资源开发
生物多样性损失	●	◎	●	◎/○	●	●	◎
土地资源占用	●	●	●	◎/○	◎	●	○

续表

生态问题	土地开发	交通运输	水库和水坝建设	矿产开采工程 (地表矿/地下矿)	森林开采	海洋和海岸开发	旅游资源开发
生态格局破坏	●	○	◎	●/○	●	◎	○
生态功能改变	●	◎	●	●/○	●	●	○
农业生产损失	●	●	●	◎/○	○	◎	○
视觉景观重建	◎	●	●	●/○	◎	◎	●
环境化学污染	◎	○	○	●/●	○	●	◎
水土流失危害	○	●	●	●/○	●	●	◎

注：1. 在表中，●表示严重关注，◎表示正常关注，○表示一般关注。

2. 该表仅供参考，在实际调查中还应根据项目所处区域环境特点进行适当调整。

3. 涉及空间区域的其他项目参照土地开发利用项目，涉及线性区域的其他项目参照交通项目。

(3) 选取验收调查因子。调查因子原则上应根据项目所处区域环境特点和项目的环境影响性质来确定。考虑到建设项目的生态影响通常可归纳为资源影响、生态影响、环境危害和景观影响四方面，各类项目生态环境影响调查因子的确定可参考表 12-2。

表 12-2　生态环境影响调查因子选择

项目	调查因子			
	资源影响	环境危害	生态影响	景观影响
矿产开采	矿产资源储量、土地资源损失量、资源开采强度、区域土地生产力、经济影响	废水、废气、噪声污染	水土流失，地形、地貌、植被、水系、气候、土壤、土壤侵蚀类别、野生动物栖息地等与生态影响相关的因子，特别是生物多样性、各类湿地、自然保护区、水源地等	区域景观类型 项目区景观要素 景观敏感度 景观改良措施
交通运输	土地利用格局、土地资源占用量、农业生产损失	废水、废气、交通噪声污染		
水利水电工程	土地淹没量、下游湿地损失、农业生产力、经济影响	水环境变化、水涝、土壤盐渍化		
土地利用开发	区域资源总量、经济损失量、土地生产力、经济影响	土壤资源退化		
森林开发	木材积蓄量、野生生物、资源开采强度、资源再生力、可持续性	局地气候变化		
旅游资源开发	旅游资源评估、人类活动压力、环境影响方式、可持续性	"三废"排放		
海洋和海岸带开发	资源储蓄两量、资源开采强度、湿地损失、防护林带损失、资源再生力、可持续性	"三废"排放、海岸带水土流失		
其他项目	涉及空间区域的参照土地开发项目；涉及线型区域的参照交通运输项目			

(4) 确定适用调查方法。验收调查方法有文件核实、现场勘察、现场监测、生态监测、公众意见调查、遥感调查等。具体工作时，应针对不同的调查对象采取相应的调查方法。生态环境影响调查方法见表 12-3。

表 12-3　生态环境影响调查方法

调查对象	前期工作	施工期影响调查	运营期影响调查
自然生态	区域自然环境资料调研 区域自然环境现状勘查 环境影响评价报告调研	公众意见调查 工程设计资料审核 环境影响评价管理制度核实	影响区现状勘查 生物多样性影响分析 格局、功能动态分析
自然资源	经济统计年鉴调研 区域资源统计调查 区域资源分布资料调研	公众意见调查 补偿或补救措施核查 环境管理制度核实	生态承载力分析 资源损失和影响评估
景观影响	区域景观现状勘查 可研报告调研	景观设计文件核实 环境影响评价措施核实	景观区景观现况勘查 景观敏感度分析
生态问题	区域自然灾害资料调研 可研报告调研	公众走访咨询 施工现场勘查 环境影响评价措施执行情况核实	现场勘查 环境监测 公众意见调查 影响程度评估
环境保护措施	环境影响评价报告调研 生态防护设计资料调研 公众意见调查	公众走访咨询 生态恢复工程核查	生态防治工程现场核查 防护措施有效性分析 公众意见调查

(5) 分析评价方法。验收调查一般采取类比分析法、列表清单法、指数法与综合指数法、生态系统综合评价法等方法分析评价验收调查结果。

(6) 评价判别标准。生态型建设项目建成后对环境的影响的评价分析，主要以环境影响评价时确定的标准或环境影响评价预测值为标准来判断其是否达到了环境影响评价及批复文件的生态环境保护目标。评价判别标准主要包括：①国家、行业和地方规定的标准及规范：如《农田灌溉水质标准》(GB 5084—2005)、《保护农作物大气污染物最高允许浓度》(GB 9173—1988)、《开发建设项目水土保持方案技术规范》(SL 204—1998)、《公路环境保护设计规范》(JTGB 04—2010)等。②背景或本底标准：以项目所处区域或环境影响评价时生态环境的背景值或本底值作为评价标准。主要指标有植被覆盖率、水土流失率、防风固沙能力、生物量等。③科学研究已判定的生态效应：如在当地或相似条件下科学研究已判定的保证生态安全的绿化率要求、污染物在生物体内的最高允许量等，可作为参考评价标准。

(三) 验收调查报告章节内容

(1) 前言。
(2) 总论。
(3) 工程概况。
(4) 区域环境概况。
(5) 环境影响评价文件及其批复的回顾。

上述编写内容及要求与验收调查方案一致。可根据再次资料核实及现场调查的情况，对相关内容进行补充和调整。

(6) 环境保护措施落实情况的调查。

根据环境影响文件和批复的环境保护要求，通过现场核查和文件核实等工作，对环境保护措施(设施)落实情况进行总结并分析其有效性，同时明确提出需进一步采取的环境保护补救或补充措施，有针对性地避免或减缓项目建设所造成的实际环境影响。其主要内容包括两个方面：一方面是对社会环境保护措施、生态环境防护措施、水气声等污染防治措施或污染处理设施以及环境管理措施进行调查和核实，检查环境影响评价及批复所提环境保护措施(设施)的落实情况；另一方面是在环境影响和环境保护措施(设施)调查和分析的基础上，对环境保护有效性进行评估，并据此提出环境保护防治与管理方面的补救或补充措施及建议。

(7) 施工期环境影响回顾。

生态影响型建设项目对环境的影响有些发生在施工期，且多为不可逆的。因此，施工期环境影响回顾是生态型建设性建设项目竣工验收调查报告中不可缺少的章节。编写时应从施工期污染物的排放性能入手，从科研、初步设计、施工图、监理报告等资料中了解施工中采取的环境保护措施，并通过公众意见调查及环境管理部门意见征询、施工期间环境质量跟踪监测结果分析等，判别施工期环境影响程度及环境保护措施的落实情况及实施的有效性，得出结论并对存在问题提出补救措施。

(8) 环境影响调查与分析。

环境影响调查与分析时验收调查报告的核心内容。

总体上，现况调查与分析主要包括社会影响、生态影响(非污染型环境影响)、污染影响(水、气、声等污染型环境影响)三方面的内容。

从现况调查和专题调查分析的内容上比较，不同类型建设项目因环境影响特点和方式不同，调查因子、调查范围、调查重点和主要保护目标等具体情况差异较大，所以内容上很难统一规范。但不同类型建设项目的不同专题中，均应包括调查情况、调查结果分析和环境影响评估结论、存在问题及对策建议四部分内容。四部分编写基本要求如下：

(a) 对调查情况进行说明时，各专题相应的调查因子、调查范围、调查手段、分析方法、评价标准和评估依据，应严格按实施方案的具体要求进行编写，尤其注意不得存在漏项情况。要求有监测点位图及现场照片、调查问题内容的照片。

(b) 对调查结果进行分析时，应突出调查的重点问题及因子。对于用于分析的基础数据，如主要工程及数量、占用资源的类型和数量、主要污染源种类及源强等必须勘查和核实，并对监测数据进行审查分析，确保后续分析评估结果的正确性。

(c) 调查分析结论和建议要具体明确。在调查结论中必须回答：①影响方式，即各专题中影响主要集中在哪些方面，影响范围和程度如何；②影响性质，即项目建设所造成的正面或负面影响是永久性还是暂时性的，是否可避免，是否可恢复；③对策建议，即根据影响方式和性质确定何种影响需采取进一步补充或补救措施，并在后续有关环境保护措施调查与对策的章节中提出相应明确的措施；④验收意见，根据各专题环境影响调查和分析，从专题角度提出工程竣工环境保护验收结论。

(9) 补救对策措施及投资估算。

归纳总结各专题提出的补救措施，列表逐项给出所需的投资估算。

(10) 结论与建议。

调查结论要分别简述各专题的主要调查结果和存在的主要问题，即按调查方案专题设置的要求，根据环境影响和环境保护措施(设施)落实情况调查及评估分析结果，提出各专题的综合性调查结果和目前遗留的主要问题。包括社会经济环境调查结果、环境质量影响调查结果、生态环境影响调查结果、施工期环境影响调查结果、公众意见调查结果和其他调查结果及遗留主要问题。

验收建议是在环境影响调查工作的基础上，结合各专题调查结论和验收意见，综合判断建设项目在环境保护方面是否符合竣工验收条件。当建设项目同时满足以下五方面要求时，应明确建议政府环境保护部门通过工程竣工环境保护验收：①不存在重大的环境影响问题；②环境影响评价及批复所提环境保护措施得到了落实；③有关环境保护设施已建成并投入正常使用；④防护工程本身符合设计、施工和使用要求；⑤目前遗留的环境影响问题能得到有效处理解决。

当建设项目不完全满足以上五条要求时，应提出整改建议。此时，可根据建设项目未满足竣工验收条件的性质和遗留问题的影响程度，有选择性地提出环境保护验收后整改或整改后环境保护验收的结论，并明确重点整改内容，为政府部门决策提供参考建议。

(11) 附录。

(a) 附图(可多项同图，视具体情况可置于正文相应位置)。包括建设项目所在地行政区划图，建设项目直接影响区域及辐射区域图；项目建设区域生态资源及人文景观等分布图；建设项目平面布置图及调查点位布置图，建设项目区域地形、地势图，土地利用现状图，植被分布图，建设项目区域生态资源调查、监测成果图等。

(b) 附件：项目委托书；环境影响评价文件批复等。

(c) 附表(视具体情况可置于正文相应位置)。包括建设项目竣工环境保护"三同时"验收登记表；各因子调查、监测统计、原始数据表；公众意见调查分析表；必要时，附国家环境保护"百佳工程"评分表等。

二、验收监测报告编制技术

建设项目竣工环境保护验收监测针对主要因排放污染物对环境造成污染或危害的建设项目而进行，验收监测报告应充分反映建设项目环境保护设施运行和措施落实的效果；各项污染物达标排放情况；建设项目对周围环境的影响；环境管理的全面检查结果。

(一) 验收监测工作程序

验收监测工作分为以下几个阶段：

(1) 准备阶段：资料收集、现场勘察、环境保护检查。

(2) 编制验收监测方案阶段：在查阅相关资料、现场勘查的基础上确定验收监测工作目的、程序、范围、内容。验收监测工作程序见图 12-2。

(3) 现场监测阶段：依据验收监测方案确定的工作内容进行监测及检查。

(4) 验收监测报告编制阶段：汇总监测数据和检查结果，得出结论，以报告书(表)形式反映建设项目竣工环境保护验收监测的结果。

(二) 验收监测技术要求

1. 验收监测的工况要求

验收监测应在工况稳定、生产负荷达到设计生产能力的 75%以上情况下进行，国家、地方排放标准对生产负荷另有规定的按规定执行。

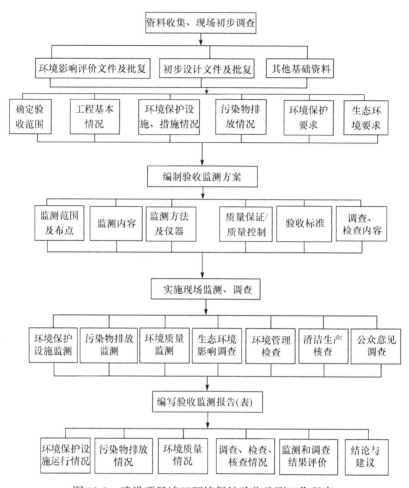

图 12-2　建设项目竣工环境保护验收监测工作程序

对于无法整体调整工况达到设计生产能力 75%以上负荷的建设项目,调整工况能达到设计生产能力 75%以上的部分,验收监测应在满足 75%以上负荷或国家及地方标准中所要求的生产负荷的条件下进行。无法调整工况达到设计生产能力 75%以上的部分,验收监测应在主体工程稳定、环境保护设施运行正常,并征得环境保护行政主管部门同意的情况下进行,同时注明实际监测时的工况。

工况应根据建设项目的产品产量、原材料消耗量、主要工程设施的运行负荷以及环境保护处理设施的负荷进行计算。

2. 质量保证和质量控制

建设项目竣工验收环境保护验收监测的质量保证和质量控制按照国家环境保护总局颁发的《环境监测技术规范》《固定污染源排气中颗粒物测定与气态污染物采样方法》(GB/T 16157)、《环境水质监测质量保证手册》(第四版)、《空气和废气监测质量保证手册》(第四版)、《建设项目环境保护设施竣工验收监测技术要求》(环发[2000]38 号文附件)中质量控制与质量保证有关章节要求进行。

(1) 参加竣工验收监测采样和测试的人员,按国家有关规定持证上岗;监测仪器在检定有效期内；监测数据经三级审核。

(2) 水质监测分析过程中的质量保证和质量控制。

水样的采集、运输、保存、实验室分析和数据计算的全过程均按照《环境水质监测质量保证手册》(第四版)的要求进行。即做到：采样过程中应采集不少于 10%的平行样；实验室分析过程一般应加不少于 10%的平行样；对可以得到标准样品或质量控制样品的项目，应在分析的同时做 10%的质控样品分析，对无标准样品或质量控制样品的项目，可进行加标回收测试的，应在分析的同时做 10%加标回收样品分析。

(3) 气体监测分析过程中的质量保证和质量控制。

尽量避免被测排放物中共存污染物因子对仪器分析的交叉干扰；被测排放物的浓度应在仪器测试量程的有效范围，即仪器量程的 30%~70%；烟尘采样器在进入现场前应对采样器流量计、流速计等进行校核。烟气监测(分析)仪器在测试前按监测因子分别用标准气体和流量计对其进行校核(标定)，在测试时应保证其采样流量。

(4) 噪声监测分析过程中的质量保证和质量控制。

监测时使用经计量部门检定并在有效使用期内的声级计；声级计在测试前后用标准发生源进行校准，测量前后仪器的灵敏度相差不大于 0.5dB，若大于 0.5dB 则测试数据无效。

(5) 固体废物监测分析过程中的质量保证和质量控制。

按国家有关规定、监测技术规范和有关质量控制手册中的要求进行，采样过程中应采集不少于 10%的平行样；实验室样品分析时加测不少于 10%的平行样；对可以得到标准样品或质量控制样品的项目，应在分析的同时做 10%的质控样品分析，对得不到标准样品或质量控制样品，但可进行加标回收测试的项目，应在分析的同时做 10%加标回收样品分析。

3. 验收监测污染因子的确定原则

建设项目环境影响评价文件和初步设计环境保护篇中确定的污染因子。

原辅材料、燃料、产品、中间产物、废物以及其他涉及的特征污染因子和一般性污染因子。

现行国家或地方污染物排放标准、环境质量标准中规定的有关污染因子。

国家或地方规定总量控制的有关污染因子。

影响环境质量的污染因子，包括环境影响评价文件及其批复意见中有明确规定或要求考虑的影响环境保护敏感目标环境质量的污染因子；试生产中已造成环境污染的污染因子；地方环境保护行政主管部门根据当前环境保护管理的要求和规定而确定的对环境质量有影响的污染因子。

4. 废气监测技术要求

1) 有组织排放

(1) 监测断面：布设于废气处理设施各处理单元的进出口烟道，废气排放烟道。监测点位按《固定污染源排气中颗粒物测定与气态污染物采样方法》(GB/T 16157—1996)要求布设。

(2) 监测因子：处理设施进出口的监测因子根据设施主要处理的污染物种类确定，废气排放口监测因子的确定，需根据具体情况按标准所述原则进行调整，各种废气同时测定烟气参数。

(3) 监测频次:

(a) 对有明显生产周期的建设项目,对污染物的采样和测试一般为 2~3 个生产周期,每个周期 3~5 次;

(b) 对连续生产稳定、污染物排放稳定的建设项目,采样和测试的频次一般不少于 3 次、大型火力发电(热电)厂排气出口颗粒物每点采样时间不少于 3min;

(c) 对非稳定排放源采用加密监测的方法,一般以每日开工时间或 24h 为周期,采样和测试不少于 3 个周期,每个周期依据实际排放情况按每 2~4h 采样和测试一次;

(d) 标准中如有特殊要求,则按标准中的要求确定监测频次。

2) 无组织排放

(1) 监测点位:二氧化硫、氮氧化物、颗粒物、氟化物的监控点设在无组织排放源的下风向 2~50m 范围内的浓度最高点,相对应的参照点设在排放源上风 2~50m 范围内;其余污染物的监控点设在单位周界外 10m 范围内浓度最高点。监控点最多可设 4 个,参照点只设 1 个。工业炉窑、炼焦炉、水泥厂等特殊行业的无组织排放监控点执行相应排放标准中的要求。

(2) 监测因子:根据具体无组织排放的主要污染物种类确定。

(3) 监测频次:监测一般不得少于 2d,每天 3 次,每次连续 1h 采样或在 1h 内等时间间隔采样 4 个;根据污染物浓度及分析方法、灵敏度,可适当延长或缩短采样时间。

(4) 对型号、功能相同的多个小型环境保护设施,可采用随机抽样方法进行监测,随机抽测设施比例不小于同样设施总数的 50%。

5. 废水监测技术要求

(1) 监测点位:污水处理设施各处理单元的进、出口,第一类污染物的车间或车间处理设施的排放口,生产性污水、生活污水、清净下水外排口,雨水排口。

(2) 监测因子:处理设施进出口的监测因子根据设施主要处理的污染物种类确定;外排口监测因子的确定参见相关污染物排放标准。

(3) 监测频次:

(a) 对生产稳定且污染物排放有规律的排放源,以生产周期为采样周期,采样不得少于 2 个周期,每个采样周期内采样次数一般应为 3~5 次;

(b) 对有污水处理设施并正常运转或建有调节池的建设项目,其污水为稳定排放的,可采瞬时样,但不得少于 3 次;对间断排放水量<20m³/d 的,可采用有水时监测,监测频次不少于 2 次;

(c) 对非稳定连续排放源,一般应采用加密的等时间采样和测试方法,一般以每日开工时间或 24h 为周期,采样不少于 3 个周期;采用等时间采样方法测试时,每个周期依据实际排放情况,按每 2~3h 采样和测试一次。

6. 噪声监测技术要求

1) 厂界噪声

(1) 监测点位:按照《工业企业厂界环境噪声排放标准》(GB 12348—2008)确定。根据工业企业声源、周围噪声敏感建筑物的布局以及毗邻的区域类别,在工业企业法定边界布设多个测点,包括距噪声敏感建筑物较近以及受被测声源影响较大的位置,测点一般设在工业企业单位法定厂界外 1m、高度 1.2m 以上，对应被测声源，距任一反射面不小于 lm 的位置，厂界如有围墙，测点应高于围墙。同时设点测背景噪声，必要时设点测源强噪声；工业企业在法定边界外置有声源时，根据需要也应布设监测点。

对环境影响评价文件中确定的厂界周围噪声敏感区域内的医院、疗养院、学校、机关、科研单位、住宅等建筑物应分别设点监测。

(2) 监测因子：等效连续 A 声级。

(3) 监测频次：一般不少于连续 2 昼夜。无连续监测条件的测 2d，昼夜各 2 次。

2) 高速公路交通噪声

(1) 监测点位：按照《高速公路交通噪声监测技术规定(试行)》、《声屏障声学设计和测量规范》(HJ/T 90—2004)确定。在公路两侧距路肩小于或等于 200m 范围内选取至少 5 个有代表性的噪声敏感区域，分别设点进行监测；在公路垂直方向距路肩 20m、40m、60m、80m、120m 设点进行噪声衰减测量；声屏障的降噪效果测量，执行《声屏障声学设计和测量规范》，并在声屏障保护的敏感建筑物户外 1m 处布设观测点位；选择车流量有代表性的路段，在距高速公路路肩 60m、高度大于 1.2m 范围内布设 24h 连续测量点位。

(2) 监测因子：L_{Aeq}、L_{Amax}、L_{10}、L_{50}、L_{90}，24h 连续测量还包括 L_d、L_n、L_{dn}。

(3) 监测频次：噪声敏感区域和噪声衰减测量，连续测量 2d，每天测量 4 次，昼、夜间各 2 次，分别在车流量平均时段和高峰时段测量，每次测量 20min。24h 连续交通噪声测量，每小时测量 1 次，每次测量不少于 20min，连续测量 2d。

3) 机场周围飞机噪声

(1) 监测点位：按照《机场周围飞机噪声测量方法》(GB 9661—1988)确定，在机场周围受飞机通过影响的所有噪声敏感点设点监测，监测点选在户外平坦开阔的地方，传声器高于 1.2m，离开其他反射壁面 1.0m 以上。

(2) 监测因子：每次飞行事件的最大 A 声级及持续时间，最终计算计权等效连续感觉噪声级(WECPNL)。

(3) 监测频次：监测一周 7d×24h 内的所有航班(目前常用的频次为对一周内飞行事件最多的 2 个工作日内的所有航班监测)。

7. 振动监测技术要求

(1) 监测点位：按《城市区域环境振动测量方法》(GB 10071—1988)确定，测点置于建筑物室外 0.5m 以内振动敏感处。必要时，测量置于建筑物室内地面中央。

(2) 监测因子：垂直振动级。

(3) 监测频次：稳态振源：每个测点测量一次，取 5s 内的平均示数为评价量；冲击振动：取每次冲击过程中的最大示数为评价量；无规振动：每个测点等间隔地读取瞬时示数，采样间隔不大于 5s，连续测量时间不少于 1000s，以测量数据的累计百分 Z 振级值为评价量。

8. 电磁辐射监测技术要求

(1) 监测点位：针对不同的电磁辐射源确定监测点位，具体见《辐射环境监测技术规范》(HJ/T 61—2001)。

(2) 监测因子：射频段(电视与调频广播电视发射塔，中、短波广播与通信发射台，微波通信与移动通信基地站，卫星地球站，导航与雷达站)：综合场强(V/m)；工频段(高压电力线与高压变电站，工业、科学、医疗高频设备)：电场强度 (V/m)、磁场强度 (T)。

(3) 监测频次：在各种电磁辐射源的正常工作时段上，每个监测点位监测一次。

9. 固体废物监测技术要求

固体废物的监测主要分为检查和测试两个方面。

1) 固体废物的检查

对于可根据《国家危险废物名录》确定其性质，建有相应堆场、处理设施，或委托有关单位按国家要求处理的固体废物，一般以检查为主，检查主要内容包括：

(1) 按相关技术规范、标准、技术文件及管理文件的要求，调查项目建设及生产过程中产生的固体废物的来源、判定及鉴别其种类、统计分析产生量、检查处理处置方式。

(2) 若项目建设及生产过程中产生的固体废物委托处理，应核查被委托方的资质、委托合同，并核查合同中处理的固体废物的种类、产生量、处理处置方式是否与其资质相符。必要时对固体废物的去向作相应的追踪调查。

(3) 核查建设项目生产过程中使用的固体废物是否符合相关控制标准要求。

2) 鉴别监测

对于按《国家危险废物名录》无法确定其性质的固体废物，应按照《危险废物鉴别标准》(GB 5085)鉴别其性质，再按 1)进行检查。

3) 二次污染的监测

监测固体废物可能造成的大气环境、地下(地表)水环境、土壤等的二次污染，监测方法分别参见相应的监测技术规范。

(1) 监测点位：根据《工业固体废物采样制样技术规定》(HJ/T 20)要求，分别采用简单随机采样法、系统采样法、分层采样法、两段采样法、权威采样法等确定监测点位。

(2) 监测因子：污染因子的选择应根据固体废物产生的主要来源、固体废物的性质成分及浸出毒性实验进行确定。

(3) 监测频次：随机监测一次，每一类固体废物采样和分析样品数均不应少于 6 个。

10. 污染物排放总量核算技术要求

(1) 排放总量核算项目为国家或地方规定实施污染物总量控制的指标。

(2) 依据实际监测情况，确定某一监测点某一时段内污染物排放总量，根据排污单位年工作的实际天数计算污染物年排放总量。

(3) 某污染物监测结果小于规定监测方法检出下限时，不参与总量核算。

11. 环境质量监测技术要求

(1) 水环境质量测试一般为 1~3d，每天 1~2 次，监测点位等要求按 《地表水和污水监测技术规范》(HJ/T 91)、《地下水环境监测技术规范》(SL/T 183)执行。

(2) 环境空气质量测试一般不少于 3d，采样时间按《环境空气质量标准》(GB 3095)数据统计的有效性规定执行。

(3) 环境噪声测试一般不少于 2d,测试频次按《城市区域环境噪声测量方法》(GB/T 14623)执行。

(4) 城市环境电磁辐射监测,按照 《辐射环境保护管理导则电磁辐射监测仪器和方法》(HJ/T 10.2)执行,一般选择 5:00~9:00、11:00~14:00、18:00~23:00 三个高峰期进行测试。若 24 h 昼夜测量,其频次不少于 10 次。

(5) 城市区域环境振动测量按 《城市区域环境振动测量方法》(GB 10071)执行,一般监测 2d,每天昼夜各 1 次。

12. 在线自动连续监测仪校比技术要求

由于目前国家没有发布统一的在线监测仪器的监测技术规范,在"三同时"环境保护验收中可以着重从以下几个方面进行校比考核。

(1) 是否按照环境影响评价批复的要求安装了仪器设备。

(2) 是否通过有相应资质的单位的质量检定和校准。

(三) 验收监测报告主要章节

1. 总论

2. 建设项目工程概况

3. 建设项目污染及治理

4. 环境影响评价、初设回顾及其批复要求

5. 验收监测评价标准

上述五个编写内容及要求与验收监测方案相同。重点应补充完善地理位置图、厂区平面图、工艺流程图、物料平衡图、水平衡图、污染治理工艺流程图、监测点位图。尤其应根据监测时的气象参数确定落实无组织排放的监测点位。

6. 验收监测结果及评价

(1) 监测期间工况分析。

给出反映工程或设备运行负荷的数据或参数,以文字配合表格叙述现场监测期间企业生产情况、各装置投料量、实际成品产量、设计产量、负荷率。

(2) 监测分析质量控制与质量保证。

在验收监测方案质量控制与质量保证章节的基础上,加入质控数据,并做相应分析。

(3) 废水、废气(含有组织、无组织)排放、厂界噪声、环境保护设施效率监测结果分别从以下几方面对废水、废气、厂界噪声和环境保护设施效率监测结果进行叙述:

(a) 验收监测方案确定的验收监测项目、频次、监测断面或监测点位、监测采样、分析方法、监测结果。

(b) 用相应的国家和地方的标准值、设施的设计值和总量控制指标,进行分析评价;出现超标或不符合设计指标的,分析具体的原因;附必要的监测结果表。

(4) 机场噪声、交通噪声、振动,属于针对性较强的监测内容,结果表述参见(3)。

(5) 必要的环境质量监测结果。主要指渣场附近土壤、植被、地下水,厂区周围噪声敏感

点，大气、水污染敏感目标等的必要的环境质量监测。

主要内容包括：

(a) 环境敏感点可能受到影响的简要描述；

(b) 验收监测方案确定的验收监测项目、频次、监测断面或监测点位、监测采样、分析方法(含使用仪器及检测限)；

(c) 监测结果；

(d) 用相应的国家和地方标准值及环境影响评价文件反映的本底值，进行分析评价；

(e) 出现超标或不符合环境影响评价要求时的原因分析等；

(f) 附必要的监测结果表。

7. 国家规定的总量控制污染物的排放情况

根据各排污口的流量和监测浓度，计算并列表统计国家实施总量控制的六项污染物(COD、氨氮、工业粉尘、烟尘、二氧化硫、固体废物)年产生量和年排放量。对改、扩建项目还应根据环境影响报告书列出改扩建工程原有排放量，并根据监测结果计算改扩建后原有工程现在的污染物产生量和排放量，主要污染物总量控制实测值与环境影响评价值比较 (按年工作时计)。附污染物排放总量核算结果表。

8. 公众意见调查结果

以验收监测方案设计的问卷、部分访谈内容为基础，就施工、运行期已经或可能出现的环境问题及环境措施实施情况与效果，对当地居民生活工作的影响情况等征询当地居民意见、建议，并对调查表格按被调查者不同职业构成、不同年龄结构、距建设项目不同距离分类统计，得出调查结论。

9. 环境管理检查结果

根据验收监测方案所列检查内容，逐条目进行说明。

目前，在建设项目竣工环境保护验收监测中，水、气、声、渣四大类污染对固体废物开展监测的较少，主要还是以检查为主。因此，在环境管理检查中应将固体废物检查列为重点，验收监测报告中应按以下几个方面给出结论：

(1) 建设项目固 (液) 体废物来源、种类及性质。

(2) 固 (液) 体废物排放量、处理处置量、综合利用量及最终去向。

(3) 固体废物处理、综合利用、处置情况是否符合相关技术规范、标准的检查结果。

(4) 固体废物委托处理处置单位相应资质的核查结果以及合同中处理的固体废物的种类、产生量、处理处置方式是否与其资质相符的核查结果。必要时对固体废物的去向作相应的追踪调查，并附建设单位与委托方签订的固(液)体废物处理处置合同、意向书或发票等。

(5) 固(液)体废物污染物含量达标综合评价。

(6) 固(液)体废物产生二次污染的调查及监测结果。

(7) 建设项目生产过程中使用的固体废物是否符合相关控制标准要求的检查结果。

环境管理检查另一项重点是，环境影响评价结论与建议中提到的各项环境保护设施建成和措施落实情况，尤其应逐项检查和归纳叙述行政主管部门环境影响评价批复中提到的建设项目在工程设计、建设中应重点注意问题的落实情况。

10. 验收监测结论及建议

1) 结论

(1) 依据监测结果，简明扼要地给出废水、废气排放、厂界噪声达标情况；环境保护敏感点的环境质量达标情况。

(2) 依据公众调查结果、环境管理检查结果，综合分析评价建设项目的环境管理水平。

2) 建议

可针对以下几个方面提出合理的意见和建议：

(1) 未执行"以新带老、总量削减"、"淘汰落后生产设备、总量替换"等要求拆除、关停落后设备。

(2) 环境保护治理设施处理效率或污染物的排放未达到原设计指标和要求。

(3) 污染物的排放未达到国家或地方标准要求。

(4) 环境保护治理设施、监测设备及排污口未按规范安装和建成。

(5) 环境保护敏感目标的环境质量未达到国家或地方标准或环境影响评价预测值。

(6) 国家规定实施总量控制的污染物排放量超过有关环境管理部门规定或核定的总量。

(7) 未按要求建成危险废物填埋场等。

11. 附件

(1) 建设项目环境保护"三同时"竣工验收登记表。

(2) "百佳工程"评分。

(3) 环境保护行政主管部门对环境影响评价报告书的批复意见。

(4) 环境保护行政主管部门对建设项目环境影响评价执行标准的批复意见。

(5) 企业委托验收监测单位进行验收监测的委托函。

(6) 验收监测方案、报告审核意见。

(四) 验收监测报告表或登记卡

根据建设项目的性质和规模，按照建设项目环境保护分类管理要求，对环境影响评价时编制环境影响报告表的建设项目编制《验收监测表》。国家对验收监测表的格式有规定，验收监测表由有相应资质的验收监测单位填写，填写应言简意赅，并附有必要的简图，同时在最后一页附建设项目环境保护"三同时"竣工验收登记表。

按照建设项目环境保护分类管理要求，对填报环境影响登记表的建设项目，由建设单位填写验收登记卡，此类项目一般可不进行监测，个别项目只需做常规监测或单一项目监测。由有审批权限的环境保护行政主管部门核查后签署验收意见。

第四节 公众参与及案例分析

《中华人民共和国环境影响评价法》规定：除国家规定需要保密的情形外，对环境可能造成重大影响、应当编制环境影响报告书的建设项目，建设单位应当在报批建设项目环境影响报告书前，举行论证会、听证会，或者采取其他形式，征求有关单位、专家和公众的意见。

建设单位报批的环境影响报告书应当附具对相关单位、专家和公众意见采纳或者不采纳的说明。

一、公告内容

建设单位或者其委托的环境影响评价机构在编制环境影响报告书的过程中，应当在报送环境保护行政主管部门审批或者重新审核前，向公众公告如下内容：

(1) 建设项目情况简述。

(2) 建设项目对环境可能造成影响的概述。

(3) 预防或者减轻不良环境影响的对策和措施的要点。

(4) 环境影响报告书提出的环境影响评价结论的要点。

(5) 公众查阅环境影响报告书简本的方式和期限，以及公众认为必要时向建设单位或者其委托的环境影响评价机构索取补充信息的方式和期限。

(6) 征求公众意见的范围和主要事项。

(7) 征求公众意见的具体形式。

(8) 公众提出意见的起止时间。

二、公告参与方式

建设单位或者其委托的环境影响评价机构，可以采取以下一种或多种方式发布信息公告：

(1) 在建设项目所在地的公共媒体上发布公告。

(2) 公开免费发放包含有关公告信息的印刷品。

(3) 其他便利公众知情的信息公告方式。

三、案例分析

【案例】　某地区宝马公司年产宝马 3 系、5 系轿车 3 万台，用宝马的生产工艺和宝马公司进口的车身冲压件、发动机部件及其他零部件在中华轿车工厂进行焊接、涂装、组装和调试，生产出合格的宝马轿车。建设项目位于沈阳市大东区山嘴子路 14 号，东面是后山嘴子居民区，东南隔专用铁路是东北助剂总厂，西南隔公路与东北陶瓷城相望，背面为土坡，坡上为试车场和新车停车场。

该项目实施后，主要污染物外排总量分别为：废水排放量 28.31 万 t/a，COD 52.2kg/a，石油类 0.55t/a，SO_2 15.4t/a，固体废弃物排放总量 0.056t/a，镍 0.04t/a。

【问题 1】本项目验收监测的范围是什么？

【答】本项目虽是新建项目，但其生产设备依托金杯公司中华轿车工厂现有生产厂房、场地和有关设施，与中华轿车共线生产。类似这种新、旧生产设备难以分开，排污责任无法区分的建设项目，验收范围应涵盖所有有关的污染设备。

【问题 2】本项目产生的固体废物具有哪些特点？

【答】固体废物具有的特点是：①数量巨大、种类繁多、成分复杂；②资源和废物的相对性；③危险具有潜在性、长期性和灾难性；④处理过程的终态，污染环境的源头。

【问题 3】对于本项目清洁生产分析指标的选取原则有哪些？

【答】项目清洁生产分析指标的原则有：①从产品生命周期全过程考虑；②体现污染物预

防为主的原则；③容易量化；④数据易得；⑤满足政策法规要求和符合行业发展趋势。

【问题4】本项目公众参与的方式有哪些？

【答】项目公众参与的方式：①在建设项目所在地的公共媒体上发布公告；②公开免费发放包含有关公告信息的印刷品；③其他便利公众知情的信息公告方式。

思 考 题

1. 详细阐述项目验收重点与验收标准。
2. 验收调查报告的主要内容有哪些？
3. 验收监测报告的主要内容有哪些？
4. 为什么环境影响评价要进行公众参与？其内容有哪些？
5. 简述环境影响评价公众参与的方式有哪些。

第十三章 规划环境影响评价

【内容摘要】 为实施可持续发展战略，我国环境影响评价已从建设项目延伸到规划，从决策源头防治环境污染和生态破坏。本章介绍了规划环境影响评价的适用范围，详细阐述规划环境影响评价的类别及评价要求，以及规划环境影响评价主要内容与依据，并对规划区域的环境制约因素分析进行了详细研究，最后对规划环境影响评价报告的报送与审查作了规定，并对规划环境影响评价的法律责任作了说明。

为了实施可持续发展战略，预防因规划和建设项目实施后对环境造成不良影响，促进经济、社会和环境的协调发展，2003 年实施的《中华人民共和国环境影响评价法》，对环境影响评价制度进行了重大拓展。我国环境影响评价已从建设项目延伸到规划，从决策源头防治环境污染和生态破坏，全面实施可持续发展战略。

第一节 规划环境影响评价概述

规划是指比较全面、长远的发展计划。"计划"一词，是指人们对未来事业发展所作的预见、部署和安排，具有很大的决策性。它一般具有明确的预期目标，规定具体的执行者及应采取的措施，以保证预定目标的实现。我国的一般情况是，凡调控期间为五年或者五年以上的部署和安排，不论名称为计划还是规划，均属于规划。在国外，规划指的就是计划。随着社会生产力的发展，社会化程度提高，经济生活和社会生活日趋复杂和多样化，计划和规划日益成为人类组织社会生产活动的重要管理方法，规划的实施往往会给经济、社会和环境带来广泛和深远的影响。因此，规划的环境影响评价对促进社会、经济和环境的协调发展具有更重要的作用。

一、规划环境影响评价的适用范围

(一) 需进行环境影响评价的规划类别

《中华人民共和国环境影响评价法》第七条第一款规定：

国务院有关部门、设区的市级以上地方人民政府及其有关部门，对其组织编制的土地利用的有关规划，区域、流域、海域的建设、开发利用规划，应当在规划编制过程中组织进行环境影响评价，编写该规划有关环境影响的篇章或者说明。

《中华人民共和国环境影响评价法》第八条规定：

国务院有关部门、设区的市级以上地方人民政府及其有关部门，对其组织编制的工业、农业、畜牧业、林业、能源、水利、交通、城市建设、旅游、自然资源开发的有关专项规划(以下简称专项规划)，应当在该专项规划草案上报审批前，组织进行环境影响审批评价，并向审批该专项规划的机关提出环境影响报告书。

前款所列专项规划中的指导性规划，按照本法第七条的规定进行环境影响评价。

"国务院有关部门"是指国务院组成部门、直属机构、办事机构、直属事业单位和部委管理的国家局。"设区的市级以上地方人民政府及其有关部门"是指各省、自治区、直辖市人民政府和设区的市(通常为省辖市、州、盟)人民政府及其组成部门、直属机构和特设机构及政府议事协调机构的常设办事机构。

《中华人民共和国环境影响评价法》中只对这些政府和部门组织编制的有关规划提出了开展规划环境影响评价的要求，这些规划主要分为三类：第一类是"一地"，即土地利用的有关规划；第二类是"三域"，即区域、流域、海域的建设开发利用规划；第三类是"十个专项"，即工业、农业、畜牧业、林业、能源、水利、交通、城市建设、旅游、自然资源开发的有关专项规划，又分为指导性规划和非指导性规划。

《中华人民共和国环境影响评价法》第三十六条规定：

省、自治区、直辖市人民政府可以根据本地的实际情况，要求对本辖区的县级人民政府编制的规划进行环境影响评价。具体办法由省、自治区、直辖市参照本法第二章的规定制定。

对县级(含县级市)人民政府组织编制的规划是否应进行环境影响评价，法律没有强求一律。至于县级人民政府所属部门及乡、镇级人民政府组织编制的规划，法律没有规定进行环境影响评价。

(二)编制规划环境影响评价的具体范围

上述部门编制的规划不是全部进行环境影响评价，《中华人民共和国环境影响评价法》中只规定对"一地"、"三域"和"十个专项"的规划组织进行环境影响评价。

《中华人民共和国环境影响评价法》第九条规定：

依照本法第七、八条的规定进行环境影响评价的规划的具体范围的确定，由国务院环境保护行政主管部门会同国务院有关部门规定，报国务院批准。

依据此规定，经国务院批准，国家环境保护总局 2004 年 7 月 3 日颁布了《关于印发〈编制环境影响报告书的规划的具体范围(试行)〉和〈编制环境影响篇章或说明的规划的具体范围(试行)〉的通知》(环发[2004]98 号)，对编制环境影响报告书的规划和编制环境影响篇章或说明的规划划定了具体范围。

1. 编制环境影响报告书的规划的具体范围

1) 工业的有关专项规划
省级及设区的市级工业各行业规划。
2) 农业的有关专项规划
(1) 设区的市级以上种植业发展规划。
(2) 省级及设区的市级渔业发展规划。
(3) 省级及设区的市级乡镇企业发展规划。
3) 畜牧业的有关专项规划
(1) 省级及设区的市级畜牧业发展规划。
(2) 省级及设区的市级草原建设、利用规划。

4) 能源的有关专项规划

(1) 油(气)田总体开发方案。

(2) 设区的市级以上流域水电规划。

5) 水利的有关专项规划

(1) 流域、区域涉及江河、湖泊开发利用的水资源开发利用综合规划和供水、水力发电等专业规划。

(2) 设区的市级以上跨流域调水规划。

(3) 设区的市级以上地下水资源开发利用规划。

6) 变通的有关专项规划

(1) 流域(区域)、省级内河航运规划。

(2) 国道网、省道网及设区的市级交通规划。

(3) 主要港口和地区性重要港口总体规划。

(4) 城际铁路网建设规划。

(5) 集装箱中心站布点规划。

(6) 地方铁路建设规划。

7) 城市建设的有关专项规划

直辖市及设区的市级城市专项规划。

8) 旅游的有关专项规划

省及设区的市级旅游区的发展总体规划。

9) 自然资源开发的有关专项规划

(1) 矿产资源：设区的市级以上矿产资源开发利用规划。

(2) 土地资源：设区市级以上土地开发整理规划。

(3) 海洋资源：设区的市级以上海洋自然资源开发利用规划。

(4) 气候资源：气候资源开发利用规划。

2. 编制环境影响篇章或说明的规划的具体范围

1) 土地利用的有关规划

设区的市级以上土地利用总体规划。

2) 区域的建设、开发利用规划

国家经济区规划。

3) 流域的建设、开发利用规划

(1) 全国水资源战略规划。

(2) 全国防洪规划。

(3) 设区的市级以上防洪、治涝、灌溉规划。

4) 海域的建设、开发利用规划

设区的市级以上海域建设、开发利用规划。

5) 工业指导性专项规划

全国工业有关行业发展规划。

6) 农业指导性专项规划

(1) 设区的市级以上农业发展规划。

(2) 全国乡镇企业发展规划。

(3) 全国渔业发展规划。

7) 畜牧业指导性专项规划

(1) 全国畜牧业发展规划。

(2) 全国草原建设、利用规划。

8) 林业指导性专项规划

(1) 设区的市级以上市商品造林规划(暂行)。

(2) 设区的市级以上森林公园开发建设规划。

9) 能源指导性专项规划

(1) 设区的市级以上能源重点专项规划。

(2) 设区的市级以上电力发展规划(流域水电规划除外)。

(3) 设区的市级以上煤炭发展规划。

(4) 油(气)发展规划。

10) 交通指导性专项规划

(1) 全国铁路建设规划。

(2) 港口布局规划。

(3) 民用机场总体规划。

11) 城市建设指导性专项规划

(1) 直辖市及设区的市级城市总体规划(暂行)。

(2) 设区的市级以上城镇体系规划。

(3) 设区的市级以上风景名胜区总体规划。

12) 旅游指导性专项规划

全国旅游区的总体发展规划。

13) 自然资源开发指导性专项规划

设区的市级以上矿产资源勘察规划。

二、规划环境影响评价的类别及评价要求

《中华人民共和国环境影响评价法》第七条和第八条规定了规划环境影响评价文件的类别，国务院有关部门、设区的市级以上地方人民政府及其有关部门，对其组织编制的"一地"和"三域"的有关规划以及"十个专项"规划中的指导性规划，要编写与该规划有关的环境影响篇章或说明；"十个专项"规划中的非指导性规划，应提出规划的环境影响报告书。

"环境影响的篇章或者说明"又分篇章和说明两种情况，这样区分主要考虑到对一些比较重要、实施后对环境影响比较大的规划，环境影响评价的内容相对较多，用"篇章"的形式可以表述得更清楚；对于一些实施后对环境影响相对较小的规划，可以简单采用"说明"的形式。

《中华人民共和国环境影响评价法》第七条第二款规定：

规划有关环境影响的篇章或者说明，应当对规划实施后可能造成的环境影响作出分析、预测和评估，提出预防或者减轻不良环境影响的对策和措施，作为规划草案的组成部分一并报送规划审批机关。

第十条规定：

专项规划的环境影响报告书应当包括下列内容：①实施该规划对环境可能造成影响的分析、预测和评估；②预防或者减轻不良环境影响的对策和措施；③环境影响评价的结论。

这两条条款分别规定了规划有关环境影响的篇章或说明以及专项规划环境影响报告书的法定内容要求。无论是篇章或说明还是环境影响报告书，都要求对规划实施后可能造成的环境影响作出分析、预测和评价(估)，并且提出预防或者减轻不良环境影响的对策和措施，同时在专项规划的环境影响报告书中，还必须有环境影响评价的明确结论。评价时，可具体参阅《规划环境影响评价技术导则》的有关要求。

第二节　规划环境影响评价主要内容与依据

一、规划环境影响评价内容

规划环境影响评价应当包括下列主要内容：

(1) 规划实施对环境可能造成的影响的分析、预测和评估。主要包括资源环境承载能力分析、不良环境影响的分析和预测以及与相关规划的环境协调性分析。

(2) 预防或者减轻不良环境影响的对策和措施。主要包括预防或者减轻不良环境影响的政策、管理或者技术等措施。

环境影响报告书除包括上述内容外，还应当包括环境影响评价结论。主要包括规划草案的环境合理性和可行性，预防或者减轻不良环境影响的对策和措施的合理性和有效性，以及规划草案的调整建议。

二、规划环境影响评价依据

《规划环境影响评价条例》规定：

对规划进行环境影响评价，应当遵守相关环境保护标准以及环境影响评价技术导则和技术规范。

规划环境影响评价技术导则由国务院环境保护主管部门会同国务院有关部门制定；规划环境影响评价技术规范由国务院有关部门根据《规划环境影响评价技术导则》制定，并抄送国务院环境保护主管部门备案。

三、规划区域环境总量控制

规划区域开发一般是逐步、滚动发展，污染源种类和污染物排放量等不确定因素多，只有区域实行污染物总量控制，才能保证区域开发过程中始终与环境质量达标要求紧密联系起来。另外，对一些老工业基地再开发，通过区域污染物总量控制分析，提出"增产不增污""以新带老""集中治理"等合理的污染物削减方案。

区域开发中需要落实主要区域性污染物的排污总量指标，以便于环境管理，使区域开发过程中社会、经济和环境相协调，实现区域的可持续发展。

(一) 区域环境总量控制分类

1. 容量总量控制

有关环境容量的研究，由于确定环境容量的环境自净规律复杂，研究的周期长、工作量大，而且某些自净能力的因子难以确定，因此通过环境容量来确定排放总量目前面临着很大的困难。

2. 目标总量控制

由于容量总量控制实施的困难性，目前在区域评价中通常使用的方法是将环境目标或相应的标准看作确定环境容量的基础，即一个区域的排污总量应以其保证环境质量达标条件下的最大排污量为限，一般采用现场监测和相应的模拟模型计算的方法，分析原有总量对环境的贡献以及新增总量对环境的影响，特别是要论证采取综合整治和总量控制措施后，排污总量是否满足环境质量要求。这一种以环境目标值推算的总量就称为目标总量控制。

3. 指令性总量控制

国家和地方按照一定原则在一定时期内所下达的主要污染物排放总量控制指标，所作的分析工作主要是如何在总指标范围内确定各小区域的合理分担率，一般要根据区域社会、经济、资源和面积等代表性指标比例关系，采用对比分析和比例分配法进行综合分析来确定。

4. 最佳技术经济条件下的总量控制

这主要是分析主要排污单位是否在其经济承受能力的范围内或是合理的经济负担下，采用最先进的工艺技术和最佳污染控制措施所能达到的最小排污总量，但要以其上限达到相应污染物排放标准为原则。它可把污染物排放最少量化的原则应用于生产工艺过程中，体现出全过程控制原则。总量控制的类型见图 13-1。

(二) 区域环境总量控制的分析方法和要点

1. 污染物是否达标排放

我国在环境管理中执行污染物排放浓度控制和总量控制的双轨制。浓度控制法，就是通过控制污染源排放口排出污染物的浓度来控制环境质量的方法。这就是人们常说的国家排放标准，具体说就是国家制定全国统一执行的污染物浓度排放标准。

污染物达标排放是实施总量控制的前提和基础。因此，在进行总量控制分析时，首先应当分析区域开发项目中的主要污染物是否实现达标排放。

2. 环境质量是否达标

从总量控制的概念上来说，其目标就是通过确定区域范围内各污染源允许的污染物排放量，达到预定的环境目标。既然环境质量达标是总量控制的目标，那么就应当分析区域开发对大气和水环境的影响，预测其排放是否能够满足环境质量的要求。

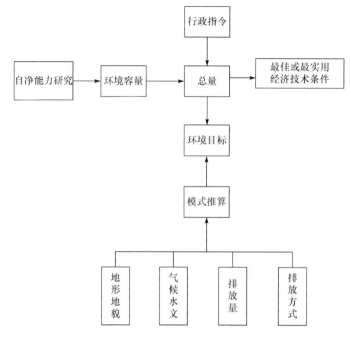

图 13-1　总量控制的类型

3. 是否符合指令性总量控制要求

在分析区域污染物排放总量时，如果当地环境保护部门已经给建设项目分配了污染物允许排放的总量，则执行所分配的指令总量。这时，如果该区域有污染物总量控制限值，则可按一定的分担率来确定建设项目的总量限值。

4. 贯彻"增产不增污、以新带老、集中治理"的原则

国家环境保护部"十二五"期间总量控制的目标：2015 年化学需氧量排放总量为 2347.6 万 t，二氧化硫排放总量为 2086.4 万 t，比 2010 年削减 8%；在环境质量已超过国家标准的区域，总量控制不仅要求作双达标的分析，另外要严格贯彻"增产不增污"、"以新带老"的原则。分析区域开发后，其污染物的排放量占地区污染物排放总量的份额为多少，通过该区域能否把老污染源治理一并考虑、集中治理，削减原来污染物排放总量，达到增产不增污的效果。

排污总量控制指标可以在地区或行业内综合平衡，调剂余缺，有偿转让。总指标的取得，是通过一定的法律程序经环境保护部门审定的。一旦企业取得了总量指标后，多余指标可以留作企业发展生产用，也可以作为商品交易，或调剂余缺，或有偿转让。反之，若企业总量超标，则需购买排污权，这也是达到区域增产不增污的一种途径。

5. 经济技术可行

在环境影响报告书中，为了说明对拟建项目污染物排放总量控制的可行性，应对该项目的环境保护措施和生产工艺流程进行经济技术可行性分析。进行经济技术可行性分析时可按以下两个步骤进行：

第一，估算产污排污情况。在国内，产污排污的情况可用产污排污系数来说明。产污系数是指在正常技术经济和管理等条件下，生产单位产品所产生的原始污染物量；排污系数是指在上述条件下经过污染控制措施削减后或未经削减直接排放到环境中的污染物量，它们又有过程和终端之分。过程产污系数是指在生产线上独立生产工序(或工段)生产单位中间产品或终产品产生的污染物量，不包括其前工序产生的污染物量。过程排污系数是指上述条件下有污染治理设施时生产单位产品所排放的污染物量，它与相应的过程产污系数之差即为该治理设施的单位产品污染物削减量。终端产污系数是指包括整个工艺生产线上生产单位最终产品产生的污染物量，终端排污系数是指整个工艺生产线相应过程排污系数之和。

第二，评估排污水平。评估的标堆可参照本行业的历史最高水平，国内外同行业、类似规模、工艺或技术装备的厂家的水平。

第三节　规划区域的环境制约因素分析

规划环境影响评价的对象是规划方案，它的总目标是规划可持续发展。规划环境影响评价通过规划区域环境承载力分析、土地利用和生态适宜度分析，可以从宏观角度对规划开发活动的选址、规模、性质进行可行性论证，从而为规划区域开发各功能的合理布局和入区项目的筛选提供决策的依据。

一、规划区域环境承载力分析

人类赖以生存和发展的环境是一个具有强大的维持其稳态效应的巨系统，它既为人类活动提供空间和载体，又为人类活动提供资源并容纳废弃物。对于人类社会活动来说，环境系统的价值体现在能对人类社会生存发展活动的需求提供支持。由于环境系统的组成物质在数量上存在一定的比例关系，在空间上有一定的分布规律，所以它对人类活动的支持能力有一定的限度，或者说存在一定的阈值，把这一阈值定义为环境承载力。环境承载力是在某一时期、某种状态或条件下，某地区的环境所能承受的人类活动作用的阈值。

(一) 规划区域环境承载力分析的对象和内容

环境科学是以人类-环境系统为研究对象，规划环境承载力是在人们对人类-环境系统有了较深刻的认识基础上提出来的。人类与环境的协调，仅从污染物的预防治理方面来考虑已经不能解决问题，必须从规划区域环境系统结构和区域社会经济活动两个方面来分析。因此，规划区域环境承载力的研究对象就是规划区域社会经济、区域环境结构系统。其包括两个方面：一是规划区域环境系统的微观结构、特征和功能；二是规划区域社会经济活动的方向、规模。把两个方面结合起来，以量化手段表征出两个方面的协调程度，是区域环境承载力研究的目的。

规划环境承载力研究包括：区域环境承载力的指标体系；表征区域环境承载力大小的模型及求解；区域环境承载力综合评估，与区域环境承载力相协调的区域社会经济活动的方向、规模和区域环境保护规划的对策措施。

（二）规划区域环境承载力的指标体系

要准确客观地反映区域环境承载力，必须有一套完整的指标体系，它是分析研究区域环境承载力的根本条件和理论基础。

建立环境承载力指标体系必须遵循以下原则：

(1) 科学性原则，即环境承载力的指标体系，应从为区域社会经济活动提供发展的物质基础条件以及对区域社会经济活动起限制作用的环境条件两方面来构造，并且各指标应有明确的界定。

(2) 完备性原则，即尽量全面地反映环境承载力的内涵。

(3) 可量性原则，即所选指标必须是可度量的。

(4) 区域性原则，环境承载力具有明显的区域性特征，选取指标时应重点考虑能代表明显区域特征的指标。

(5) 规范性原则，即必须对各项指标进行规范化处理以便于计算，并对最终结果进行比较。

环境承载力的指标体系应该从环境系统与社会经济系统的物质、能量和信息的交换上入手。即使在同一个地区，人类的社会经济行为在层次和内容上也完全可能会有较大差异，因此不应该也不可能对环境承载力指标体系中的具体指标作硬性的统一规定，只能从环境系统、社会经济系统之间物质、能量和信息的联系角度将其分类，一般可分为三类：

第一类，自然资源供给类指标，如水资源、土地资源、生物资源、矿产资源等。

第二类，社会条件支持类指标，如经济实力、公用设施、交通条件等。

第三类，污染承受能力类指标，如污染物的迁移、扩散和转化能力、绿化状况等。

二、土地使用和生态适宜度分析

各项开发活动的迅速发展，使得对土地的需求日益增加，现在已有的可开发土地已不能满足长期发展的需要。因此，土地的开发不得不考虑过去被视为不宜开发的土地。但如果对此类地区与整个自然环境认识不清，忽略其自然环境的承受能力及土地使用适宜性，过度或不当的开发行为将导致自然灾害的发生、生态体系的破坏等环境负效应。因此，为了更好地开发使用土地，合理使用土地资源，应当对土地使用进行适宜性分析。

土地是有限资源，是人类可利用的最宝贵的资源，是人类生产和生活所依赖的物质条件，其服务功能是综合性的，其价值的可变性与增值性，要求对土地科学合理地规划利用。土地使用适宜性分析是区域环境影响评价的重要内容，它实际上提供了区域环境的发展潜力和承载能力。社会经济发展总体规划能否实现，取决于在特定环境条件下土地能否合理、科学地利用，因而对土地利用的适宜性评价可为区域开发行业结构在空间的布局调整提供依据，对区域开发的可持续发展具有十分重要的意义。但总的来讲，环境资源的使用及其对人类的影响，是随着空间和时间的迁移而变化不定的。

因此，要求系统而全面地对土地使用适宜性及环境影响进行精细的分析评价，目前还存在着一定的困难。不可能完全定量地把所有环境变量都结合在决策模型中，而只能按优劣序列排队，采取非参数的溶剂学方法或多目标半定性分析技术，求得准优解，作为决策依据。具体的方法有矩阵法、图解分析法、叠图法以及环境质量评价法，这些方法往往结合在一起使用。

三、区域开发方案合理性分析

在土地及生态适宜度分析的基础上，充分综合考虑地理区位、气候水文、资源资产、历史文化、人文生态等条件，对区域发展方案进行合理性分析，它主要包括以下几个方面。

(一) 区域开发与城市总体规划的一致性分析

区域开发是更大范围内的地域或城市总体规划的一部分，开发区的性质是否符合地域或城市总体规划的要求，或者与周围各功能区是否一致，将直接影响整个地域或城市的环境质量。开发区是否符合地域或城市总体规划的要求，是否与周围环境功能区协调，实际上取决于开发区的性质和选址是否合理。因此，在区域开发环境影响评价中，应从开发区的性质和整个区域的环境特征出发，分析开发区的性质与选址的合理性是区域开发环境影响评价的重要内容。

(二) 开发区总体布局与功能分区合理性分析

开发区规划合理性分析，不仅要看开发区与整个地域或城市总体规划布局的一致性，还要重视开发区内部布局或功能分区的合理性。在区域开发总体规划布局时，如能对各功能进行合理的组织，将性质和要求相近的部分组合在一起，就能各得其所，互不干扰，有利于开发区的环境质量。在开发区总体布局的合理性分析方面，如何从各种功能对环境的影响及对环境的要求出发，综合分析开发区总体布局的合理性，具有十分重要的意义。开发区总体布局的合理性分析，应从下列几个方面考虑。

1. 工业区用地布局的合理性分析

工业用地是工业开发区的重要组成部分，其布局合理与否，对开发区环境具有重要的影响。因此，在开发区布局规划时，往往首先需要解决工业用地。一般来说，工业用地合理性分析包括以下两个方面：

(1) 工业用地与其他用地关系分析。工业用地与其他用地关系合理性分析应考虑：①是否与居住等用地混杂，如果工业用地与开发区内的居住、商业、农田混杂，将导致居住区被工厂包围，居住环境受到严重影响；由于各项用地犬牙交错，限制今后各项用地发展，相互干扰，不利生产，也不便生活。②污染重的工业是否布置在开发区小风风频出现最多的风向，从污染气象条件讲，位于静风和小风上风向则对周围环境污染较严重。因此，工业用地布置应避免在小风风频出现最多风向的上风向。

(2) 工业用地内部合理性分析。工业用地内部的合理布置既可有利于生产协作，同时可减少不良影响，有利于保护环境。工业用地内部合理性分析可从以下几方面考虑：①企业间的组合是否有利于综合利用；②相互干扰或易产生二次污染的企业是否分开；③是否将污染较重工业布置在远离居住区一端。

2. 交通布局的合理性分析

开发区的交通运输担负着开发区与外界及开发区内部的联系和交往功能。交通工具在运行中均产生不同程度的噪声、振动和尾气污染。因此，分析开发区交通布局的合理性，是开发区规划方案评价的重要内容之一。

布置开发区的内部交通，应考虑以下内容：①根据不同交通运输及其特点，明确分工，使人车分离，减少人流、货流的交叉；②防止干线交通直接穿越居民区，防止迂回往返，造成能源消耗的增加、运输效率的降低和污染的重复与扩大；③开发区对外交通设施，如车站等，尽可能布置在开发区边缘，对外交通路线应避开穿越开发区等。因此，在评价中应尽可能从上述方面论证交通组织的合理性。

3. 绿地系统合理性分析

绿地对改善开发区的环境具有极其重要的作用，研究证明绿地具有放氧、吸毒、除尘、杀菌、减噪和美化环境的作用。

开发区绿地合理性分析可以从下列两个方面加以考虑：①绿化面积或覆盖率。足够的绿地面积或绿地覆盖率是发挥绿地改善环境作用的重要因素。②绿化防护带的设置。绿化防护带的合理设置，可使开发区内污染源与生活区之间相隔离，从而减轻对生活区的污染影响。

开发区防护带的设置是否合理，取决于防护带位置是否合理，以及防护带有效宽度或距离是否能防止污染源对周围环境的影响，或是否符合国家关于防护距离的规定。

总之，通过环境承载力、土地及生态适宜度等分析，可找出区域可持续发展的影响因子，并对土地利用进行合理规划，使区域开发及布局更合理，符合可持续发展的需求。

第四节 规划环境影响评价审查与责任

一、规划环境影响评价文件的报送

《中华人民共和国环境影响评价法》第七条中规定了国务院有关部门、设区的市级以上地方人民政府及其部门，对其组织编制的"一地"、"三域"有关规划及"十个专项"规划中的指导性规划，应当在规划编制过程中组织进行环境影响评价，编写该规划有关环境影响的篇章或者说明，并将该规划中有关环境影响的篇章或者说明作为规划草案的组成部分一并报送规划审批机关。因为环境影响的篇章或者说明不是一个独立的文件，而是规划草案的一部分，因此必须在规划编制过程中同时进行环境影响评价。

《中华人民共和国环境影响评价法》第八条中规定了国务院有关部门、设区的市级以上地方人民政府及其有关部门，对其组织编制的"十个专项"规划中的非指导性规划，应当在该专项规划草案上报审批前，组织进行环境影响评价，并向审批该专项规划的机关提出环境影响报告书。

规划的环境影响报告书是一个独立的文件，它应该在专项规划时基本编制完成，针对规划进行环境影响评价，才能实现环境影响评价的目的。如果专项规划尚未编制完成就开始进行环境影响评价，评价对象不明确，针对性不强，就达不到评价预期的效果；如果在专项规划上报后再进行环境影响评价，就不能及时给上级审批机关提供科学决策的依据，同样使评价工作失去意义。

二、专项规划环境影响报告书的审查

《中华人民共和国环境影响评价法》第十三条规定：

设区的市级以上人民政府在审批专项规划草案，作出决策前，应当先由人民政府指定的环境保护行政主管部门或者其他部门召集有关部门代表和专家组成审查小组，对环境影响报告书进行审查。审查小组应当提出书面审查意见。

参加前款规定的审查小组的专家，应当从按照国务院环境保护行政主管部门的规定设立的专家库内的相关专业的专家名单中，以随机抽取的方式确定。

由省级以上人民政府有关部门负责审批的专项规划，其环境影响报告书的审查办法，由国务院环境保护行政主管部门会同国务院有关部门制定。

环境影响评价政策性和技术性较强，上级审批机关很难对与规划草案一起报送的环境影响报告书进行细致的专业审查。为了不使规划审批机关对规划草案环境影响报告书的审查流于形式，法律规定由有关部门的代表和专家组成审查小组先行把关，从专业技术角度对环境影响报告书提出审查意见，这是实现政府决策科学化的一项重要制度安排。

设区的市级以上人民政府审批专项规划草案，作出决策前，人民政府先指定有关部门作为召集单位，组织有关部门代表和专家组成审查小组。环境保护行政主管部门是政府负责环境保护管理的职能部门，作为召集单位是理所当然，但法律同时规定人民政府也可指定其他部门担任召集部门。审查小组的有关部门代表主要是环境保护部门、规划的编制机关、规划实施机关以及涉及的其他有关部门代表；审查小组的专家，从国务院环境保护行政主管部门设立的专家库内选择确定。为保证召集单位公平、公正遴选参加规划环境影响报告书审查的专家，国家环境保护总局发布了《环境影响评价审查专家库管理办法》，要求召集单位应根据规划涉及的专业和行业，从专家库中以随机抽取的方式确定。

环境影响报告书结论及审查意见是决策的重要依据，是要存档备查的，因此审查小组提出的审查意见应当是书面意见，全面表述专家和代表的意见，特别是要附上有保留的不同意见，供审批部门决策参考。

省级以上人民政府有关部门负责审批专项规划，其环境影响报告书的审查办法没有作具体规定，授权国务院环境保护行政主管部门会同国务院有关部门制定。据此，国家环境保护总局2003年制定发布了《专项规划环境影响报告书审查办法》，对省级以上人民政府有关部门负责审批的专项规划环境影响报告书的审查程序和实现作出了规定。专项规划的审批机关在作出审批专项规划草案的决定前，应当将专项规划环境影响报告书送同级环境保护行政主管部门，由同级环境保护行政主管部门会同专项规划的审批机关对环境影响报告书进行审查。环境保护行政主管部门应当自收到专项规划环境影响报告书之日起30日内，会同专项规划审批机关召集有关部门代表和专家组成审查小组，对专项规划环境影响报告书进行审查，并在审查小组提出书面审查意见之日起10日内将审查意见提交专项规划审批机关。

三、规划环境影响评价的公众参与

《中华人民共和国环境影响评价法》第五条规定：

国家鼓励有关单位、专家和公众以适当方式参与环境影响评价。

环境影响评价是为环境决策提供科学依据的过程，鼓励公众参与的主体即有关单位、专家和公众以适当方式参与环境影响评价，是决策民主化的体现，也是决策科学化的必要环节。因此，不仅针对建设项目，对涉及国民经济发展的有关规划的环境影响评价开展公众参与更有必要。

《中华人民共和国环境影响评价法》第十一条规定：

专项规划的编制机关对可能造成不良环境影响并直接涉及公众环境权益的规划，应当在该规划草案报送审批前，举行论证会、听证会，或者采取其他形式，征求有关单位、专家和公众对环境影响报告书草案的意见。但是，国家规定需要保密的情况除外。

编制机关应当认真考虑有关单位、专家和公众对环境影响报告书草案的意见，并应当在报送审查的环境影响报告书中附具对意见采纳或者不采纳的说明。法律只规定了专项规划环境影响评价的公众参与，是规划实施可能造成不良环境影响、直接涉及公众环境权益，并只限于编制环境影响报告书的专项规划环境影响评价，不包括编写环境影响篇章或者说明规划。公众参与的实施主体是规划编制机关，公众参与的时间是在规划草案报送审批机关之前，公众参与的对象是规划的环境影响报告书草案，公众参与的形式包括举行论证会、听证会或者其他形式。论证会主要是对规划的环境影响报告书草案涉及的有关专门问题，邀请有关专家和具有一定专门知识的公民及有关单位代表进行论证；听证会是指按照规范的程序，听取与规划的环境影响有利害关系的有关单位、专家和公众代表对规划环境影响报告书草案意见的一种会议形式，可进行辩论和举证。除此之外，还可以采取其他形式征求公众意见，如通过报纸、电视、广播等新闻媒体发表消息，或者召开座谈会、个别了解情况、书面征求意见等。

组织编制规划的政府及其有关部门，在组织征求公众对规划草案的环境影响报告书草案意见之前，应当事先把该环境影响报告书草案公开或发送给前来提出意见的有关单位、专家和公众，在他们发表意见后，要认真予以考虑，对环境影响报告书草案进行修改完善，并应当在向规划的审批机关报送环境影响报告书时附具对公众意见已采纳或者不采纳的说明。对公众提出的意见，采纳的要说明，不采纳的也要说明，供审批机关充分考虑各方面的意见，在民主科学的基础上做出正确决策。

有些规划涉及国家机密，不能公开，或因其他原因，国家规定需要保密，不宜公开的专项规划，规划编制过程中不实行公众参与。

四、规划环境影响的跟踪评价

《中华人民共和国环境影响评价法》第十五条规定：

对环境有重大影响的规划实施后，编制机关应当及时组织环境影响的跟踪评价，并将评价结果报告审批机关；发现有明显不良环境影响的，应当及时提出改进措施。

对环境有重大影响的规划实施后，规划编制机关应及时组织力量，对该规划实施后的环境影响及预防或减轻不良环境影响对策和实施的有效性进行调查、分析、评估，发现对环境有明显不良影响的，应及时提出并采取新的相应改进措施。

规划的实施和运作是一个长期的过程，由于人类认知水平限制、社会经济生活以及自然条件的变化，即使规划编制者对规划做出了详尽的环境影响评价，仍然难以保证实施后该规划不会产生新的环境问题。对环境有重大影响的规划，在规划审批前进行了评价，规划实施后仍可能会出现一些未曾预料到的环境问题。因此，规划编制机关应进行环境影响的跟踪评价，有助于及时发现规划实施后出现的环境问题，采取相应措施及时加以解决。同时也有利于总结和积累经验，进一步完善规划环境影响评价的方法与制度。

五、规划环境影响评价的法律责任

1. 规划编制机关的违法行为

《中华人民共和国环境影响评价法》第二十九条规定：

规划编制机关违反本法规定，组织环境影响评价时弄虚作假或者有失职守行为，造成环境影响评价严重失实的，对直接负责的主管人员和其他直接责任人员，由上级机关或者监察机关依法给予行政处分。

规划编制单位组织环境影响评价时弄虚作假或有失职行为，一般有下列五种情况：

(1) 应当在规划编制过程中组织进行环境影响评价而未做环境影响评价的。

(2) 按规定应提交环境影响报告书而未编制环境影响报告书，只在规划中编写该规划有关环境影响的篇章或说明的。

(3) 应征求有关单位、专家和公众对环境影响报告草案的意见而未征求的。

(4) 报送审查的环境影响报告书中不附公众意见是否采纳说明的。

(5) 规划编制机关组织进行环境影响评价时，提供虚假情况或资料，或者工作不负责任，致使评价结论失实的。

法律中还规定，规划编制机关除有违法事实外，还必须有违法后果，即规划编制机关组织环境影响评价时弄虚作假或者有失职行为，造成环境影响评价严重失实的，才承担法律责任。环境影响评价严重失实一般认为是评价与实际情况严重不符。环境影响评价是否严重失实可从三方面判定：

(1) 以有关部门代表和专家组成的审查小组对环境影响报告书进行审查时，认为规划编制机关组织的环境影响评价有弄虚作假或者有失职行为，环境影响评价结果有误，严重失实，审查小组有上述明确的书面审查意见的。

(2) 规划实施后，编制机关组织环境影响跟踪评价时，发现规划实施后产生的社会效益或环境效益与环境影响评价结果有明显差异，严重失实，带来不良的社会影响或环境影响的。

(3) 规划实施后，产生的社会效益或环境效益与环境影响评价结果明显不同，造成不良的社会影响或环境影响，被公众举报的。

2. 规划编制机关责任人员的处罚

规划编制机关具有上述违法事实和违法后果的，直接负责的主管人员(指在规划编制机关中直接负责规划编制并对规划编制违法行为负有直接领导责任的人员，包括对违法行为做出决定或者事后对违法行为予以认可和支持，或因疏于管理和放任，对违法行为有不可推卸责任的领导人员)和其他责任人员(指在规划编制过程中没有依法组织进行环境影响评价、直接实施违法行为的规划编制工作人员)，要承担法律责任，由上级机关或监察机关依法给予行政处分。

上级机关系指规划编制机关的上级行政主管部门，国务院是国务院有关部门和省、自治区、直辖市人民政府的上级机关；省、自治区人民政府是其所属有关部门和设区的市级人民政府的直接上级机关；设区的市级人民政府是其所属有关部门的直接上级机关。

根据《中华人民共和国公务员法》，国家公务员行政处分包括警告、记过、记大过、降级、撤职、开除六种。规划编制机关违反《中华人民共和国环境影响评价法》规定，上级机关根据违法人员违法行为的情节轻重，对直接负责的主管人员和其他直接责任人员，按照干部管理权限做出具体处罚决定。

依据《中华人民共和国行政监察法》，人民政府的行政监察机关对国家公务员和国家行政机关任命的其他人员实施监察。根据检查、调查结果，对规划编制机关违反《中华人民共和国环境影响评价法》规定，在组织环境影响评价时弄虚作假或者有失职行为，造成环境影响评价严重失实的，对直接负责的主管人员和其他直接责任人员，监察机关根据违法人员违法行为的情节轻重，依法作出处罚的监察决定或监察建议，按国家人事管理权限和处理程序的规定办理。

3. 规划审批机关有关人员的法律责任

《中华人民共和国环境影响评价法》第三十条规定：

规划审批机关对依法应当编写有关环境影响的篇章或者说明而未编写的规划草案，依法应当附送环境影响报告书而未附送的专项规划草案，违法予以批准的，对直接负责的主管人员和其他直接责任人员，由上级机关或者监察机关依法给予行政处分。

规划审批机关的违法行为是指：在审批规划时，违法批准了应依法编写环境影响篇章或者说明而未编写的规划草案；违法批准了应依法做环境影响评价、附送环境影响报告书而未附送的专项规划草案。违法责任由规划审批机关直接负责该规划审批的主管人员和其他与该规划审批有关的直接责任人员承担。直接负责的主管人员应是审批机关中由于疏于管理或放任，对违法审批负有不可推卸责任的直接负责人。对直接负责的主管人员和其他责任人员的违法审批行为，由其上级行政机关依据《中华人民共和国公务员法》的规定，视违法情节，对违法人员予以警告、记过、记大过、降级、撤职或开除的行政处分；或者由监察机关，依据《中华人民共和国行政监察法》的规定，视违法情节，对违法人员予以警告、记过、记大过、降级、撤职或开除的监察决定或建议，按照国家有关人事管理权限和处理程序的规定办理。

《中华人民共和国环境影响评价法》规定了规划编制部门、审批部门未履行其应承担的法律义务而其直接负责的主管人员和其他责任人员应承担的法律责任。但对规划环境影响评价编制单位的法律义务未做具体规定，也没有具体规定规划环境影响评价的编制单位的法律责任。

思　考　题

1. 为什么要对规划进行环境影响评价？
2. 规划环境影响评价的具体对象是什么？有什么要求？
3. 与项目环境影响评价比较，规划环境影响评价的公众参与有什么不同？
4. 规划环境影响评价环境制约因素分析有哪些？
5. 简述规划环境影响评价的法律责任。

第十四章　战略环境影响评价

【内容摘要】　本章首先介绍了战略环境评价的定义、特点与实施意义。第二节详细介绍了战略环境评价系统的各个要素。第三节主要介绍了战略环境评价的工作程序，主要内容有工作方案制定、工作实施和工作总结。第四节介绍了战略环境评价方法的概念以及战略环境评价方法的选择。最后说明了战略替代方案及环境影响减缓措施对战略环境评价的重要意义。

第一节　战略环境评价概述

一、战略环境评价的定义、实施意义与基本类型

(一) 定义

战略环境评价可以追溯到 1970 年实施的美国《国家环境政策法》，但战略环境评价概念的最初提出却是在 20 世纪 80 年代末期。

从具体形式看，战略范畴包括法律、政策、计划和规划 4 种不同的层次类型。因此，相对于项目，战略通常具有全局性、长期性、规律性和决策性等特点。战略环境评价(strategic environment assessment, SEA)是环境影响评价(environment impact assessment, EIA)的原则和方法在战略层次上的应用，即在法律、政策、计划和规划上的应用，是对一项具体战略及其替代方案的环境影响进行的正式的、系统的、综合的评价过程，完成 SEA 研究报告，并将评价结论应用于决策中，目的在于通过 SEA 消除或降低因战略缺陷、失误或失效而对环境造成的不良影响，从源头上控制环境污染、生态破坏等环境问题的产生。欧美一些国家还称之为计划 EIA(programmatic EIA)或政策、计划和规划 EIA(policy, plan, program EIA 或 PPPs EIA)。

(二) 意义

开展 SEA 研究的意义主要表现在两个方面：一是 SEA 有利于克服传统项目 EIA 的不足，二是有利于实现可持续发展，为社会、经济、环境发展综合决策提供技术支持。

1. 克服项目 EIA 的不足

在最初几十年，EIA 主要应用于建设项目和工程层次。但是，随着环境问题的日益复杂化和社会经济的发展，项目 EIA 逐渐暴露出以下不足之处：

第一，由于建设项目的决策常常处于整个决策链的末端，建设项目 EIA 也只能在这一层次上做减污努力，而不能从根源上解决环境问题。而 SEA 要求在战略决策中就考虑战略方案可能的环境影响，并将评价结论反馈于战略方案，因而保证了从战略源头上控制环境问题的产生。

第二，单个项目 EIA 难以对多个项目累积影响进行充分考虑，没有注重几个建设项目的综合效应。根据现行的规章制度，规模小的建设项目可以不进行 EIA，但这些小的建设项目的环境影响积聚到一起，可能引发大的环境问题，也可能通过系统放大作用逐渐显著，并最终导致整个系

统功能受损甚至崩溃。"十五小"企业对淮河流域的污染就是典型的例子。一般地，根据系统学理论，同一区域污染源的综合环境影响要大于单个污染源环境影响之和。而项目 EIA 只是针对具体项目，很少或没有考虑这一项目及与该项目相关的其他项目的环境影响的综合效应。

第三，项目 EIA 只关注一定范围内由于该项目建设、运营直接导致的环境影响，忽视了建设项目的间接环境影响和项目废弃后的环境影响。如公路建设项目完成后可以带动公路两旁的工业、商业、饮食业和服务业发展，但这些项目的环境影响，即公路项目下游的间接环境影响却没有体现在该项目 EIA 中。同样，核电站建设之初的 EIA 也很难体现核电站废弃后对环境的持续影响。

第四，项目 EIA 没有将项目的环境影响与当地环境承载力相结合考虑，也没有体现项目的全球影响。项目 EIA 一般仅仅结合区域环境质量现状和环境质量标准来进行，而没有考虑区域环境承载力。一旦环境影响超过了环境承载力，环境质量将会下降。而且，项目 EIA 仅仅关注项目所在区域的环境影响因子，但对该项目产生温室气体等可能造成的该项目区域以外的其他区域直至全球的环境影响却很难体现。

第五，项目 EIA 中的替代方案很多情况下所起的作用有限，并且局限于这一项目。制定的减缓措施也往往是在项目的主要决策(如选址、规模、工艺等)完成后才进行的，仅停留在减少污染上，难以预防污染产生。SEA 是在决策初期介入的，贯穿战略决策的全过程，可以考虑更长时间和更大空间范围的一系列项目环境影响情况。SEA 可以从决策、建设、运营、生产制造和污染物排放等全过程制定环境影响减缓措施，包括预防、控制、降低、补救和补偿措施等，实施全过程的污染控制。

2. 实施可持续发展战略，为社会、经济、环境发展综合决策提供技术支持

一方面，建设项目的生命周期一般在十几年，长的也不过几十年，而可持续发展强调代际公平。SEA 就是从环境角度衡量战略的可持续性，并提出符合可持续发展要求的替代方案、减缓措施和补救措施，为战略的决策和实施提供环境依据。因此，SEA 被看成是联系可持续发展和具体项目的桥梁，把可持续发展原则从抽象的、宏观的战略落实到可操作的具体项目，是实现可持续发展的重要工具之一。

另一方面，要实现可持续发展，必须改变目前单独地、分割地制定和实施社会、经济、环境政策的做法。政府决策时应全面考虑，根据社会、经济、环境发展的要求，科学、合理地制定各项战略，即进行社会、经济、环境发展的综合决策。实施 SEA 的目的就在于将对环境更为系统的考虑纳入战略决策中，通过分析、预测、评价战略环境影响，将评价结论体现在决策上，以提高决策的质量，从源头上控制环境问题的产生。因此，SEA 是保证综合决策顺利实施的重要手段。

(三) 类型

根据在战略过程中的介入时机将 SEA 分为预测性 SEA、监控性 SEA 和回顾性 SEA 三类。

1. 预测性 SEA

预测性 SEA 在战略制定阶段开始介入，重在对战略及其替代方案环境影响进行的预测、评价，目的是尽可能消除或降低由于战略内容、战略目标、战略方案、战略措施的制定方面的缺陷而造成的环境影响，并对于战略内容引发的不可避免的环境影响提出相应的减缓、补救措施。

2. 监控性 SEA

监控性 SEA 主要针对战略实施阶段，重在对战略组织、战略执行的环境影响进行监测、评价，并将评价结论通过决策者反馈到战略调整上。

3. 回顾性 SEA

回顾性 SEA，是对实施即将结束、正处于调整中的战略或即将被新一轮战略所替代进行评价，其主要任务是评价战略执行后已经产生的环境影响。

三种类型的 SEA 虽然介入时间不同、研究目的不同、研究方法不同、研究重点不同，但都是同一 SEA 方案对于同一战略在不同阶段的实施。三者的评价体系相同或相似，也没有严格的时间界限，评价结论都应体现在战略目标制定和战略方案设计上，最终为战略决策提供环境依据。

二、政策评价与 SEA

政策评价(policy assessment, PA)是指依据一定的标准和程序，运用一定的政策方法，对各种政策进行衡量、分析、比较和评估。目前，政策评价主要体现在两个方面：一是在政策制定过程中，对拟定或将要采取的政策方案进行分析，包括价值分析、可行性分析和后果预测分析等；二是对政策作用结果，即政策效率、政策效果、政策效益、政策效应进行规范、测度、分析、建议等活动。

政策影响通常具有长期性、复杂性、综合性和不可逆性等特征。因此，政策评价一般应是全面、客观和系统的。政策评价包括政策效果评价、政策效益评价和政策影响评价，政策影响评价包括政策社会影响评价、政策经济影响评价和政策环境影响评价。由此可见，政策环境影响评价是政策评价的主要内容之一，属 SEA 的政策层次。因此，SEA 可以看作是政策评价和环境影响评价的结合。

三、区域环境评价与 SEA

区域环境评价(regional environment assessment, REA)是相对于建设项目环境评价而言的，是指对特殊区域的经济发展环境影响进行预测，筛选其主要的环境问题，提出相应的环境保护对策，研究区域的环境承载力和环境容量，从污染物总量控制和环境生态变化等方面提出区域经济发展的合理规模和结构的建议。

区域环境评价一般围绕区域开发，这一区域可以是行政区域、资源分布区域、流域或其他区域，也包括各类开发区、城市旧城区、工业基地、资源或农业开发区等。与单个建设项目相比，区域开发具有占地面积大、管理层次多、不确定因素多、性质复杂、环境影响范围大等特征。因此，REA 比建设项目 EIA 复杂得多。

REA 可以看作是特殊的区域层次(战略类型的一个层次)上的 SEA。因此，REA 是 SEA 的一种类型，同时也是 SEA 目前在中国实施的一种形式。建立健全和完善中国的 SEA 理论方法体系，除了继续开展 REA 的研究和实践以外，还应加强法律、政策、计划等更高战略层次上的 SEA 研究和实践。

第二节　战略环境评价系统

SEA 系统包括评价者、评价对象、评价目的、评价标准和评价方法。这 5 个要素相互作用、相互依存，构成了一个完整的 SEA 系统。

一、战略环境评价系统的特点

(一) 独立性

SEA 的独立性指 SEA 的评价主体最好是战略决策部门和执行部门以外的第三者，独立性是保证 SEA 公正性和客观性的前提。

(二) 可信性

SEA 的可信性取决于评价者的知识和经验、信息的可靠性和评价方法的适用性。SEA 通常由一个有多名相关学科的、跨专业的、经验阅历丰富的专家组成的工作小组承担，不仅要借助地理信息系统、遥感技术和计算机技术，还要深入实际调查研究，通过公众参与等形式尽量获取全面、客观的信息。

(三) 实用性

SEA 的实用性是内容全面性和可操作性的统一，要求在满足真实、全面、客观地反映战略的环境影响情况的前提下，尽可能地精简，使其同时具有可操作性。

(四) 透明性

SEA 的透明性指公众与决策部门、评价者便于对 SEA 的实施过程和评价结论进行交流。这就要求 SEA 报告书针对性强，文字简练明确，避免使用过多的专业术语。

(五) 反馈性

SEA 的最终目标是将评价结果反馈到战略决策部门，以作为战略调整或征订新战略的环境依据。因此，反馈性首先是 SEA 结论能否及时、准确地反馈到决策部门，其次是决策部门能否对 SEA 反馈信息充分重视并体现在战略调整或新战略制定上。这需要一个有效的 SEA 信息反馈交流系统作为技术保证。另外，SEA 的评价结果应全面、客观、简明地提供给公众，尤其是受其影响的公众，以及对这一战略感兴趣和关心这一战略的其他公众。这也是公众参与战略决策以及决策民主化、科学化的重要体现。

二、评价主体与评价客体

(一) 评价主体

评价主体指的是对 SEA 负主要责任的组织或个人。评价者的综合素质，即评价者的政治立场、价值取向、知识水平、环境意识、责任心以及评价者对 SEA 的态度等直接关系到 SEA 的工作质量、SEA 的有效性甚至是整个 SEA 活动的成败。

评价者多种多样,由于不同层次类型的战略执行的时空范围不同,相应产生的生态环境影响因子的时空范围、性质、程度等也各不一样。因此,战略环境影响的复杂性和多样性也就决定了 SEA 系统评价主体的多样性。

1. 行政机构

行政机构指的是狭义的政府,即依法掌管国家公共行政权力的机构。根据所属机构在战略活动中的位置,SEA 系统的评价者又可以进一步划分为战略制定部门评价者、战略执行部门评价者和战略监督部门评价者。行政机构作为 SEA 系统的评价主体,由于其处于战略活动的关键位置,能较全面地掌握战略过程全貌,获取关于战略的第一手资料,所提建议也容易为有关部门采纳,而且便于在战略活动初期(即在战略拟定阶段)介入,通过 SEA 提出可行的修正方案或建议采用替代方案,从而把消极的战略环境影响控制在萌芽状态。同时,由于此类评价者身处行政机构内部,易受行政机构内部固有价值观念、思维方式、上下级的压力及其自身"寻租"行为的影响,进而影响 SEA 质量。

2. 司法机构

作为 SEA 系统的评价主体,司法机构具有广泛的综合性,顺应了民主化潮流。但它也有其自身难以克服的弱点,如不易达成统一的结论,所需较多的人力、财力,评价周期也比较长等。另外,SEA 一般专业性较强,而作为司法机构,其专业限制有时难以满足 SEA 的要求。

3. 研究机构

研究机构集中了大批高级专家和专业技术人员,能够提供 SEA 工作所需的专业化知识和专门技术。作为 SEA 系统的评价主体,研究机构评价者常常能够不带偏见、较为客观地进行 SEA 工作,再加上其所拥有的专业技术知识,与其他类型的评价者相比,在 SEA 工作中优势明显。但是他们要取得 SEA 所需的各种资料却往往十分困难,所提出的建议也不易被重视,如果没有决策部门的大力支持,更不可能在战略活动初期介入并开展 SEA。

4. 公众

SEA 系统中,公众评价者的最大特点是自发性和无组织性。具体表现为其所关注的对象的随意性(随时间、地点不同而改变)、评价形式的多样性(街头议论或报刊等媒体发表自己的观点)和评价标准的主观性(多以个人好恶为价值取向)。由于这类评价者大多是战略环境影响的直接承受者或对此感兴趣者,因此其感受比较真实;再加上他们的评价几乎不受其他人或权威的影响,也敢于说真话。其最大不足之处是系统性差。

由于 SEA 本身的综合性、复杂性及不确定性等特征,该系统的评价主体一般都应该由一个专家小组来承担。评价小组一定要由多学科、多层次的专家组成。

(二) 评价客体

评价对象是 SEA 系统的评价客体。但是,作为 SEA 系统的评价对象的战略并非所有战略,而是那些可能或已经对生态环境产生重大影响的战略。例如,美国环境质量委员会(CEQ)制定了相关导则,通过"影响发生的背景"(context)和"影响强度"(intensity)来鉴定"何为重要影响"，界定 SEA 的评价对象。通过这一方法，把禁止使用杀虫剂的立法议案、国家能源政策的修订案、农产品的补贴及关税的调节方案等作为评价对象进行了 SEA 工作。在欧洲，需要实施 SEA 的战略，不仅包括那些具有显著环境影响的公共部门战略或由政府机构制定的战略，而且鼓励私人企业、公司在制定发展计划或规划时实施 SEA。

三、评价目的与标准

(一) 评价目的

评价目的是 SEA 工作的出发点。在某种程度上讲，评价目的决定了 SEA 工作的基本方向、内容以及评价标准的选择。具体地说，一项 SEA 工作应当达到下述目的：

(1) 阐述并分析战略内容及其替代方案。

(2) 准确、客观、及时预测战略环境效应性质及大小。

(3) 识别人们关注的有关环境效应。

(4) 列出采用的环境影响因子并确定各自权值。

(5) 确定每一个单项环境影响及总环境影响。

(6) 按下列形式之一提出 SEA 结论：①可以接受这一战略方案或该战略方案继续执行；②制定补救战略；③接受一个或几个替代方案；④否定。

(7) 提出战略调整、修改与完善的建议。

(二) 评价标准

SEA 实际上是一种价值判断，而要进行价值判断，就必须建立价值准则，即评价标准。对于同一项 SEA 工作，如果评价标准不同，可能会导致截然不同的评价结论。

建立 SEA 系统的评价标准是一项十分复杂而细致的工作，在确定 SEA 系统的评价标准时，应充分考虑下述效果或影响：①环境质量现状；②现有污染物排放水平；③战略费用、效益水平；④其他战略的运行情况；⑤管理水平；⑥公众环境意识；⑦自然背景情况；⑧经济系统运行情况。

按照性质，SEA 系统所确定的评价标准有定量标准、定性标准两类；从内容上看，评价标准包括评价指标体系和评价基准两部分。

1. 指标体系

在 SEA 中，指标是用来揭示和反映环境变化趋势的工具，具体包括标示和描述环境背景状况、可预测的战略环境效应、替代方案对比以及监测战略执行情况与战略目标的偏差等。由于涉及领域广、因子多，也就决定了指标评价的复杂性，这也是全面、科学、客观地描述、测度和评价战略环境影响所必需的。

评价指标体系是 SEA 的评价因子，即具体评价内容。建立 SEA 评价指标体系应遵循目的性、系统性、层次性、多样性、可操作性、独立性、同趋势性、充分性和动态性与相对稳定性的原则。SEA 的评价指标体系在内容上应包括环境指标、经济指标、社会指标、资源指标和人口五个层次，每个子层次的指标又可进一步划分为更小的指标，以此类推，这样就形成了 SEA 的评价指标体系。

2. 评价基准

对应于不同层次、不同类型、不同特点的指标，应采用不同类型的评价基准。SEA 的基准值有定性和定量两种形式。定量基准值可以通过现行的环境标准值、背景或本底值、类比情况等来确定；定性基准值可以用人们可接受水平、合法性、同战略标准的一致性与兼容性等来描述。在层次上划分得越细，即某一指标在 SEA 的评价指标体系中层次越低，越容易被定量化；相反，层次越高的指标越不易被定量化，可用定性基准来表示。

四、评价方法

SEA 系统中的评价方法可以根据其来源分为以下三类。

(一) 传统 EIA 方法

由于 SEA 是 EIA 在战略层次上的应用，因此传统 EIA 方法通过适当修正后可用于 SEA。传统 EIA 方法有：

(1) 定性分析方法，包括德尔斐法和头脑风暴法等。

(2) 数学模型方法，这类方法是传统 EIA 方法中目前应用最为广泛的定量分析方法。

(3) 系统模型方法，这类方法主要是根据系统学原理并结合 GIS 技术发展起来的最为先进、最有发展前景的定量方法。

(4) 综合评价方法，这类方法是定性方法和定量方法的最佳结合，尤其适用于 SEA 领域，包括矩阵法、清单法和流程图法等。

(5) 环境经济学方法，如资源核算法、费用-效益分析法、投入产出分析法等。

应用于 SEA 的传统 EIA 方法，多数是定性方法和综合性方法。传统 EIA 方法在应用上比较成熟，但与项目 EIA 相比，SEA 的研究对象宏观性更强、影响范围更广、时间跨度更长、涉及环境因子更多、各评价因子之间的关系也更复杂。因此，项目 EIA 的方法能否应用于更高层次的 SEA，应慎重考虑。

(二) 政策评价方法

SEA 既是 EIA 在战略层次上的应用，也是政策评价向环境领域的延伸，政策评价的一些方法也可用于 SEA。政策评价方法包括政策分析方法(包括政策价值分析、政策可行性分析、政策三维分析等方法)、政策预测方法(多是以定性为主的主观预测方法)、政策效果评估方法(包括政策对比评估、政策价值评估、政策效益评估和政策效率评估等)。具体方法包括：

(1) 对比分析法。包括类比分析、前后对比分析、有无对比分析法等。

(2) 成本效益分析法。效益相等时，成本越小越好；成本相等时，效益越大越好；效益成本比率越大越好。

(3) 统计抽样分析法。包括任意抽样法(包括单纯随机抽样法、机械随机抽样法、分层随机抽样法、整群随机抽样法等)和非任意抽样法(包括随机抽样、判断抽样、定额抽样等)。

(4) 情景分析法。对于某一战略实施前后或有关战略实施的不同情况下社会经济环境系统状况进行定性的描述、预测，以确定战略环境效应和环境影响。

传统的政策评价方法主要集中于政策的经济影响评价，尤其是政策的社会、经济效益和效果评价上，很少涉及政策环境影响评价，因此政策评价方法应用于 SEA 也有其固有的局限性。

(三) 新发展的评估方法

有学者提出了综合集成 SEA 评价方法的基本构想，既以系统、综合和集成为基础的三大方法：定性与定量相结合的系统研究方法，"要素论"与"整体论"相结合的综合研究方法，以及"环境、社会、经济"三效益相结合的集成研究方法。

SEA 的研究对象——社会经济环境是一个复杂、开放、动态的巨系统。信息不完全、关系不明确是这一系统的突出特点。灰色系统理论为 SEA 提供了可行、可靠的研究方法：

(1) 灰色关联分析。用于 SEA 中界定战略与环境影响的关联程度。

(2) 灰色预测。用于预测战略对未来环境的影响。

(3) 灰色决策。用来进行战略方案的优化。

(4) 多维灰分析。基于灰关联分析，用于评定环境系统在战略影响下所处的状态。

新发展的 SEA 方法，在应用上还需作进一步的检验。

以上三类评价方法在现实 SEA 实施中各有特点，对于涉及不同领域、不同层次的战略应该采取不同的 SEA 方法。

综上所述，在 SEA 系统中评价者是评价主体，评价对象是评价客体，评价目的是 SEA 工作的出发点，评价标准是 SEA 得以完成的手段。它们相辅相成，构成一个完整的 SEA 系统。一项具体的 SEA 工作，就是由这些要素的有机组合所构成的活动。

第三节　战略环境评价的工作程序

SEA 的工作程序不仅为 SEA 工作展开的科学依据，同时是 SEA 从理论向实际应用转化的中间环节。SEA 工作程序包括工作方案制定、工作实施和工作总结三个阶段。

一、SEA 工作方案的制定

(一) 确定评价对象

在 SEA 工作中，要根据 SEA 理论研究情况以及实际需要，遵循有效性与可行性相结合的原则，确定评价对象。一方面，选择的评价对象必须确实对生态环境有重大影响，确实值得去评价且能通过评价达到一定目的；另一方面，所选择的评价对象又必须是可以进行评价的，即从时机、人力、物力、财力、所掌握资料以及战略本身特点(是否国家机密)上看均能满足评价所需的基本条件。

从动态上 SEA 应贯穿于战略全过程，因此评价对象在时间上有三种形式，即制定中的战略(预测型 SEA)、执行中的战略(监控型 SEA)和即将调整的战略(回顾型 SEA)。在形式上包括战略的环境效应和环境影响。其中环境效应指的是战略引发环境因子的改变及程度，环境影响指的是受环境效应的作用，人类健康、福利、生态系统稳定性和景观等的改变大小及程度。

(二) 明确评价范围和评价力度

SEA 的评价范围在空间上不仅包括战略实施区域，还包括实施区域以外的受影响区域。战略对于其实施区域以外的区域产生环境影响的途径有两个：一是通过经济系统传递，如西欧国家农业政策的实施通过贸易造成东南亚国家热带雨林的大面积砍伐；二是通过环境介质传播，如酸雨问题。因此，受战略影响的区域范围是比较难以确定的，一般需要通过专家评判法和实际调查法予以确定。

SEA 的评价范围在时间上不仅包括战略实施阶段的环境影响，还包括战略中止后原有战略的"惯性"的环境影响。具体作用时间应综合考虑该战略的层次性、有效期、实施区域的社会文化背景及人们的认可程度。

不同战略的生态影响方式、性质、程度各不相同，因此有必要在 SEA 的评价方案制定阶段根据战略特点、内容、对象、实施及评价区域的环境特征以及有关法律法规等来确定评价工作的力度或等级。

(三) 选择评价标准

SEA 的标准体系是在战略环境影响识别的基础上建立起来的，是对战略环境影响具体的、系统化的反映，同时，标准体系还是对 SEA 评价内容、评价重点、评价力度等具体工作方向的规定。从某种意义上讲，SEA 标准体系的合理与否将直接影响 SEA 工作质量。因此，建立一个科学、合理、实用的评价标准体系是 SEA 工作实施的一个重点内容和关键环节。

一般情况下，SEA 的标准体系应由指标体系和评价标准两部分组成。

1. SEA 指标体系的建立

SEA 指标体系是由不同性质、不同内涵、不同属性、不同内容、不同来源、不同定量化程度的众多指标构成的一个具有多层次、多领域的系统。在选择 SEA 指标时，应在战略环境影响识别的基础上，结合合理分析和环境背景调查情况，同时借鉴国外 SEA 研究和实际工作中的指标设置及项目 EIA 的评价指标，首先从原始数据中筛选出评价信息，然后通过理论分析、专家咨询、公众参与初步建立 SEA 指标，并在 SEA 工作中根据实际情况补充、调整，最后完善成正式的 SEA 指标体系。

SEA 指标体系筛选过程见图 14-1。

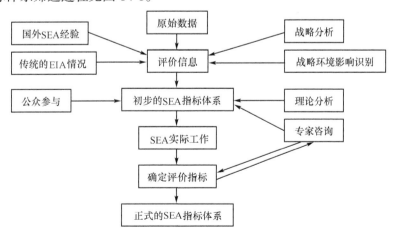

图 14-1　SEA 指标体系筛选过程图

SEA 的指标体系中各指标的权重可以通过层次分析法、主观评分法、灰色关联分析法等方法来确定。

2. SEA 评价基准的确定

任何评价都是通过和"评价基准"的比较实现标示、测度、反映评价对象的变化特征。因此，在 SEA 的指标体系建立以后，接下来的工作就是确定评价基准。评价基准包括定量评价基准和定性评价基准。

1) 定量评价基准

(1) 现行环境标准。包括环境质量标准、污染物排放标准及已实施污染物排放总量控制的地区或单位遵守的总量控制目标。环境标准在层次上又分为国际环境保护条约，国家、地区及行业标准。有关自然资源保护规定也属此类。

(2) 背景或本底标准。以战略实施或影响范围内的生态环境背景值或本底值作为评价标准，如植被覆盖率、水土流失本底、自然资源现有存量等。

(3) 类比标准。把与评价区域的社会经济环境条件相似且未实施该战略地区的生态环境质量和功能作为 SEA 系统的评价标准，或是战略目标所要求的情况或最为理想的状况指标等。

2) 定性评价基准

所采用的定性指标包括可接受性、合法性、同战略标准的一致性与兼容性等。

(四) 规定评价手段

规定评价手段包括确定评价主体、提出评价方法和建立具体工作步骤三个内容。

1. 确定评价主体

确定评价主体即确定 SEA 的工作组织者和执行者。SEA 的工作组织者一般由战略制定者或受其委托的机构来担任。SEA 的执行者可以由行政机关、司法机关或科研机构等担任。

2. 提出评价方法

SEA 工作中主要使用定性与定量相结合的评价方法，一般从规划、计划、政策到法规，随着战略层次性的增强，将更多地使用定性评价方法。SEA 的评价方法主要用来预测战略环境效应，确定环境效应-环境影响的函数关系以及战略环境影响的费用-效益(或效果)分析，并进行综合评价。

常用的预测方法有德尔斐法、趋势预测法、回归分析法、指数平滑法、系统动力学法、马尔科夫链及灰色预测模型法等。战略环境影响的经济评价主要是通过费用-效益(或效果)分析和投入产出分析等方法来进行的。

3. 建立具体工作步骤

SEA 的具体工作步骤见图 14-2。

二、SEA 的工作实施

SEA 的工作实施主要是收集评价信息、分析评价信息和做出评价结论。

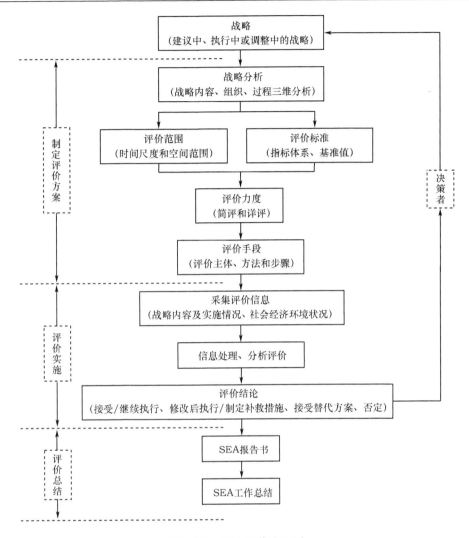

图 14-2 SEA 工作流程图

(一) 评价信息收集

评价信息收集是 SEA 的基础性工作。其主要任务是利用多种调查手段和先进技术设备，全面收集有关战略内容、实施过程的第一手资料及当时的社会、经济、环境中与战略相关的资料。收集资料的方法包括查阅文献法、实地调查测试法、类比调查法、问卷调查法、实验室模拟法和利用遥感或 GIS 技术收集法等。使用时常常是多种技术相互配合与补充的集成方法，保证所收集的信息具有广泛性、系统性、准确性和及时性。

(二) 评价信息处理分析

所收集到的信息都是原始数据，需要进行系统的整理、分类、统计和处理分析。通常采用多变量统计分析方法对各类数据进行系统研究。

(三) 评价结论

在数据处理分析的基础上，利用 SEA 的相应的预测模式、损害函数和评价模式进行整体综合评价后，得出评价结论。

三、SEA 的工作总结

这是 SEA 工作的最后一个阶段，也是整个 SEA 工作的成果体现。这一阶段主要工作内容有两个：编制 SEA 报告和总结本次 SEA。

(一) 编制 SEA 报告书

编制 SEA 报告书是为了形成一份有关战略环境效益或效果、费用的材料，以便能够清楚地权衡不同的战略方案。SEA 报告书及对 SEA 工作全过程的总结及成果体现，又是决策者进行战略决策的环境依据，同时还为公众与其他决策者提供有关于该战略方案以及战略替代方案对于现实或未来环境造成影响方面的资料。因此，SEA 报告书应该全面、客观、概括地反映 SEA 的全部工作。

对 SEA 报告书的具体要求是：

(1) 内容详略得当、重点突出，文字简洁、准确。

(2) 结论明确。

(3) 表述通俗，尽可能地用非专业术语，以便于决策者、公众等非专业人员全面、准确、迅速地了解 SEA 的有关情况。

SEA 报告书的格式可参照国内项目环境影响评价的要求以及国外 SEA 报告书的情况。SEA 的内容可以根据具体的评价范围、评价力度和资料情况而定。根据 SEA 工作的特点，建议 SEA 报告书的具体格式和内容如下。

1. 封面

封面应包括战略名称、评价者(评价组织者、评价执行者)单位名称、评价时间。

2. 总论

总论可以看成是评价战略的筛选和评价方案的制定，具体包括编制报告书的目的、依据，评价范围和工作等级、评价标准、评价方法、评价步骤。

3. 战略分析(包含战略缺陷分析)

战略分析包括战略内容分析(包括战略目标、战略对象分析、战略行动计划、战略措施等)、战略过程分析(包括战略形成过程分析和战略实施过程分析)和战略组织分析(包括战略制定者及战略执行者的组成、分工、联系、协调)三部分。

4. 评价区域环境状况描述

评价区域包括战略执行区域和执行区域以外的受影响区域，从时间上包括战略执行前、执行中和执行后三个时段的环境状况。

5. 战略环境影响预测、评价及防范措施

这部分是整个 SEA 报告书的核心。包括战略所引致的社会经济活动预测、战略环境效应

预测、战略环境效应费用-效益(或效果)分析和防治措施。

6. 替代方案分析

替代方案原则上应达到拟成战略方案同样的目标和效益，在 SEA 中应该定量描述替代方案在环境方面的优点与缺点。

7. 综合评价

这一部分把原有战略方附带环境影响防治措施后的战略调整方案，以及战略替代方案的环境效应的费用和效益或效果放在一起按费用-效益比、净效益或效果排出各方案的优劣顺序。

8. 公众参与

这部分内容包括各种参与者构成、地域特征、参与方式、介入时机、公众对于战略方案的反馈意见及相应的措施建议。

9. 结论

按下列形式之一给出评价结论：
(1) 可以接受这一战略方案或该战略方案继续进行。
(2) 修正本战略方案或制定补救措施。
(3) 接受一个或几个替代方案。
(4) 否定或中止该战略。
然后将评价结论反馈给决策者，最终体现在战略的制定和调整上。

10. 附录

这部分包括必要的附图，不易被非专业人员理解但与本次 SEA 关系密切的相关数据及其分析，太长、在正文中不宜给出的但对于决策者又十分有用的表格，与本评价相关的、极其重要的文献复本。

上面给出的是一般情况下 SEA 报告书的框架，不同层次、不同类型的 SEA 在要求上有其自身特点，因此可根据实际情况增加或删减一些评价内容。另外，简评和详评之间在评价内容、工作等级上也应有所不同。

(二) 评价工作的总结

由于 SEA 正处在发展初期，因此每次 SEA 工作完成后的总结对于检验 SEA 的理论和方法，完善 SEA 理论体系，进一步指导以后的 SEA 工作具有十分重要的意义。主要是从本次 SEA 工作的成功经验、不足之处及一些问题的思考等方面进行总结。

第四节　战略环境评价方法学概述

战略环境评价方法，泛指在 SEA 中的各个环节、各个具体步骤中使用的技术手段、操作规程以及模拟模型等，而这些共同构成了 SEA 方法学体系。

一、SEA 方法类型

在 SEA 方法学体系中，按照不同的分类依据，可将其分为不同类型。

(一) 按来源分类

就其实质而言，SEA 不仅是 EIA 在战略层次上的应用，而且是以政策评价为核心的战略评价向环境领域的拓展。因此认为，传统的 EIA 方法和政策学的相关方法可以应用于 SEA；另外，SEA 又不能完全地、简单地搬用这些方法，而是应根据 SEA 的任务、研究对象、规律和特点选择或组合运用各种适用方法，甚至新发展的符合 SEA 自身特点的研究方法。按照来源，SEA 方法可分为传统 EIA 方法、政策评价方法和新发展的 SEA 方法。具体内容在第二节已有介绍。

(二) 按表现形式分类

1. 操作规程

操作规程是 SEA 工作所必须遵循的规则，是 SEA 方法的可操作性和实效性的具体体现。它保证了 SEA 顺利、科学、有效地进行。

2. 技术路线

SEA 的技术路线是 SEA 工作的具体实施步骤。SEA 的工作步骤，包括前期准备(确定评价对象)、制定工作方案(确定评价者、评价目的、评价等级、评价方法和评价标准)、评价实施(战略分析、环境背景描述、战略环境影响识别、预测及综合评价、替代方案及减缓措施)、评价总结(最终形成 SEA 文本或报告书)四个步骤。每个步骤的每个环节又可进一步分成若干个更小的具体步骤。

3. 模拟模型

应用于 SEA 中的模拟模型包括概念模型、数学模型、系统仿真模型等。模拟模型法是 SEA 方法的主要形式。

4. 技术手段

SEA 方法需要现代科技手段的支持。如以系统仿真、GIS 和网络为代表的计算机技术，以卫星和航空遥感为代表的空间技术等广泛应用于战略环境背景调查分析、环境影响识别、预测和评价等环节，并成为新发展的 SEA 方法的主要组成部分。

(三) 按结果表述形式分类

SEA 的结论或结果的表述形式可分为定性、定量以及定性与定量相结合三种类型，得出不同表述形式的结果的方法也是不同的。因此，SEA 方法就可以按照所提供结果的表述形式分成定性方法、定量方法、半定量方法或定性与定量相结合的方法三类。

1. 定性方法

SEA 的定性方法是对 SEA 对象的某种特性或某种倾向进行定性描述的方法。由于 SEA

的宏观性和综合性等特点，定性方法是 SEA 的主要方法类型。

2. 定量方法

在 SEA 中，在时间、财力、人力、技术手段等条件允许的前提下，应尽可能多地使用定量方法，来尽量降低 SEA 中的不确定性，保证 SEA 结论的客观、科学。

3. 半定量方法及定性与定量相结合

半定量方法可以看成是介于定性方法和定量方法中间的一种形式，它是对定性结论的定量化或是对定量结果的定性描述。定性与定量相结合的方法是 SEA 中综合运用定性和定量方法，以满足不同层次、不同类型、不同特点环境因子的需要。

(四) 按应用范围分类

1. 通用型 SEA 方法

通用型 SEA 方法，就是在 SEA 中的许多甚至是所有环节普遍适用的方法。这些方法一般都以定性研究为主，同时具有较强的主观性和综合性。通用型 SEA 方法可进一步分为主观评价法、模拟模型法和综合集成法三类。

1) 主观评价法

主观评价法是最基本、最简单易行的 SEA 方法。主观评价法是一种定性方法，主要依靠人的经验、知识和判断能力对战略环境影响进行识别、预测、评价以及 SEA 中的其他方面，包括个人判断法、头脑风暴法、德尔斐法等。

2) 模拟模型法

应用于 SEA 中的模拟模型包括概念模型、空间结构模型、数学模型、系统仿真模型、物理模拟实验模型等不同类型，主要用于 SEA 中的定量分析和研究。SEA 中应用模拟模型法的关键问题有两个：一是模拟模型的建立，包括模型结构识别和参数估计两方面，主要取决于输入-响应关系的定量化分析和投入-产出分析；二是模型检验，由于 SEA 研究中不确定性的存在，这一问题成为影响本类方案甚至是整个 SEA 工作有效性的中心环节。

3) 综合集成法

综合集成法的实质就是将专家群体、数据、信息和计算机技术有机结合起来，把各学科的科学理论和人的知识经验结合起来，发挥其整体优势和综合优势。综合集成法可以应用于战略环境影响识别、预测及综合评价等环节。

2. 专用型 SEA 方法

专用型 SEA 方法是指具体应用于 SEA 工作中某个方面或某个环节的方法。这类方法的共同特点就在于其专门性或专用性，即它仅应用于 SEA 的某个方面、某个环节或者某一层次、某一类型的战略。根据 SEA 工作的具体环节，专用型 SEA 方法可以进一步分为：

(1) 评价战略筛选方法。包括定义法、列表法、阈值法、敏感区域分析法、SEA 的战略相容性分析等。

(2) 战略分析方法。包括战略一般分析(包括战略内容分析、战略组织分析、战略过程分析)和战略缺陷分析(包括战略内容失误分析、战略执行失真分析、战略组织失效分析)。

(3) 环境背景调查分析方法。包括收集资料法、现场调查测试法、遥感与 GIS 技术方法、预测推测法等。

(4) 环境影响识别方法。包括叠图法、清单法、矩阵法、系统流程图、网络法、灰色关联分析等。

(5) 指标体系设计方法。

(6) 战略环境影响预测方法。包括直观预测法、约束外推预测法、模拟预测法以及新发展的预测方法，如灰色预测法、混沌预测法、模糊预测法、综合集成法等。

(7) 战略环境影响评价方法。包括加权比较法、逼近理想状态排列法、费用-效益分析法、可持续发展能力评价法、环境承载力评价法、对比分析法等。

(8) 环境风险分析方法。

(9) 公众参与方法等。

二、SEA 方法的选择

由于 SEA 涉及社会、经济、环境等不同领域的许多因子，并且各领域内众多因子的特点、属性、运动规律复杂多样，这就决定了应该针对不同因子，甚至同一因子的不同环节，采用不同的 SEA 方法。

选择 SEA 方法时，首先要对 SEA 研究对象及其历史演变做出尽可能透彻的分析，把握方法选择的关键，选择成熟的、被经验证明行之有效的方法；其次必须仔细分析 SEA 研究对象的个性特点，选取能够满足个性特点需要的 SEA 方法；最后在实施时还要注意多种 SEA 方法的结合使用，以相互检验。SEA 方法的选择取决于以下三方面的因素。

(一) 环境因子

在选择 SEA 方法时不仅要考虑环境因子的变化形式，更要考虑其本身的内涵。SEA 的环境因子由于其特有的机制而具备极其鲜明的个性，在个性基础上形成了它对 SEA 工作的特殊要求，产生了非通用的 SEA 方法，或对通用的 SEA 方法的特殊技术处理。可见，SEA 方法的选择应首先考虑环境因子的特殊性。

(二) 评价结果利用或评价目的

评价结果的利用对评价方法提出了某些特定的要求，如精确度、时间、费用、定量化程度等，从而影响了 SEA 方法的选择。

1. SEA 方法的精度与误差

一般来说，比较复杂、精细的方法所得的评价结果的精度要高一些，但所花费的时间、精力和费用也要多一些，对资料、设备的要求也较高，反之亦然。选择 SEA 方法要从评价结果的利用出发确定对结果的要求，然后进行权衡。相对而言，对于较高层次的战略比较低层次的战略的评价结果的精度要低一些，所选择的 SEA 方法可相应简单些，或更多地使用定性 SEA 方法。

2. SEA 的研究费用

在不同场合，由于评价结果精度不够，在以后要付出的代价是不同的，所以要把 SEA 研究费用和 SEA 工作之后由于精度不够而付出的费用结合起来考虑，最后选择总费用最小的 SEA 方法。如果预测费用尽管很大，但与预测结果的价值相比却微不足道，这时就可以不考虑费用，采取尽可能精细的预测方法；如果预测结果的使用价值并不很大，采用复杂精细的方法固然预测得很好，却得不偿失。

3. 评价的时间

战略周期和 SEA 的工作持续时间影响 SEA 方法的选择。一般说来，战略周期越长，评价结果的精确性要求越低，SEA 方法也更倾向于简单、精度低的方法或直观的定性方法。而 SEA 的工作持续时间越长，意味着可以投入更多的时间在 SEA 实际工作中，因此就有条件选择较为精确的 SEA 方法。

(三) 工作要求的客观条件

SEA 的客观条件包括资料和数据(信息资源)、技术设备条件和必要的行政保证等。在选择 SEA 方法时，必须考虑自己具备的条件以及实施这些方法的可能性，在要求与可能之间进行权衡。

1. 信息资源情况

过去、现在的资料和数据的有无和充分与否对于 SEA 方法的选择至关重要，甚至关系到 SEA 工作能否顺利进行。一般地，越是依靠数学计算的、比较复杂、精细的定量 SEA 方法，对于历史数据和资料的要求越高，其结果对数据的依赖性也越大。在缺乏这些信息资源或获取信息很困难的情况下，可以考虑采用对信息要求较低的直观 SEA 方法。

2. 技术设备条件

SEA 工作应尽可能地利用先进的技术手段，这不仅可以提高研究结果的精度，而且会降低研究的费用，节省研究工作的时间和人力。

3. 必要的行政保证

SEA 目前所面临的挑战之一就是难以介入战略决策过程中去，难以获得战略制定和实施情况的真实、客观、充分的第一手资料，从而增加了 SEA 工作的难度和不确定性。造成这一问题的根源在于缺乏必要的行政保证来促使各个方面，尤其是决策机构人员的积极配合并参与到整个 SEA 工作中去。

三、评价技术关键

(一) 战略环境风险分析与管理

1. 战略环境风险的内涵

战略环境风险是指在战略制定和实施过程中，由于战略本身的缺陷或自然因素造成的意想不到的不良后果。可见，战略环境风险是一种由人类战略决策行为导致的环境风险。战略环境风险除具有一般风险的二重性、不确定性、潜在性、相对性和可变性等特点外，还具有全局性、长期性、复杂性和不可逆性等自身特点。

战略环境风险按风险因素的性质可分为自然风险和人为风险；按风险发生机制可分为常规风险、事故风险和潜在风险；按风险表现形式可分为环境污染风险、资源退化风险和灾害风险。

2. 战略环境风险分析与管理

处理战略环境风险问题就是通过风险分析，并以此为基础合理地使用多种管理方法、技术和手段对战略活动涉及的风险进行有效的控制，为采取主动行动创造条件，尽量扩大风险中的"机会"，妥善处理风险的威胁，以最少的成本保证安全、可靠地实现战略总目标。风险分析是进行风险管理的基础性工作必要的前提条件，而风险管理是风险分析的目的和归宿。

风险分析包括风险识别、风险估计和分析评价三个具体步骤。风险识别的目的是减少战略结构的不确定性，对战略环境因素进行识别、剖析。风险识别的内容就是在战略分析、战略环境背景状况调查的基础上，从中区分出重要的异常信号，其方法有事故树分析法、事件树分析法和因果分析法等。风险估计就是估计战略环境风险强度、发生概率、风险成本，以减少战略风险的不确定性。分析成本估计是风险估计中最为关键的部分，风险成本主要指风险事故造成的损失或减少的收益，以及为防止发生风险事故采取的防范措施费用两部分。风险评价需要界定风险源、暴露和因果关系，通过对战略环境风险事件的后果进行评价，确定其严重程度顺序及各个风险的可接受性。环境风险评价则集中在预测对人类健康和环境资源的各种影响的发生概率。目前使用较多的风险评价方法包括比较评价法、风险-效益分析法、费用-效益分析法和可接受性分析法四种。

战略环境风险管理就是按照事先制定好的计划控制风险，并对控制机制本身进行监督以确保其成功，一般具有风险规划、风险控制和风险监督三个阶段。风险规划就是针对不可接受的战略环境风险制定的行动方案，其中包括确立风险管理目标、提出风险规避对策、制定实施计划三个具体步骤。风险控制就是实施风险规避的行动方案，一般风险控制措施包括风险避免、风险控制、风险转嫁、风险补救、风险后恢复等手段。风险监督主要是在战略环境风险决策实施后进行，其目的是查明决策的结果是否符合预期情况，并迅速发现新出现的风险，将信息及时反馈给决策者，以便于决定是否再次进行风险分析。

(二) SEA 中的公众参与

公众参与既是工作的必要组成部分，又是最终对战略的环境影响进行预测、评价和制定环境保护对策的依据之一。根据战略的特性、公众参与者的素质及资源的可获得性界定公众参与者，一般应包括受影响的公众、本研究领域及相关领域的专家、感兴趣的团体和新闻媒介等。

公众参与应贯穿全过程，从理论上讲，公众可以参与任何部分。但从效率角度看，应选择经济上合理、技术上可行、时间上允许的部分实施公众参与。公众参与方式包括代表参与的会议式、民意参与的问卷式、舆论参与的媒体式和全民公决的投票式。

(三) SEA 有效性

SEA 有效性是指 SEA 的预期目标与具体目标的实现程度或实施效果的一致性。目前还没有 SEA 有效性评价的可靠的定量手段。对应于 SEA 有效性的层次性特点，可以从制度和具体战略两个方面探讨衡量 SEA 有效性的原则或准则：

(1) 从制度层次评估 SEA 有效性原则。包括衡量是否有一个坚实的法律基础、是否有一套完备的 SEA 技术导则、是否有高效权威的管理机构、是否有完备先进的信息技术支持系统、是否有高素质的评价者等。

(2) 从具体战略层次评估 SEA 有效性。包括衡量 SEA 接入时机、所考虑的环境影响、广泛充分的公众参与、SEA 所建议措施的可操作性、评价结论的准确性、SEA 的执行经费、战略决策者对 SEA 结论的重视程度等。

第五节　战略替代方案及其环境影响减缓措施

SEA 通过系统、科学、正式的评价，在建议方案与众多替代方案中选择能够以最小环境代价同样可以达到既定战略目标，而且在技术条件、资源条件、社会认同等方面可行的战略方案。同时，对其可能的环境影响提出减缓措施，使之消除或降低到合理的、可接受的水平。战略替代方案及环境影响减缓措施是整个 SEA 工作的重点内容，同时也是最为关键的环节之一。

一、战略替代方案分析

战略替代方案又称为可供选择方案或备选方案，具体是指能够实现与建议方案具有共同战略目标的、各种困难的其他实施方案。决策就是从建议方案和众多替代方案中选择一个环境代价小、经济社会效益高的最佳方案，或者是能够实现社会、经济、环境"三效益"的最佳均衡方案。

(一) 战略替代方案的特点

战略替代方案的特点主要有综合性、层次性、多样性、互不相容性和包括零替代方案等。

1. 战略目标的综合性

战略目标属于宏观层次，其影响范围更广，实现该目标所需的时间更长，战略目标也不是单一的目标，而是多目标的协调与综合。为实现综合性的战略目标，任何一个战略方案也都是一个涉及社会、经济、环境各领域的综合性方案。

2. 结构上的层次性

由于战略具有法规、政策、计划、规划等不同层次的表现形式，因此战略替代方案也具有层次性的特点。某一战略的所有替代方案应与该战略同属一个层次。一般来说，层次性越高，可供选择的替代方案越多，该替代方案的综合性也越强；反之，战略层次性越低，战略替代方案可选择的余地越小，该替代方案越具体。

3. 表现形式上的多样性

为实现某一既定战略目标，可以从不同层次、不同角度去设计、制定实施途径，因此也就有许多不同类型、各具特色的替代方案。这就是战略替代方案的多样性。

4. 在内涵上的互不相容性

尽管同一层次上的所有替代方案具有共同的战略目标，但是不同的替代方案具有严格的区别和明确的界限，即同一层次战略替代方案之间在内涵上不能互相包容。战略替代方案的互不相容性并不反对最终的战略决策结果是所有替代方案中若干甚至是全部方案的综合与集成。

5. 包括零替代方案

任何战略的所有替代方案中都必须包括一个零替代方案(do-nothing alternative)，或称为"继续保持现在发展趋势"的替代方案，即在建议的战略没有实施的情况下可能的发展状况，并以此作为比较各替代方案的背景或本底依据。对于零替代方案的分析，主要集中在已有的决策在建议中的战略时间跨度内所导致的行为或发展情况。

(二) 战略替代方案的制定原则

1. 目标约束性原则

目标约束性原则，要求所制定的任何替代方案都不能偏离建议方案的战略目标，或者偏重于战略目标的某些领域(如经济目标)而忽视了其他领域(如环境目标)。

2. 充分性原则

制定战略替代方案，应充分考虑从不同角度去设计，这样才能保证战略替代方案的多样性特点，为战略决策提供更为广泛的选择余地，并且不失去任何可供选择的机会。

3. 现实性原则

现实性原则就是要求所制定的战略替代方案在现实中具有可行性，即从技术条件、拥有的资源、时间尺度、政治氛围等方面可行。

4. 广泛参与原则

为保证最终形成的替代方案的科学性、可行性和先进性，应在广泛的公众参与的基础上最终形成各种替代方案。

(三) 战略替代方案的对比与选择

1. 战略方案的对比内容

战略方案的对比内容包括战略方案的运行成本和战略方案的效益或效果。战略方案运行成本体现在战略方案制定、执行及战略效应等各个方面和各个阶段，按涉及因素分为社会成本、经济成本、环境成本，从性质上分为有效成本和无效成本。在实际中，每个方面的战略成本的确定都将是极其复杂的。战略运行的经济成本一般可以通过市场信息，利用市场观察可以加以确定，社会成本和环境成本的确定则要通过支付意愿法、替代市场法等进行。战略方案的效益也可以分为社会效益、经济效益、环境效益三个方面，战略方案的效益确定同样是一项复杂、难度极大的工作，甚至有时无法做定量分析。在这种情况下也可以定性地制定战略方案的结果或效果。

2. 战略方案的对比方法

战略方案的对比，首先要确定战略方案的运行成本和战略效益或效果，利用费用-效益分析技术，确定各个战略方案的费用效益比和净效益，根据两者情况确定最佳战略方案。对于难以确定战略效益的方案，可通过费用-效益分析进行方案优选，即在战略效果差别不大的情况下，战略成本最小的方案为最优，在战略方案运行成本一样的情况下，现在战略效果好的方案。

二、战略环境影响减缓措施

减缓措施(mitigation measures)，是指用来避免、降低、修复或补偿战略环境的措施。减缓措施主要针对于显著的、潜在的环境影响进行，其目的就是使该环境影响下降到某一合理的可接受的水平。

(一) 避免措施

避免措施是用来消除建议战略方案中的对环境有害的要素，如尽可能地消除战略缺陷，尤其是战略在环境方面的缺陷。

(二) 最小化措施

最小化措施是指通过限制和约束行为的规模、强度或范围，尽可能地使环境影响最小化，如通过限制机动车的数量来降低城市大气环境污染程度。

(三) 减量化措施

减量化措施是指通过采取行政措施、经济手段、技术设备等强制性控制措施，降低环境影响，如鼓励使用清洁燃料来降低大气污染物排放量。

(四) 修复补救措施

修复补救措施是指对于已经受到影响的环境进行修复或补救，如通过封山育林来修复已经遭受破坏的森林生态系统。

(五) 重建措施

重建措施是指对于无法恢复的环境，通过重建的方式来代替原有环境，如建造动物园来取代已经被破坏的野生动物栖息地。

根据"预防费用小于治理费用"这一原则，应按 1>2>3>4>5 的优先顺序来制定或选择减缓措施，即避免措施的选择优先权最大，重建措施的选择优先权最小。

思 考 题

1. 战略环境评价的概念是什么？简要说明政策评价、区域环境评价与战略环境评价的关系。
2. 战略环境评价有什么特点？
3. 战略环境评价的评价标准包括哪些？有哪几类战略环境评价的评价方法？
4. 战略环境评价的工作程序包括哪几个阶段？简述每个阶段该如何实施。
5. 战略环境评价方法的选择因素有哪些？
6. 为什么说战略替代方案及环境影响减缓措施是整个战略环境评价工作的重点内容？

第十五章　累积环境影响评价

【内容摘要】　　本章首先介绍累积影响的概念、分类，指出累积影响是世界各国发展所面对的共同问题。在此基础上，全面介绍累积环境影响评价的概念、目的、程序和视角，并重点说明累积环境影响评价的关键环节：累积环境影响评价时间范围和空间范围的确定、其他行动的识别、累积影响消减措施等。重点介绍累积环境影响评价的方法。最后，给出了一个累积环境影响评价的案例。

第一节　累积影响的概念与分类

一、概念

累积影响的概念最早见于美国 1978 年颁布的《关于"国家环境政策法"的若干规定》。该规定称累积影响是"当一项行动与过去、现在和可预见的将来行动结合在一起时对环境所产生的递增的影响……发生在一段时间内，单独的影响很小，但累积起来影响却很大的多项行动会导致累积影响"。

加拿大环境评价法(1992)中将累积影响定义为：累积环境影响来源于一个项目与已完成或将要开展的其他项目或活动的共同作用。

1997 年，美国环境质量委员会发布的报告《根据国家环境政策法考虑累积影响》中指出：累积影响产生于在时间和空间上过于密集的对环境的扰动。当人类行动对环境的第二个扰动发生时，生态系统尚未从第一个扰动的影响下恢复，则人类行动的影响将会发生累积。

累积影响的定义都基于一个共同的概念模型——因果关系模型。因果关系模型包括三个基本组成部分：累积影响源、累积过程或累积途径、累积效应(图 15-1)。

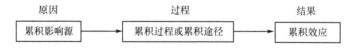

图 15-1　累积影响的因果关系模型

累积影响源可以是单个行动，也可以是多个行动，可以是性质相同的行动，也可以是性质不同的行动；累积途径包括影响的加和与影响的相互作用；累积效应则是环境影响累积的表现形式。

综合所述，本书中将累积影响定义为：人类行动的环境影响通过加和或相互作用等途径进行时间或空间上的累积，导致环境状态和结构发生变化、环境功能受损等类型的效应。

累积影响可分为环境系统层次上的累积影响和环境要素层次上的累积影响。

环境系统层次上的累积影响是指单个或多个项目产生的不相关联的多种影响，以不同的途径共同损害生态系统的功能或影响社会经济水平。例如，大气酸沉降、旅游业发展、工业点源排放含有毒化学物质废水、湖区渔业活动和农业非点源排放含营养物质废水等，共同影响一个湖泊的生态系统。这种累积效应是环境影响在环境系统整体层次上发生的，影响之间关联程度相当复杂(其关联体现在共同影响某一环境系统，使之发生整体性变化)。由于环境系统是一个复杂巨系统，人们目前尚未完全认识环境系统中的相互作用和环境系统的演化机制，因此研究环境系统层次上的累积影响是较困难的。

环境要素层次上的累积影响是指多个项目通过加和或协同作用共同影响某一环境要素的一种或几种因子(参数)，如汽车尾气与火电厂排气共同影响大气环境中 NO_x 的水平。这种累积是环境影响在环境要素层次上的累积，影响之间的关联程度较高(其关联体现在影响之间以加和、协同或拮抗作用共同影响某一环境要素)。这是目前累积影响研究的主要对象，其时空尺度相对于前者较小，复杂性也相对前者较低。

二、分类

根据累积影响的因果关系模型，可以从累积影响源、累积途径和累积效应三个方面对累积影响进行分类。

(一) 累积影响源分类

人类对环境的扰动是累积影响的主要来源。
人类行动可简单地分为单个行动和多个行动两大类。

(二) 累积途径分类

累积途径可简单地分为两类：①加和，即影响按线性关系进行叠加，累积影响等于单个影响之和；②相互作用，即影响之间发生相互作用而按非线性关系进行累积，累积影响不等于单个影响之和。

更详细来划分，累积途径可归纳为以下 5 种。

1. 物理输运

一种物理的或化学的污染组分从项目排放地被输运至别处的过程中，与其他开发行动排放的污染物发生加和或相互作用，如上游项目排放的含盐废水与下游项目排放的含盐废水发生加和作用，使河水盐度增加。

2. 化合或协同

即多个影响源或多种途径协同产生的影响，如多种大气污染物质在一定环境条件下产生的光化学烟雾，农药在水体中通过化学反应产生多种毒性更强的化合物。

3. 蚕食性损失

土地利用方式的改变、栖息地的逐渐破坏或丧失，如不断清除某一区域天然植被，分期地建设居住区，造成区域天然植被逐渐减少；建设进入林区的道路不断蚕食动物栖息地和林地植被等。

4. 空间和时间拥挤

在一个小区域中较短的时段内，进行过多的开发行动将带来累积环境影响。累积环境影响的发生可能很快，也可能逐渐发生，经过一段较长的时间后，累积效应才显现出来。空间拥挤导致各种行动在一定空间范围中环境影响的叠加，时间拥挤导致各种行动在一定时段内环境影响的叠加(即在环境系统从上一影响中恢复之前，有新的影响发生)。

5. 诱发其他行动

每一项开发行动都能诱发新的行动，这些诱发的行动会与拟议行动产生累积环境影响，构成一种正反馈效应，如图 15-2 所示。这些诱发的行动可以看作是"可合理预见的将来行动"的一种。

图 15-2　拟议行动与其诱发行动的正反馈

(三) 累积效应分类

目前为大多数学者所接受的累积效应分类最初是由加拿大环境评价研究会和美国国家研究委员会在 1986 年提出的，后又经一些研究者修改完善。该分类将累积效应分为以下 8 类。

1. 时间拥挤效应

即环境影响重复发生的时间间隔小于某一环境要素从影响中恢复出来所需要的时间。典型的例子是森林砍伐的速度超过了其再生速度。

2. 时间滞后效应

即影响所产生的效应经过一段时间才表现出来，如致癌效应，在症状出现之前有很长的潜伏期。

3. 空间拥挤效应

空间拥挤即环境影响的空间密度过高，超过了环境的恢复能力，如密集的点源造成水质的恶化。空间拥挤是人类开发行动造成环境问题的主要方式。

4. 空间滞后效应或跨边界效应

空间滞后效应或跨边界效应表现为影响出现在远离污染源的地方，如跨国界的酸雨问题。污染物长距离输送是造成空间滞后效应的主要原因。

5. 破碎效应或蚕食效应

破碎效应或蚕食效应表现为景观模式上的变化，如自然湿地由于人类行动而被分割、蚕食。

6. 复合效应

即多个影响源或多种途径协同产生的影响，如各种农药通过化学反应产生多种有毒化合物、大气污染物在阳光作用下产生光化学烟雾等。

7. 间接效应

是在初级影响的基础上，经过复杂的过程产生次级或更多级的影响，如高速公路建设带动两侧地区的商业开发。间接效应具有一定的隐蔽性和较高的不确定性，往往难以分析预测。

8. 触发点或阈值效应

即环境影响的程度超过某一限值，导致环境系统状态和结构发生大的改变，如大气中 CO_2 逐渐增加，导致全球变暖。

(四) 累积影响分类方法

同时考虑累积影响源、累积途径和累积效应的特征，累积影响源分为单个行动和多个行动两类；累积途径分为加和与相互作用两类；累积效应分为状态效应、结构效应和功能效应三类；三个方面组合起来构成 12 种累积影响类型(表 15-1)。

表 15-1 累积影响分类系统

累积影响类型	累积影响源	累积途径	累积效应	举例
类型 1	单个行动	加和	状态效应	某工厂日复一日排放的含铅烟气引起周围土壤中铅浓度逐渐增加
类型 2	单个行动	加和	结构效应	油田开发(包括多个采油点)引起区域土地利用结构变化
类型 3	单个行动	加和	功能效应	森林砍伐引起水土流失,降低了区域的植被支持能力
类型 4	单个行动	相互作用	状态效应	某工厂排放有机化合物(如 PCBs)在食物链中的富集效应,导致大型哺乳动物的毒性剧增
类型 5	单个行动	相互作用	结构效应	湖泊放养外来鱼种,引起湖泊内鱼类种群组成变化
类型 6	单个行动	相互作用	功能效应	网箱养鱼向水体输入大量营养物质(N、P、BOD 等),引起水质恶化,无法满足渔业用水功能
类型 7	多个行动	加和	状态效应	农业灌溉、生活用水、工业用水共同造成地下水位下降
类型 8	多个行动	加和	结构效应	交通、居住、工业等建设引起区域土地利用结构变化
类型 9	多个行动	加和	功能效应	河流中上游地区过度使用水资源,造成下游河段水量减少,灌溉功能降低

续表

累积影响类型	累积影响源	累积途径	累积效应	举例
类型 10	多个行动	相互作用	状态效应	多种来源的营养物质排放，共同造成湖泊富营养化
类型 11	多个行动	相互作用	结构效应	多种来源的营养物质排放，共同造成水库富营养化，引起水生生态系统种群组成变化
类型 12	多个行动	相互作用	功能效应	多种来源的营养物质排放，共同造成水库富营养化，使水库丧失饮用水源地功能

单个行动通过加和产生功能效应(类型 3)和多个行动通过加和产生功能效应(类型 9)两种累积影响类型，但须指出造成功能效应的累积途径多为相互作用，因为功能效应一般是在状态效应或结构效应的基础上产生的，往往具有时间滞后或阈值效应等特点，累积过程中多包含复杂的非线性特征。

第二节　累积环境影响评价概述

一、累积环境影响评价发展

(一) 美国的累积影响评价开展情况

1978 年，美国环境质量委员会在《关于"国家环境政策法"的若干规定》中明确提出了评价累积影响的要求。

虽然法规中对累积影响评价作出了明确的规定，但累积影响评价并未广泛地付诸实践。

1997 年初，美国环境质量委员会(CEQ)公布了《根据国家环境政策法考虑累积效应》的研究报告。

(二) 加拿大的累积影响评价开展情况

1985 年，加拿大和美国召开了累积影响评价的联合研讨会。此次会议后，加拿大环境评价研究会提出了一项累积影响评价研究计划，开展了一系列有关累积影响评价的研究，同时许多项目环境评价中开始纳入累积影响评价的内容。

1991 年，议会同意政策、计划和规划要进行环境评价，即开展战略环境评价。累积影响评价的概念随之扩展到政策、规划评价中，并成为将来土地利用规划的重要依据。

1995 年，加拿大《环境评价法》正式实施，明确要求在环境评价中考虑累积影响。

早在 1994 年，加拿大环境评价署就已发布了一份《累积影响评价参考导则》(CEAWG, 1994)，1997 年 12 月，又发布了《累积影响评价参与人员导则》的讨论稿，并于 1999 年正式发布。

(三) 我国的累积影响评价研究和实施情况

目前，我国已有许多学者和环境管理人员认识到了累积影响问题的严重性和累积影响评价的重要性，但是有关累积影响评价的研究尚处于初步阶段，主要是介绍和引入国外累积影响评价的概念和方法。

我国目前在法规中没有累积环境影响评价的要求，但在《非污染生态环境影响评价技术导则》和《规划环境影响评价技术导则》中提到了累积环境影响的内容。近年来开展的区域EIA 和规划环境影响评价中部分体现了累积影响评价的思想。

二、概念与分类

累积环境影响评价是在较大的时空范围内系统分析和评估人类开发行动的累积影响，并提出避免或消减累积影响的对策措施，为决策人员提供全面、有效的环境影响信息。

累积环境影响评价可以分为专门的区域累积环境影响评价和结合在项目 EIA 中的累积环境影响评价。专门的累积环境影响评价一般针对一个区域，识别和评价区域内在过去和现在已发生的累积影响问题，分析造成累积影响的原因，并预测将来区域累积影响的发展趋势，制定减轻和预防区域累积影响的对策措施。结合在项目 EIA 中进行的累积环境影响评价则是在对拟议项目环境影响分析(传统 EIA 内容)的基础上，进一步在扩大的时空范围内分析拟议项目与其他人类行动(包括过去的、现在的和可预见将来的人类行动)的累积影响，评价累积环境影响的重要性和对区域环境资源可持续性的影响，提出消减累积影响的对策措施。

从时间上来划分，累积环境影响评价可分为对已有的累积影响或累积效应的评价和对将来的累积影响的预测评价。对已有的累积影响或累积效应的评价类似于通常所说的环境质量回顾评价，较为简单；对将来的累积影响的预测评价较为困难。对已有的累积影响进行评价是预测和评价将来累积影响的基础。由于许多环境问题是难以恢复的或不可逆的，因此相对于对已有累积影响的评价，后者意义更为重大。在项目 EIA 中进行的累积环境影响评价通常同时包括了对已有的累积影响的评价和对将来的累积影响的预测评价。

累积环境影响评价是为克服传统 EIA 的缺陷而发展起来，比传统 EIA 进步之处表现在，累积环境影响评价能够评价多项行动的累积影响，在更大的时空尺度下更全面地研究人类行动的环境影响及其长期后果。这就保证了在决策过程中全面考虑人类活动的环境后果，促进人类行动与环境保护在区域层次上长期的协调，从而促进了区域的可持续发展。因此，累积环境影响评价的目的是为区域决策人员提供开发行动的全面的环境影响信息，对开发的类型、速度和空间布局进行管理，以使一定空间和时间范围内的最终环境影响保持在一定的阈值范围内，避免人类行动引发严重的环境后果。在更高的层次上来讲，累积环境影响评价的目的是促进国家乃至全球的可持续发展。只有将累积环境影响纳入环境规划与管理的范围，一个地区或一个国家才可能走向可持续发展。

三、累积环境影响评价的视角

累积环境影响评价在项目 EIA 中引入了新的视角。如图 15-3 所示，传统项目 EIA 关注的是一个项目或拟议行动对环境资源所造成的影响，是以项目为中心来识别和预测项目对各个自然环境要素以及社会环境因素的影响。而累积环境影响评价关注的是受影响的环境资源，是以环境资源为中心来识别和预测多个项目或行动对环境资源产生的影响及其累积效应。

四、累积环境影响评价的程序

根据我国多年来实施的 EIA 工作程序，参考加拿大和美国的累积环境影响评价程序，林逢春提出我国的累积环境影响评价程序如图 15-4 所示。累积环境影响评价程序与 EIA 过程一样分为三个阶段。

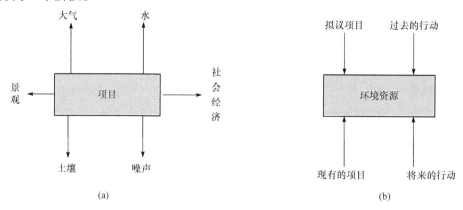

(a) (b)

图 15-3 传统项目 EIA 与累积环境影响评价的视角比较

(a) 传统项目 EIA；(b) 累积环境影响评价

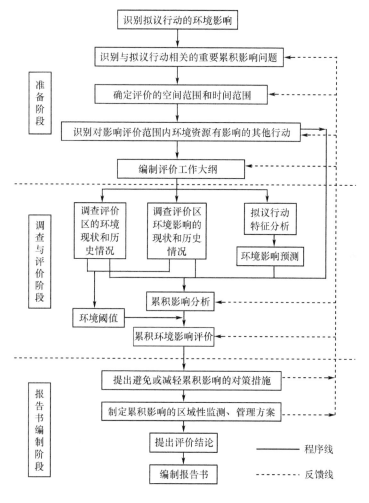

图 15-4 建议的我国累积环境影响评价程序

第一个阶段是准备阶段，主要任务为：

(1) 识别拟议行动的环境影响，识别可能的与拟议行动相关的累积环境影响问题。

(2) 确定受到影响的环境资源范围，在此基础上确定评价的时空范围。

(3) 识别对评价范围内环境资源产生影响的其他行动(包括过去的、现在的和将来可能的)。

(4) 编制评价工作大纲，在评价工作大纲中既包括对传统 EIA 内容方面的要求，又包括对累积环境影响评价方面的要求。

其中(1)、(2)、(3)是累积环境影响评价的关键环节和非常重要的内容。

第二个阶段是调查与评价阶段，主要的任务是：

(1) 调查评价区的环境现状和历史情况以及评价区环境影响的现状和历史情况，识别区域内已发生的累积影响问题及其产生原因，并分析其发展趋势。

(2) 通过对区域历史和现状情况的分析，确定区域的环境阈值(对应于传统 EIA 中的评价标准)。

(3) 分析拟议行动的特征，预测其环境影响。

(4) 结合其他行动进行累积影响分析。

(5) 根据累积影响的大小、强度和持续时间等，参照区域环境阈值，评价累积影响的重大性，并分析其对区域环境可持续性的影响。

第三个阶段是报告书编制阶段，主要的任务是：

(1) 分析、汇总第二阶段的评价结果。

(2) 提出避免或消减累积影响的措施。

(3) 制定累积影响的区域性监测、管理方案。

(4) 从累积影响的角度给出评价结论，完成评价报告书。

上述累积环境影响评价工作程序和内容建立在这样一种认识基础上，即累积环境影响评价是对 EIA 的改进和完善，而不是一种全新的类型。此外，在上述三个阶段中都必须按项目的具体情况安排公众参与。

在此须指出，累积环境影响评价是一个动态的、反复的过程。如果在评价过程中发现前面所作的假定和结论不正确，则必须随时返回到前面的步骤中，重新作出假设并进行分析。累积影响评价完成后，若监测结果表明累积环境影响评价的结论有误或出现了评价中未预见到的问题，则必须重新进行累积环境影响评价。

在累积环境影响分析中，有几个关键的环节与传统的 EIA 有着质的区别，而且这些环节也是累积环境影响评价的难点所在，包括确定评价的时空范围、识别评价范围内的其他行动、环境阈值的确定、区域环境资源可持续性影响分析、累积影响消减措施等。

五、累积环境影响评价范围的确定

在累积环境影响评价中，如果范围确定得太大，则基础数据无法满足评价要求，评价所需的时间、资金和人员都会急剧上升，同时累积环境影响的复杂性也将超出现有的认识水平，使累积环境影响评价难以进行。如果范围确定得过于狭小，则可能使重要的累积影响问题没有包括在评价范围内，从而无法为决策人员提供关于开发行动的环境后果的全面信息。为此，评价人员必须在理想的评价范围与现实可行的评价范围之间寻找一个平衡点，即合适的评价范围，既较为全面地考虑了重要的累积环境影响，又将评价的时间、资金和人员限制在合理的范围内。

评价范围的大小与评价的深度及不确定性密切相关，评价范围较大，则分析工作将较粗浅，评价中的不确定性相对较高。若评价范围较小，则分析工作能够做得较深入细致，评价中的不确定性相对降低，但可能漏掉重要的累积影响源。

(一) 空间范围的确定

1. 传统 EIA 的空间范围是累积环境影响评价空间范围确定的基础

确定累积环境影响评价范围较确定传统 EIA 空间范围复杂得多。最简单就是将按 EIA 技术导则规定所确定的评价空间范围作为项目累积影响区，确定累积环境影响评价空间范围就是将项目影响区进行合理的扩展。

2. 累积环境影响评价空间范围随环境要素或资源类型的不同而不同

项目影响区随环境要素或资源类型的变化而变化，这是由不同环境要素受到影响的传播特点决定的。因此，要确定累积环境影响评价范围也必须依不同的环境要素或资源类型而定。

3. 确定累积环境影响评价空间范围时应考虑的因素

在确定累积环境影响评价范围时必须从下列几个角度来进行分析：
(1) 项目的特点。
(2) 受影响的环境要素或资源类型。
(3) 区域的自然、生态和社会特征。
(4) 累积影响的类型和特征。
(5) 可能获得的资料范围。
(6) 评价工作的时间、资金和人员限制。

4. 确定累积环境影响评价空间范围的步骤

根据以上分析，可按照图 15-5 中的程序确定累积环境影响评价空间范围。

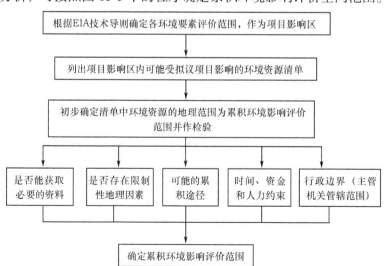

图 15-5　确定累积环境影响评价空间范围的程序

(二) 时间范围的确定

与空间范围的确定类似, 时间范围的确定也应以传统 EIA 的时间范围作为解决问题的基点。在我国已发布的 EIA 技术导则中没有时间范围的具体规定。实际工作中一般以建设前的环境状况作为评价基线(baseline), 然后分析项目建设期和运行期的环境影响, 即 EIA 的时间范围是项目建设前至项目服务期结束。在开展累积环境影响评价时, 必须作相应拓展。

六、累积影响的消减措施

当累积影响超出容许水平或将要产生重大的累积影响时, 可能存在 4 种情况, 相应的对策措施如下:

(1) 现有的其他项目对累积影响贡献最大, 这时消减累积影响有两种途径: 一是现有的其他项目应采取一定的措施, 减轻其影响, 这种途径超出了拟议项目的范围, 往往实行起来有一定的困难; 二是拟议项目向现有的其他项目购买排污权, 即提供资金或采取措施减轻其他现有项目的影响, 这种方式在区域污染物总量控制中已有应用。若上述两种途径均不可行时, 应提出拟议项目的替代选址方案。

(2) 拟议项目对累积影响贡献最大, 这时拟议项目应采取有效的对策措施, 减轻其环境影响。

(3) 拟议项目将诱发大量新的开发行动, 产生诱发影响, 这时由于诱发行动的具体信息往往难以获得和确定, 应随后制定区域开发规划, 以确保将来的开发行动与区域环境保护相协调, 避免产生重大的累积影响。

(4) 将来的其他项目对累积影响贡献最大, 这时应提请管理部门警惕, 在审批该项目时要求其严格地采取有效的消减措施。

第三节　累积环境影响评价方法

一、概述

累积环境影响评价虽然与传统的 EIA 在评价范围、内容以及评价原则等诸多方面有着较大的区别, 但评价方法上基本采用了较为成熟的 EIA 方法, 并针对累积影响的特点作了一些改进。

累积环境影响评价方法应具备下列特性或功能:

(1) 能够对多项活动进行分析(包括诱发的活动)。

(2) 能够适应多种不同的时间、空间范围, 尤其是扩大的时空范围。

(3) 能够识别和说明影响累积途径。

(4) 能够对多个影响进行综合(包括影响的加和及相互作用)。

(5) 能够分析与时间相关的累积影响(时间拥挤效应、时间滞后效应)。

(6) 能够分析与空间相关的累积影响(空间拥挤效应、跨边界效应、破碎效应)。

(7) 能够反映环境影响累积的非线性特征(如阈值效应、协同或拮抗效应、间接效应)。

(8) 能够综合利用定性和定量信息。

现有的大多数累积环境影响评价方法往往只能满足上述 8 个方面中的部分要求，例如，GIS 可以满足大多数方面的要求，但却没有分析累积途径的能力，而网络法能够分析累积途径和间接效应，却无法定量分析环境影响的时间累积和空间累积，模拟模型可以满足大多数方面的要求，但对数据资料要求较高，历史数据的缺乏和不一致常常限制模拟模型的应用和分析结果的准确性。因此，在进行累积环境影响评价时必须组合使用多种评价方法，如在累积环境影响评价的开始阶段应用因果图和网络法来识别累积影响和累积途径，然后利用景观分析或模拟模型进行更全面深入的分析、评价，而分析的结果则纳入规划方法(如多准则评估、土地适宜性评价)来建立和比选累积影响管理方案。可见，要有效地分析、评价和管理累积影响就必须应用多种累积环境影响评价方法。

二、美国和加拿大累积环境影响评价方法的应用情况

Canter 等分析了美国已开展的累积影响研究和环境影响报告书中所采用的累积环境影响评价方法。在其研究中，选取了 8 项累积影响研究和 5 份环境影响报告书，分析和描述了其中应用的累积环境影响评价方法，并总结了累积环境影响评价方法应用的经验和教训，详见表 15-2 和表 15-3。

表 15-2　美国 5 份环境影响报告书中累积环境影响评价方法的应用情况

项目名称	年份	所用方法	定性/定量	不足之处
新墨西哥州石油、天然气开发利用	1991	核查表法	定性/定量分析	漏掉了一些重要的累积影响，部分被识别的影响没有进一步分析
Stonebridge Ranch 居住区开发项目(得克萨斯州 Mckinney 市)	1990	核查表法	定性描述	没有用系统的方法来识别和评价累积影响
美国航空管理局在所有机场安装和使用多普勒天气雷达的规划	1991	核查表法	定性分析	仅有粗泛的累积影响分析，缺乏对具体地点、具体项目的定量分析
俄勒冈州 Rogue 河 Elk Creek Lake 大坝项目	1991	核查表法数学模型栖息地评价程序	定性/定量分析	
得克萨斯州 Titus 县 Monticello B-2 区露天煤矿项目	1990	核查表法	定性分析	没有说明累积影响评价空间范围，对其他现有矿区与项目的累积影响研究不够

表 15-3　美国 8 项研究中累积环境影响评价方法的应用情况

研究项目	年份	研究区域	受影响的环境资源	所用方法	方法的优点	方法的局限性
Salmon 河流域集簇影响评价程序(CIAP)(矩阵评分方法)	1989	Salmon 河流域	切奴克鲑鱼	修正的 CIAP(矩阵法)	能够综合利用定性和定量信息	通常只能获得部分资料和低质量的数据；利用矩阵和指数进行评价常常影响研究结论为他人所接受
对 Salmon 河流域麋和大耳黑尾鹿的累积影响研究(影响加和与相互作用模型)	1988	Salmon 河流域	麋和大耳黑尾鹿	修正的 CIAP(矩阵法)	同上	同上

续表

研究项目	年份	研究区域	受影响的环境资源	所用方法	方法的优点	方法的局限性
对华盛顿州西部越冬秃鹰的累积影响研究(栖息地方法)	1988	华盛顿州Hamma Hamma河和Snohomish河流域	秃鹰	矩阵法	同上	同上
Columbia 河流域影响模型	1989	Columbia 流域	鲑鱼	矩阵法	能够综合利用定性和定量信息	同上
GIS 用于累积影响评价	1988	明尼苏达州Minneapolis湿地St. Paul	湿地	GIS	直观表示自然和生物栖息地的变化	只能表示变化情况，只是累积影响评价中的一个步骤
阿拉斯加 Predhoe 湾油田累积影响的地植物制图	1986	阿拉斯加Predhoe湾油田	自然特征和生物栖息地	地植物分布图和自动制图技术(GIS)	直观表示自然和生物栖息地的变化	同上
Flathead 河流域累积影响分析	1990	蒙大拿州Flathead河流域	生态	指数法	评价过程较为客观	评价组成员无法就社会资源和生态资源的权值达成一致
沿海石油和天然气开发的累积影响分析	1985		物理的和化学的环境因子	影响分析框架、核查表法	研究程序明确	须针对具体问题调整分析框架

加拿大累积环境影响评价参与人员导则中给出了 10 项案例研究,从中可以看出累积环境影响评价方法在加拿大应用的情况,见表 15-4。由表 15-4 可以发现:①20 世纪 90 年代以来,越来越多的 EIA 中包括了累积环境影响评价的内容,所用的累积环境影响评价方法也多种多样,随项目及其所处环境特征的不同而不同;②一个项目的累积环境影响评价中常常使用多种评价方法,如冷湖油田扩建项目累积环境影响评价中同时使用了 GIS、模拟模型和定性分析等多种方法;③GIS 在累积环境影响评价中应用较为广泛,10 个案例中有 4 个应用了 GIS;④定性分析在累积环境影响评价中起着不可替代的作用。定性分析常用于下列情况:在初评阶段或问题较为简单,定性分析已能说明问题时;没有合适的定量方法或数据资料缺乏,无法应用定量方法时;在分析复杂的问题(如生态影响)时,定量结果往往需要结合专家的判断。将数值结果转化为定性的结论,才能更好地为决策人员所利用。

表 15-4 加拿大 10 项环境影响评价中累积环境影响评价方法应用情况

项目名称	项目类型	年份	受影响的环境资源	所用方法	优点
Albert-Pacific 纸浆厂	加工工业	1989	水质、水生生物	(1)DO-BOD 模型 (2)dioxin 迁移模型	考虑了其他的 BOD 和 dioxin 源
Saskatchewan 北部铀矿开采	采矿(地下)	1991	空气质量、地下水、地表水、植被野生生物、人体健康	网络图	将多个建议的采矿项目放在一起进行评价
Cheviot 煤矿	采矿(露天)	1996	麋、灰熊	(1)基于 GIS 的栖息地模型 (2)灰熊累积影响模型	定量分析了对代表物种的累积影响
Huckleberry 铜矿开采	采矿(露天)	1994	水质、大气质量、野生生物和湿地	定性分析	项目的规模较小,地理位置偏僻,地形阻挡了污染物的扩散,而且附近有一大项目,故不需进行详细的累积影响评价

续表

项目名称	项目类型	年份	受影响的环境资源	所用方法	优点
冷湖油田扩建	开采、提炼	1996	水质、大气质量、水量、植被、鱼、黑熊等	(1)因果图 (2)GIS (3)基于定量结果和专家判断的定性分析	融合 EIA 方法与 CEA 方法，定性分析与定量分析相结合，确定了明确的时空边界
Eagle Terrace 居住小区	居住区开发	1996	麋、狼、画眉	(1)GIS (2)幕景分析	定量评价了伴随着不同开发阶段的区域栖息地变化和拟议项目的贡献
Keenleyside 水电站	水电设施建设	1997	水质、水量、鱼	多方人员组成的讨论组(初评阶段)	建立了指导累积影响评价的七步程序(由一系列问题组成)
横穿加拿大高速公路 Banff 国家公园段拓宽(三期)	高速公路	1994	麋、驼鹿、狼、山狗、灰熊等	(1)GIS (2)指数法	定量分析与专家判断(评分和分级)相结合，评价结果更易于为决策人员所利用
Glacier 和 Banff 国家公园的交通干线	高速公路、铁路	1979	景观	项目建议前后景观图像比较	视觉影响预测和消减结合在一起进行
La Mauricie 国家公园徒步旅行小路	娱乐路线	1996	狼、黑熊、潜鸟	定性分析	分析了项目可能诱发的影响(较小的项目也会导致区域性的影响)

美国环境质量委员会和加拿大环境评价署建议的累积环境影响评价方法列于表 15-5。

表 15-5　美国和加拿大建议的累积环境影响评价方法

美国环境质量委员会建议方法	加拿大环境评价署建议方法
1. 调查表、会谈和讨论组	1. 相互作用矩阵
2. 核查表	2. 影响模型(网络法和因果图)
3. 矩阵法	3. GIS
4. 网络法和系统图	4. 指数法
5. 数值模型	5. 数值模型
6. 趋势分析	
7. 叠图与 GIS	
8. 承载力分析	
9. 生态系统分析	
10. 经济影响分析	
11. 社会影响分析	

三、幕景分析法

一种幕景代表的是某一时刻的人类行动情况和环境状况，是对某一时刻人与环境系统的"快照"(snapshot)。幕景分析法是设定一系列幕景，通过对比分析各幕景下的人类行动和相应的环境状况，来评价不同幕景下的累积影响，分析区域内各种人类行动或各个时段人类行动对累积影响的贡献。

在累积环境影响评价中，可采用以下四类基本幕景系列：

(1) 原始幕景：在大规模的人为开发之前的情况，这种情况可通过历史资料分析和推断来确定。

(2) 当前幕景：指近期与现状。

(3) 将来幕景(无拟议行动)：在没有拟议行动情况下预测的将来情况。

(4) 将来幕景(有拟议行动)：在拟议行动发生情况下预测的将来情况。

每一类幕景都包含一系列的场景(分幕景)。

由当前幕景与原始幕景的比较可以分析过去和现在开发行动的累积影响；由将来幕景(无拟议行动)与当前幕景的比较可以分析将来其他开发行动的累积影响；由将来幕景(有拟议行动)与将来幕景(无拟议行动)的比较可以分析拟议行动对累积影响的贡献。

在加拿大 Canmore 镇的 Eagle Terrace 居住区开发项目的 EIA 中采用了幕景分析法来评价累积影响。该项目位于 Banff 国家公园东边的 Bow 山谷，毗邻该镇附近的现有居住小区。Bow 山谷的一部分从 20 世纪起经历了人类的广泛开发。山谷野生生物栖息地受到的累积或蚕食性损失以及道路、居住区建设对野生生物栖息地的阻隔受到了人们的关注。评价中设定了四种幕景：①原始幕景，将山谷中现有的所有开发行动移去，代表山谷开发前的情况；②现状幕景，即山谷现状，包括现有的居住、道路和其他开发；③可预见的将来幕景，包括现状幕景中的开发行动和正在建设中的项目以及有较大可能进行的项目；④全部建设(full build)幕景,包括幕景③中的所有开发行动和 Eagle Terrace 居住区开发项目。

也可以在基本幕景的基础上设定更多的幕景，以便进行更为详细的累积影响分析。例如，为评价和管理多个小船坞对河口区水质的累积影响，McAllister 等设定了 5 种河口开发幕景，研究了 5 种幕景下河口各段所能容纳的船只的最大数量。5 种幕景分别为：①不考虑现有的开发行动和生态约束(鱼苗生长区和贝类生长区)；②考虑为保护鱼苗生长区和贝类生长区水质所确定的生态约束；③考虑河口区现有的点污染源(一个生活污水处理厂)；④考虑河口区现有的小船坞；⑤同时考虑现有的生活污水处理厂和现有的小船坞以及生态约束。每一幕景又同时考虑了最大开发度(河口区容纳船只达到极限)和均匀开发(河口区每一段所容纳的船只数量正比于该河段的长度)两种情况。

在对将来的其他行动了解较少时，也可以对将来的其他行动作出多种假定，如设定几种将来的区域开发水平，构成几种不同的将来幕景，采用幕景分析法进行累积影响评价。1992 年，加拿大 British Columbia 省政府在审批一个天然气工厂扩建项目时要求对面积为 5000km^2 的 Monkan/Grizzly 山谷天然气开发区域今后的开发计划进行累积影响评价。该项评价中，利用区域开发幕景来确定近期和中期的开发范围和开发强度，以区域开发幕景代替了具体的 1993～1998 年的勘探和生产计划。设定的三种区域开发幕景为现状开发水平、最小开发水平和最大开发水平。针对三种区域开发幕景分别确定了重要环境资源敏感区，并确定了道路公里数、管线公里数、脱水工厂数量、天然气井数量等多种指标的限值。

幕景分析法通过人为建立一系列在时间上离散的幕景，避免了累积影响评价中难以确定评价时间范围的问题。这种方法可操作性较好，易于实施，但受评价人员主观因素影响较大，设定幕景时应进行专家咨询。

但幕景分析法必须与 GIS 或环境数学模型或矩阵法结合在一起使用，因为幕景分析法只是建立了一套进行累积影响评价的框架，分析每一幕景下的累积影响还必须依赖于 GIS、环境数学模型或矩阵法等更为具体的累积影响评价方法。例如，Eagle Terrace 居住区开发项目 EIA 中利用 GIS 来分析比较 4 种幕景下的生物栖息地累积损失。又如，McAllister 等利用水质分析模拟程序 WASP4 来分析 5 种幕景下多个小船坞对河口区水质的累积影响。

第四节　累积环境影响评价案例
——M 水库投饵网箱养鱼项目累积影响评价

M 水库位于某城市东北方向，距市区约 90km，库区跨越 A、B 两河。水库常年蓄水量为 20 亿 m^3 左右。该水库现为城市饮用水水源地，保护水库水质是直接关系到城市人民生活和健康的重大问题。

一、项目简介

M 水库从 1984 年开始进行投饵网箱养鱼实验，此后网箱养鱼规模逐步扩大，1990 年发展至网箱面积近 $2.5hm^2$ ($1hm^2=10^4m^2$，下同)。网箱内饲养的主要鱼种是鲤鱼。

网箱养鱼主要分布于 M 水库南部沿岸的多个库湾内中，这样可以减少风浪的影响，并便于管理操作。

根据历史资料推测，当地政府为发展库区经济，提高库区群众收入水平，拟将网箱养鱼面积由 1990 年的 $2.5hm^2$ 扩大至 $4.67hm^2$。以下针对此项目(以下简称为拟议网箱养鱼项目)进行累积影响评价。

二、累积影响识别

M 水库 1990 年网箱面积为 $2.5hm^2$，拟议项目是在此基础上将网箱养鱼规模扩大至 $4.67hm^2$，因此，拟议项目将与过去和现在的网箱养鱼以及将来可能的其他网箱养鱼项目的影响进行累积，加重对水库水质的影响。

假定 M 水库周边某乡镇计划在 M 水库开展面积为 $1.0hm^2$ 的网箱养鱼活动，且该项目(以下简称为其他将来的网箱养鱼项目)正在审批过程中。此项目与拟议网箱养鱼项目($2.17hm^2$)对水库水质产生同样的影响，并产生累积效应。

上游来水水质和水量是决定水库水质的重要因素。上游来水水质受到上游流域范围内人类行动的影响，包括生活污水、工业废水排放、农业非点源污染等。因此，M 水库上游流域内的人类行动会与网箱养鱼项目发生累积影响，共同作用于 M 水库的水环境。

网箱养鱼一般每年春季投放鱼种，5～10 月集中投喂，11 月捕捞成鱼，是每年重复进行的活动。网箱养鱼分布于 M 水库的多个库湾内，是空间分散的人类活动。时间上重复发生、空间上分散的网箱养鱼活动会产生一定的累积效应。

考虑到 M 水库过去和现在的网箱养鱼、将来可能的其他网箱养鱼项目，以及上游地区人类行动后，累积影响识别见表 15-6。

表 15-6　累积影响识别

环境资源		拟议网箱养鱼项目	其他网箱养鱼	上游地区人类行动	累积影响
水体	水质	*	*	*	**
	底质	*	*	*	*
	水生生物	+	+	*	+

续表

环境资源		拟议网箱养鱼项目	其他网箱养鱼	上游地区人类行动	累积影响
社会经济	就业	+	+		+
	相关产业	+	+		+
	交通运输	+	+		+
	居民收入	+	+		+
	税收	+	+		+
	水产品市场	+	+		+
供水	源水水质	*	*	*	**
	水厂运行费用	*	*	*	**
健康	市民健康	*	*	*	*
	医疗费用	*	*	*	*

注: * 轻微不利影响; ** 中等不利影响; + 有利影响。

M 水库水质是受到网箱养鱼项目影响的环境资源中最为重要的, 以下对网箱养鱼项目及以上识别的其他人类行动对水质产生的累积影响进行定量分析。

三、幕景设定

为分析拟议网箱养鱼项目及其他人类活动对 M 水库水质的累积影响, 以下从 A、B 河入流水质和水库网箱养鱼规模两个方面来设定多种幕景。

(一) A、B 河入流水质设定为 4 种水平

(1) A、B 河入流水质采用 1991 年实际监测数据作为基线水平, 代表水库来水水质在 2015 年前保持不变的情况。

(2) A、B 河入流水质采用 2000 年预测值, 代表 A、B 河入流水质受到上游地区人类活动所新增污染负荷(2000 年预测情况)影响时的情况。

(3) A、B 河入流水质采用 2010 年预测值, 代表 A、B 河入流水质受到上游地区人类活动所新增污染负荷(2010 年预测情况)影响时的情况。

(4) A、B 河入流水质采用 2015 年预测值, 代表 A、B 河入流水质受到上游地区人类活动所新增污染负荷(2015 年预测情况)影响时的情况。

(二) M 水库网箱养鱼规模设定为 3 种情况

(1) 水库网箱养鱼规模保持现状 2.5hm^2。

(2) 拟议网箱养鱼项目(2.17hm^2)实施后, 水库网箱养鱼规模为 4.67hm^2。

(3) 同时考虑拟议网箱养鱼项目(2.17hm^2)和将来可能的其他网箱养鱼项目(1hm^2), 水库网箱养鱼规模为 5.67hm^2。

将 4 种 A、B 河入流水质和 3 种网箱养鱼规模进行组合，可得到 a、b、c、d 四个系列共 12 种幕景，见表 15-7。

表 15-7　用于累积影响分析的 12 种幕景

网箱养鱼规模	入流水质			
	a	b	c	d
(1)	幕景 1a	幕景 1b	幕景 1c	幕景 1d
(2)	幕景 2a	幕景 2b	幕景 2c	幕景 2d
(3)	幕景 3a	幕景 3b	幕景 3c	幕景 3d

12 种幕景的含意如下：

幕景 1a：代表水库来水水质不变，网箱养鱼规模保持现状时的水库水质情况，即水库按现状情况运行时的水质情况。

幕景 2a：代表水库来水水质不变，拟议网箱养鱼项目(2.17hm^2)实施后的水库水质情况。反映拟议网箱养鱼项目对 M 水库水质的影响。

幕景 3a：代表水库来水水质不变，拟议网箱养鱼项目(2.17hm^2)和将来可能的其他网箱养鱼项目(1hm^2)实施后的水库水质情况。反映拟议网箱养鱼项目与现在的和将来可能的其他网箱养鱼活动对 M 水库水质的累积影响。

幕景 1b、1c、1d：代表水库网箱养鱼规模保持现状，A、B 河入流水质受到上游地区人类活动所新增污染负荷影响时的水库水质情况。反映上游地区将来人类活动对水库水质的影响。

幕景 2b、2c、2d：代表同时考虑拟议网箱养鱼项目(2.17hm^2)和 M 水库上游地区人类活动情况下的水库水质情况。反映上游地区将来人类活动和拟议网箱养鱼项目对水库水质的累积影响。

幕景 3b、3c、3d：代表同时考虑拟议网箱养鱼项目(2.17hm^2)、将来可能的其他网箱养鱼项目(1hm^2)，以及 M 水库上游地区将来人类活动情况下的水库水质情况。反映评价空间范围内人类活动(包括过去的、现在的和将来的人类活动)对 M 水库水质的全面累积影响。

四、累积环境影响评价

将各幕景的入流水质、水量、出流水量、水库春季水质和天气等数据输入 WQRRS(water quality for river-reservoir system) 模型进行模拟，可以得到该幕景一年中各月的水质情况。由于预测结果数据繁多，在此仅就 11 月水质预测结果(表 15-8)进行分析。由于 M 水库在秋末发生翻库，因此 M 水库 11 月水质表层、中层和底层水质一致。

表 15-8　M 水库 11 月水质预测结果　　　　　　　　　　　(单位：mg/L)

幕景	DO	NH$_4$-N	NO$_3$-N	NO$_2$-N	PO$_4$-P
幕景 1a	8.2	0.070	0.972	0.021	0.022
幕景 2a	8.1	0.083	0.928	0.025	0.024
幕景 3a	8.0	0.089	0.910	0.027	0.026

续表

幕景	DO	NH$_4$-N	NO$_3$-N	NO$_2$-N	PO$_4$-P
幕景 1b	8.0	0.080	0.929	0.024	0.024
幕景 2b	7.9	0.092	0.890	0.028	0.027
幕景 3b	7.9	0.098	0.871	0.029	0.028
幕景 1c	8.0	0.083	0.926	0.025	0.025
幕景 2c	7.9	0.094	0.887	0.028	0.027
幕景 3c	7.9	0.101	0.867	0.030	0.028
幕景 1d	8.0	0.084	0.926	0.025	0.025
幕景 2d	7.9	0.095	0.887	0.029	0.027
幕景 3d	7.8	0.101	0.868	0.030	0.029

将 11 月水质预测结果与水质标准比较可知：

各种幕景下，DO、NH$_4$-N、NO$_2$-N 和 NO$_3$-N 均符合水质标准。

幕景 1a、1b、1c、1d 和幕景 2a PO$_4$-P 符合标准，而幕景 2b、2c、2d 和幕景 3a、3b、3c、3d PO$_4$-P 超标。说明单独考虑拟议网箱养鱼项目或上游将来人类活动新增的污染负荷，对 M 水库水质均无重大影响。而考虑其他将来的网箱养鱼项目(幕景 3a)后，或考虑上游地区新增的污染负荷(幕景 2b、2c、2d)后，或综合考虑其他将来的网箱养鱼项目和上游地区新增的污染负荷(幕景 3b、3c、3d)后，累积影响导致水库 PO$_4$-P 超标。

M 水库换水周期较长(4 年左右)，P 作为持久性物质，将在水库中随时间累积。由于 M 水库为 P 限制性水体，PO$_4$-P 的累积将加速水库的富营养化进程，从而使水库水质无法满足城市饮用水水源地的功能要求。因此，尽管拟议网箱养鱼项目本身对 M 水库水质无重大影响，但考虑到累积影响后，拟议网箱养鱼项目对 M 水库水质的影响是重大的。

五、累积影响削减措施

由于累积影响是现有库区上游的社会经济活动、现有网箱养鱼、拟议网箱养鱼项目、将来可能的其他网箱养鱼项目和上游地区人类行动共同作用的结果，因此必须在 M 水库流域范围内采取累积影响消减措施。建议采取以下几方面的措施：①提高饲料效率；②回收残饵和鱼粪；③建议网箱养鱼区应布设于距离水库出水口足够远的库湾内；④建议该网箱养鱼项目分期分批实施，根据前面一期实施后水库水质变化情况，决定后续项目是否实施，在审批其他的网箱养鱼项目时应谨慎，不能超出 M 水库对网箱养鱼活动的承载力；⑤建议在网箱中搭配养殖滤食性鱼类或在设箱水域增放一定数量的滤食性鱼类；⑥采取有效措施，减少上游地区农业和生活污染负荷；⑦加快水库上游地区水源保护林建设。

思 考 题

1. 什么是累积影响？环境影响累积的途径有哪些？

2. 请列举你所见到的累积影响的例子。

3. 累积影响评价与项目环境影响评价的关系如何？在项目环境影响评价的不同阶段，应开展哪些累积环境影响评价工作？

4. 如何确定累积环境影响评价的时间范围?

5. 如何确定累积环境影响评价的空间范围?

6. 累积环境影响评价中如何确定可能与拟建项目环境影响形成累积的"其他行动"?

7. 避免和消减累积影响的主要途径有哪些?

8. 识别、预测和评价累积影响的主要方法有哪些? 与传统环境影响评价方法有何区别?

9. 在本章案例中用到了哪些方法来完成累积环境影响评价?

第十六章　环境风险评价

【内容摘要】　本章从 4 个方面系统论述了环境风险评价的基本理论、内容框架、评价方法和程序等，主要包括：环境风险评价的概念，分类，并剖析了环境风险评价与环境影响评价的关系和区别；环境风险的识别方法和事故源项的分析；环境风险评价的内容与程序；环境风险消除与预防措施。

第一节　环境风险评价概述

一、环境风险评价的发展

环境风险评价的发展大体经历了三个阶段：①20 世纪 30～60 年代，风险评价萌芽阶段，以定性研究为主，主要采用毒物鉴定方法进行健康影响分析；②20 世纪 70～80 年代，风险评价研究的高峰期，基本形成风险评价体系，主要以事故风险评价和健康风险评价为主；③20 世纪 90 年代以后，风险评价不断发展和完善，以生态风险评价为新的研究热点。

(一) 国外环境风险评价发展

在国外，1975 年由美国核管理委员会完成的《核电厂概率风险评价实施指南》，即著名的 WASH-1400 报告，该报告系统地建立了概率风险评价方法，成为事故风险评价的代表作。1976 年由美国国家环境保护局颁布了《致癌物风险评价准则》，正式提出风险评价并形成系统。20 世纪 80 年代以来，美国及国际机构与组织颁布了一系列与风险评价有关的规范、准则，风险评价技术迅速发展。1983 年美国国家科学院出版《联邦政府的风险评价：管理程序》，提出健康风险评价"四步法"。1985 年，世界银行环境和科学部颁布了关于"控制影响厂内外人员和环境重大危害事故"导则(World Bank 1985a)和指南(World Bank1985b)。1986 年美国颁布了《致癌风险评价指南》《致畸风险评价指南》《化学混合物的健康风险评价指南》《暴露风险评价指南》等。1988 年联合国环境规划署(UNEP)制定了阿佩尔计划(APELL)，即《地区性紧急事故的意识和防备》。1995 年联合国出版《环境保护的风险评价和风险管理指南》，之后出版其修订本《环境风险评价与管理指导方针》。1998 年美国出台了《神经毒物风险评价指南》和《生态风险评价指南》。

(二) 国内环境风险评价发展

中国于 20 世纪 80 年代开始环境风险评价研究，1990 年国家环境保护局下发 57 号文，要求对重大环境污染事故隐患进行环境风险评价，中国具有重大环境污染事件隐患的建设项目的环境影响报告中普遍开展了环境风险评价；1990 年中国开始在核工业系统开展环境健康风险评价的研究；1993 年中国环境科学学会举办的"环境风险评价学术研讨会"首次探讨怎样在中国开展风险评价；1997 年国家攻关计划开展了燃煤大气污染对健康危害的研究；2001

年国家经济贸易委员会发布《职业安全健康管理体系指导意见》和《职业安全健康管理体系审核规范》；2004 年年底由国家环境保护总局颁布中华人民共和国环境保护行业标准《建设项目环境风险评价技术导则》(HJ/T 169—2004)，对开展环境风险评价起到了积极的推动作用；2005 年年底国家环境保护总局发布了《关于防范环境风险加强环境影响评价管理的通知》(环发[2005]152 号)，特别对化工石化类项目的环境风险评价提出了更严格的要求。2005 年 11 月"松花江污染事件"的发生与责任追究，使环境风险评价工作得到了空前的重视与关注。

二、环境风险评价的定义

环境风险是由自发的自然原因和人类活动(对自然和社会)引起的，并通过环境介质传播，是能对人类社会及自然环境产生破坏、损害乃至毁灭性作用等不幸事件发生的概率及其后果。环境风险具有双重性或多重性，其发生可导致不希望的灾难后果的可能性，风险常用意外事件来阐明，以出现概率来表征。《建设项目环境风险评价技术导则》(HJ/T 169—2004)中定义，环境风险是指突发性事故对环境(或健康)的危害程度，用风险值 R 表征，其定义为事故发生概率 P 与事故造成的环境(或健康)后果 C 的乘积，即

$$R [危害/单位时间] = P [事故/单位时间] \times C [危害/事故]$$

环境风险的内涵：

(1) 风险源。即导致风险发生的客体以及相关的因果条件。风险源既可以是人为的，也可以是自然的，既可以是物质的，也可以是能量的。

(2) 风险行为。风险源一旦发生，它所排放的有毒有害物质、释放的能量流将立即进入环境，并可能由此导致一系列的人群中毒、火灾、爆炸等严重污染环境与破坏生态的行为，即为风险行为。

(3) 风险对象。即评价终点或受害对象(受体)，风险对象可以是人类，也可以是实物的、生态的。对单个受害体所产生的风险，可以称为个体风险，对一组个体的风险可以称群体风险或总体风险。

(4) 风险场。即风险产生的区域及范围。它包括风险源与风险对象，是风险源物质上和能量上运动的场，具有相应的时空条件。

(5) 风险链。风险源一旦在风险场中发生，其周围的风险对象都有可能因此而受到影响。随着时间的推移，这种影响不仅局限于某一个风险对象，它还会逐渐扩展到与该风险对象相关联的其他对象，并可能沿着这些受影响的对象继续传递。

(6) 风险度。即风险源作用于风险对象物质上或能量上的贡献大小，也可定义为损害程度或损害量。风险度的大小取决于风险源的强度与风险场的时空条件，它可以通过风险标准(不同级别的接收水平)来判断，对于不同的风险对象，其标准体系不同。

(7) 风险损失。即风险产生的经济损失，可以用货币来度量。环境风险是在一定区域或环境单元内，由自然和人为因素单独或共同作用而导致的事故对人类健康、社会发展和生态平衡等造成的影响和损失。

广义上的环境风险评价是指评价由于人类的各种社会经济活动所引发或面临的危害(包括自然灾害)对人体健康、社会经济、生态系统等可能造成的损失，并据此进行管理和决策的过程。狭义上的环境风险评价通常指对有毒有害物质(包括环境化学物、放射性物质等)危害人体健康和生态系统的影响程度进行概率估计，并提出减小环境风险的方案和对策。

本书中所提及的环境风险评价除有毒有害物质造成的人体健康和生态风险评价外，还包括从风险源(各种风险事故)到风险后果，以及风险管理组成的环境风险系统的全面评价过程。

按评价的内容，环境风险评价可分为：

(1) 环境化学品的评价：是确定某种化学品(化学物)从生产、运输、消耗直至最终进入环境的整个过程中，乃至进入环境后，对人体健康、生态系统造成危害的可能性及其后果。对化学品的环境风险评价，要从化学品的生产技术、产量、化学品的毒理性质等方面进行综合考虑，同时应考虑人体健康效应、生态效应和环境效应。

(2) 建设项目的环境风险管理：是针对建设项目本身引起的环境风险进行评价。其主要考虑的是建设项目引发的环境事故发生的概率及其危害后果。危害范围包括工程项目在建设和正常运行阶段所产生的各种事故及其引发的急性和慢性危害，人为事故、自然灾害等外界因素对工程项目的破坏所引发的各种事故及其急性与慢性危害，工程项目投产后正常运行产生的长期危害。

三、环境风险评价的特点

近年来，许多发达国家已将环境风险评价纳入环境管理的范畴，环境风险评价在维护人类健康、保护脆弱生态系统方面发挥了积极的作用。较一般意义上的风险，环境风险还具有如下特殊之处：

(1) 不确定性。由于客观世界的复杂性和人类自身认识能力的局限性，导致对风险过程中的某些现象和机制缺乏科学的认识，环境影响评价文件不可能包含全部环境风险事故，预测后果的环境风险有可能发生也有可能不发生，而发生环境污染事故的风险极有可能在环境影响评价文件中没列出，而且在实际环境风险评价工作中大多采用模型进行计算，其中的不确定性更加难以避免。也就是说环境风险不可能被精确地衡量出来，它只是一种估计。例如，2005年发生的吉化苯胺污染松花江事故，对水环境的影响达数百千米，吉化的建设项目环境风险评价按此进行，时间、技术方法等都是很难做到的。

(2) 危害性。是针对风险事件的后果而言，具有环境风险的事件对其承受者会造成威胁，并且一旦事件发生，就会对环境风险的承受者造成损失或危害，如对人身健康、经济财产、社会福利和生态系统等带来不同程度的危害。

(3) 相互性。各种环境风险是互相联系的，降低一种环境风险可能增加另一种环境风险，这也是由环境事故的特殊性和多因子性决定的。同时，环境风险和社会效益、经济效益也是相互联系的，通常风险越大，效益越高。

(4) 效益相关性。环境风险是与社会效益、经济效益和环境效益密切相关的。通常情况下环境风险越大，则各种效益越高。在现实的人类活动中，降低一种环境风险，可能意味着降低社会效益和经济效益，但却可以相应地提高环境效益。

(5) 每个环境事件的风险并不容易被识别，有些严重的环境后果和生态效应需要经过较长时间之后才能被识别出来。

(6) 环境风险因生存环境不同而异。对于同一种环境风险，若采用不同的环境风险进行评价，就可能有不同的评价结论。

四、环境风险评价与安全评价的主要区别

安全评价，国外也称为风险评价或危险评价，它是以实现工程、系统安全为目的，应用安全系统工程原理和方法，对工程、系统中存在的危险、有害因素进行辨识与分析，判断工

程、系统发生事故和职业危害的可能性及其严重程度，从而为制定防范措施和管理决策提供科学依据。环境风险评价与安全评价的主要区别见表 16-1。

表 16-1　环境风险评价与安全评价的主要区别

项目	环境风险评价	安全评价
关注对象	厂界外环境、公众、生态环境	厂界内环境和员工安全与健康
风险类型	泄漏、火灾、爆炸等	机械伤害、物体打击、高空坠落、起重伤害、电器伤害、火灾爆炸等
事故严重度	关注最大可信污染事故	关注各类职业伤害事故
危害因素	危险化学品、危险废物、工业废水、工业废气	物理性危险有害因素，化学性危险有害因素，生物性危险有害因素，心理、生理性危险有害因素，行为性危险有害因素
危害后果	环境污染、生态灾难	工伤事故、职业病、灾难
评价方法	以定量评价为主，如概率法、指数法等，评价方法较少	侧重于定性评价，如安全检查表危险预先分析，危险和可操作性研究、人员可靠性分析等，评价方法种类多
主管部门	政府环境保护管理部门	政府安全生产监督管理部门

第二节　环境风险的识别和影响预测

一、环境风险的识别

风险识别是风险评价的基础，主要是通过定性分析及经验判断，识别评价系统的危险源、危险类型和可能的危险程度及确定其主要危险源。

(一) 事故分析技术

事故分析是了解各种工艺条件下发生事故的特点和规律，确定源项的重要依据。在风险评价中，要对所评价的系统做大量的事故统计调查分析，以提高评价的可靠性和准确度。

事故分析就是对危险因素的性质、能量、感官度等基本要素进行分析。常采用的分析方法有：①事故结构分析：找出事故原点，由此建立事故模型图。事故原点指事故隐患转化为事故的具有初始性突变特征并与事故发展过程有直接因果联系的点。一般是构成事故的最初起点，如火灾事故的第一起火点、爆炸事故的第一起爆点等。事故原点只有一个，既不是研究事故原因也不是研究事故责任，而是研究隐患转化为突变的联结点，是事故定性定量分析的基础和关键。②事故的数理统计分析：通过对一定时间、空间和系统大量的偶然事故进行数理统计分析，采用排列分布图、控制图等方法找出某些必然性的规律。③事故过程分析：对同类事故，从发展过程中找出与事故有关的因素，进行定量定性分析。

(二) 物质危险性识别

1. 易燃易爆物质

具有火灾爆炸危险性物质可分为爆炸性物质、氧化剂、可燃气体、自燃性物质、遇水燃烧物质、易燃或可燃液体与固体等。

(1) 爆炸性物质。指凡受到高温、摩擦、碰撞或受到一定激发能瞬间发生急剧的物理、化学变化，且伴有能量的快速释放的物质。爆炸性物质按组分分为爆炸化合物和爆炸混合物两大类。爆炸化合物包括硝基化合物、硝酸酯、硝胺、乙炔化合物、过氧化物、氮氧化物、氮的卤化物、氯酸盐、高氯酸盐等；爆炸混合物指由两种或两种以上的爆炸组分和非爆炸组分经机械混合而成。这类混合物主要有硝铵炸药等。

(2) 氧化剂。指有较强的氧化性能，能发生分解反应并引起燃烧或爆炸的物质，分为无机氧化物和有机氧化物(表 16-2)。

表 16-2　氧化剂分类及其危险性

类型	级别	举例	危险性
无机氧化物	一级	碱金属或碱土金属的过氧化物	其中大多数本身不燃不爆
		含氯酸及其盐类	受热、受碰撞、摩擦易分解出氧
		硝酸盐类	接触易燃物、有机物引起燃烧爆炸
	二级	高锰酸盐类等	遇酸、遇水等引起燃烧或爆炸
		除一级以外的无机氧化剂	
有机氧化物	一级	有机过氧化物，如二叔丁基过氧化物	本身是氧化剂，同时具有燃烧和爆炸性
	二级	有机硝酸盐类，如硝酸脲等	过氧化物，能进行自身氧化-还原反应
		除一级以外的有机氧化剂	

注：一级指能引起燃烧和爆炸的物质；二级指能引起燃烧的物质。

(3) 可燃气体。指遇火、受热或与氧化剂接触能引起燃烧或爆炸的气体。可燃气体有高度的化学活泼性，易与氧化剂等物质起反应，引起火灾爆炸。

可燃气体用燃烧极限表征其爆炸性。在一定温度和压力下，可燃气体与空气的混合气体中可燃气体浓度达到一定范围时才能在遇火源时发生燃烧或爆炸。可燃气体的这个浓度范围即为其燃烧极限。通常以可燃气体在空气中的体积百分比表示。

可燃气体有以下几类：①无机化合物，包括 H_2、CS_2、H_2S、HCN、NH_3、CO 等；②碳氢化合物，包括 CH_4、C_2H_2、C_6H_6 等；③含氧有机化合物，包括乙醚[$(C_2H_5)_2O$]、环氧乙烷(C_2H_4O)、丙酮[$(CH_3)_2CO$]、甲醇(CH_3OH)、乙酸(CH_3COOH)、乙醇(C_2H_5OH)等；④含氮有机化合物，包括吡啶(C_5H_5N)、甲胺(CH_3NH_3)、丙烯腈(CH_2CHCN)等；⑤含氯有机化合物，包括氯乙烯(C_2H_3Cl)、氯乙烷(C_2H_5Cl)等。

(4) 自燃性物质。指本身受空气氧化或外界温度、湿度影响发热达到自燃点而发生自行燃烧的物质，其不需要外界明火作用，如黄磷、硝化棉等。

(5) 遇水燃烧的物质。指遇水或潮湿空气能分解产生可燃气体，并放出热量而引起燃烧或爆炸的物质，如锂、钾等金属及其氢化物等。

(6) 易燃或可燃液体和固体。指遇火、受热、摩擦或与氧化剂接触能燃烧和爆炸的液体、溶液、乳状液或固体。

2. 毒性物质

毒性物质指物质进入机体后，累积达一定的量，能与体液和组织发生生物化学作用或生物物理变化，扰乱或破坏机体的正常生理功能，引起暂时性或持久性的病理状态，甚至危及生命的物质，如苯、氯、氨、有机磷农药、硫化氢等。

一般用毒物的剂量与反应之间的关系来表征毒性，其单位一般以化学物质引起实验动物某种毒性反应所需的剂量表示。毒性反应通常指动物的死亡数。

(三) 化学反应危险性的识别

化学反应分为普通化学反应和危险性化学反应。通常的化学变化的实质是物质性质发生变化，分子结构发生变化，并有新物质生成。危险性化学变化指爆炸反应、绝热反应等一些危险性化学反应，生成爆炸性混合物或有害物质的反应。

二、事故源项分析

源项分析是对通过风险识别的主要危险源进一步作分析、筛选，以确定最大可信灾害事故，并确定其事故源项，为事故对环境造成的影响计算提供依据。

(一) 危害识别

一般来说，任何一个系统，往往有某一部分比其他部分更容易引起危害，因此在风险分析中，第一步就是把整个系统分解为若干个子系统，以确定哪些部分或部件最有可能成为失去控制的危险来源。因此，危害识别的第一步是确定危险种类，确定是大量释放、爆炸或是火灾等；第二步是确定系统的哪一部分是危险的来源，主要考虑以下部件：管道、弯曲连接、过滤器、阀门、压力容器、泵、压缩机、储存罐、运输容器、烟囱等；第三步是规定研究的范围。

(二) 分析方法

1. 故障树分析法

故障树是以一个事故结果作为源事件，通过分析找出直接原因作为中间事件，再找中间原因的直接原因，这样一步一步地推导，直到找出所有的致因基本事件，做出定量分析。通过故障树的分析，能估算出某一特定事故的发生概率。

2. 事件树分析法

故障树分析只能给出事故的发生概率，但不能给出事故的其他性质，这就需要通过事件树来完成，即选定一个事件作为初始事件，按逻辑推理方式找出事件所有发展的可能结果。各事件发展阶段均有成功和失败两种可能，从而可定性或定量找出初始事件发展成为事故的各种过程，分析其后果。

第三节　环境风险评价内容与程序

一、评价工作级别与范围

环境风险评价工作等级划分为一级、二级、三级。建设项目有重大危险源时，根据其所在地的环境敏感程度、涉及的物质的危险性，按照表 16-3 确定评价工作等级。建设项目无重大危险源时，评价工作等级确定为三级。

表 16-3　环境风险评价工作级别划分

建设项目所涉及环境的敏感程度	建设项目所涉及物质的危险性质和危险程度		
	极度和高度危险物质	中度危险物质	火灾、爆炸物质
环境敏感区	一	一	二
非环境敏感区	一	二	三

重大危险源又称为危险化学品重大危险源，其判定依据是《危险化学品重大危险源辨识》(GB 18218—2009)。

敏感区系指《建设项目管理名录》中规定的需特殊保护的地区、生态敏感与脆弱区及社会关注区。 建设项目下游水域 10km 以内分布的饮用水水源保护区、珍稀濒危野生动植物天然集中分布区、重要水生生物的自然产卵场及索饵场、越冬场和洄游通道、天然渔场，应视为选址于环境敏感区；建设项目边界外 5km 范围内、管道两侧 500m 范围内分布有以居住、医疗卫生、文化教育、科研、行政办公等为主要功能的区域等，应视为选址、选线于环境敏感区。

一级评价应当进行风险识别、源项分析、后果计算、风险计算和评价，提出环境风险防范措施及突发环境事件应急预案。

二级评价应当进行风险识别、源项分析、后果计算及分析，提出环境风险防范措施及突发环境事件应急预案。

三级评价应当进行风险识别，提出环境风险防范措施及突发环境事件应急预案。

大气环境风险评价范围为：一级评价距建设项目边界不低于 5km；二级评价距建设项目边界不低于 3km；三级评价距建设项目边界不低于 1km。长输油和长输气管道建设工程一级评价距管道中心线两侧不低于 500m；二级评价距管道中心线两侧不低于 300m；三级评价距管道中心线两侧不低于 100m；地面水和海洋评价范围按《环境影响评价技术导则》地面水环境规定执行。可能受到影响的环境保护目标应当纳入评价范围。

二、环境风险评价的基本内容

建设项目环境风险评价基本内容包括风险识别、源项分析、后果计算、风险计算和评价、风险管理 5 个方面内容。

(一) 风险识别

风险识别的范围包括生产设施环境风险识别和生产过程所涉及的物质环境风险识别。生产设施环境风险识别对象为主要生产装置、储运系统、公用工程系统、工程环境保护设施及辅助生产设施；物质环境风险识别对象为主要原材料、辅助材料、燃料、中间产品、最终产品以及生产过程排放的"三废"污染物等。

风险识别的内容包括：建设项目工程资料、环境资料、环境事件资料的收集与准备；对项目所涉及的有毒有害、易燃易爆物质进行危险性识别和评价，筛选环境风险评价因子；生产过程潜在危险性识别，确定潜在危险单元及危险化学品重大危险源。

(二) 源项分析

源项分析的目的是确定最大可信事故及其概率。源项分析方法含定性分析和定量分析：前者包括类比法、加权法和因素图分析法，后者包括概率法(如故障树、事件树)和指数法(火灾爆炸危险指数法)。

(三) 后果计算

主要包括有毒有害物质在大气中的扩散计算、有毒有害物质在水体中的扩散计算、污染造成的人员伤害估算、爆炸破坏范围及综合损害计算。依据计算结果确定最大可信事故的危害范围与危害程度。

有毒有害物质在大气中的扩散，可采用烟团模式。对于重质气体污染物的扩散、复杂地形条件下污染物的扩散，应对模式进行相应的修正。

有毒有害物质在水环境中的迁移转化预测包括有毒有害物质进入水环境的途径和方式。途径包括事故直接导致的和事故处理处置过程间接导致的有毒有害物质进入水体；方式一般包括"瞬时源"和"有限时段源"。突发性事故产生的废水(含消防废水)得到有效处置，不排入外环境，需分析废水的性质、处置处理措施的适用性。对于纯有毒有害物质(相对密度 $\rho \leqslant 1$)直接泄漏的情形，需要分析其在水体中的溶解、吸附、挥发特性；对于纯有毒有害物质(相对密度 $\rho > 1$)直接泄漏的情形，需要分析其在底泥层的吸附、溶解特性。

(四) 风险计算与评价

1. 风险计算

(1) 风险表示为事故发生概率及其后果的乘积。

$$风险值\left(\frac{后果}{时间}\right) = 概率\left(\frac{事故数}{单位时间}\right) \times 危害程度\left(\frac{后果}{每次事故}\right)$$

(2) 对于大型建设项目(如千万吨级炼油、百万吨乙烯、煤化工联合项目、涉及光气的建设项目等)应考虑进行风险计算。对任一有毒有害物质泄漏，只考虑急性危害的环境风险。

(3) 最大可信事故对环境所造成的风险值 R 按下式计算：

$$R = P \cdot C$$

式中，R——风险值；

　　　P——最大可信事故概率(事件数/单位时间)；

　　　C——最大可信事故造成的危害(损害/事件)。

最大可信事故因吸入有毒有害物质造成的急性危害 C 与下列因素相关：

$$C \propto f[C_L(x,y,t), \Delta t, n(x,y,t), P_E]$$

式中，C——因吸有毒有害气体物质造成的急性危害；

　　　$C_L(x,y,t)$——在 x、y 范围和 t 时刻，$C_L(x,y,t) \geqslant LC_{50}$ 的浓度；

　　　$n(x,y,t)$——t 时刻相应于该浓度包络范围内的人数；

　　　P_E——人员吸入毒性物质而导致急性死亡的概率。

(4) 对一种最大可信事故下存在的 n 种有毒有害物质所致的环境危害 C，为各种危害的总和：

$$C = \sum_{i=1}^{n} C_i$$

式中，C——最大可信事故下存在的 n 种有毒有害物质所致的环境危害；

C_i——某种有毒有害物质所致的环境危害。

(5) 环境风险评价需要从各单元的最大可信事故风险值中，选出危害最大的作为评价项目的最大可信事故风险值，即

$$R_{\max} = f(R_j)$$

式中，$R_{\max}$——项目的最大可信事故风险值；

R_j——各单元的最大可信事故风险值。

2. 风险预测结果分析

对预测计算的最大可信事故风险值与同行业可接受风险水平比较：

当 $R_{\max} \leqslant R_L$ 时，认为环境风险水平是可以接受的；

当 $R_{\max} > R_L$ 时，需要进一步采取环境风险防范措施，以达到可接受水平。

(五) 风险管理

1) 充分性分析

分析项目拟采取的风险防范措施，以及依托措施是否涵盖了所有识别出的重大环境风险。风险防范措施应包括(但不限于)：

(1) 事故预防措施：加工、储存、输送危险物料的设备、容器、管道的安全设计；防火、防爆措施；危险物质或污染物质的防泄漏、溢出措施；工艺过程事故自诊断和连锁保护等。

(2) 事故预警措施：可燃气体和有毒气体的泄漏、危险物料溢出报警系统；污染物排放监测系统；火灾爆炸报警系统等。

(3) 事故应急处置措施：事故报警、应急监测及通信系统；终止风险事故的措施，如消防系统、紧急停车系统、中止或减少事故泄放量的措施等；防止事故蔓延和扩大的措施，如危险物料的消除、转移及安全处置，在有毒有害物质泄漏风险较大的区域作地面防渗处理、设置安全距离，切断危险物或污染物传入外环境的途径及设置暂存设施等。

(4) 事故终止后的处理措施：事故过程中产生的有毒有害物质的处理措施，如污染的消防废水的处理处置。

(5) 对外环境敏感目标的保护措施：如必要的撤离疏散通道、避难所的设置，重要生活饮用水取水口的隔离保护措施等，应提出要求和建议。

2) 有效性分析

针对环境风险事故的污染物量、传输途径、影响范围及受害对象等，从设计能力、服务范围及控制效果等方面，分析风险防范措施能否有效地防范风险事故的影响。对重要或关键的防范措施，如全厂性水污染风险防范措施等，应通过计算、图示说明论证结果。环境风险的防范体系要完整。

3) 可操作性分析

针对风险防范措施的应急启动和执行程序，分析其能否满足风险防范和应急响应的要求。

4) 替代方案

经分析论证，建设项目拟采取的风险防范措施不能满足风险防范要求时，应提出替代方

案或否定结论。

5) 环境风险防范措施论证反馈

环境风险防范措施的分析论证结果应及时反馈给源项分析及预测计算，对初始风险评价作修正，以确定在采取了风险防范措施之后，识别出的重大环境风险是否已降低并保持在可接受的程度。

6) 环境风险防范措施的落实

应对环境风险防范措施在设计、施工、资源配置等方面提出落实要求。设计应保证设施的能力能满足防范风险的需要；施工应保证设施的安装质量符合工程验收规范、规程和检验评定标准；资源配置应能满足工程防范措施的正常运行。

7) "三同时"检查内容

凡经过论证为可实施的风险防范工程措施均应列为"三同时"检查内容，逐项列出。

三、环境风险评价程序

外国学者曾于 1992 年提出定量环境风险评价的通用程序，认为一个完整的定量风险评价程序应包括 4 个阶段：危害识别、事故频率和后果估算、风险计算、风险减缓。《建设项目环境风险评价技术导则》(HJ/T 169—2004)提出如图 16-1 所示环境风险评价工作程序，为我国各环境影响评价机构广泛采用。

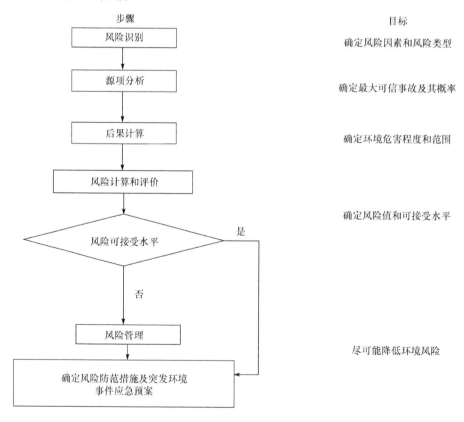

图 16-1　环境风险评价工作流程图

(1) 在建设项目环境影响评价文件中，应从环境风险防范的角度，提出突发环境事件应急预案编制的原则要求。

(2) 突发环境事件应急预案应体现"企业自救、属地为主、分类管理、分级响应、区域联动"的原则，并与所在地地方人民政府突发环境事件应急预案相衔接。明确环境风险三级(单元、项目和园区)应急防范体系。

(3) 对于改建、扩建和技术改造项目，应当对依托企业现有突发环境事件应急预案的有效性进行评估，提出完善的意见和建议；对于新建项目，应当明确事故响应和报警条件，规定应急处置措施。

第四节　环境风险控制

一、环境风险防范与减缓措施

环境风险的防范与减缓措施应从两个方面考虑：一是开发建设活动特点、强度与过程，二是所处环境的特点与敏感性。

建设活动环境风险评价中，关心的主要风险是生产和储运中的有毒有害、易燃易爆物的泄漏与着火、爆炸环境风险，如产品加工过程中产生的有毒、易燃易爆品的风险。

环境风险的防范与减缓措施是在环境风险评价的基础上做出的。主要环境风险防范措施如下：

(1) 选址、总图布置和建筑安全防范措施。厂址及周围居民区、环境保护目标设置卫生防护距离，厂区周围工矿企业、车站、码头、交通干道等设置安全防护距离和防火间距。厂区总平面布置符合防范事故要求，有应急救援设施及救援通道、应急疏散及避难所。

(2) 危险化学品储运安全防范及避难所。对储运危险化学品数量构成危险源的储存地点、设施和储存量提出要求，与环境保护目标和生态敏感目标的距离符合国家有关规定。

(3) 工艺技术设计安全防范措施。设自动监测、报警、紧急切断及紧急停车系统；防火、防爆、防中毒等事故处理系统；应急救援设施及救援通道；应急疏散通道及避难所。

(4) 自动控制设计安全防范措施。有可燃气体、有毒气体检测报警系统和在线分析系统。

(5) 电气、电信安全防范措施。

(6) 消防及火灾报警系统。

(7) 紧急救援站或有毒气体防护站设计。

二、事故应急预案

事故应急预案应根据全厂(或工程)布局、系统关联、岗位工序、毒害物性质和特点等要素，结合周边环境及特点条件以及环境风险评价结果制定。

应急预案的主要内容为：

(1) 应急计划区：危险目标为装置区、储罐区、环境保护目标。

(2) 应急组织机构、人员：建立工厂、地区应急组织机构、人员。

(3) 预案分级响应条件：规定预案的级别及分级响应程序。

(4) 应急救援保障：配合应急设施、设备与器材等。

(5) 报警、通信联络方式：规定应急状态下的报警通信方式、通知方式和交通保障、管制。

(6) 应急环境监测、抢险、救援及控制措施：由专业队伍负责对事故现场进行侦察监测，对事故性质、参数与后果进行评估，为指挥部门提供决策依据。

(7) 应急监测、防护措施、清除泄漏措施和器材：事故现场、邻近区域、控制防火区域、控制和清除污染措施及相应设备。

(8) 人员紧急撤离、疏散、应急剂量控制、撤离组织计划：规定事故现场、工厂邻近区、受事故影响的区域人员及公众对毒物应急剂量控制，做好撤离组织计划及救护，保证医疗救护与公众健康。

(9) 事故应急救援关闭程序与恢复措施：规定应急状态终止程序，事故现场善后处理，实施恢复措施，邻近区域解除事故警戒及善后恢复措施。

(10) 应急培训计划。

(11) 公众教育和信息。

思　考　题

1. 什么是环境风险？它可分为哪些类型？
2. 什么是环境风险评价？如何进行环境风险识别？
3. 环境风险评价与环境影响评价有何联系和区别？
4. 简述环境风险评价的程序。

参 考 文 献

包存宽, 陆雍森, 尚金城. 2004. 规划环境影响评价方法及实例. 北京: 科学出版社

蔡艳荣. 2004. 环境影响评价. 北京: 中国环境科学出版社

柴立元, 何德文. 2006. 环境影响评价学. 长沙: 中南大学出版社

陈怀满. 2006. 环境土壤学. 北京: 科学出版社

崔莉凤. 2005. 环境影响评价和案例分析. 北京: 中国标准出版社

邓南圣, 王小兵. 2003. 生命周期评价. 北京: 化学工业出版社

丁桑岚. 2001. 环境评价概论. 北京: 化学工业出版社

傅国伟. 1987. 河流水质数学模型及模拟计算. 北京: 中国环境科学出版社

高荣松. 1989. 环境影响评价原理与方法. 成都: 四川科学技术出版社

郭仲伟. 1987. 风险分析与决策. 北京: 机械工业出版社

国家环境保护局. 1991. 大气环境影响评价实用技术. 北京: 中国环境科学出版社

国家环境保护局开发监督司. 1992. 工业危险评价技术指南, 6: 26-27

国家环境保护局开发监督司. 1992. 环境影响评价技术原则和方法. 北京: 北京大学出版社

国家环境保护局开发监督司. 2000. 中国环境影响评价培训教材. 北京: 化学工业出版社

何德文, 陆雍森. 2000. 试论区域环境影响评价的有效性与公众参与. 上海环境科学, 19(1): 7-9

胡二邦. 2006. 环境风险-评价使用技术和方法. 北京: 中国环境科学出版社

环境保护部环境工程评估中心. 2013. 环境影响评价技术导则与标准. 北京: 中国环境出版社

环境保护部环境工程评估中心. 2013. 环境影响评价技术方法. 北京: 中国环境出版社

金腊华, 邓家全, 吴小明. 2005. 环境评价方法与实践. 北京: 化学工业出版社

李爱贞, 周兆驹, 等. 2011. 环境影响评价实用技术指南. 2 版. 北京: 机械工业出版社

李家华. 1995. 环境噪声控制. 北京: 冶金工业出版社

李铌, 何德文, 李亮. 2008. 环境工程概论. 北京: 中国建筑工业出版社

李宗恺, 潘云仙, 等. 1985. 空气污染气象学原理及应用. 北京: 气象出版社

林逢春. 1999. 累积影响评价理论、方法与实践研究. 上海: 同济大学博士学位论文

陆书玉. 2001. 环境影响评价. 北京: 高等教育出版社

陆雍森. 1999. 环境评价. 2 版. 上海: 同济大学出版社

罗云, 等. 2004. 风险分析与安全评价. 北京: 化学工业出版社

毛文锋, 吴仁海. 1998. 建议我国开展累积影响评价的理论与实践研究. 环境科学研究, 6(6): 61-65

钱瑜. 2012. 环境影响评价. 2 版. 南京: 南京大学出版社

尚金城, 包存宽. 2003. 战略环境评价导论. 北京: 科学出版社

史宝忠. 1993. 建设项目环境影响评价. 北京: 中国环境科学出版社

王罗春, 何德文, 赵由才. 2006. 危险化学品废物的处理. 北京: 化学工业出版社

席立德. 1996. 清洁生产. 重庆: 重庆大学出版社

徐新阳. 2004. 环境影响评价教程. 北京: 化学工业出版社

杨永利. 2014. 环境影响评价案例分析. 天津: 天津大学出版社

叶文虎, 栾胜基. 1994. 环境质量评价学. 北京: 高等教育出版社

张凯, 任丽军. 2005. 山东省战略环境评价方法与应用研究. 北京: 科学出版社

张书农. 1985. 环境水力学. 南京: 河海大学出版社

朱世云, 林春锦. 2007. 环境影响评价. 北京: 化学工业出版社

Boyle J. 1998. Basic elements of an effective EIA plan. Environmental Impact Review, 18(2):97-102

Canter L W, Kamath J. 1995. Questionnaire checklist for cumulative impacts. Environmental Impact Assessment Review, 15: 311-339

Canter L W. 1996. Environmental Impact Assessment. 2nd ed. Singapore: McGraw Hill Inc.

Council on Environmental Quality. 1997. Considering Cumulative Effects Under The National Environmental Policy Act. Washington D C: Executive Office of the President

McAllister T L, Overton M F, Brill E D. 1996. Cumulative impact of marinas on estuarine water quality. Environmental Management, 20(3):385-396

McDonald G T, Brown L. 1995. Going beyond environmental impact assessment: environmental input to planning and design. Environmental Impact Assessment Review, 15:483-495

Ortolano. 1997. Leonard Environmental Regulation and Impact Assessment. Singapore: John Willey & Sons Inc.

The Cumulative Effects Assessment Working Group. 1999. Cumulative Effects Assessment Practitioners Guide. Canadian Environmental Assessment Agency, Hull, Quebec, Canada